VOLUME 4

GUIDORIZZI
───────────

Um Curso de
CÁLCULO

6ª edição

O GEN | Grupo Editorial Nacional – maior plataforma editorial brasileira no segmento científico, técnico e profissional – publica conteúdos nas áreas de ciências exatas, humanas, jurídicas, da saúde e sociais aplicadas, além de prover serviços direcionados à educação continuada e à preparação para concursos.

As editoras que integram o GEN, das mais respeitadas no mercado editorial, construíram catálogos inigualáveis, com obras decisivas para a formação acadêmica e o aperfeiçoamento de várias gerações de profissionais e estudantes, tendo se tornado sinônimo de qualidade e seriedade.

A missão do GEN e dos núcleos de conteúdo que o compõem é prover a melhor informação científica e distribuí-la de maneira flexível e conveniente, a preços justos, gerando benefícios e servindo a autores, docentes, livreiros, funcionários, colaboradores e acionistas.

Nosso comportamento ético incondicional e nossa responsabilidade social e ambiental são reforçados pela natureza educacional de nossa atividade e dão sustentabilidade ao crescimento contínuo e à rentabilidade do grupo.

VOLUME 4

Um Curso de
CÁLCULO

Hamilton Luiz Guidorizzi

Doutor em Matemática Aplicada
pela Universidade de São Paulo

6ª edição

■ O autor deste livro e a editora empenharam seus melhores esforços para assegurar que as informações e os procedimentos apresentados no texto estejam em acordo com os padrões aceitos à época da publicação. Entretanto, tendo em conta a evolução das ciências, as atualizações legislativas, as mudanças regulamentares governamentais e o constante fluxo de novas informações sobre os temas que constam do livro, recomendamos enfaticamente que os leitores consultem sempre outras fontes fidedignas, de modo a se certificarem de que as informações contidas no texto estão corretas e de que não houve alterações nas recomendações ou na legislação regulamentadora.

■ O autor e a editora se empenharam para citar adequadamente e dar o devido crédito a todos os detentores de direitos autorais de qualquer material utilizado neste livro, dispondo-se a possíveis acertos posteriores caso, inadvertida e involuntariamente, a identificação de algum deles tenha sido omitida.

■ **Atendimento ao cliente: (11) 5080-0751 | faleconosco@grupogen.com.br**

■ Direitos exclusivos para a língua portuguesa
Copyright © 2019, 2023 (3ª impressão) by
LTC | Livros Técnicos e Científicos Editora Ltda.
Uma editora integrante do GEN | Grupo Editorial Nacional

■ Travessa do Ouvidor, 11
Rio de Janeiro — RJ — 20040-040
www.grupogen.com.br

■ Reservados todos os direitos. É proibida a duplicação ou reprodução deste volume, no todo ou em parte, sob quaisquer formas ou por quaisquer meios (eletrônico, mecânico, gravação, fotocópia, distribuição na internet ou outros), sem permissão, por escrito, da LTC | Livros Técnicos e Científicos Editora Ltda.

■ Capa: MarCom | GEN
■ Imagem: ©Marina Kleper |123RF.com
■ Editoração eletrônica: Setup
■ Ficha catalográfica

CIP-BRASIL. CATALOGAÇÃO NA PUBLICAÇÃO
SINDICATO NACIONAL DOS EDITORES DE LIVROS, RJ

G972c
6. ed.
v. 4

Guidorizzi, Hamilton Luiz
Um curso de cálculo : volume 4 / Hamilton Luiz Guidorizzi ; [revisores técnicos Vera Lucia Antonio Azevedo, Ariovaldo José de Almeida] - 6. ed. [3ª Reimp.] - Rio de Janeiro: LTC, 2023.
: il. ; 24 cm.

Apêndice
Inclui bibliografia e índice
ISBN 978-85-216-3546-8

1. Matemática - Estudo e ensino. I. Azevedo, Vera Lucia Antonio. II. Almeida, Ariovaldo José de. III. Título.

18-50109   CDD: 510
                                         CDU: 51

Leandra Felix da Cruz - Bibliotecária - CRB-7/6135

Aos meus filhos
Maristela e Hamilton

Prefácio

Este é o quarto volume da obra *Um Curso de Cálculo*. Nos Capítulos de 1 a 8 são estudadas as sequências numéricas, séries numéricas, sequências de funções, séries de funções e séries de potências. O Capítulo 9 é uma pequena introdução ao estudo das séries de Fourier. O restante do livro é uma introdução ao estudo das equações diferenciais ordinárias.

Escrever esses quatro volumes foi um prazer imenso, e o retorno vindo de professores e alunos tem sido maravilhoso. Para culminar, deste quarto volume surgiu a ideia para a minha tese de doutorado e, como consequência, para os artigos de pesquisa publicados (ver a página 185 deste volume e referências bibliográficas mencionadas). Foi muito trabalho e, para mim, tudo muito mágico. Valeu a pena!

Mais uma vez não poderia deixar de agradecer à colega Zara Issa Abud, pela leitura cuidadosa do manuscrito e pelas inúmeras sugestões e comentários que foram e continuam sendo de grande valia, e a Myriam Sertã, pela inestimável ajuda na elaboração do Manual de Soluções. Gostaria, também, de agradecer a todos os colegas e alunos que, com críticas e sugestões, muito têm contribuído para o aprimoramento do texto.

Hamilton Luiz Guidorizzi

Agradecimentos especiais

Para esta nova edição, agradecemos a Vera Lucia Antonio Azevedo, professora adjunta I e coordenadora do curso de Matemática da Universidade Presbiteriana Mackenzie, a Ariovaldo José de Almeida, professor adjunto do curso de Matemática da Universidade Presbiteriana Mackenzie, pela revisão atenta dos quatro volumes, e a Ricardo Miranda Martins, professor associado da Universidade Estadual de Campinas (IMECC/Unicamp), pelos exercícios, planos de aula, material de pré-cálculo e vídeos de exercícios selecionados, elaborados com sua equipe, a saber: Alfredo Vitorino, Aline Vilela Andrade, Charles Aparecido de Almeida, Eduardo Xavier Miqueles, Juliana Gaiba Oliveira, Kamila da Silva Andrade, Matheus Bernardini de Souza, Mayara Duarte de Araújo Caldas, Otávio Marçal Leandro Gomide, Rafaela Fernandes do Prado e Régis Leandro Braguim Stábile.

Essa grande contribuição dos referidos professores/colaboradores mantém *Um Curso de Cálculo – volumes 1, 2, 3 e 4* uma obra conceituada e atualizada com as inovações pedagógicas.

LTC — Livros Técnicos e Científicos Editora

Material Suplementar

Este livro conta com os seguintes materiais suplementares, disponíveis no *site* do GEN | Grupo Editorial Nacional, mediante cadastro:

- Videoaulas exclusivas (livre acesso);
- Videoaulas com solução de exercícios selecionados (livre acesso);
- Pré-Cálculo (livre acesso);
- Exercícios (livre acesso);
- Manual de soluções (restrito a docentes);
- Planos de aula (restrito a docentes);
- Ilustrações da obra em formato de apresentação (restrito a docentes).

O acesso ao material suplementar é gratuito. Basta que o leitor se cadastre, faça seu *login* em nosso *site* (www.grupogen.com.br) e, após, clique em Ambiente de aprendizagem. Em seguida, insira no canto superior esquerdo o código PIN de acesso localizado na primeira capa interna deste livro.

O acesso ao material suplementar online fica disponível até seis meses após a edição do livro ser retirada do mercado.

Caso haja alguma mudança no sistema ou dificuldade de acesso, entre em contato conosco (gendigital@grupogen.com.br).

O que há de novo nesta 6ª edição

Recursos pedagógicos importantes foram desenvolvidos nesta edição para facilitar o ensino-aprendizagem de Cálculo. São eles:

- **Videoaulas exclusivas.** Vídeos com conteúdo essencial do tema abordado.

- **Videoaulas com solução de exercícios.** Conteúdo multimídia que contempla a solução de alguns exercícios selecionados.

- **Pré-Cálculo.** Revisão geral da matemática necessária para acompanhar o livro-texto, com exemplos e exercícios.

- **Exercícios.** Questões relacionadas diretamente com problemas reais, nas quais o estudante verá a grande importância da teoria matemática na sua futura profissão.

- **Planos de aula (acesso restrito a docentes).** Roteiros para nortear o docente na preparação de aulas subdivididos e nomeados da seguinte forma:

  - Cálculo 1 (volume 1),
  - Cálculo 2 (volumes 2 e 3) e
  - Cálculo 3 (volume 4).

Como usar os recursos pedagógicos deste livro

■ **Videoaulas exclusivas**

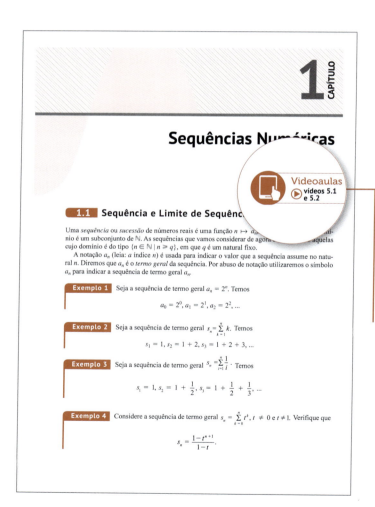

Videoaulas exclusivas (acesso livre): o ícone indica que, para o assunto destacado, há uma videoaula disponível *online* para complementar o conteúdo.

Videoaulas com solução de exercícios

Figuras em formato de apresentação (acesso restrito a docentes): *slides* com as imagens da obra para serem usados por docentes em suas aulas/apresentações.

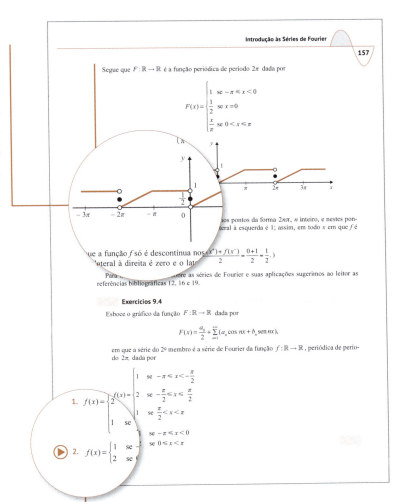

Videoaulas com solução de exercícios selecionados (acesso livre): o ícone indica que a solução detalhada do exercício está disponível *online*.

xiv O que há de novo nesta 6ª edição

■ **Pré-Cálculo**

**Pré-Cálculo
(acesso livre):**
Revisão geral
de Matemática,
com exemplos e
exercícios.

■ **Exercícios**

**Exercícios
(acesso livre):**
Exercícios
desafiadores
que testam a
aprendizagem.

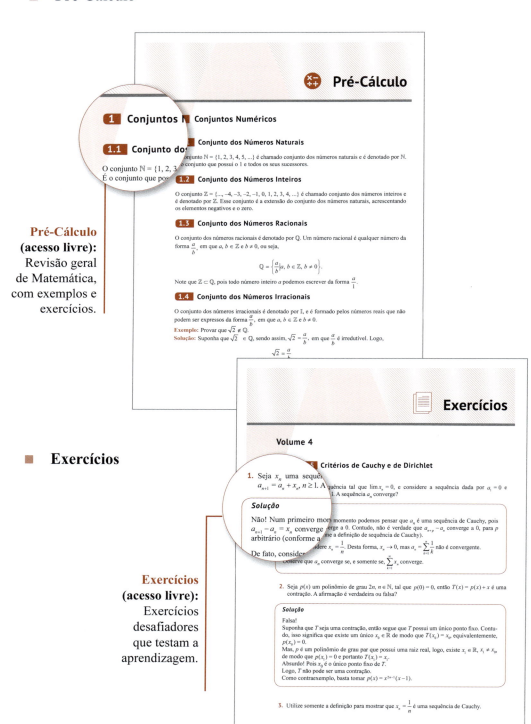

O que há de novo nesta 6ª edição xv

■ **Planos de aula (acesso restrito a docentes)**

Plano de Aula – Cálculo 3

Cálculo 3 – Aula 9

Assunto
Sequências numéricas.

Referência
Volume 4, Seções 1.1 e 1.2

Pontos principais

- Uma sequência de números reais é uma função $n \mapsto a_n$, a valores reais, cujo domínio é um subconjunto de $\mathbb{N}$. Usamos a notação a_n (a índice n) para indicar o valor que a sequência assume no natural n. Dizemos que a_n é o termo geral da sequência. Usamos ainda o símbolo a_n para indicar a sequência de termo geral a_n.

- Considerando uma sequência de termo geral a_n e seja $a \in \mathbb{R}$. Definimos:

  - $\lim_{n \to +\infty} a_n = a \iff \begin{cases} \text{Para todo } \varepsilon > 0, \text{ existe um natural } n_0 \text{ tal que} \\ n > n_0 \Rightarrow a - \varepsilon < a_n < a + \varepsilon. \end{cases}$

  - $\lim_{n \to +\infty} a_n = +\infty \iff \begin{cases} \text{Para todo } \varepsilon > 0, \text{ existe um natural } n_0 \text{ tal que} \\ n > n_0 \Rightarrow a_n > \varepsilon. \end{cases}$

  - $\lim_{n \to +\infty} a_n = -\infty \iff \begin{cases} \text{Para todo } \varepsilon > 0, \text{ existe um natural } n_0 \text{ tal que} \\ n > n_0 \Rightarrow a_n < -\varepsilon. \end{cases}$

  Se o limite for finito, diremos que a sequência a_n é convergente; caso contrário, diremos que a sequência é divergente.

- Dizemos que uma sequência numérica é crescente se, quaisquer que sejam os naturais m e n, $m < n \Rightarrow a_m \leq a_n$. A sequência é decrescente se, $m < n \Rightarrow a_m \geq a_n$.

  - Uma sequência numérica é monótona se for crescente ou decrescente.

- Dizemos que a sequência a_n é limitada superiormente se existir um número real β tal que, para todo natural n, $a_n \leq \beta$. Dizemos que a sequência a_n é limitada inferiormente se existir um número real α tal que, para todo natural n, $a_n \geq \alpha$.

  - A sequência a_n é limitada se, e só se, for limitada superiormente e inferiormente.

- Teorema: Seja c_n uma sequência crescente.
  - Se a_n for limitada superiormente, então a_n será convergente.
  - Se a_n não for limitada superiormente, então a_n será divergente para $+\infty$.

Planos de aula (acesso restrito): Roteiros destinados aos docentes na preparação de aulas.

Vá além das páginas dos livros!

A LTC Editora, sempre conectada com as necessidades de docentes e estudantes, vem desenvolvendo soluções educacionais para o avanço do conhecimento e de práticas inovadoras de ensino e aprendizagem.

Conheça, por exemplo, os nossos cursos de Cálculo em videoaulas produzidos cuidadosamente para que o estudante possa assistir, praticar e consolidar conhecimentos. São eles:

Pré-Cálculo　　Cálculo 1　　Cálculo 2　　Cálculo 3　　Cálculo 4

Trata-se de videoaulas completas com duração e didática especialmente planejadas para reter a atenção e a motivação do estudante.

Para mais informações, acesse

www.grupogen.com.br/videoaulas-calculo

Sumário geral

Volume 1

1 Números Reais
2 Funções
3 Limite e Continuidade
4 Extensões do Conceito de Limite
5 Teoremas do Anulamento, do Valor Intermediário e de Weierstrass
6 Funções Exponencial e Logarítmica
7 Derivadas
8 Funções Inversas
9 Estudo da Variação das Funções
10 Primitivas
11 Integral de Riemann
12 Técnicas de Primitivação
13 Mais Algumas Aplicações da Integral. Coordenadas Polares
14 Equações Diferenciais de 1ª Ordem de Variáveis Separáveis e Lineares
15 Teoremas de Rolle, do Valor Médio e de Cauchy
16 Fórmula de Taylor
17 Arquimedes, Pascal, Fermat e o Cálculo de Áreas

Apêndice A   Propriedade do Supremo
Apêndice B   Demonstrações dos Teoremas do Capítulo 5
Apêndice C   Demonstrações do Teorema da Seção 6.1 e da Propriedade (7) da Seção 2.2
Apêndice D   Funções Integráveis Segundo Riemann
Apêndice E   Demonstração do Teorema da Seção 13.4
Apêndice F   Construção do Corpo Ordenado dos Números Reais

Volume 2

1 Funções Integráveis
2 Função Dada por Integral
3 Extensões do Conceito de Integral
4 Aplicações à Estatística
5 Equações Diferenciais Lineares de 1ª e 2ª Ordens, com Coeficientes Constantes
6 Os Espaços $\mathbb{R}^n$
7 Função de uma Variável Real a Valores em $\mathbb{R}^n$. Curvas
8 Funções de Várias Variáveis Reais a Valores Reais
9 Limite e Continuidade
10 Derivadas Parciais

xviii Sumário geral

11 Funções Diferenciáveis
12 Regra da Cadeia
13 Gradiente e Derivada Direcional
14 Derivadas Parciais de Ordens Superiores
15 Teorema do Valor Médio. Fórmula de Taylor com Resto de Lagrange
16 Máximos e Mínimos
17 Mínimos Quadrados: Solução LSQ de um Sistema Linear. Aplicações ao Ajuste de Curvas

Apêndice A   Funções de uma Variável Real a Valores Complexos
Apêndice B   Uso da HP-48G, do Excel e do Mathcad

Volume 3

1 Funções de Várias Variáveis Reais a Valores Vetoriais
2 Integrais Duplas
3 Cálculo de Integral Dupla. Teorema de Fubini
4 Mudança de Variáveis na Integral Dupla
5 Integrais Triplas
6 Integrais de Linha
7 Campos Conservativos
8 Teorema de Green
9 Área e Integral de Superfície
10 Fluxo de um Campo Vetorial. Teorema da Divergência ou de Gauss
11 Teorema de Stokes no Espaço

Apêndice A   Teorema de Fubini
Apêndice B   Existência de Integral Dupla
Apêndice C   Equação da Continuidade
Apêndice D   Teoremas da Função Inversa e da Função Implícita
Apêndice E   Brincando no Mathcad

Volume 4

1 Sequências Numéricas
2 Séries Numéricas
3 Critérios de Convergência e Divergência para Séries de Termos Positivos
4 Séries Absolutamente Convergentes. Critério da Razão para Séries de Termos Quaisquer
5 Critérios de Cauchy e de Dirichlet
6 Sequências de Funções
7 Série de Funções
8 Série de Potências
9 Introdução às Séries de Fourier
10 Equações Diferenciais de 1ª ordem
11 Equações Diferenciais Lineares de Ordem n, com Coeficientes Constantes
12 Sistemas de Duas e Três Equações Diferenciais Lineares de 1ª Ordem e com Coeficientes Constantes

13   Equações Diferenciais Lineares de 2ª ordem, com Coeficientes Variáveis

14   Teoremas de Existência e Unicidade de Soluções para Equações Diferenciais de 1ª e 2ª Ordens

15   Tipos Especiais de Equações

Apêndice A   Teorema de Existência e Unicidade para Equação Diferencial de 1ª Ordem do Tipo $y' = f(x, y)$

Apêndice B   Sobre Séries de Fourier

Apêndice C   O Incrível Critério de Kummer

Sumário

1   Sequências Numéricas, 1
- **1.1**   Sequência e Limite de Sequência, 1
- **1.2**   Sequências Crescentes e Sequências Decrescentes, 10

2   Séries Numéricas, 15
- **2.1**   Série Numérica, 15
- **2.2**   Critério de Convergência para Série Alternada, 31
- **2.3**   Uma Condição Necessária para que uma Série Seja Convergente. Critério do Termo Geral para Divergência, 34

3   Critérios de Convergência e Divergência para Séries de Termos Positivos, 36
- **3.1**   Critério da Integral, 36
- **3.2**   Critérios de Comparação e do Limite, 39
- **3.3**   Critério de Comparação de Razões, 50
- **3.4**   Critérios da Razão e da Raiz, 54
- **3.5**   Critério de Raabe, 60
- **3.6**   Critério de De Morgan, 62

4   Séries Absolutamente Convergentes. Critério da Razão para Séries de Termos Quaisquer, 66
- **4.1**   Série Absolutamente Convergente e Série Condicionalmente Convergente, 66
- **4.2**   Critério da Razão para Séries de Termos Quaisquer, 68
- **4.3**   Reordenação de uma Série, 72

5   Critérios de Cauchy e de Dirichlet, 75
- **5.1**   Sequências de Cauchy, 75
- **5.2**   Critério de Cauchy para Convergência de Série, 79
- **5.3**   Critério de Dirichlet, 80

6   Sequências de Funções, 85
- **6.1**   Sequência de Funções. Convergência, 85
- **6.2**   Convergência Uniforme, 89
- **6.3**   Continuidade, Integrabilidade e Derivabilidade de Função Dada como Limite de uma Sequência de Funções, 95
- **6.4**   Critério de Cauchy para Convergência Uniforme de uma Sequência de Funções, 97
- **6.5**   Demonstrações de Teoremas, 98

7   Série de Funções, 101
- **7.1**   Série de Funções, 101

xxii Sumário

7.2	Critério de Cauchy para Convergência Uniforme de uma Série de Funções, 102
7.3	O Critério M de Weierstrass para Convergência Uniforme de uma Série de Funções, 102
7.4	Continuidade, Integrabilidade e Derivabilidade de Função Dada como Soma de uma Série de Funções, 108
7.5	Exemplo de Função que É Contínua em $\mathbb{R}$, mas que Não É Derivável em Nenhum Ponto de $\mathbb{R}$, 111

8 Série de Potências, 115

8.1	Série de Potências, 115
8.2	Série de Potências: Raio de Convergência, 116
8.3	Continuidade, Integrabilidade e Derivabilidade de Função Dada como Soma de uma Série de Potências, 121

9 Introdução às Séries de Fourier, 134

9.1	Série de Fourier de uma Função, 134
9.2	Uma Condição Suficiente para Convergência Uniforme de uma Série de Fourier, 141
9.3	Uma Condição Suficiente para que a Série de Fourier de uma Função Convirja Uniformemente para a Própria Função, 144
9.4	Convergência de Série de Fourier de Função de Classe C^2 por Partes, 153

10 Equações Diferenciais de 1ª Ordem, 158

10.1	Equação Diferencial de 1ª Ordem, 158
10.2	Equações de Variáveis Separáveis. Soluções Constantes, 159
10.3	Equações de Variáveis Separáveis: Método Prático para a Determinação das Soluções Não Constantes, 162
10.4	Equações Lineares de 1ª Ordem, 170
10.5	Equação de Bernoulli, 176
10.6	Equações do Tipo $y' = f(y/x)$, 178
10.7	Redução de uma Equação Autônoma de 2ª Ordem a uma Equação de 1ª Ordem, 180
10.8	Equações Diferenciais Exatas, 188
10.9	Fator Integrante, 197
10.10	Exemplos Diversos, 204

11 Equações Diferenciais Lineares de Ordem *n*, com Coeficientes Constantes, 226

11.1	Equações Diferenciais Lineares de 1ª Ordem, com Coeficientes Constantes, 226
11.2	Equações Diferenciais Lineares, Homogêneas, de 2ª Ordem, com Coeficientes Constantes, 230
11.3	Equações Diferenciais Lineares, com Coeficientes Constantes, de Ordens 3 e 4, 239
11.4	Equações Diferenciais Lineares, Não Homogêneas, com Coeficientes Constantes, 247
11.5	Determinação de Solução Particular pelo Método da Variação das Constantes, 265
11.6	Determinação de Solução Particular através da Transformada de Laplace, 267

12 Sistemas de Duas e Três Equações Diferenciais Lineares de 1ª Ordem e com Coeficientes Constantes, 278

12.1 Sistema Homogêneo de Duas Equações Diferenciais Lineares de 1ª Ordem, com Coeficientes Constantes, 278

12.2 Método Prático: Preliminares, 285

12.3 Método Prático para Resolução de um Sistema Homogêneo, com Duas Equações Diferenciais Lineares de 1ª Ordem e com Coeficientes Constantes, 295

12.4 Sistemas com Três Equações Diferenciais Lineares de 1ª Ordem, Homogêneas e com Coeficientes Constantes, 307

12.5 Sistemas Não Homogêneos: Determinação de Solução Particular pelo Método das Variações das Constantes, 326

13 Equações Diferenciais Lineares de 2ª Ordem, com Coeficientes Variáveis, 335

13.1 Equações Diferenciais Lineares de 2ª Ordem, com Coeficientes Variáveis e Homogêneas, 335

13.2 Wronskiano. Fórmula de Abel-Liouville, 340

13.3 Funções Linearmente Independentes e Funções Linearmente Dependentes, 342

13.4 Solução Geral de uma Equação Diferencial Linear de 2ª Ordem Homogênea e de Coeficientes Variáveis, 346

13.5 Redução de uma Equação Diferencial Linear de 2ª Ordem, com Coeficientes Variáveis, a uma Linear de 1ª Ordem, 349

13.6 Equação de Euler de 2ª Ordem, 355

13.7 Equação Diferencial Linear de 2ª Ordem e Não Homogênea. Método da Variação das Constantes, 356

14 Teoremas de Existência e Unicidade de Soluções para Equações Diferenciais de 1ª e 2ª Ordens, 363

14.1 Teoremas de Existência e Unicidade de Soluções para Equações Diferenciais de 1ª e 2ª Ordens, 363

15 Tipos Especiais de Equações, 380

15.1 Equação Diferencial de 1ª Ordem e de Variáveis Separáveis, 380

15.2 Equação Diferencial Linear de 1ª Ordem, 382

15.3 Equação Generalizada de Bernoulli, 383

15.4 Equação de Riccati, 385

15.5 Equação do Tipo $y' = f(ax + by)$, 387

15.6 Equação do Tipo $y' = f(ax + by + c)$, 388

15.7 Equação do Tipo $y' = f\left(\dfrac{y}{x}\right)$, 388

15.8 Equação do Tipo $y' = f\left(\dfrac{ax + by + c}{mx + ny + c}\right)$, 389

15.9 Equação do Tipo $xy = yf(xy)$, 391

15.10 Equação do Tipo $\ddot{x} = f(x)$ (ou $y'' = f(y)$), 391

15.11 Equação Diferencial de 2ª Ordem do Tipo $F(x, y', y'') = 0$, 393

15.12 Equação Diferencial de 2ª Ordem do Tipo $y'' = f(y) y'$, 394

xxiv Sumário

15.13   Equação Diferencial de 2ª Ordem do Tipo $y'' = f(y, y')$, 395

15.14   Redução de uma Equação Linear de 2ª Ordem do Tipo $\ddot{y} = g(t)y$ a uma Equação de Riccati, 399

15.15   Redução de uma Equação Diferencial Linear de 2ª Ordem do Tipo $\ddot{y} + p(t)\,\dot{y} + q(t)y = 0$ a uma da Forma $\ddot{y} = g(t)y$, 401

Apêndice A   **Teorema de Existência e Unicidade para Equação Diferencial de 1ª Ordem do Tipo $y = f(x, y)$, 403**

A.1   Preliminares, 403

A.2   Teorema de Existência, 406

A.3   Teorema de Unicidade, 410

Apêndice B   **Sobre Séries de Fourier, 413**

B.1   Demonstração do Lema da Seção 9.3, 413

B.2   Estudo da Série $\dfrac{2}{\pi} \displaystyle\sum_{n=1}^{+\infty} \dfrac{\text{sen } nx}{x}$, 417

B.3   Demonstração do Teorema da Seção 9.4, 420

B.4   Utilização das Séries de Fourier na Determinação de Solução Particular de uma Equação Diferencial Linear de 2ª Ordem, com Coeficientes Constantes, Quando o 2º Membro É uma Função Periódica, 424

Apêndice C   **O Incrível Critério de Kummer, 427**

C.1   Lema de Kummer, 427

C.2   Critério de Kummer, 428

Respostas, Sugestões ou Soluções, 431

Bibliografia, 472

Índice, 474

1 CAPÍTULO

Sequências Numéricas

1.1 Sequência e Limite de Sequência

Uma *sequência* ou *sucessão* de números reais é uma função $n \mapsto a_n$, a valores reais, cujo domínio é um subconjunto de $\mathbb{N}$. As sequências que vamos considerar de agora em diante são aquelas cujo domínio é do tipo $\{n \in \mathbb{N} \mid n \geq q\}$, em que q é um natural fixo.

A notação a_n (leia: *a índice n*) é usada para indicar o valor que a sequência assume no natural n. Diremos que a_n é o *termo geral* da sequência. Por abuso de notação utilizaremos o símbolo a_n para indicar a sequência de termo geral a_n.

Exemplo 1 Seja a sequência de termo geral $a_n = 2^n$. Temos

$$a_0 = 2^0, a_1 = 2^1, a_2 = 2^2, \ldots$$

Exemplo 2 Seja a sequência de termo geral $s_n = \sum_{k=1}^{n} k$. Temos

$$s_1 = 1, s_2 = 1 + 2, s_3 = 1 + 2 + 3, \ldots$$

Exemplo 3 Seja a sequência de termo geral $s_n = \sum_{i=1}^{n} \frac{1}{i}$. Temos

$$s_1 = 1, s_2 = 1 + \frac{1}{2}, s_3 = 1 + \frac{1}{2} + \frac{1}{3}, \ldots$$

Exemplo 4 Considere a sequência de termo geral $s_n = \sum_{k=0}^{n} t^k$, $t \neq 0$ e $t \neq 1$. Verifique que

$$s_n = \frac{1 - t^{n+1}}{1 - t}.$$

Capítulo 1

2

Solução

① $\quad s_n = 1 + t + t^2 + \ldots + t^{n-1} + t^n.$

Multiplicando ambos os membros por t, vem

② $\quad ts_n = t + t^2 + t^3 + \ldots + t^n + t^{n+1}.$

Subtraindo membro a membro ① e ②, obtemos

$$s_n(1-t) = 1 - t^{n+1}.$$

Logo

$$s_n = \frac{1-t^{n+1}}{1-t}.$$

Observe que s_n é a soma dos termos da progressão geométrica $1, t, t^2, \ldots, t^n$.

Definição. Consideremos uma sequência de termo geral a_n e seja a um número real. Definimos:

(i) $\quad \lim\limits_{n \to +\infty} a_n = a \quad \Leftrightarrow \begin{cases} \text{Para todo } \varepsilon > 0, \text{ existe um natural } n_0 \text{ tal que} \\ n > n_0 \Rightarrow a - \varepsilon < a_n < a + \varepsilon. \end{cases}$

(ii) $\quad \lim\limits_{n \to +\infty} a_n = +\infty \quad \Leftrightarrow \begin{cases} \text{Para todo } \varepsilon > 0, \text{ existe um natural } n_0 \text{ tal que} \\ n > n_0 \Rightarrow a_n > \varepsilon. \end{cases}$

(iii) $\quad \lim\limits_{n \to +\infty} a_n = -\infty \quad \Leftrightarrow \begin{cases} \text{Para todo } \varepsilon > 0, \text{ existe um natural } n_0 \text{ tal que} \\ n > n_0 \Rightarrow a_n < -\varepsilon. \end{cases}$

Se $\lim\limits_{n \to +\infty} a_n$ for finito, diremos que a sequência a_n é *convergente*; caso contrário, diremos que a sequência é *divergente*.

Observamos que as definições acima são exatamente as mesmas que demos quando tratamos com limite de uma função $f(x)$, para $x \to +\infty$; deste modo, tudo aquilo que dissemos sobre os limites da forma "$\lim\limits_{x \to +\infty} f(x)$" aplica-se aqui. (Veja Vol. 1.)

Exemplo 5 Calcule $\lim\limits_{n \to +\infty} \dfrac{n^2 + 3n - 1}{2n^2 + 5}$.

Solução

$$\lim_{n \to +\infty} \frac{n^2 + 3n - 1}{2n^2 + 5} = \lim_{n \to +\infty} \frac{1 + \dfrac{3}{n} - \dfrac{1}{n^2}}{2 + \dfrac{5}{n^2}} = \frac{1}{2}.$$

Sequências Numéricas

Exemplo 6 (*Teorema do confronto*) Suponha que exista um natural n_1 tal que, para todo $n \geqslant n_1, a_n \leqslant b_n \leqslant c_n$. Prove que se

$$\lim_{n \to +\infty} a_n = L = \lim_{n \to +\infty} c_n$$

com L real, então

$$\lim_{n \to +\infty} b_n = L.$$

Solução

Como $\lim\limits_{n \to +\infty} a_n = L = \lim\limits_{n \to +\infty} c_n$, dado $\varepsilon > 0$ existe um natural n_0, que podemos supor maior que n_1, tal que

$$n > n_0 \Rightarrow \begin{cases} L - \varepsilon < a_n < L + \varepsilon \\ \quad\quad e \\ L - \varepsilon < c_n < L + \varepsilon. \end{cases}$$

Tendo em vista a hipótese,

$$n > n_0 \Rightarrow L - \varepsilon < a_n \leqslant b_n \leqslant c_n < L + \varepsilon$$

e, portanto,

$$n > n_0 \Rightarrow L - \varepsilon < b_n < L + \varepsilon$$

ou seja,

$$\lim_{n \to +\infty} b_n = L.$$

Exemplo 7 Suponha $0 < t < 1$. Mostre que

$$\lim_{n \to +\infty} \sum_{k=1}^{n} t^k = \frac{1}{1-t}.$$

Solução

$$\sum_{k=1}^{n} t^k = t + t^2 + \ldots + t^n = t(1 + t + \ldots + t^{n-1}).$$

Tendo em vista o Exemplo 4,

$$\sum_{k=1}^{n} t^k = t \, \frac{1 - t^n}{1 - t}.$$

Como $0 < t < 1$, $\lim\limits_{n \to +\infty} t^n = 0$. Segue que

$$\lim_{n \to +\infty} \sum_{k=1}^{n} t^k = \frac{t}{1-t}.$$

Capítulo 1

Exemplo 8 Considere uma sequência de termo geral a_n e suponha que $\lim\limits_{n\to+\infty} a_n = a$. Prove que

$$\lim_{n\to+\infty} \frac{a_1 + a_2 + \ldots + a_n}{n} = a.$$

Solução

Precisamos provar que dado $\varepsilon > 0$, existe um natural n_0 tal que

$$n > n_0 \Rightarrow \left| \frac{a_1 + a_2 + \ldots + a_n}{n} - a \right| < \varepsilon.$$

Da hipótese $\lim\limits_{n\to+\infty} a_n = a$, segue que dado $\varepsilon > 0$ existe um natural p tal que

$$n > p \Rightarrow a - \frac{\varepsilon}{2} < a_n < a + \frac{\varepsilon}{2}$$

ou

$$n > p \Rightarrow -\frac{\varepsilon}{2} < a_n - a < \frac{\varepsilon}{2}.$$

Seja, então, $n > p$. Temos

$$-\frac{\varepsilon}{2} < a_{p+1} - a < \frac{\varepsilon}{2}$$

$$-\frac{\varepsilon}{2} < a_{p+2} - a < \frac{\varepsilon}{2}$$

$$\vdots$$

$$-\frac{\varepsilon}{2} < a_n - a < \frac{\varepsilon}{2}.$$

Somando membro a membro estas $n - p$ desigualdades vem

$$n > p \Rightarrow -\frac{\varepsilon}{2} < \frac{(a_{p+1} - a) + (a_{p+2} - a) + \ldots + (a_n - a)}{n - p} < \frac{\varepsilon}{2}$$

e, portanto,

$\textcircled{1}$
$$n > p \Rightarrow \left| \frac{(a_{p+1} - a) + (a_{p+2} - a) + \ldots + (a_n - a)}{n - p} \right| < \frac{\varepsilon}{2}.$$

Tendo em vista que p é um natural fixo, resulta

$$\lim_{n\to+\infty} \frac{(a_1 - a) + (a_2 - a) + \ldots + (a_p - a)}{n} = 0.$$

Segue que existe um natural q tal que

$$②\quad n > p \implies \left| \frac{(a_1 - a) + (a_2 - a) + \ldots + (a_p - a)}{n} \right| < \frac{\varepsilon}{2}.$$

Seja $n_0 = \text{máx } \{p, q\}$. De ① e ② segue que, para todo $n > n_0$,

$$\left| \frac{a_1 + a_2 + \ldots + a_n}{n} - a \right| \leq \left| \frac{(a_1 - a) + (a_2 - a) + \ldots + (a_p - a)}{n} \right| +$$

$$+ \left| \frac{(a_{p+1} - a) + (a_{p+2} - a) + \ldots + (a_n - a)}{n} \right| < \frac{\varepsilon}{2} +$$

$$+ \left| \frac{(a_{p+1} - a) + (a_{p+2} - a) + \ldots + (a_n - a)}{n - p} \right| \frac{n - p}{n} < \varepsilon.$$

(Observe que, para $n > p$, $\dfrac{n - p}{n} < 1$.)

Assim,

$$n > n_0 \implies \left| \frac{a_1 + a_2 + \ldots + a_n}{n} - a \right| < \varepsilon.$$

Portanto,

$$\lim_{n \to +\infty} \frac{a_1 + a_2 + \ldots + a_n}{n} = a.$$

Seja a_n, $n \geq 1$, uma sequência e seja $b_n = \dfrac{a_1 + a_2 + \ldots + a_n}{n}$, $n \geq 1$. Observe que b_n é a *média aritmética* dos n primeiros termos da sequência de termo geral a_n. O exemplo anterior conta-nos que se $\lim_{n \to +\infty} a_n = a$, então a média aritmética dos n primeiros termos de a_n também converge para a. Deixamos a seu cargo a tarefa de provar que o resultado acima continua válido se $a = +\infty$ ou $a = -\infty$.

Antes de passarmos ao próximo exemplo, faremos a seguinte observação.

Observação. Seja $f(x)$ uma função a valores reais definida no intervalo $[q, +\infty[$, q natural, e consideremos a sequência de termo geral

$$a_n = f(n), n \geq q.$$

É de imediata verificação que

$$\lim_{n \to +\infty} a_n = \lim_{x \to +\infty} f(x)$$

desde que o limite do 2º membro exista, finito ou infinito. (Reveja as regras de L'Hospital, Seção 9.4 do Vol. 1. Você poderá precisar delas.)

Capítulo 1

Exemplo 9 Calcule $\lim\limits_{n\to+\infty} \sqrt[n]{n}$.

Solução

$$\lim\limits_{n\to+\infty} \sqrt[n]{n} = \lim\limits_{n\to+\infty} n^{1/n} = \lim\limits_{x\to+\infty} x^{1/n}.$$

Temos

$$x^{1/x} = e^{\ln x / x}.$$

Como

$$\lim\limits_{x\to+\infty} \frac{\ln x}{x} = 0 \text{ (verifique)}$$

resulta

$$\lim\limits_{n\to+\infty} \sqrt[n]{n} = 1.$$

Exercícios 1.1

1. Determine o termo geral da sequência.

   a) 0; 2; 0; 2; 0; 2, ...

   b) 0, 1, 2, 0, 1, 2, 0, 1, 2, ...

   c) $0, \dfrac{3}{2}, \dfrac{2}{3}, \dfrac{5}{4}, \dfrac{4}{5}, \dfrac{7}{6}, \dfrac{6}{7}, \ldots$

2. Calcule, caso exista, $\lim\limits_{n\to+\infty} a_n$, sendo a_n igual a

   a) $\dfrac{n^3 + 3n + 1}{4n^3 + 2}$

   b) $\sqrt{n+1} - \sqrt{n}$

   c) $\sum\limits_{k=0}^{n} \left(\dfrac{1}{2}\right)^k$

   d) $\sum\limits_{k=0}^{n} t^k, 0 < |t| < 1$

   e) $\left(1 + \dfrac{2}{n}\right)^n$ (Lembrete: $\lim\limits_{n\to+\infty} \left(1 + \dfrac{1}{n}\right)^n = e$. Veja Seção 4.5 do Vol. 1.)

   f) $\left(1 - \dfrac{2}{n}\right)^n$

   g) $\int_1^n \dfrac{1}{x} \, dx$

   h) $\int_1^n \dfrac{1}{x^\alpha} \, dx$, em que α é um real dado

   i) $\int_0^n e^{-sx} \, dx \, (s > 0)$

   j) $\int_0^n \dfrac{1}{1 + x^2} \, dx$

   k) $\int_2^n \dfrac{1}{x^2 - x} \, dx$

   l) $\dfrac{n+1}{\sqrt[3]{n^7 + 2n + 1}}$

   m) $\operatorname{sen} \dfrac{1}{n}$

Sequências Numéricas

7

n) $n \operatorname{sen} \dfrac{1}{n}$

o) $\dfrac{1}{n} \operatorname{sen} n$

p) $\cos n\pi$

q) $(-1)^n + \dfrac{(-1)^n}{n}$

r) $\displaystyle\int_0^n e^{-sx} \cos x \, dx \; (s > 0)$

s) $n \left[1 - \dfrac{(n+1)^n}{en^n} \right]$

3. Calcule $\displaystyle\lim_{n \to +\infty} s_n$, em que $s_n = \displaystyle\sum_{k=1}^{n} \left(\dfrac{1}{k} - \dfrac{1}{k+1} \right)$.

4. Calcule $\displaystyle\lim_{n \to +\infty} b_n$, sendo b_n igual a

a) $\dfrac{1 + \dfrac{1}{2} + \dfrac{1}{3} + \ldots + \dfrac{1}{n}}{n}$

b) $\dfrac{2 + \sqrt{2} + \sqrt[3]{2} + \ldots + \sqrt[n]{2}}{n}$

5. Suponha $a_n > 0$, $n \geq 1$, e que $\displaystyle\lim_{n \to +\infty} a_n = a$. Prove que $\displaystyle\lim_{n \to +\infty} \sqrt[n]{a_1 \, a_2 \, a_3 \, \ldots \, a_n} = a$.
(*Sugestão*: Utilize o Exemplo 8 e a identidade $x = e^{\ln x}$.)

6. Suponha $a_n > 0$, $n \geq 1$. Suponha, ainda, que

$$\lim_{n \to +\infty} \dfrac{a_{n+1}}{a_n} = L.$$

Prove que $\displaystyle\lim_{n \to +\infty} \sqrt[n]{a_n} = L$.

$$\left(\text{Sugestão: } \sqrt[n]{a_n} = \sqrt[n]{a_1} \sqrt[n]{\dfrac{a_2}{a_1} \dfrac{a_3}{a_2} \ldots \dfrac{a_n}{a_{n-1}}} \right)$$

7. Calcule $\displaystyle\lim_{n \to +\infty} \dfrac{a_{n+1}}{a_n}$ e $\displaystyle\lim_{n \to +\infty} \sqrt[n]{a_n}$

a) $a_n = \dfrac{n!}{n^n}$

b) $a_n = n$.

8. Suponha que exista um natural n_1 tal que, para todo $n \geq n_1$, $a_n \leq b_n$. Prove que se $\displaystyle\lim_{n \to +\infty} a_n = +\infty$, então $\displaystyle\lim_{n \to +\infty} b_n = +\infty$.

9. Suponha que, para todo $n \geq 1$, $|a_n - a| \leq \dfrac{1}{n}$, em que a é um número real fixo. Calcule $\displaystyle\lim_{n \to +\infty} a_n$ e justifique.

Capítulo 1

10. Seja $f : A \to \mathbb{R}, A, \mathbb{R}$, uma função contínua em a. Seja a_n uma sequência tal que, para todo n, $a_n \in A$. Prove que se $\lim\limits_{n \to +\infty} a_n = a$, então $\lim\limits_{n \to +\infty} f(a_n) = f(a)$. (Veja Seção 4.4 do Vol. 1.)

11. Seja $f : A \to A, A \subset \mathbb{R}$, uma função contínua em a. Seja $a_0 \in A$ e considere a sequência a_n dada por $a_{n+1} = f(a_n)$, $n \in \mathbb{N}$. Suponha que a_n converge para a. Prove que $a = f(a)$. (*Observação*: Dizer que a_n converge para a significa que $\lim\limits_{n \to +\infty} a_n = a$.)

12. Sejam a_n e b_n duas sequências tais que, para todo natural n, $|a_n - b_n| \leqslant 5 e^{-n}$. Suponha que a_n converge para o número real a. Prove que b_n converge para a.

13. Calcule e interprete geometricamente o resultado obtido.

a) $\lim\limits_{n \to +\infty} \iint\limits_{A_n} \dfrac{1}{\sqrt{x^2 + y^2}} \, dx \, dy$, em que A_n é a coroa circular $\dfrac{1}{n^2} \leqslant x^2 + y^2 \leqslant 1$, com $n \geqslant 2$.

b) $\lim\limits_{n \to +\infty} \iint\limits_{A_n} \dfrac{1}{(x^2 + y^2)^2} \, dx \, dy$, em que A_n é a coroa circular $1 \leqslant x^2 + y^2 \leqslant n^2$, com $n \geqslant 2$.

c) $\lim\limits_{n \to +\infty} \iiint\limits_{A_n} \dfrac{1}{(x^2 + y^2)^\alpha} \, dx \, dy$, em que A_n é a coroa circular $1 \leqslant x^2 + y^2 \leqslant n^2$, $n \geqslant 2$, e $\alpha > 0$ é um real dado.

d) $\lim\limits_{n \to +\infty} \iint\limits_{A_n} \left[\dfrac{1}{\sqrt{x}} + \dfrac{1}{\sqrt{y}} \right] dx \, dy$, em que A_n é o retângulo $\dfrac{1}{n} \leqslant x \leqslant 1$ e $\dfrac{1}{n} \leqslant y \leqslant 1$, com $n \geqslant 2$.

e) $\lim\limits_{n \to +\infty} \iint\limits_{A_n} e^{-\sqrt{x^2 + y^2}} \, dx \, dy$, em que A_n é o círculo $x^2 + y^2 \leqslant n^2$, $n \geqslant 1$.

14. Verifique que a sequência $a_n = \int_1^n \operatorname{sen} x^\alpha \, dx$ é convergente. (*Sugestão*: Veja Exemplo 5 da Seção 3.4 do Vol. 2.)

15. Seja $\alpha > 1$ um real dado. Mostre que a sequência $a_n = \int_1^n \operatorname{sen} x^\alpha \, dx$ é convergente. (*Sugestão*: Faça a mudança de variável $u = x^\alpha$.)

16. Seja $\alpha = \dfrac{1}{2}$. A sequência $a_n = \int_1^n \operatorname{sen} x^\alpha \, dx$ é convergente ou divergente? Justifique.

17. Resolva os exercícios das Seções 4.3 e 4.4 do Vol. 1.

18. Calcule

a) $\lim\limits_{n \to +\infty} n \operatorname{tg} \dfrac{1}{n}$

b) $\lim\limits_{n \to +\infty} n \left[1 - \cos \dfrac{1}{n} \right]$

c) $\lim\limits_{n \to +\infty} n \left[\operatorname{sen} \left(\dfrac{1 + n^3}{n^2} \right) - \operatorname{sen} n \right]$

d) $\lim\limits_{n \to +\infty} \dfrac{n + n^2 \operatorname{sen} \dfrac{1}{n}}{1 - n^2 \operatorname{sen} \dfrac{1}{n}}$

e) $\lim\limits_{n \to +\infty} \left[n - n^2 \operatorname{sen} \dfrac{1}{n} \right]$

f) $\lim\limits_{n \to +\infty} n \left[\operatorname{sen} \left(x_0 + \dfrac{1}{n} \right) - \operatorname{sen} x_0 \right]$, x_0 fixo

g) $\lim\limits_{n \to +\infty} \left(\dfrac{n+2}{n+1} \right)^n$

h) $\lim\limits_{n \to +\infty} n \left[e^{\operatorname{sen} \frac{1}{n}} - 1 \right]$

19. (**Método dos babilônios para cálculo de raiz quadrada**.) Considere a sequência a_n, $n \geq 0$, dada por

$$a_{n+1} = \frac{1}{2} \left(a_n + \frac{\alpha}{a_n} \right)$$

em que a_0 e α são reais positivos dados. (Observe que a_{n+1} é a média aritmética entre a_n e $\dfrac{\alpha}{a_n}$. Observe, ainda, que se a_n for uma aproximação por falta de $\sqrt{\alpha}$, então $\dfrac{\alpha}{a_n}$ será uma aproximação por excesso e vice-versa.) Mostre que, para todo $n \geq 1$, tem-se

a) $a_n^2 \geq \alpha$

b) $a_{n+1} \leq a_n$

c) $0 \leq a_{n+1} - \dfrac{\alpha}{a_{n+1}} \leq \dfrac{1}{2^n} (a_1 - \dfrac{\alpha}{a_1})$

Conclua que

d) $\lim\limits_{n \to +\infty} a_n$ existe e calcule-o.

20. (**Produto de Wallis**) Mostre que, para todo natural n, tem-se

a) $\displaystyle\int_0^{\frac{\pi}{2}} \operatorname{sen}^n x \; dx = \frac{n-1}{n} \int_0^{\frac{\pi}{2}} \operatorname{sen}^{n-2} x \; dx, \; n \geq 2$

b) $\displaystyle\int_0^{\frac{\pi}{2}} \operatorname{sen}^{2n+2} x \; dx \leq \int_0^{\frac{\pi}{2}} \operatorname{sen}^{2n+1} x \; dx \leq \int_0^{\frac{\pi}{2}} \operatorname{sen}^{2n} x \; dx$

c) $\dfrac{2n+1}{2n+2} \leq \dfrac{\displaystyle\int_0^{\frac{\pi}{2}} \operatorname{sen}^{2n+1} x \; dx}{\displaystyle\int_0^{\frac{\pi}{2}} \operatorname{sen}^{2n} x \; dx} \leq 1$

d) $\dfrac{\displaystyle\int_0^{\frac{\pi}{2}} \operatorname{sen}^{2n+1} x \; dx}{\displaystyle\int_0^{\frac{\pi}{2}} \operatorname{sen}^{2n} x \; dx} = 1 \dfrac{(2n)^2}{(2n+1)(2n-1)} \cdot \dfrac{(2n-2)^2}{(2n-1)(2n-3)} \cdots \dfrac{2^2}{3 \cdot 1} \cdot \dfrac{2}{\pi}$

Dos itens acima, conclua que

e) $\lim\limits_{n \to +\infty} \dfrac{2^2 \cdot 4^2 \cdots (2n)^2}{(1 \cdot 3)(3 \cdot 5) \cdots (2n-1)(2n+1)} = \dfrac{\pi}{2}$.

Capítulo 1

1.2 Sequências Crescentes e Sequências Decrescentes

Trabalhar com a sequência a_n, com $n \geqslant q$, em que q é um natural fixo, é o mesmo que trabalhar com a sequência a_{n+q}, $n \geqslant 0$; por esse motivo, de agora em diante, todos os resultados serão estabelecidos para sequências a_n, com $n \geqslant 0$.

Seja a_n uma sequência. Dizemos que tal sequência é *crescente* se, quaisquer que sejam os naturais m e n,

$$m < n \Rightarrow a_m \leqslant a_n.$$

Se $a_m \leqslant a_n$ for trocado por $a_m \geqslant a_n$, então diremos que a sequência é *decrescente*.

Uma sequência numérica é dita *monótona* se for crescente ou decrescente.

Dizemos que a sequência a_n é *limitada superiormente* se existir um número real β tal que, para todo natural n, $a_n \leqslant \beta$.

Dizemos que a sequência a_n é *limitada inferiormente* se existir um número real α tal que, para todo natural n, $a_n \geqslant \alpha$.

Dizemos que a_n é uma sequência *limitada* se existirem reais α e β tais que, para todo natural n, $\alpha \leqslant a_n \leqslant \beta$. Observe que a sequência a_n é limitada se e somente se for limitada superiormente e inferiormente.

O teorema que enunciamos, e provamos a seguir, será muito importante para o que segue.

Antes de começar a estudar a demonstração do próximo teorema, sugerimos ao leitor rever o Apêndice A do Vol. 1.

Teorema. Seja a_n uma sequência crescente.

(i) Se a_n for limitada superiormente, então a_n será convergente.

(ii) Se a_n não for limitada superiormente, então a_n será divergente para $+\infty$.

Demonstração

(i) O conjunto $\{a_n \mid n \geqslant 0\}$ é não vazio e limitado superiormente; logo, admite supremo. Seja $a = \sup \{a_n \mid n \geqslant 0\}$. Provaremos que

$$\lim_{n \to +\infty} a_n = a.$$

Sendo a o supremo de $\{a_n \mid n \geqslant 0\}$, dado $\varepsilon > 0$, existe pelo menos um natural n_0 tal que

$$a - \varepsilon < a_{n_0} \leqslant a.$$

(Se tal n_0 não existisse, teríamos, para todo natural n, $a_n \leqslant a - \varepsilon$ e, então, a não poderia ser o supremo do conjunto de todos os a_n.)

Como, por hipótese, a_n é crescente, resulta

$$n > n_0 \Rightarrow a - \varepsilon < a_n.$$

Mas, para todo n, $a_n \leqslant a$, pois a é o supremo do conjunto $\{a_n \mid n \geqslant 0\}$. Logo,

$$n > n_0 \Rightarrow a - \varepsilon < a_n \leqslant a < a + \varepsilon.$$

Portanto,

$$\lim_{n \to +\infty} a_n = a.$$

(ii) Como a_n não é limitada superiormente, para todo $\varepsilon > 0$, existe pelo menos um natural n_0 tal que $a_{n_0} > \varepsilon$. Como, por hipótese, a_n é crescente, resulta

$$n > n_0 \Rightarrow a_n > \varepsilon$$

ou seja,

$$\lim_{n \to +\infty} a_n = +\infty.$$ ■

O teorema que acabamos de provar conta-nos que para uma sequência *crescente* só há duas possibilidades: *convergente* ou *divergente para* $+\infty$. Será convergente se for limitada superiormente; divergirá para $+\infty$ se não for limitada superiormente.

Fica a seu cargo provar que toda *sequência decrescente e limitada inferiormente é convergente* e que toda *sequência decrescente e não limitada inferiormente diverge para* $-\infty$. (*Observe*: se a_n for decrescente, então $-a_n$ será crescente.)

Exemplo 1 A sequência $s_n = \sum_{k=1}^{n} \frac{1}{k^2}$ é convergente ou divergente? Justifique.

Solução

Observamos, inicialmente, que a sequência é crescente. De fato, quaisquer que sejam os naturais m e n, com $1 \leq m < n$, tem-se

$$s_m = \sum_{k=1}^{m} \frac{1}{k^2}$$

e

$$s_n = \sum_{k=1}^{m} \frac{1}{k^2} + \sum_{k=m+1}^{n} \frac{1}{k^2}.$$

Como $\sum_{k=m+1}^{n} \frac{1}{k^2} > 0$, resulta $s_n > s_m$.

Vamos provar a seguir que a sequência é limitada superiormente.

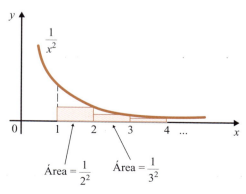

Capítulo 1

Temos

$$s_n = 1 + \frac{1}{2^2} + \frac{1}{3^2} + \ldots + \frac{1}{n^2} \leq 1 + \int_1^n \frac{1}{x^2} dx.$$

Como a sequência $n \mapsto \int_1^n \frac{1}{x^2} dx$ é crescente e

$$\lim_{n \to +\infty} \int_1^n \frac{1}{x^2} dx = \lim_{n \to +\infty} \left[-\frac{1}{n} + 1 \right] = 1$$

resulta

$$s_n \leq 2, \text{ para todo } n \geq 1.$$

Segue que a sequência é convergente, pois é crescente e limitada superiormente por 2. Isto significa que existe um número real s tal que $\lim_{n \to +\infty} \sum_{k=1}^{n} \frac{1}{k^2} = s$; observe que $s \leq 2$. Veja

$$s_1 = 1$$
$$s_2 = 1 + \frac{1}{2^2}$$
$$s_3 = 1 + \frac{1}{2^2} + \frac{1}{3^2}$$
$$s_4 = 1 + \frac{1}{2^2} + \frac{1}{3^2} + \frac{1}{4^2}$$
.
.
.
$$s_n = 1 + \frac{1}{2^2} + \frac{1}{3^2} + \ldots + \frac{1}{n^2}$$
.
.
.

quando $n \to +\infty$, s_n tende a s, em que s é um número real, com $s \leq 2$.

Exemplo 2 A sequência $s_n = \sum_{k=1}^{n} \frac{1}{k}$ é convergente ou divergente? Justifique.

Solução

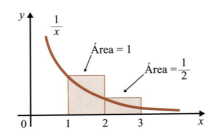

Para todo $n \geq 1$,

$$s_n = 1 + \frac{1}{2} + \frac{1}{3} + \ldots + \frac{1}{n} \geq \int_1^{n+1} \frac{1}{x}\, dx.$$

Como

$$\lim_{n \to +\infty} \int_1^{n+1} \frac{1}{x}\, dx = \lim_{n \to +\infty} \ln(n+1) = +\infty$$

resulta

$$\lim_{n \to +\infty} s_n = +\infty$$

Exercícios 1.2

1. É convergente ou divergente? Justifique.

   a) $s_n = \sum\limits_{k=1}^{n} \dfrac{1}{k^3}$ 　　　b) $s_n = \sum\limits_{k=1}^{n} \dfrac{1}{\sqrt{k}}$

   c) $s_n = \sum\limits_{k=0}^{n} \dfrac{1}{2^k}$ 　　　d) $s_n = \sum\limits_{k=1}^{n} \dfrac{1}{k!}$

   e) $s_n = \sum\limits_{k=1}^{n} \dfrac{1}{k^2 + 1}$ 　　　f) $s_n = \sum\limits_{k=1}^{n} e^{-k}$

   g) $s_n = \sum\limits_{k=2}^{n} \dfrac{1}{\ln k}$ (Sugestão: Verifique que $\ln k < k$, para $k \geq 2$, e utilize o Exemplo 2.)

   h) $s_n = \sum\limits_{k=2}^{n} \dfrac{1}{k\ln k}$ (Sugestão: Verifique que $\int_2^{+\infty} \dfrac{1}{x \ln x}\, dx = +\infty$.)

2. Considere a sequência $a_1 = \sqrt{2},\, a_2 = \sqrt{2\sqrt{2}},\, a_3 = \sqrt{2\sqrt{2\sqrt{2}}},\, \ldots$

   a) Verifique que a sequência é crescente e limitada superiormente por 2.

   b) Calcule $\lim\limits_{n \to +\infty} a_n$.

3. Sejam a_n e b_n duas sequências, com a_n crescente e b_n decrescente, e tais que, para todo natural n, $b_n - a_n \geq 0$. Suponha, ainda, que $\lim\limits_{n \to +\infty} (b_n - a_n) = 0$. Prove que as sequências são convergentes e que $\lim\limits_{n \to +\infty} a_n = \lim\limits_{n \to +\infty} b_n$.

4. Considere a sequência de termo geral $s_n = \sum\limits_{k=1}^{n} (-1)^{k+1} a_k$, com $a_k > 0$ para todo $k \geq 1$. Suponha que $\lim\limits_{k \to +\infty} a_k = 0$. Suponha, ainda, que a sequência de termo geral s_{2n+1}, $n \geq 0$, seja decrescente e que a sequência de termo geral s_{2n}, $n \geq 1$, seja crescente. Prove que a sequência de termo geral

$$s_n = \sum_{k=1}^{n} (-1)^{k+1} a_k$$

   é convergente.

5. Para cada natural $n \geq 1$, seja A_n o círculo $x^2 + y^2 \leq n^2$. Prove que é convergente a sequência de termo geral

Capítulo 1

$$a_n = \iint_{A_n} e^{-(x^2+y^2)^2}\, dx\, dy.$$

6. Para cada natural $n \geq 1$, seja A_n o círculo $x^2 + y^2 \leq n^2$. A sequência de termo geral

$$a_n = \iint_{A_n} \frac{e^{-x^2 y^2}}{1 + (x^2 + y^2)^2}\, dxdy$$

é convergente ou divergente? Justifique.

7. Prove que a sequência de termo geral

$$a_n = \int_1^n \frac{\operatorname{sen}^2 x}{x^2}\, dx$$

é convergente.

8. A sequência de termo geral

$$a_n = \int_1^n \operatorname{sen} \frac{1}{x^2}\, dx$$

é convergente ou divergente? Justifique.

9. Suponha que, para todo natural n, a_n pertença ao conjunto $\{0, 1, 2, ..., 9\}$. A sequência de termo geral

$$s_n = \sum_{k=1}^{n} \frac{a_k}{10^k}$$

é convergente ou divergente? Justifique.

10. Seja $s_n = \sum_{k=0}^{n}\left[1 + (-1)^k\right]$, $n \geq 0$. Prove que $\lim_{n \to +\infty} s_n = +\infty$.

2

CAPÍTULO

Séries Numéricas

Videoaulas
vídeos 5.6
e 5.7

2.1 Série Numérica

Seja a_n, $n \geq q$ e q um natural fixo, uma sequência numérica; a sequência de termo geral

① $$s_n = \sum_{k=q}^{n} a_k, n \geq q,$$

denomina-se *série numérica* associada à sequência a_n. Os números a_n, $n \geq q$, são denominados *termos* da série; a_n é o *termo geral* da série. Referir-nos-emos a ① como *soma parcial de ordem n* da série.

O limite da série, quando existe (finito ou infinito), denomina-se *soma da série* e é indicada por $\sum_{k=q}^{+\infty} a_k$. Assim

$$\sum_{k=q}^{+\infty} a_k = \lim_{n \to +\infty} \sum_{k=q}^{n} a_k.$$

Se a soma for *finita*, diremos que a série é *convergente*. Se a soma for infinita ($+\infty$ ou $-\infty$) ou se o limite não existir, diremos que a série é *divergente*.

O símbolo $\sum_{k=q}^{+\infty} a_k$ foi usado para indicar a soma da série. Por um abuso de notação, tal símbolo será utilizado ainda para representar a própria série. Falaremos, então, da série $\sum_{k=q}^{+\infty} a_k$, entendendo-se que se trata da série cuja soma parcial de ordem n é

$s_n = \sum_{k=q}^{n} a_k, n \geq q$. Escreveremos com frequência

$$\sum_{k=q}^{+\infty} a_k = a_q + a_{q+1} + a_{q+2} + \ldots .$$

Trabalhar com a série $\sum_{k=q}^{+\infty} a_k$ é o mesmo que trabalhar com a série $\sum_{k=0}^{+\infty} b_k$, em que $b_k = a_{k+q}$, $k \geq 0$. Por esse motivo, de agora em diante, todos os resultados serão estabelecidos para as séries $\sum_{k=0}^{+\infty} a_k$.

Capítulo 2

A seguir vamos destacar algumas propriedades imediatas das séries.

a) Seja α um real dado. Se $\sum\limits_{k=0}^{+\infty} a_k$ for convergente, então $\sum\limits_{k=0}^{+\infty} \alpha a_k$ será convergente e

$$\sum_{k=0}^{+\infty} \alpha a_k = \alpha \sum_{k=0}^{+\infty} a_k.$$

b) Se $\sum\limits_{k=0}^{+\infty} a_k$ e $\sum\limits_{k=0}^{+\infty} b_k$ forem convergentes, então $\sum\limits_{k=0}^{+\infty} (a_k + b_k)$ será convergente e

$$\sum_{k=0}^{+\infty} (a_k + b_k) = \sum_{k=0}^{+\infty} a_k + \sum_{k=0}^{+\infty} b_k.$$

c) $\sum\limits_{k=0}^{+\infty} a_k$ será convergente se e somente se, para todo natural p, $\sum\limits_{k=p}^{+\infty} a_k$ for convergente.

Além disso, se $\sum\limits_{k=0}^{+\infty} a_k$ for convergente, teremos, para $p \geqslant 1$, $\sum\limits_{k=0}^{+\infty} a_k = \sum\limits_{k=0}^{p-1} a_k + \sum\limits_{k=p}^{+\infty} a_k$.

Demonstração

a) $\sum\limits_{k=0}^{+\infty} \alpha a_k = \lim\limits_{n \to +\infty} \sum\limits_{k=0}^{n} \alpha a_k = a \lim\limits_{n \to +\infty} \sum\limits_{k=0}^{n} a_k = \alpha \sum\limits_{k=0}^{+\infty} a_k.$

b) $\sum\limits_{k=0}^{+\infty} (a_k + b_k) = \lim\limits_{n \to +\infty} \sum\limits_{k=0}^{n} (a_k + b_k) = \lim\limits_{n \to +\infty} \left(\sum\limits_{k=0}^{n} a_k + \sum\limits_{k=0}^{n} b_k \right).$

Daí

$$\sum_{k=0}^{+\infty} (a_k + b_k) = \lim_{n \to +\infty} \sum_{k=0}^{n} a_k + \lim_{n \to +\infty} \sum_{k=0}^{n} b_k$$

e, portanto, $\sum\limits_{k=0}^{+\infty} (a_k + b_k) = \sum\limits_{k=0}^{+\infty} a_k + \sum\limits_{k=0}^{+\infty} b_k.$

c) Para $p \geqslant 1$ e $n \geqslant p$,

$$\sum_{k=0}^{n} a_k = \sum_{k=0}^{p-1} a_k + \sum_{k=p}^{n} a_k.$$

Fixado p,

$$\lim_{n \to +\infty} \sum_{k=0}^{n} a_k = \sum_{k=0}^{p-1} a_k + \lim_{n \to +\infty} \sum_{k=p}^{n} a_k,$$

pois, para p fixo, $\sum\limits_{k=0}^{p-1} a_k$ é uma constante. Daí

$$\sum_{k=0}^{+\infty} a_k = \sum_{k=0}^{p-1} a_k + \sum_{k=p}^{+\infty} a_k$$

desde que uma das séries $\sum\limits_{k=0}^{+\infty} a_k$ ou $\sum\limits_{k=p}^{+\infty} a_k$ seja convergente. (É claro que, se $\sum\limits_{k=0}^{+\infty} a_k$ for

convergente, deveremos ter $\lim\limits_{p \to +\infty} \sum\limits_{k=p}^{+\infty} a_k = 0$.) ∎

Séries Numéricas

Exemplo 1 (Série **geométrica**.) Mostre que, para $0 < |r| < 1$, $\sum_{k=0}^{+\infty} r^k = \dfrac{1}{1-r}$.

Solução

$$s_n = \sum_{k=0}^{n} r^k = 1 + r^2 + \ldots + r^n = \frac{1 - r^{n+1}}{1 - r}.$$

Como $|r| < 1$, $\lim\limits_{n \to +\infty} r^{n+1} = 0$. Daí

$$\lim_{n \to +\infty} \sum_{k=0}^{n} r^k = \lim_{n \to +\infty} \frac{1 - r^{n+1}}{1 - r} = \frac{1}{1 - r}.$$

Logo, a série dada é convergente e tem por soma $\dfrac{1}{1-r}$.

A série $\sum_{k=1}^{+\infty} \dfrac{1}{k^\alpha}$, em que α é um real dado, denomina-se *série harmônica de ordem α*. O próximo exemplo mostra que a série harmônica de ordem α é convergente para $\alpha > 1$ e divergente para $\alpha \leq 1$.

Exemplo 2 (Série **harmônica**.) Considere a série harmônica $\sum_{k=1}^{+\infty} \dfrac{1}{k^\alpha}$.

Prove

a) $\alpha > 1 \Rightarrow \sum_{k=1}^{+\infty} \dfrac{1}{k^\alpha}$ é convergente

b) $\alpha \leq 1 \Rightarrow \sum_{k=1}^{+\infty} \dfrac{1}{k^\alpha} = +\infty$

Solução

a) A sequência de termo geral $s_n = \sum_{k=1}^{n} \dfrac{1}{k^\alpha}$ é crescente. (Verifique.) Vamos mostrar, a seguir, que é limitada superiormente.

$$s_n = \sum_{k=1}^{n} \frac{1}{k^\alpha} = 1 + \frac{1}{2^\alpha} + \frac{1}{3^\alpha} + \ldots + \frac{1}{n^\alpha} \leq 1 + \int_{1}^{n} \frac{1}{x^\alpha}\, dx.$$

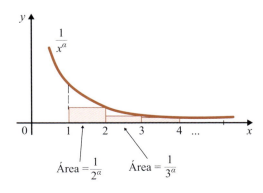

A sequência $n \mapsto \int_1^n \frac{1}{x^\alpha} dx$ é crescente e $\lim\limits_{n \to +\infty} \int_1^n \frac{1}{x^\alpha} dx = \frac{1}{\alpha - 1}$ (verifique).

Assim, para todo $n \geq 1$, $\int_1^n \frac{1}{x^\alpha} dx \leq \frac{1}{\alpha - 1}$. Segue que, para todo $n \geq 1$, $s_n \leq 1 + \frac{1}{\alpha - 1}$. Portanto, $s_n = \sum_{k=1}^n \frac{1}{k^\alpha}$ é limitada superiormente. Como é crescente, resulta que tal sequência é convergente, isto é, a série $\sum_{k=1}^{+\infty} \frac{1}{k^\alpha}$, com $\alpha > 1$, tem *soma s finita* e

$$s = \sum_{k=1}^{+\infty} \frac{1}{k^\alpha} \leq 1 + \frac{1}{\alpha - 1}.$$

b) Se $\alpha = 1$, $\int_1^n \frac{1}{x} dx = \ln n$; daí

$$\lim_{n \to +\infty} \int_1^n \frac{1}{x} dx = +\infty.$$

Se $\alpha < 1$, $\int_1^n \frac{1}{x^\alpha} dx = \left[\frac{x^{-\alpha + 1}}{-\alpha + 1} \right]_1^n = \frac{n^{-\alpha + 1}}{-\alpha + 1} - \frac{1}{-\alpha + 1}$. Como estamos supondo $\alpha < 1$, $\lim\limits_{n \to +\infty} n^{-\alpha + 1} = +\infty$. Assim, para $\alpha < 1$,

$$\lim_{n \to +\infty} \int_1^n \frac{1}{x^\alpha} dx = +\infty.$$

Portanto, para $\alpha \leq 1$, $\lim\limits_{n \to +\infty} \int_1^n \frac{1}{x^\alpha} dx = +\infty$.

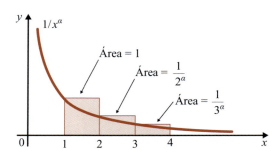

$$s_n = \sum_{k=1}^n \frac{1}{k^\alpha} = 1 + \frac{1}{2^\alpha} + \frac{1}{3^\alpha} + \ldots + \frac{1}{n^\alpha} \geq \int_1^n \frac{1}{x^\alpha} dx.$$

Como estamos supondo $\alpha \leq 1$, $\lim\limits_{n \to +\infty} \int_1^n \frac{1}{x^\alpha} dx = +\infty$. Segue que $\lim\limits_{n \to +\infty} s_n = +\infty$. Portanto, para $\alpha \leq 1$, a série é divergente e $\sum_{k=1}^{+\infty} \frac{1}{k^\alpha} = +\infty$.

Séries Numéricas

No próximo exemplo, consideramos uma série harmônica de ordem α, com $\alpha > 1$, e avaliamos o erro que se comete ao aproximar a soma s da série pela soma parcial $s_n = \sum\limits_{k=1}^{n} \dfrac{1}{k^\alpha}$.

Exemplo 3 Supondo $\alpha > 1$ e sendo $s = \sum\limits_{k=1}^{+\infty} \dfrac{1}{k^\alpha}$ mostre que

$$s - \sum_{k=1}^{n} \frac{1}{k^\alpha} \leqslant \frac{1}{(\alpha - 1)\, n^{\alpha-1}}.$$

Solução

$$\sum_{k=1}^{+\infty} \frac{1}{k^\alpha} = \sum_{k=1}^{n} \frac{1}{k^\alpha} + \sum_{k=n+1}^{+\infty} \frac{1}{k^\alpha}$$

Daí

$$s - \sum_{k=1}^{n} \frac{1}{k^\alpha} = \sum_{k=n+1}^{+\infty} \frac{1}{k^\alpha}.$$

De

$$\frac{1}{(n+1)^\alpha} + \frac{1}{(n+2)^\alpha} + \ldots + \frac{1}{(n+p)^\alpha} \leqslant \int_{n}^{n+p} \frac{1}{x^\alpha}\, dx \quad \text{(verifique)}$$

segue

$$\sum_{k=n+1}^{+\infty} \frac{1}{k^\alpha} \leqslant \int_{n}^{+\infty} \frac{1}{x^\alpha}\, dx.$$

Como $\displaystyle\int_{n}^{+\infty} \frac{1}{x^\alpha}\, dx = \frac{1}{(\alpha-1)\, n^{\alpha-1}}$, resulta

$$s - \sum_{k=1}^{n} \frac{1}{k^\alpha} \leqslant \frac{1}{(\alpha-1)\, n^{\alpha-1}}.$$

A desigualdade acima nos diz que a soma parcial $\sum\limits_{k=1}^{n} \dfrac{1}{k^\alpha}$ $(\alpha > 1)$ é um *valor aproximado* (por falta) da soma s da série, com erro inferior a $\dfrac{1}{(\alpha-1)\, n^{\alpha-1}}$.

Exemplo 4 (Série **telescópica**.) Considere a série $\sum\limits_{k=1}^{+\infty} a_k$ e suponha que $a_k = b_k - b_{k+1}$, $k \geqslant 1$. (Uma tal série denomina-se *série telescópica*.)

a) Verifique que $s_n = \sum\limits_{k=1}^{n} a_k = b_1 - b_{n+1}$.

b) Conclua que se $\lim\limits_{n \to +\infty} b_n = b$, com b real, então a soma da série será finita e igual a $b_1 - b$.

Capítulo 2

Solução

a) $\displaystyle\sum_{k=1}^{n} a_k = (b_1 - b_2) + (b_2 - b_3) + \ldots + (b_n - b_{n+1}) = b_1 - b_{n+1}$

b) $\displaystyle\sum_{k=1}^{+\infty} a_k = \lim_{n\to+\infty} \sum_{k=1}^{n} a_k = \lim_{n\to+\infty} (b_1 - b_{n+1}) = b_1 - b.$

Exemplo 5 Calcule a soma

a) $\displaystyle\sum_{k=1}^{+\infty} \frac{1}{k(k+1)}$ *b)* $\displaystyle\sum_{k=1}^{+\infty} \frac{1}{k(k+1)(k+2)}$

Solução

a) $\dfrac{1}{k(k+1)} = \dfrac{1}{k} - \dfrac{1}{k+1}$. Trata-se então de uma série telescópica:

$$\sum_{k=1}^{n} \frac{1}{k(k+1)} = 1 - \frac{1}{n+1}.$$

Logo, $\displaystyle\sum_{k=1}^{+\infty} \frac{1}{k(k+1)} = 1$, pois $\displaystyle\lim_{n\to+\infty} \frac{1}{n+1} = 0.$

b) $\dfrac{1}{k(k+1)(k+2)} = \dfrac{1}{2}\left[\dfrac{1}{k(k+1)} - \dfrac{1}{(k+1)(k+2)}\right]$. Daí $\displaystyle\sum_{k=1}^{n} \frac{1}{k(k+1)(k+2)} =$

$= \dfrac{1}{2}\left[\dfrac{1}{2} - \dfrac{1}{(n+1)(n+2)}\right]$. Logo a soma da série é $\dfrac{1}{4}$.

O próximo exemplo mostra como utilizar as séries do Exemplo 5 para *acelerar a convergência* da série $\displaystyle\sum_{k=1}^{+\infty} \frac{1}{k^2}$. Com auxílio das séries de Fourier, prova-se que a soma desta série é $\dfrac{\pi^2}{6}$. (Na página 328 da referência bibliográfica 9 você encontrará a bela "prova" de Euler para este resultado.)

Exemplo 6 Sendo $s = \displaystyle\sum_{k=1}^{+\infty} \frac{1}{k^2}$, em que $s = \dfrac{\pi^2}{6}$, mostre que

a) $s - \displaystyle\sum_{k=1}^{n} \frac{1}{k^2} \leqslant \frac{1}{n}.$

b) $s - 1 - \displaystyle\sum_{k=1}^{n} \frac{1}{k^2(k+1)} \leqslant \frac{1}{2n^2}.$

c) $s - \dfrac{5}{4} - 2\displaystyle\sum_{k=1}^{n} \frac{1}{k^2(k+1)(k+2)} \leqslant \frac{2}{3n^3}.$

Séries Numéricas

Solução

a) É o exemplo 3 com $\alpha = 2$.

b) Pelo exemplo anterior, $\displaystyle\sum_{k=1}^{+\infty} \frac{1}{k(k+1)} = 1$.

Daí $s - 1 = \displaystyle\sum_{k=1}^{+\infty} \left(\frac{1}{k^2} - \frac{1}{k(k+1)} \right) = \sum_{k=1}^{+\infty} \frac{1}{k^2\,(k+1)}$ e, portanto,

$$s - 1 - \sum_{k=1}^{n} \frac{1}{k^2(k+1)} = \sum_{k=n+1}^{+\infty} \frac{1}{k^2\,(k+1)} \leqslant \sum_{k=n+1}^{+\infty} \frac{1}{k^3}.$$

Pelo Exemplo 3, $\displaystyle\sum_{k=n+1}^{+\infty} \frac{1}{k^3} \leqslant \int_{n}^{+\infty} \frac{1}{x^3}\, dx = \frac{1}{2n^2}.$

Logo,

$$s - 1 - \sum_{k=1}^{n} \frac{1}{k^2(k+1)} \leqslant \frac{1}{2n^2}.$$

c) Vimos pelo item b) que $s - 1 = \displaystyle\sum_{k=1}^{+\infty} \frac{1}{k^2(k+1)}$ e, pelo exemplo anterior,

$\dfrac{1}{4} = \displaystyle\sum_{k=1}^{+\infty} \frac{1}{k(k+1)(k+2)}$, daí

$$s - 1 - \frac{1}{4} = \sum_{k=1}^{+\infty} \left(\frac{1}{k^2(k+1)} - \frac{1}{k(k+1)(k+2)} \right)$$

e, portanto,

$$s - \frac{5}{4} = \sum_{k=1}^{+\infty} \frac{2}{k^2(k+1)(k+2)}.$$

Logo,

$$s - \frac{5}{4} - 2 \sum_{k=1}^{n} \frac{1}{k^2(k+1)(k+2)} = 2 \sum_{k=n+1}^{+\infty} \frac{1}{k^2(k+1)(k+2)}\ .$$

Como

$$\sum_{k=n+1}^{+\infty} \frac{1}{k^2(k+1)(k+2)} \leqslant \sum_{k=n+1}^{+\infty} \frac{1}{k^4} \leqslant \frac{1}{3n^3}$$

resulta

$$s - \frac{5}{4} - 2 \sum_{k=1}^{n} \frac{1}{k^2(k+1)(k+2)} \leqslant \frac{2}{3n^3}.$$

Observação. O item a) nos diz que $\displaystyle\sum_{k=1}^{n} \frac{1}{k^2}$ é uma aproximação (por falta) de s com erro inferior a $\dfrac{1}{n}$. Assim, para se ter, por exemplo, um erro inferior a 10^{-3} é preciso tomar n no mínimo igual a 1000. O item b) nos diz que

Capítulo 2

$$s \cong 1 + \sum_{k=1}^{n} \frac{1}{k^2(k+1)} \quad \text{(por falta)}$$

com erro inferior a $\frac{1}{2n^2}$. Neste caso, com $n = 23$ já conseguimos um erro inferior a 10^{-3}. Pelo item c)

$$s \cong \frac{5}{4} + 2 \sum_{k=1}^{n} \frac{1}{k^2(k+1)(k+2)} \quad \text{(por falta)}$$

com erro inferior a $\frac{2}{3n^3}$. Agora basta $n = 9$ para que o erro seja inferior a 10^{-3}. A convergência pode ser acelerada ainda mais. Pense!

Exemplo 7 Supondo $0 < \alpha \leq 1$, mostre que

a) $\displaystyle\sum_{k=0}^{+\infty} \left(-1\right)^k \frac{\alpha^{2k+1}}{2k+1} = \text{arctg } \alpha$

b) $\left| \text{arctg } \alpha - \displaystyle\sum_{k=0}^{n} \left(-1\right)^k \frac{\alpha^{2k+1}}{2k+1} \right| \leq \frac{\alpha^{2k+3}}{2k+3}$

Solução

a) Este problema será resolvido com auxílio da progressão geométrica. Sabemos que

$$1 + r + r^2 + \ldots + r^n = \frac{1 - r^{n+1}}{1 - r}.$$

Daí

$$\frac{1}{1-r} = 1 + r + r^2 + \ldots + r^n + \frac{r^{n+1}}{1-r}.$$

Fazendo $r = -x^2$, resulta

$$\frac{1}{1+x^2} = 1 - x^2 + x^4 + \ldots + \left(-1\right)^n x^{2n} + \left(-1\right)^{n+1} \frac{x^{2n+2}}{1+x^2}.$$

Como $\text{arctg } \alpha = \displaystyle\int_0^\alpha \frac{1}{1+x^2}\, dx$, resulta

① $\text{arctg } \alpha = \alpha - \dfrac{\alpha^3}{3} + \dfrac{\alpha^5}{5} + \ldots + \left(-1\right)^n \dfrac{\alpha^{2n+1}}{2n+1} + \left(-1\right)^{n+1} \displaystyle\int_0^\alpha \frac{x^{2n+2}}{1+x^2}\, dx.$

Agora é só mostrar que, para $0 < \alpha \leq 1$, $\displaystyle\lim_{n \to +\infty} \int_0^\alpha \frac{x^{2n+2}}{1+x^2}\, dx = 0$. Seja então $0 < \alpha \leq 1$.

Temos

$$0 \leq \frac{x^{2n+2}}{1+x^2} \leq x^{2n+2} \text{ para } x \in [0, \alpha].$$

Daí

$$0 \leq \int_0^\alpha \frac{x^{2n+2}}{1+x^2}\, dx \leq \int_0^\alpha x^{2n+2}\, dx$$

e, portanto,

② $$0 \leq \int_0^\alpha \frac{x^{2n+2}}{1+x^2}\, dx \leq \frac{\alpha^{2n+3}}{2n+3}.$$

De $0 < \alpha \leq 1$, segue que $\lim\limits_{n \to +\infty} \dfrac{\alpha^{2n+3}}{2n+3} = 0$ e, portanto, $\lim\limits_{n \to +\infty} \int_0^\alpha \dfrac{x^{2n+2}}{1+x^2}\, dx = 0$. Fica provado assim que, para $0 < \alpha \leq 1$,

$$\text{arctg } \alpha = \sum_{k=0}^{+\infty} \left(-1\right)^k \frac{\alpha^{2k+1}}{2k+1}.$$

(Esta série é conhecida como "Série de Gregory", James Gregory (1638-1675). Veja referência bibliográfica 9.)

b) De ① resulta

$$\left| \text{arctg } \alpha - \sum_{k=0}^{n} \left(-1\right)^k \frac{\alpha^{2k+1}}{2k+1} \right| = \left| \left(-1\right)^{n+1} \int_0^\alpha \frac{x^{2n+2}}{1+x^2}\, dx \right|$$

e, portanto, tendo em vista ②, $\left| \text{arctg } \alpha - \sum\limits_{k=0}^{n} \left(-1\right)^k \dfrac{\alpha^{2k+1}}{2k+1} \right| \leq \dfrac{\alpha^{2n+3}}{2n+3}.$

Exemplo 8 Verifique que

$$\frac{\pi}{4} = 1 - \frac{1}{3} + \frac{1}{5} - \ldots = \sum_{k=0}^{+\infty} \left(-1\right)^k \frac{1}{2k+1}$$

e avalie o módulo do erro que se comete na aproximação

$$\frac{\pi}{4} \cong 1 - \frac{1}{3} + \frac{1}{5} - \ldots + \left(-1\right)^n \frac{1}{2n+1}.$$

Solução

Pelo exemplo anterior,

$$\frac{\pi}{4} = \text{arctg } 1 = \sum_{k=0}^{+\infty} \left(-1\right)^k \frac{1}{2k+1}.$$

Ainda pelo exemplo anterior,

$$\left| \text{arctg } 1 - \sum_{k=0}^{n} \left(-1\right)^k \frac{1}{2k+1} \right| \leq \frac{1}{2n+3}.$$

Assim, na aproximação

$$\frac{\pi}{4} \cong 1 - \frac{1}{3} + \frac{1}{5} - \ldots + \left(-1\right)^n \frac{1}{2n+1}$$

o módulo do erro é inferior a $\dfrac{1}{2n+3}$.

Capítulo 2

Observação. De ① do exemplo anterior resulta

$$\frac{\pi}{4} \cong 1 - \frac{1}{3} + \frac{1}{5} - \ldots + \left(-1\right)^n \frac{1}{2n+1} + \left(-1\right)^{n+1} \int_0^1 \frac{x^{2n+2}}{1+x^2}\, dx.$$

Daí, a aproximação acima será *por falta* se n for ímpar e *por excesso* se n for par.

Exemplo 9

a) (*Fórmula de Machin.*) Verifique que

$$\frac{\pi}{4} = 4\,\text{arctg}\,\frac{1}{5} - \text{arctg}\,\frac{1}{239}.$$

b) Avalie o módulo do erro que se comete na aproximação

$$\frac{\pi}{4} \cong \sum_{k=0}^{n} \frac{\left(-1\right)^k}{2k+1} \left(\frac{4}{5^{2k+1}} - \frac{1}{239^{2k+1}} \right).$$

Solução

a) Vamos utilizar a fórmula

$$\text{tg}\,(x+y) = \frac{\text{tg}\,x + \text{tg}\,y}{1 - \text{tg}\,x\,\text{tg}\,y}. \qquad\qquad \text{(Verifique.)}$$

Primeiro vamos determinar b tal que

$$\frac{\pi}{4} = \text{arctg}\,\frac{1}{5} + \text{arctg}\,b.$$

Pela fórmula acima

$$1 = \frac{\dfrac{1}{5} + b}{1 - \dfrac{b}{5}} = \frac{1 + 5b}{5 - b}.$$

Daí, $b = \dfrac{2}{3}$. Assim $\dfrac{\pi}{4} = \text{arctg}\,\dfrac{1}{5} + \text{arctg}\,\dfrac{2}{3}$. Vamos, agora, determinar c tal que

$$\text{arctg}\,\frac{2}{3} = \text{arctg}\,\frac{1}{5} + \text{arctg}\,c.$$

Aplicando novamente a fórmula anterior, resulta $\dfrac{2}{3} = \dfrac{\dfrac{1}{5} + c}{1 - \dfrac{c}{5}}$ e daí $c = \dfrac{7}{17}$. Então

$$\frac{\pi}{4} = 2\,\text{arctg}\,\frac{1}{5} + \text{arctg}\,\frac{7}{17}.$$

Séries Numéricas

Agora, determinamos d tal que $\operatorname{arctg} \dfrac{7}{17} = \operatorname{arctg} \dfrac{1}{5} + \operatorname{arctg} d$.

Raciocinando como acima, obtemos $d = \dfrac{9}{46}$. Daí, $\dfrac{\pi}{4} = 3 \operatorname{arctg} \dfrac{1}{5} + \operatorname{arctg} \dfrac{9}{46}$.

Finalmente, deixamos a seu cargo verificar que $\operatorname{arctg} \dfrac{9}{46} = \operatorname{arctg} \dfrac{1}{5} - \operatorname{arctg} \dfrac{1}{239}$. Temos então a bela fórmula de Machin: $\dfrac{\pi}{4} = 4 \operatorname{arctg} \dfrac{1}{5} + \operatorname{arctg} \dfrac{1}{239}$.

b) Temos

$$\left| \frac{\pi}{4} - \sum_{k=0}^{n} \frac{(-1)^k}{2k+1} \left(\frac{4}{5^{2k+1}} - \frac{1}{239^{2k+1}} \right) \right| \leqslant$$

$$\leqslant 4 \left| \operatorname{arctg} \frac{1}{5} - \sum_{k=0}^{n} \frac{(-1)^k}{(2k+1)\, 5^{2k+1}} \right| +$$

$$- \left| \operatorname{arctg} \frac{1}{239} - \sum_{k=0}^{n} \frac{(-1)^k}{(2k+1)\, 239^{2k+1}} \right| \leqslant$$

$$\leqslant \frac{1}{2n+3} \left(\frac{4}{5^{2n+3}} + \frac{1}{239^{2n+3}} \right).$$

Como

$$\frac{4}{5^{2n+3}} + \frac{1}{239^{2n+3}} \leqslant \frac{4}{5^{2n+3}} + \frac{1}{5^{2n+3}}$$

resulta que o erro que se comete na aproximação acima é, em módulo, inferior a $\dfrac{1}{(2n+3)\, 25^{n+1}}$.

Observação. Utilizando a sua fórmula, John Machin (1680-1751) calculou π com 100 casas decimais! A fórmula de Machin também foi utilizada por William Shanks (1812-1882) para calcular π com 707 casas decimais!!!

Com auxílio de uma calculadora e fazendo em *b*) $n = 20$, calcule você um valor aproximado para π. Que erro você estará cometendo nesta aproximação?

Exercícios 2.1

1. Calcule a soma da série dada.

a) $\displaystyle\sum_{k=0}^{+\infty} \left(\frac{1}{2} \right)^k$

b) $\displaystyle\sum_{k=2}^{+\infty} \left(\frac{1}{3} \right)^k$

c) $\displaystyle\sum_{k=0}^{+\infty} e^{-k}$

d) $\displaystyle\sum_{k=1}^{+\infty} \left[1 + (-1)^k \right]$

e) $\displaystyle\sum_{k=0}^{+\infty} \frac{1}{(4k+1)(4k+5)}$

f) $\displaystyle\sum_{k=1}^{+\infty} \frac{1}{k\,(k+1)\,(k+2)\,(k+3)}$

Capítulo 2

g) $\displaystyle\sum_{k=1}^{+\infty} \frac{2k+1}{k^2\,(k+1)^2}$

h) $\displaystyle\sum_{n=1}^{+\infty} n\alpha^n,\ 0 < \alpha < 1.$

i) $\displaystyle\sum_{k=1}^{+\infty} \frac{1}{k\,(k+1)\,(k+2)\,...\,(k+p)}$, em que $p \geqslant 1$ é um natural dado.

j) $\displaystyle\sum_{k=0}^{+\infty} \frac{1}{(4k+1)\,(4k+3)}$

k) $\displaystyle\sum_{k=1}^{+\infty} \frac{1}{k^2(k+1)\,(k+2)^2}$

2. Lembrando de que $\ln\,(1+\alpha) = \displaystyle\int_0^\alpha \frac{1}{1+x}\,dx$ e raciocinando como no Exemplo 7, mostre que, para $0 < \alpha \leqslant 1$, tem-se

a) $\ln\,(1+\alpha) = \displaystyle\sum_{k=1}^{+\infty} \left(-1\right)^{k+1} \frac{\alpha^k}{k}$

b) $\left| \ln\,(1+\alpha) - \displaystyle\sum_{k=1}^{n} \left(-1\right)^{k+1} \frac{\alpha^k}{k} \right| \leqslant \dfrac{\alpha^{n+1}}{n+1}$

3. Utilizando o Exercício 2, calcule a soma da série

a) $1 - \dfrac{1}{2} + \dfrac{1}{3} - \dfrac{1}{4} + \,...$

b) $\dfrac{1}{2} - \dfrac{1}{2\cdot 2^2} + \dfrac{1}{3\cdot 2^3} - \dfrac{1}{4\cdot 2^4} + \,...$

c) $\dfrac{1}{3} - \dfrac{1}{2\cdot 3^2} + \dfrac{1}{3\cdot 3^3} - \dfrac{1}{4\cdot 3^4} + \,...$

4. Utilizando a relação $\ln 2 = \ln \dfrac{6}{5} + \ln \dfrac{5}{4} + \ln \dfrac{4}{3}$ mostre que

$$\ln 2 = \sum_{k=1}^{+\infty} \left(-1\right)^{k+1} \frac{1}{k}\left(\frac{1}{5^k} + \frac{1}{4^k} + \frac{1}{3^k}\right).$$

5. Mostre que

a) $\ln 3 = \displaystyle\sum_{k=1}^{+\infty} \left(-1\right)^{k+1} \frac{1}{k}\left(\frac{2}{5^k} + \frac{2}{4^k} + \frac{1}{3^k}\right).$

$\left(\textit{Sugestão}\!: \ln 3 = \ln 2 + \ln \dfrac{6}{5} + \ln \dfrac{5}{4}.\right)$

b) $\ln 5 = \displaystyle\sum_{k=1}^{+\infty} \left(-1\right)^{k+1} \frac{1}{k}\left(\frac{2}{5^k} + \frac{3}{4^k} + \frac{2}{3^k}\right)$

c) $\ln 7 = \ln 6 + \displaystyle\sum_{k=1}^{+\infty} \left(-1\right)^{k+1} \frac{1}{k6^k}.$

d) $\ln\,(p+1) = \ln p + \displaystyle\sum_{k=1}^{+\infty} \left(-1\right)^{k+1} \frac{1}{kp^k},\ p \geqslant 1.$

Séries Numéricas

 6. Supondo $0 < \alpha < 1$, mostre que

a) $\ln(1+\alpha) = -\sum\limits_{k=1}^{+\infty} \dfrac{\alpha^k}{k}$

b) $\left| \ln(1-\alpha) + \sum\limits_{k=1}^{n} \dfrac{\alpha^k}{k} \right| \leq \dfrac{\alpha^{n+1}}{(n+1)(1-\alpha)}$.

7. Utilizando o Exercício 6, mostre que

a) $\ln 2 = \sum\limits_{k=1}^{+\infty} \dfrac{1}{k 2^k}$

b) $\ln 3 = \ln 4 - \sum\limits_{k=1}^{+\infty} \dfrac{1}{k 4^k}$

c) $\ln(p-1) = \ln p - \sum\limits_{k=1}^{+\infty} \dfrac{1}{k p^k}, p \geq 2$.

8. Determine n de modo que $\ln \sum\limits_{k=1}^{n} \dfrac{1}{k \cdot 2^k}$ seja um valor aproximado de $\ln 2$ com erro, em módulo, inferior a 10^{-5}. (*Sugestão*: Utilize os Exercícios 6 *b*) e 7 *a*).)

9. Lembrando que $\ln \dfrac{1+\alpha}{1-\alpha} = 2 \int_0^\alpha \dfrac{1}{1-x^2} dx$, com $0 < |\alpha| < 1$, e raciocinando como no Exemplo 7, mostre que

a) $\ln \dfrac{1+\alpha}{1-\alpha} = 2 \sum\limits_{k=0}^{+\infty} \dfrac{\alpha^{2k+1}}{2k+1}$

b) $\left| \ln \dfrac{1+\alpha}{1-\alpha} - 2 \sum\limits_{k=0}^{n} \dfrac{\alpha^{2k+1}}{2k+1} \right| \leq \dfrac{2}{2n+3} \cdot \dfrac{\alpha^{2n+3}}{1-\alpha^2}$.

10. a) Mostre que para todo $\beta > 0$, com $\beta \neq 1$, existe um único α, com $0 < |\alpha| < 1$, tal que $\beta = \dfrac{1+\alpha}{1-\alpha}$.

b) Utilizando *a*) e o Exercício 9 *a*), mostre que $\ln \beta = 2 \sum\limits_{k=0}^{+\infty} \dfrac{\alpha^{2k+1}}{2k+1}$, com $\alpha = \dfrac{\beta-1}{\beta+1}$.

11. Utilizando o exercício anterior, mostre que

a) $\ln 2 = 2 \sum\limits_{k=0}^{+\infty} \dfrac{1}{(2k+1) 3^{2k+1}}$

b) $\ln(p+1) = \ln p + 2 \sum\limits_{k=0}^{+\infty} \dfrac{1}{(2k+1)(2p+1)^{2k+1}}, p \geq 1$.

Capítulo 2

12. Determine n de modo que $2 \sum\limits_{k=0}^{n} \dfrac{1}{(2k+1)\, 3^{2k+1}}$ seja um valor aproximado de ln 2 com erro, em módulo, inferior a 10^{-5}. Compare com o Exercício 8. (*Sugestão*: Utilize 9 *b*) e 11 *a*).)

13. Calcule as somas das séries

a) $\sum\limits_{k=1}^{+\infty} \dfrac{1}{2k\,(2k-1)}$

b) $\sum\limits_{k=0}^{+\infty} \dfrac{1}{(4k+1)\,(4k+3)}$

14. Mostre que

a) $\sum\limits_{k=0}^{+\infty} \dfrac{1}{(4k+1)\,(4k+5)} = \dfrac{1}{4}$

b) $\sum\limits_{k=0}^{+\infty} \dfrac{1}{(4k+1)\,(4k+3)\,(4k+5)} = \dfrac{\pi-2}{16}$

c) $\sum\limits_{k=0}^{+\infty} \dfrac{1}{(4k+1)\,(4k+5)\,(4k+9)} = \dfrac{1}{40}$

d) $\sum\limits_{k=0}^{+\infty} \dfrac{1}{(4k+1)\,(4k+3)\,(4k+5)\,(4k+9)} = \dfrac{5\pi-12}{480}$

15. Mostre que

$$\sum\limits_{k=0}^{+\infty} (-1)^k \dfrac{1}{(2k+1)\,3^k} = \dfrac{\pi\sqrt{3}}{6}$$

(*Sugestão*: $\dfrac{\pi}{6} = \text{arctg} \ldots$)

16. Partindo da fórmula de Machin, mostre que

$$\dfrac{\pi}{4} = 8\ \text{arctg}\ \dfrac{1}{10} - 4\ \text{arctg}\ \dfrac{1}{515} - \text{arctg}\ \dfrac{1}{239}.$$

17. Considere a sequência α_m, $m \geq 0$, com $\alpha_0 = 1$ e $\alpha_m > 0$ para todo m, dada por

$$2\ \text{arctg}\ \alpha_m = \text{arctg}\ \alpha_{m-1}.$$

Mostre que

a) $\alpha_m = \dfrac{-1 + \sqrt{1 + \alpha_{m-1}^2}}{\alpha_{m-1}}$

b) $\dfrac{\pi}{4} = 2^m\ \text{arctg}\ \alpha_m$

Séries Numéricas

29

c) $\alpha_m \leq \dfrac{1}{2^m}$

d) $\dfrac{\pi}{4} = 2^m \displaystyle\sum_{k=0}^{+\infty} \left(-1\right)^k \dfrac{\alpha_m^{2k-1}}{2k+1}$

e) $\left| \pi - 2^{m+2} \displaystyle\sum_{k=0}^{n} \left(-1\right)^k \dfrac{\alpha_m^{2k+1}}{2k+1} \right| \leq \dfrac{4}{(2n+3)\, 4^{m(n+1)}}.$

f) Em particular, $\left| \pi - 2^{m+2}\, \alpha_m \right| \leq \dfrac{4}{3 \cdot 4^m}$

(Interprete geometricamente α_m.)

Partindo de $\alpha_0 = \sqrt{3}$, obtém-se $\dfrac{\pi}{3} = 2^m \operatorname{arctg} \alpha_m$ (verifique). Pois bem, o valor de π obtido por Arquimedes é $\pi \cong 3 \cdot 2^5 \, \alpha_5$, ou seja, $\pi \cong 96\, \alpha_5$. Verifique que α_5 é a metade do lado do polígono regular de 96 lados circunscrito ao círculo de raio 1. (Veja página 93 da referência bibliográfica 9.)

18. Mostre que, para todo natural $p \geq 1$,

$$\frac{\pi^2}{6} = \sum_{k=1}^{p} \frac{1}{k^2} + p! \sum_{k=1}^{+\infty} \frac{1}{k^2(k+1)(k+2)\dots(k+p)}$$

(*Sugestão*: Veja Exemplo 6 e Exercício 1 i). Lembre-se, ainda, de que $\dfrac{\pi^2}{6} = \displaystyle\sum_{k=1}^{+\infty} \dfrac{1}{k^2}$.)

19. Suponha que s seja a soma da série $\displaystyle\sum_{k=1}^{+\infty} \dfrac{1}{k^3}$, isto é, $s = \displaystyle\sum_{k=1}^{+\infty} \dfrac{1}{k^3}$. Mostre que, para todo natural $p \geq 1$, tem-se

$$s = \sum_{k=1}^{p} \frac{1}{k} \left[\frac{\pi^2}{6} - \left(1 + \frac{1}{2^2} + \frac{1}{3^2} + \dots + \frac{1}{k^2} \right) \right] + {} + p! \sum_{k=1}^{+\infty} \frac{1}{k^3(k+1)(k+2)\dots(k+p)}.$$

Conclua que

$$s = \sum_{k=1}^{+\infty} \frac{1}{k} \left[\frac{\pi^2}{6} - \left(1 + \frac{1}{2^2} + \dots + \frac{1}{k^2} \right) \right].$$

20. Mostre que, para todo $n \geq 2$,

$$\ln n - \sum_{k=2}^{n} \frac{1}{k} \leq \frac{1}{2} \sum_{k=2}^{n} \frac{1}{k(k-1)}.$$

Conclua que

Capítulo 2

$$\lim_{n \to +\infty} \left[\ln n - \sum_{k=2}^{n} \frac{1}{k} \right] \le \frac{1}{2}.$$

21. Seja $a_n = \dfrac{3 \cdot 5 \cdot 7 \cdot \ldots \cdot (2n + 1)}{2 \cdot 4 \cdot 6 \cdot \ldots \cdot 2n} \cdot \dfrac{1}{\sqrt{n}}$.

a) Mostre que a_n é decrescente.

b) Mostre que

$$a_n \ge e^{\frac{1}{2}\left[1 + \frac{1}{2} + \ldots + \frac{1}{n} - \ln n\right] - \frac{1}{8}\left[1 + \frac{1}{2^2} + \ldots + \frac{1}{n^2}\right]}.$$

c) Conclua que $\displaystyle\lim_{n \to +\infty} a_n > 1$.

(*Sugestão*: Verifique que $\ln (1 + x) > x - \dfrac{x^2}{2}, x > 0$, e utilize o Exercício 20.)

22. Considere a função $f(x) = \dfrac{1}{x^\alpha}, x \ge 1$ e $\alpha > 1$. Seja $E > 1$ um real dado.

a) Calcule a área do retângulo limitado pela retas $x = E^k$, $x = E^{k+1}$, $y = f(E^k)$ e $y = 0$, em que k é um natural dado.

b) Calcule a soma da série $\displaystyle\sum_{k=0}^{+\infty} E^k f(E^k)$.

c) Mostre que $\displaystyle\lim_{E \to 1} (E - 1) \sum_{k=0}^{+\infty} E^k f(E^k) = \int_{1}^{+\infty} \frac{1}{x^\alpha}\, dx$.

> **Observação.** O Exercício 22 nada mais é do que o método de Fermat para o cálculo da área do conjunto $\left\{(x, y) \in \mathbb{R}^2 \mid 0 \le y \le \dfrac{1}{x^\alpha}, x \ge 1\right\}$, onde Fermat supunha α racional, com $\alpha > 1$. (Veja Vol. 1.)

23. Mostre que

a) $\ln (n + 1) - \ln n - \dfrac{1}{n + 1} = \displaystyle\sum_{k=2}^{+\infty} (-1)^k \frac{k-1}{k} \frac{1}{n^k}, n \ge 2$.

b) $\displaystyle\sum_{k=2}^{+\infty} (-1)^{k+1} \frac{k-1}{k} \sum_{n=2}^{+\infty} \frac{1}{n^k} = \gamma - \frac{3}{2} + \ln 2$, em que γ é a constante de Euler, isto é,

$$\gamma = \lim_{n \to +\infty} \left[\left(1 + \frac{1}{2} + \frac{1}{3} + \ldots + \frac{1}{n}\right) - \ln n \right].$$

Séries Numéricas

2.2 Critério de Convergência para Série Alternada

Por uma *série alternada* entendemos uma série do tipo $\sum\limits_{k=0}^{+\infty} (-1)^k a_k$, em que $a_k > 0$ para todo natural k. As séries abaixo são exemplos de séries alternadas:

a) $1 - \dfrac{1}{2} + \dfrac{1}{3} - \dfrac{1}{5} + \dfrac{1}{7} - ... = \sum\limits_{k=1}^{+\infty} (-1)^{k-1} \dfrac{1}{k}$.

b) $1 - \dfrac{1}{3!} + \dfrac{1}{5!} - \dfrac{1}{7!} + ... = \sum\limits_{k=0}^{+\infty} (-1)^k \dfrac{1}{(2k+1)!}$.

c) $1 - 2 + 3 - 4 + 5 - 6 + ... = \sum\limits_{k=1}^{+\infty} (-1)^{k-1} k$.

Observe que

$$\sum\limits_{k=1}^{+\infty} (-1)^{k-1} \dfrac{1}{k} = \sum\limits_{k=0}^{+\infty} (-1)^k \dfrac{1}{k+1}.$$

Critério de convergência para série alternada. Seja a série alternada $\sum\limits_{k=0}^{+\infty} (-1)^k a_k$. Se a sequência a_k for *decrescente* e se $\lim\limits_{k\to+\infty} a_k = 0$, então a série alternada $\sum\limits_{k=0}^{+\infty} (-1)^k a_k$ será convergente.

Demonstração

A demonstração será baseada na propriedade dos intervalos encaixantes. Inicialmente, observamos que a sequência das somas parciais de ordem par é decrescente. De fato,

$$s_{2n} = s_{2n-2} - \overbrace{(a_{2n-1} - a_{2n})}^{\geq 0}$$

e, portanto,

$$s_{2n} \leq s_{2n-2}.$$

Isto decorre do fato de a sequência a_n ser, por hipótese, decrescente e, portanto, $a_{2n-1} - a_{2n} \geq 0$. (Veja:

$$s_0 = a_0$$
$$s_2 = a_0 - a_1 + a_2 = s_0 - \overbrace{(a_1 - a_2)}^{\geq 0}$$
$$s_4 = s_2 - a_3 + a_4 = s_2 - (a_3 - a_4)$$
$$\vdots$$
$$s_{2n} = s_{2n-2} - \overbrace{(a_{2n-1} - a_{2n})}^{\geq 0}.$$

Capítulo 2

Por outro lado, a sequência das somas parciais de ordem ímpar é crescente:

$$s_1 = a_0 - a_1$$

$$s_3 = s_1 + a_2 - a_3 = s_1 + \overbrace{(a_2 - a_3)}^{\geqslant 0}$$

$$\vdots$$

$$s_{2n+1} = s_{2n-1} + \overbrace{(a_{2n} - a_{2n+1})}^{\geqslant 0}.$$

Temos, ainda, para todo natural n,

$$s_{2n} - s_{2n+1} = a_{2n+1}.$$

Logo, para todo natural n, $s_{2n} > s_{2n+1}$. Temos, então, a sequência de intervalos encaixantes

$$[s_1, s_0] \supset [s_3, s_2] \supset \dots \supset [s_{2n+1}, s_{2n}] \supset \dots$$

Da hipótese $\lim\limits_{n \to +\infty} a_n = 0$ resulta que a amplitude a_{2n+1} do intervalo $[s_{2n+1}, s_{2n}]$ tende a zero quando n tende a $+\infty$. Pela propriedade dos intervalos encaixantes (veja Vol. 1) existe um único s tal que, para todo natural n,

$$s_{2n+1} \leqslant s \leqslant s_{2n}.$$

Daí, para todo natural n, s está entre s_n e s_{n+1} e, portanto,

$$|s - s_n| \leqslant |s_n - s_{n+1}| = a_{n+1}.$$

De $\lim\limits_{n \to +\infty} a_{n+1} = 0$, resulta

$$\lim\limits_{n \to +\infty} s_n = s.$$

(A desigualdade acima estabelece uma avaliação para o módulo do erro que se comete ao aproximar a soma s pela soma parcial s_n:

$$\left| s - \sum_{k=0}^{n} (-1)^k a_k \right| \leqslant a_{n+1}.) \qquad \blacksquare$$

Pela demonstração acima, $\lim\limits_{n \to +\infty} s_{2n+1} = s$. Como $s_{2n+1} = \sum\limits_{k=0}^{n} (a_{2k} - a_{2k+1})$, resulta

$$s = \sum_{k=0}^{+\infty} (a_{2k} - a_{2k+1}).$$

Se as séries $\sum\limits_{k=0}^{+\infty} a_{2k}$ e $\sum\limits_{k=0}^{+\infty} a_{2k+1}$ forem *convergentes*, teremos

$$s = \sum_{k=0}^{+\infty} a_{2k} - \sum_{k=0}^{+\infty} a_{2k+1}.$$

Ou seja, s será a diferença entre a soma dos termos de ordem par e a soma dos termos de ordem ímpar.

Séries Numéricas

33

> **Exemplo** A série $\sum\limits_{k=2}^{+\infty} (-1)^k \frac{1}{\ln k}$ é alternada. Como a sequência $a_k = \frac{1}{\ln k}, k \geq 2,$
>
> é decrescente e $\lim\limits_{k \to +\infty} \frac{1}{\ln k} = 0$, segue, pelo teorema acima, que a série dada é convergente.

Exercícios 2.2

1. Mostre que a série dada é convergente.

a) $\sum\limits_{k=1}^{+\infty} (-1)^{k+1} \operatorname{sen} \frac{1}{k}$

b) $\sum\limits_{n=2}^{+\infty} (-1)^n \frac{n^3}{n^4 + 3}$

c) $\sum\limits_{k=3}^{+\infty} (-1)^{k+1} \frac{\ln k}{k}$

▶ d) $\sum\limits_{n=0}^{+\infty} (-1)^n 2^{-n}$

2. a) Mostre que $\sum\limits_{k=1}^{+\infty} \frac{1}{k^2} = \frac{4}{3} \sum\limits_{k=0}^{+\infty} \frac{1}{(2k+1)^2}$

b) Calcule a soma da série $\sum\limits_{k=1}^{+\infty} (-1)^{k+1} \frac{1}{k^2}.$

(*Sugestão*: Lembre-se de que $\frac{\pi^2}{6} = \sum\limits_{k=1}^{+\infty} \frac{1}{k^2}.$)

c) Sendo $s = \sum\limits_{k=1}^{+\infty} (-1)^{k+1} \frac{1}{k^2}$, determine n para que se tenha

$$\left| s - \sum_{k=1}^{n} (-1)^{k+1} \frac{1}{k^2} \right| < 10^{-3}.$$

Justifique.

3. Mostre que

a) $1 - \frac{1}{3!} + \frac{1}{5!} - \frac{1}{7!} + \dots = \operatorname{sen} 1$

b) $1 - \frac{1}{2!} + \frac{1}{4!} - \frac{1}{6!} + \dots = \cos 1$

(*Sugestão para o item a*: Sendo n um natural ímpar, verifique que

$$\left| \operatorname{sen} x - \left(x - \frac{x^3}{3!} + \frac{x^5}{5!} - \dots + (-1)^{\frac{n-1}{2}} \frac{x^n}{n!} \right) \right| \leq \frac{|x|^{n+2}}{(n+2)!}.)$$

(Veja Seção 16.3 do Vol. 1.)

4. Avalie sen 1 (seno de 1 radiano) com erro em módulo inferior a 10^{-5}.

Capítulo 2

2.3 Uma Condição Necessária para que uma Série Seja Convergente. Critério do Termo Geral para Divergência

O próximo teorema conta-nos que uma *condição necessária* (mas *não suficiente*) para que a série $\sum_{k=0}^{+\infty} a_k$ seja convergente é que $\lim_{k \to +\infty} a_k = 0$.

Teorema. Se $\sum_{k=0}^{+\infty} a_k$ for convergente, então $\lim_{k \to +\infty} a_k = 0$.

Demonstração

Seja $s_n = \sum_{k=0}^{+\infty} a_k$. Sendo a série $\sum_{k=0}^{+\infty} a_k$ convergente, existe um número real s, tal que

$$\lim_{n \to +\infty} s_n = s.$$

Teremos, também, $\lim_{n \to +\infty} s_{n-1} = s$. Como $a_n = s_n - s_{n-1}$, resulta

$$\lim_{n \to +\infty} a_n = \lim_{n \to +\infty} \left[s_n - s_{n-1} \right] = 0.$$

Portanto,

$$\sum_{k=0}^{+\infty} a_k \text{ convergente} \Rightarrow \lim_{k \to +\infty} a_k = 0. \qquad \blacksquare$$

Segue do teorema acima o seguinte critério para testar divergência de uma série.

Critério do termo geral para divergência. Seja a série $\sum_{k=0}^{+\infty} a_k$. Se $\lim_{k \to +\infty} a_k \neq 0$ ou se $\lim_{k \to +\infty} a_k$ não existir, então a série $\sum_{k=0}^{+\infty} a_k$ será divergente.

Exemplo 1 A série $\sum_{k=1}^{+\infty} \dfrac{k^2}{k^2 + 3}$ é divergente, pois $\lim_{k \to +\infty} \dfrac{k^2}{k^2 + 3} = 1$. Como a sequência $s_n = \sum_{k=1}^{n} \dfrac{k^2}{k^2 + 3}$ é crescente e divergente, resulta

$$\sum_{k=1}^{+\infty} \frac{k^2}{k^2 + 3} = +\infty.$$

Séries Numéricas

35

Exemplo 2 A série $\displaystyle\sum_{k=1}^{+\infty}\left[1+\left(-1\right)^{k}\right]$ é convergente ou divergente? Justifique.

Solução

$$a_{k} = 1 + (-1)^{k} = \begin{cases} 2 \text{ se } k \text{ for par} \\ 0 \text{ se } k \text{ for ímpar.} \end{cases}$$

Assim, $\displaystyle\lim_{k\to\infty} a_{k}$ não existe. Segue que a série é divergente. Observe:

$$s_{1} = \sum_{k=1}^{1}\left[1+\left(-1\right)^{k}\right] = 0$$

$$s_{2} = \sum_{k=1}^{2}\left[1+\left(-1\right)^{k}\right] = 0 + 2 = 2$$

$$s_{3} = \sum_{k=1}^{3}\left[1+\left(-1\right)^{k}\right] = 0 + 2 + 0 = 2$$

$$s_{4} = \sum_{k=1}^{4}\left[1+\left(-1\right)^{k}\right] = 0 + 2 + 0 + 2 = 4$$

$$\vdots$$

A sequência $\displaystyle s_{n} = \sum_{k=1}^{n}\left[1+\left(-1\right)^{k}\right], n \geqslant 1$, é crescente e divergente; logo

$$\sum_{k=1}^{+\infty}\left[1+\left(-1\right)^{k}\right] = +\infty.$$

Exemplo 3 É convergente ou divergente? Justifique.

a) $\displaystyle\sum_{k=1}^{+\infty}\frac{1}{k}$

b) $\displaystyle\sum_{k=1}^{+\infty}\frac{1}{k^{3}}$

Solução

a) Como $\displaystyle\lim_{k\to+\infty}\frac{1}{k} = 0$, a série $\displaystyle\sum_{k=1}^{+\infty}\frac{1}{k}$ tem chance de ser convergente. Sabemos, entretanto, que tal série é *divergente,* pois trata-se de uma série harmônica de ordem 1. (Veja Exemplo 2, 2.1.)

b) $\displaystyle\lim_{k\to+\infty}\frac{1}{k^{3}} = 0$; segue que a série $\displaystyle\sum_{k=1}^{+\infty}\frac{1}{k^{3}}$ tem chance de ser convergente. A série é convergente, pois trata-se de uma série harmônica de ordem $\alpha = 3$.

3 CAPÍTULO

Critérios de Convergência e Divergência para Séries de Termos Positivos

3.1 Critério da Integral

Critério da Integral. Consideremos a série $\sum\limits_{k=0}^{+\infty} a_k$ e suponhamos que exista um natural p e uma função $f : [p, +\infty[\to \mathbb{R}$ contínua, decrescente e positiva tal que $f(k) = a_k$ para $k \geqslant p$. Nestas condições, tem-se

a) $\int_p^{+\infty} f(x)\,dx$ convergente $\Rightarrow \sum\limits_{k=0}^{+\infty} a_k$ convergente

b) $\int_p^{+\infty} f(x)\,dx$ divergente $\Rightarrow \sum\limits_{k=0}^{+\infty} a_k$ divergente

Demonstração

Para $n > p$, $\sum\limits_{k=0}^{n} a_k = \sum\limits_{k=0}^{p} a_k + \sum\limits_{k=p+1}^{n} a_k$.

Como p está fixo, segue dessa relação que a série $\sum\limits_{k=0}^{+\infty} a_k$ será convergente (ou divergente) se e somente se $\sum\limits_{k=p+1}^{+\infty} a_k$ for convergente (ou divergente).

a) Raciocinando como no Exemplo 2 da Seção 2.1, temos.

$$\sum_{k=p+1}^{n} a_k \leqslant \int_p^n f(x)\,dx \leqslant \int_p^{+\infty} f(x)\,dx$$

Critérios de Convergência e Divergência para Séries de Termos Positivos

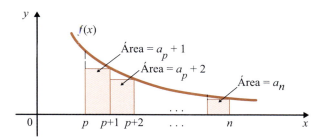

Segue que a sequência $\sum_{k=p+1}^{n} a_k$ é crescente e limitada superiormente por $\int_{p}^{+\infty} f(x)\,dx$.

Logo, a série $\sum_{k=p+1}^{+\infty} a_k$ é convergente e, portanto, $\sum_{k=0}^{+\infty} a_k$ também é convergente.

b) Fica para o leitor. ∎

Exemplo 1 A série $\sum_{k=2}^{+\infty} \dfrac{1}{k \ln k}$ é convergente ou divergente? Justifique.

Solução

Vamos aplicar o critério da integral utilizando a função $f(x) = \dfrac{1}{x \ln x}$, $x \geq 2$. Tal função é positiva, contínua e decrescente em $[2, +\infty[$ como se verifica facilmente. Temos

$$\int_{2}^{\alpha} \frac{1}{x \ln x}\,dx = [\ln(\ln x)]_{2}^{\alpha} = \ln(\ln \alpha) - \ln(\ln 2)$$

Como $\lim_{\alpha \to +\infty} \ln(\ln \alpha) = +\infty$, resulta $\int_{2}^{+\infty} \dfrac{1}{x \ln x}\,dx = +\infty$. Pelo critério da integral, a série é divergente.

Exemplo 2 Seja $\alpha > 0$, com $\alpha \neq 1$, um real dado. Estude a série $\sum_{k=2}^{+\infty} \dfrac{1}{k(\ln k)^{\alpha}}$ com relação a convergência ou divergência.

Solução

Vamos aplicar o critério da integral com a função $f(x) = \dfrac{1}{x(\ln x)^{\alpha}}$. Esta função é claramente positiva, contínua e decrescente no intervalo $[2, +\infty[$. Temos

$$\int_{2}^{\beta} \frac{1}{x(\ln x)^{\alpha}}\,dx = \left[\frac{1}{(1-\alpha)(\ln x)^{\alpha-1}} \right]_{2}^{\beta}$$

e, portanto,

$$\int_{2}^{\beta} \frac{1}{x(\ln x)^{\alpha}}\,dx = \frac{1}{(1-\alpha)} \left[\frac{1}{(\ln \beta)^{\alpha-1}} - \frac{1}{(\ln 2)^{\alpha-1}} \right].$$

Para $\alpha > 1$, $\lim_{\beta \to +\infty} \dfrac{1}{(\ln \beta)^{\alpha-1}} = 0$ e, para $0 < \alpha < 1$, $\lim_{\beta \to +\infty} \dfrac{1}{(\ln \beta)^{\alpha-1}} = +\infty$. Pelo critério da integral, a série é convergente para $\alpha > 1$ e divergente para $0 < \alpha < 1$.

Capítulo 3

Com auxílio dos Exemplos 1 e 2 estabeleceremos mais adiante o importante critério de De Morgan. As séries dos Exemplos 1 e 2 também podem ser estudadas utilizando o critério de Cauchy-Fermat. (Veja Exercícios 5 e 7.)

Exercícios 3.1

1. Estude a série dada com relação a convergência ou divergência.

a) $\sum_{k=0}^{+\infty} \frac{1}{k^2+1}$

b) $\sum_{k=2}^{+\infty} \frac{1}{k^2 \ln k}$

c) $\sum_{k=2}^{+\infty} \frac{1}{k^\alpha \ln k}$, $\alpha > 0$

d) $\sum_{k=0}^{+\infty} \frac{k}{1+k^4}$

e) $\sum_{k=2}^{+\infty} \frac{1}{k \ln k \ln(\ln k)}$

f) $\sum_{k=0}^{+\infty} \frac{1}{k \ln k [\ln(\ln k)]^\alpha}$, $\alpha > 1$

g) $\sum_{k=0}^{+\infty} \frac{1}{k \ln k [\ln(\ln k)]^\alpha}$, $0 < \alpha < 1$

   h) $\sum_{k=0}^{+\infty} \frac{k}{k^2+1}$

2. Suponha que a função $f: [0, +\infty[\to \mathbb{R}$ seja contínua, decrescente e positiva. Prove

a) $\sum_{k=0}^{+\infty} f(k)$ convergente $\Rightarrow \int_0^{+\infty} f(x)\,dx$ convergente.

b) $\sum_{k=0}^{+\infty} f(k)$ divergente $\Rightarrow \int_0^{+\infty} f(x)\,dx$ divergente.

3. Suponha que a função $f: [0, +\infty[\to \mathbb{R}$ seja contínua, decrescente e positiva. Suponha, ainda, que a série $\sum_{k=0}^{+\infty} f(k)$ seja convergente e tenha soma s. Prove que $\sum_{k=0}^{n} f(k)$ é um valor aproximado por falta de s, com erro, em módulo, inferior a $\int_n^{+\infty} f(x)\,dx$.

4. Suponha $f: [1, +\infty[\to \mathbb{R}$ contínua, decrescente e positiva. Inspirado no método de Fermat (veja Exercício 22 da Seção 2.1) e supondo $E>1$, mostre que

a) $\sum_{k=0}^{+\infty} E^k f(E^k)$ convergente $\Rightarrow \int_1^{+\infty} f(x)\,dx$ convergente.

b) $\sum_{k=0}^{+\infty} E^k f(E^k)$ divergente $\Rightarrow \int_1^{+\infty} f(x)\,dx$ divergente.

5. (*Critério de Cauchy-Fermat.*) Suponha $f: [1, +\infty[\to \mathbb{R}$ contínua, decrescente e positiva. Sendo $E>1$, prove

a) $\sum_{k=1}^{+\infty} f(k)$ convergente $\Leftrightarrow \sum_{k=0}^{+\infty} E^k f(E^k)$ convergente.

b) $\sum_{k=1}^{+\infty} f(k)$ divergente $\Leftrightarrow \sum_{k=0}^{+\infty} E^k f(E^k)$ divergente.

6. a) Supondo $\alpha > 0$, calcule a soma da série $\sum_{k=0}^{+\infty} 2^k f(2^k)$, em que $f(k) = \frac{1}{k^\alpha}$.

Critérios de Convergência e Divergência para Séries de Termos Positivos

b) Utilizando o critério de Cauchy-Fermat, conclua (resultado que você já conhece) que a série harmônica de ordem α, $\sum_{k=1}^{+\infty} \dfrac{1}{k^{\alpha}}$, é convergente para $\alpha > 1$ e divergente para $\alpha \leqslant 1$.

7. Utilizando o critério de Cauchy-Fermat, com $E = e$, estude as séries a seguir com relação a convergência e divergência, em que $\alpha > 0$ é um real dado.

a) $\displaystyle\sum_{k=2}^{+\infty} \dfrac{1}{k(\ln k)^{\alpha}}$

b) $\displaystyle\sum_{k=2}^{+\infty} \dfrac{1}{k \ln k [\ln(\ln k)]^{\alpha}}$

c) $\displaystyle\sum_{k=2}^{+\infty} \dfrac{1}{k \ln k \ln(\ln k)[\ln \ln(\ln k)]^{\alpha}}$

d) $\displaystyle\sum_{k=2}^{+\infty} \dfrac{1}{(\ln k)^{\alpha}}$

e) $\displaystyle\sum_{k=2}^{+\infty} \dfrac{1}{\ln k [\ln \ln k]^{\alpha}}$.

3.2 Critérios de Comparação e do Limite

Critério de comparação. Sejam as séries $\sum_{k=0}^{+\infty} a_k$ e $\sum_{k=0}^{+\infty} b_k$. Suponhamos que exista um natural p tal que, para todo $k \geqslant p$, $0 \leqslant a_k \leqslant b_k$. Nestas condições, tem-se:

(i) $\displaystyle\sum_{k=0}^{+\infty} b_k$ convergente $\Rightarrow \displaystyle\sum_{k=0}^{+\infty} a_k$ convergente.

(ii) $\displaystyle\sum_{k=0}^{+\infty} a_k$ divergente $\Rightarrow \displaystyle\sum_{k=0}^{+\infty} b_k$ divergente.

Demonstração

(i) $\displaystyle\sum_{k=0}^{+\infty} b_k$ convergente $\Rightarrow \displaystyle\sum_{k=p}^{+\infty} b_k$ convergente. (Confira.)

Como, para todo $k \geqslant p$, $b_k \geqslant 0$, a sequência

$$t_n = \sum_{k=p}^{n} b_k, n \geqslant p,$$

é crescente. Daí e pelo fato da série $\sum_{k=p}^{+\infty} b_k$ ser convergente resulta, para todo $n \geqslant p$,

$$\sum_{k=p}^{n} b_k \leqslant \sum_{k=p}^{+\infty} b_k.$$

Como, para todo $k \geqslant p$, $0 \leqslant a_k \leqslant b_k$, resulta que a sequência

①

$$s_n = \sum_{k=p}^{n} a_k, n \geqslant p,$$

Capítulo 3

é crescente e, para todo $n \geq p$.

$$\sum_{k=p}^{n} a_k \leq \sum_{k=p}^{+\infty} b_k.$$

Segue que a sequência ① é convergente, ou seja, a série $\sum_{k=p}^{+\infty} a_k$ é convergente. Logo, $\sum_{k=0}^{+\infty} a_k$ é também convergente.

(ii) Fica a cargo do leitor. ∎

Exemplo 1 A série $\sum_{k=1}^{+\infty} \frac{1}{k} \operatorname{sen} \frac{1}{k}$ é convergente ou divergente? Justifique.

Solução

Para todo $k \geq 1$,

$$0 \leq \frac{1}{k} \operatorname{sen} \frac{1}{k} \leq \frac{1}{k} \cdot \frac{1}{k}$$

(Lembrete: para todo $x \in \,]0, \frac{\pi}{2}[$, $\operatorname{sen} x < x$.)

Como $\sum_{k=1}^{+\infty} \frac{1}{k^2}$ é convergente, pois trata-se de uma série harmônica de ordem 2, segue do critério de comparação que $\sum_{k=1}^{+\infty} \frac{1}{k} \operatorname{sen} \frac{1}{k}$ é convergente. Isto significa que existe um número s tal que

$$\operatorname{sen} 1 + \frac{1}{2} \operatorname{sen} \frac{1}{2} + \frac{1}{3} \operatorname{sen} \frac{1}{3} + \ldots = s.$$

Já vimos que

$$\sum_{k=1}^{+\infty} \frac{1}{k^2} \leq 1 + \int_1^{+\infty} \frac{1}{x^2} dx.$$

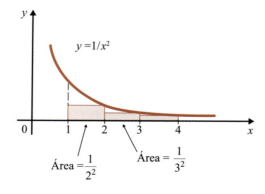

Como $\sum_{k=1}^{+\infty} \frac{1}{k} \operatorname{sen} \frac{1}{k} \leq \sum_{k=1}^{+\infty} \frac{1}{k^2}$ e $\int_1^{+\infty} \frac{1}{x^2} dx = 1$, segue que s é um número compreendido entre sen 1 e 2.

Critérios de Convergência e Divergência para Séries de Termos Positivos

Exemplo 2 A série $\sum\limits_{k=0}^{+\infty} \dfrac{k}{k^2 + 2k + 1}$ é convergente ou divergente? Justifique.

Solução

$$\frac{k}{k^2 + 2k + 1} = \frac{1}{k} \cdot \frac{1}{1 + \dfrac{2}{k} + \dfrac{1}{k^2}}.$$

Para todo $k \geqslant 1$,

$$1 + \frac{2}{k} + \frac{1}{k^2} \leqslant 4$$

e, portanto, para todo $k \geqslant 1$,

$$\frac{1}{1 + \dfrac{2}{k} + \dfrac{1}{k^2}} \geqslant \frac{1}{4}.$$

Segue que, para todo $k \geqslant 1$,

$$\frac{k}{k^2 + 2k + 1} \geqslant \frac{1}{4k}.$$

Como $\sum\limits_{k=1}^{+\infty} \dfrac{1}{4k} = +\infty$ (série harmônica de ordem 1) resulta

$$\sum_{k=0}^{+\infty} \frac{k}{k^2 + 2k + 1} = +\infty$$

e, portanto, a série é divergente.

Observação. $\sum\limits_{k=1}^{+\infty} \dfrac{1}{k} = +\infty$ significa, como já sabemos, que $\lim\limits_{n \to +\infty} \sum\limits_{k=1}^{n} \dfrac{1}{k} = +\infty$; daí

$$\lim_{n \to +\infty} \sum_{k=1}^{n} \frac{1}{4k} = \lim_{n \to +\infty} \frac{1}{4} \sum_{k=1}^{n} \frac{1}{k} = +\infty,$$

ou seja,

$$\sum_{k=1}^{n} \frac{1}{4k} = +\infty.$$

Do mesmo modo, prova-se que se

$$\sum_{k=0}^{+\infty} a_k = +\infty$$

então,

$$\sum_{k=0}^{+\infty} \alpha a_k = \begin{cases} +\infty \ \text{se } \alpha > 0 \\ -\infty \ \text{se } \alpha < 0 \end{cases}$$

em que α é um real dado.

Capítulo 3

Exemplo 3 A série $\sum\limits_{k=1}^{+\infty} k\,\mathrm{sen}\dfrac{1}{k}$ é convergente ou divergente? Justifique.

Solução

$$\lim\limits_{k\to+\infty} k\,\mathrm{sen}\dfrac{1}{k} = \lim\limits_{k\to+\infty} \dfrac{\mathrm{sen}\dfrac{1}{k}}{\dfrac{1}{k}} = 1.$$

Sendo $\lim\limits_{k\to+\infty} a_k \neq 0$, a série é divergente. Como $k\,\mathrm{sen}\dfrac{1}{k} > 0$, para todo $k \geq 1$,

$$\sum\limits_{k=1}^{+\infty} k\,\mathrm{sen}\dfrac{1}{k} = +\infty.$$

Exemplo 4 A série $\sum\limits_{n=1}^{+\infty} \dfrac{1}{n2^n}$ é convergente ou divergente? Justifique.

Solução

$$\sum\limits_{n=1}^{+\infty} \dfrac{1}{2^n} = \dfrac{\dfrac{1}{2}}{1 - \dfrac{1}{2}} = 1. \quad \text{(Série geométrica de razão } \dfrac{1}{2}.)$$

Para todo $n \geq 1$,

$$0 \leq \dfrac{1}{n2^n} \leq \dfrac{1}{2^n}.$$

Pelo critério de comparação, $\sum\limits_{n=1}^{+\infty} \dfrac{1}{n2^n}$ é convergente. Observe que a soma desta série é um

número s compreendido entre $\dfrac{1}{2}$ e 1.

Exemplo 5 A série $\sum\limits_{k=1}^{+\infty} \dfrac{k^5 - 3k^4 + 2}{2k^8 + k - 1}$ é convergente ou divergente? Justifique.

Solução

$$\dfrac{k^5 - 3k^4 + 2}{2k^8 + k - 1} = \dfrac{1}{k^3} \cdot \dfrac{1 - \dfrac{3}{k} + \dfrac{2}{k^5}}{2 + \dfrac{1}{k^7} - \dfrac{1}{k^8}}.$$

Temos:

$$\lim\limits_{k\to+\infty} \dfrac{1 - \dfrac{3}{k} + \dfrac{2}{k^5}}{2 + \dfrac{1}{k^7} - \dfrac{1}{k^8}} = \dfrac{1}{2}.$$

Tomando-se $\varepsilon = \dfrac{1}{4}$, existe um natural p tal que

$$\frac{1}{2} - \frac{1}{4} < \frac{1 - \dfrac{3}{k} + \dfrac{2}{k^5}}{2 + \dfrac{1}{k^7} - \dfrac{1}{k^8}} < \frac{1}{2} + \frac{1}{4}$$

para todo $k \geqslant p$. Segue que, para todo $k \geqslant p$,

$$0 < \frac{1}{k^3} \cdot \frac{1 - \dfrac{3}{k} + \dfrac{2}{k^5}}{2 + \dfrac{1}{k^7} - \dfrac{1}{k^8}} < \frac{3}{4} \frac{1}{k^3}.$$

Ou seja, para todo $k \geqslant p$,

$$0 < \frac{k^5 - 3k^4 + 2}{2k^8 + k - 1} < \frac{3}{4} \frac{1}{k^3}.$$

Como a série $\displaystyle\sum_{k=1}^{+\infty} \frac{3}{4} \frac{1}{k^3}$ é convergente (série harmônica de ordem 3) segue que

$$\sum_{k=1}^{+\infty} \frac{k^5 - 3k^4 + 2}{2k^8 + k - 1}$$

é convergente.

Exemplo 6 Suponha que $a_k = \dfrac{1}{k^\alpha} b_k$, $k \geqslant 1$. Suponha, ainda, que

$$\lim_{k \to +\infty} b_k = L > 0,\ L \text{ real}.$$

Prove

a) $\alpha > 1 \Rightarrow \displaystyle\sum_{k=1}^{+\infty} a_k$ convergente.

b) $\alpha \leqslant 1 \Rightarrow \displaystyle\sum_{k=1}^{+\infty} a_k$ divergente.

Solução

a) Por hipótese, $\displaystyle\lim_{k \to +\infty} b_k = L > 0$. Tomando-se então, $\varepsilon = \dfrac{L}{2}$, existe um natural p tal que, para todo $k \geqslant p$,

$$L - \frac{L}{2} < b_k < L + \frac{L}{2}.$$

Multiplicando por $\dfrac{1}{k^\alpha}$ vem

Capítulo 3

$$\frac{L}{2}\frac{1}{k^{\alpha}} < \underbrace{\frac{1}{k^{\alpha}}}_{a_k} b_k < \frac{1}{k^{\alpha}}\frac{3L}{2}$$

ou

$$\frac{L}{2}\frac{1}{k^{\alpha}} < a_k < \frac{3L}{2}\frac{1}{k^{\alpha}}$$

para todo $k \geqslant p$. A convergência de $\sum\limits_{k=1}^{+\infty} a_k$ segue por comparação com a série harmônica

$$\sum_{k=1}^{+\infty}\frac{1}{k^{\alpha}}.$$

b) Se $\alpha \leqslant 1$, a série $\sum\limits_{k=1}^{+\infty} a_k$ será divergente, pois, para todo $k \geqslant p$,

$$a_k > \frac{L}{2}\frac{1}{k^{\alpha}}$$

e $\sum\limits_{k=1}^{+\infty}\frac{1}{k^{\alpha}}$ é divergente.

Observação. Seja a série $\sum\limits_{k=1}^{+\infty} a_k$. O exemplo anterior conta-nos que se $a_k = \frac{1}{k^{\alpha}} b_k$ e se $\lim\limits_{k \to +\infty} b_k = L > 0$, real, então a série $\sum\limits_{k=1}^{+\infty} a_k$ *tem o mesmo comportamento que a série harmônica*

$$\sum_{k=1}^{+\infty}\frac{1}{k^{\alpha}}.$$

Exemplo 7 A série $\sum\limits_{k=3}^{+\infty}\frac{k-3}{\sqrt{k^3+5}}$ é convergente ou divergente? Justifique.

Solução

$$\frac{k-3}{\sqrt{k^3+5}} = \frac{k\left(1-\dfrac{3}{k}\right)}{k^{3/2}\sqrt{1+\dfrac{5}{k^3}}} = \frac{1}{k^{1/2}}\frac{1-\dfrac{3}{k}}{\sqrt{1+\dfrac{5}{k^3}}}.$$

Temos

$$\lim_{k \to +\infty}\frac{1-\dfrac{3}{k}}{\sqrt{1+\dfrac{5}{k^3}}} = 1.$$

Como $\alpha = \frac{1}{2}$, a série $\sum\limits_{k=3}^{+\infty}\frac{k-3}{\sqrt{k^3+5}}$ é divergente. (Veja exemplo anterior.)

Critérios de Convergência e Divergência para Séries de Termos Positivos

O critério que vimos no Exemplo 6 é um caso particular do *critério do limite*, que veremos a seguir.

Critério do Limite. Sejam $\sum_{k=0}^{+\infty} a_k$ e $\sum_{k=0}^{+\infty} c_k$ duas séries, com $a_k > 0$ e $c_k > 0$, para todo $k \geqslant q$, em que q é um natural fixo. Suponhamos que

$$\lim_{k \to +\infty} \frac{a_k}{c_k} = L.$$

Então

a) se $L > 0$, L real, ou ambas são convergentes ou ambas são divergentes.

b) se $L = +\infty$ e se $\sum_{k=0}^{+\infty} c_k$ for divergente, $\sum_{k=0}^{+\infty} a_k$ também será divergente.

c) se $L = 0$ e se $\sum_{k=0}^{+\infty} c_k$ for convergente, $\sum_{k=0}^{+\infty} a_k$ também será convergente.

Demonstração

a) De $\lim_{k \to +\infty} \dfrac{a_k}{c_k} = L$, $L > 0$ e real, segue que tomando-se, $\varepsilon = \dfrac{L}{2}$, existe um natural p, que podemos supor maior que q, tal que

$$k > p \Rightarrow L - \frac{L}{2} < \frac{a_k}{c_k} < L + \frac{L}{2},$$

ou seja,

$$k > p \Rightarrow \frac{L}{2} c_k < a_k < \frac{3L}{2} c_k.$$

Segue do critério de comparação que ambas são convergentes ou ambas divergentes.

b) De $\lim_{k \to +\infty} \dfrac{a_k}{c_k} = +\infty$, segue que tomando-se $\varepsilon = 1$, existe um natural p, que podemos supor maior que q, tal que

$$k > p \Rightarrow \frac{a_k}{c_k} > 1$$

e, portanto,

$$k > p \Rightarrow a_k > c_k.$$

Segue do critério de comparação que se $\sum_{k=0}^{+\infty} c_k$ for divergente, então $\sum_{k=0}^{+\infty} a_k$ também será.

c) De $\lim_{k \to +\infty} \dfrac{a_k}{c_k} = 0$, segue que tomando-se $\varepsilon = 1$, existe um natural p, que podemos supor maior que q, tal que

Capítulo 3

$$n > p \Rightarrow \frac{a_k}{c_k} < 1,$$

ou seja,

$$n > p \Rightarrow a_k < c_k.$$

Portanto, se $\sum_{k=0}^{+\infty} c_k$ for convergente, então $\sum_{k=0}^{+\infty} a_k$ também será. ∎

Exemplo 8 A série $\sum_{k=0}^{+\infty} ke^{-k}$ é convergente ou divergente? Justifique.

Solução

A série $\sum_{k=0}^{+\infty} e^{-k/2}$ é convergente, pois trata-se de uma série geométrica de razão

$$t = e^{-1/2} < 1.$$

Façamos

$$a_k = ke^{-k} \text{ e } c_k = e^{-k/2}.$$

Temos

$$\lim_{k \to +\infty} \frac{a_k}{c_k} = \lim_{k \to +\infty} \frac{k}{e^{k/2}} = 0.$$

Pelo critério do limite, a série dada é convergente. Poderíamos, também, ter utilizado a série

harmônica $\sum_{k=1}^{+\infty} \frac{1}{k^2}$ como série de comparação. Neste caso, teríamos

$$\lim_{k \to +\infty} \frac{a_k}{c^k} = \lim_{k \to +\infty} \frac{ke^{-k}}{\frac{1}{k^2}} \lim_{k \to +\infty} \frac{k^3}{e^k} = 0.$$

Pelo critério do limite, conclui-se que a série dada é convergente.

Observação. O sucesso na utilização do critério do limite está exatamente na escolha adequada da série $\sum_{k=0}^{+\infty} c_k$ de comparação. Em muitos casos, as séries harmônicas ou as séries geométricas desempenham muito bem este papel.

Exemplo 9 A série $\sum_{k=2}^{+\infty} \frac{1}{\ln k}$ é convergente ou divergente? Justifique.

Solução

Vamos tomar como série de comparação a série harmônica $\sum_{k=1}^{+\infty} \frac{1}{k}$. Temos

$$a_k = \frac{1}{\ln k} \text{ e } c_k = \frac{1}{k}.$$

Critérios de Convergência e Divergência para Séries de Termos Positivos

Então,

$$\lim_{k \to +\infty} \frac{a_k}{c_k} = \lim_{k \to +\infty} \frac{k}{\ln k} = +\infty.$$

Pelo critério do limite a série dada é divergente. (Observe que se tomássemos como série de comparação a harmônica convergente $\sum_{k=1}^{+\infty} \frac{1}{k^2}$, teríamos, também,

$$\lim_{k \to +\infty} \frac{a_k}{c_k} = \lim_{k \to +\infty} \frac{k^2}{\ln k} = +\infty.$$

Entretanto, neste caso, o critério do limite não nos forneceria informação alguma sobre a convergência ou divergência da série dada. Confira.)

Exemplo 10 A série $\sum_{k=1}^{+\infty} \frac{k^2 + 2}{k^5 + 2k + 1}$ é convergente ou divergente? Justifique.

Solução

Como $\lim_{k \to +\infty} \frac{k^2 + 2}{k^5 + 2k + 1} = 0$, a série tem chance de ser convergente. Vamos tomar como série de comparação a harmônica convergente $\sum_{k=1}^{+\infty} \frac{1}{k^3}$. Temos

$$a_k = \frac{k^2 + 2}{k^5 + 2k + 1} \text{ e } c_k = \frac{1}{k^3}.$$

Então,

$$\lim_{k \to +\infty} \frac{a_k}{c_k} = \lim_{k \to +\infty} \frac{k^5 + 2k^3}{k^5 + 2k + 1} = 1.$$

Pelo critério do limite, conclui-se a convergência da série dada. (Sugerimos ao leitor concluir a convergência da série pelo critério estabelecido no Exemplo 6.)

Exercícios 3.2

1. É convergente ou divergente? Justifique.

a) $\sum_{k=2}^{+\infty} \frac{k}{2k^3 - k + 1}$

b) $\sum_{k=0}^{+\infty} \frac{(k+1)e^{-k}}{2k + 3}$

c) $\sum_{k=1}^{+\infty} \frac{\sqrt{k} + \sqrt[3]{k}}{k^2 + 3k + 1}$

d) $\sum_{k=0}^{+\infty} (k^3 + 1)e^{-k}$

e) $\sum_{k=2}^{+\infty} \frac{k^2 - 3}{\sqrt[3]{k^9 + k^2 + 1}}$

f) $\sum_{k=0}^{+\infty} \frac{2 + \cos\sqrt{k^3} + 3}{k + 1}$

g) $\sum_{k=1}^{+\infty} \frac{2^k}{k^5}$

h) $\sum_{k=2}^{+\infty} \frac{1}{k^2 \ln k}$

Capítulo 3

i) $\displaystyle\sum_{k=0}^{+\infty} (\cos^2 + k^2)k^{-4}$

j) $\displaystyle\sum_{k=1}^{+\infty} \frac{1}{k\sqrt[4]{k}}$

l) $\displaystyle\sum_{k=1}^{+\infty} k^2\left(1 - \cos\frac{1}{k^2}\right)$

m) $\displaystyle\sum_{k=1}^{+\infty} \ln\left(1 + \frac{1}{k^2}\right)$

2. Considere a série $\displaystyle\sum_{k=0}^{+\infty} a_k$, com $a_k \geqslant 0$, para todo k. Suponha $a_k = \dfrac{1}{k^\alpha} b_k$, $k \geqslant p$. Prove que se $\displaystyle\lim_{k\to+\infty} b_k = 0$ e se $\alpha > 1$, então $\displaystyle\sum_{k=0}^{+\infty} a_k$ será convergente. (*Sugestão*: Utilize o critério do limite.)

3. Seja $\lambda > 0$ um real dado. A série $\displaystyle\sum_{k=0}^{+\infty} \frac{k^\lambda}{2^k}$ é convergente ou divergente? Justifique.

4. Considere a série $\displaystyle\sum_{k=0}^{+\infty} a_k$, com $a_k \geqslant 0$ para todo k. Suponha que $a_k = \dfrac{1}{k^\alpha} b_k$, $k \geqslant p$. Prove que se $\displaystyle\lim_{k\to+\infty} b_k = +\infty$ e se $a \leqslant 1$, então a série $\displaystyle\sum_{k=0}^{+\infty} a_k$, será divergente. (*Sugestão*: Utilize o critério do limite.)

5. Seja $\gamma > 0$ um real dado. Prove

a) $\displaystyle\lim_{k\to+\infty} \frac{k}{(\ln k)^\gamma} = +\infty$. (*Sugestão:* Lembre-se de que para λ real $\displaystyle\lim_{u\to+\infty} \frac{e^u}{u^\lambda} = +\infty$.)

b) $\displaystyle\sum_{k=2}^{+\infty} \frac{1}{(\ln k)^\gamma}$ é divergente.

6. É convergente ou divergente? Justifique.

a) $\displaystyle\sum_{k=3}^{+\infty} \frac{k^2 + 5}{k^2(\ln k)^3}$

b) $\displaystyle\sum_{k=5}^{+\infty} \frac{k^2 + 3k + 1}{(\ln k)^{10}}$

c) $\displaystyle\sum_{k=0}^{+\infty} \frac{2^k}{k!}$

d) $\displaystyle\sum_{k=3}^{+\infty} \frac{1}{k(\ln k)^{10}}$

e) $\displaystyle\sum_{k=3}^{+\infty} \frac{1}{k^\alpha(\ln k)^\beta}$, em que $\alpha > 0$ e $\beta > 0$ são números reais dados.

f) $\displaystyle\sum_{k=3}^{+\infty} \frac{\sqrt[3]{k^5 + 3k + 1}}{k^3(\ln k)^2}$

g) $\displaystyle\sum_{k=3}^{+\infty} \frac{(\ln k)^3}{k^2}$

7. Verifique que as séries abaixo são convergentes. Justifique.

a) $\displaystyle\sum_{n=1}^{+\infty} \frac{1}{n\sqrt[3]{n^2 + 3}}$

b) $\displaystyle\sum_{n=1}^{+\infty} \operatorname{sen}\left(\frac{1}{n\sqrt[3]{n^2 + 3}}\right)$

c) $\displaystyle\sum_{n=1}^{+\infty} \operatorname{arctg}\left(\frac{1}{n\sqrt[3]{n^2 + 3}}\right)$ (*Sugestão*: Verifique que $\operatorname{arctg} x < x$ para todo $x > 0$.)

Critérios de Convergência e Divergência para Séries de Termos Positivos

8. Mostre que as séries dadas são convergentes.

a) $\displaystyle\sum_{n=1}^{+\infty}\left(\frac{n^2+5}{n^2+3}-1\right)$

b) $\displaystyle\sum_{n=1}^{+\infty}\ln\left(\frac{n^2+5}{n^2+3}\right)$

(*Sugestão*: Para mostrar a convergência de *b* utilize a desigualdade $\ln x < x - 1$.)

c) $\displaystyle\sum_{n=0}^{+\infty}e^{-n^2-3}$

d) $\displaystyle\sum_{n=3}^{+\infty}\frac{\ln n}{\sqrt[5]{n^8+3n+1}}$

9. Verifique que $\displaystyle\sum_{k=1}^{+\infty}\frac{k+1}{k}=+\infty$.

(*Sugestão*: $\displaystyle s_n=\sum_{k=1}^{+\infty}[\ln(k+1)-\ln k]=...$)

10. Seja $-1<\alpha<0$ um real dado. Mostre que

$$\sum_{k=1}^{+\infty}\ln\frac{k}{k-1-\alpha}=+\infty.$$

(*Sugestão*: Utilize o critério do limite com $c_k=\ln\dfrac{k+1}{k}$.)

11. Seja $-1<\alpha<0$ um real dado.

a) Utilizando o Exercício 10, conclua que

$$\sum_{k=1}^{+\infty}\ln\frac{|\alpha-k+1|}{k}=-\infty.$$

b) Mostre que

$$\lim_{n\to+\infty}\left|\frac{\alpha(\alpha-1)(\alpha-2)\,...\,(\alpha-n+1)}{n!}\right|=0.$$

(*Sugestão*: Verifique que

$$\left|\frac{\alpha(\alpha-1(\alpha-2)\,...\,(\alpha-n+1)}{n!}\right|=e^{\sum_{k=1}^{n}\ln(|\alpha-k+1|/k)}.)$$

c) Mostre que a série alternada

$$\sum_{n=1}^{+\infty}\left|\frac{\alpha(\alpha-1)(\alpha-2)\,...\,(\alpha-n+1)}{n!}\right|$$

é convergente. (Observe que

$$(-1)^n\left|\frac{\alpha(\alpha-1(\alpha-2)\,...\,(\alpha-n+1)}{n!}\right|=\frac{\alpha(\alpha-1)(\alpha-2)\,...\,(\alpha-n+1)}{n!}$$

para todo $n\geq 1$.)

Capítulo 3

3.3 Critério de Comparação de Razões

Os principais critérios para estudo de convergência e divergência de séries de termos positivos, que serão estabelecidos nas próximas seções, são consequências do importante critério de comparação de razões. Este critério é sugerido pela progressão geométrica.

Critério de Comparação de Razões. Sejam $\sum_{k=0}^{+\infty} a_k$ e $\sum_{k=0}^{+\infty} b_k$ duas séries de termos positivos.

Suponhamos que exista um natural p tal que, para $k \geq p$,

$$\frac{a_{k+1}}{a_k} \leq \frac{b_{k+1}}{b_k}.$$

Nestas condições, tem-se

a) $\sum_{k=0}^{+\infty} b_k$ convergente $\Rightarrow \sum_{k=0}^{+\infty} a_k$ convergente

b) $\sum_{k=0}^{+\infty} a_k$ divergente $\Rightarrow \sum_{k=0}^{+\infty} b_k$ divergente.

Demonstração

Segue da hipótese que, para $k \geq p$,

$$\frac{a_{k+1}}{b_{k+1}} \leq \frac{a_k}{b_k}$$

e, portanto, a sequência $\dfrac{a_k}{b_k}$, $k \geq p$, é decrescente. Daí, para $k \geq p$, temos

$$\frac{a_k}{b_k} \leq \frac{a_p}{b_p}$$

e, portanto, para todo $k \geq p$,

$$a_k \leq \frac{a_k}{b_k} b_k.$$

Agora é só aplicar o critério de comparação. ∎

Exemplo 1 Considere a série de termos positivos $\sum_{k=0}^{+\infty} a_k$ e suponha que existem um real r e um natural p, com $0 < r < 1$, tais que, para todo $k \geq p$, $\dfrac{a_{k+1}}{a_k} \leq r$. Prove que a série $\sum_{k=0}^{+\infty} a_k$ é convergente.

Solução

Consideremos a série geométrica $\sum_{k=0}^{+\infty} b_k$ em que $b_k = r^k$, $k \geq 0$. Tal série é convergente, pois $0 < r < 1$. De $\dfrac{b_{k+1}}{b_k} = r$ segue, para todo $k \geq p$,

Critérios de Convergência e Divergência para Séries de Termos Positivos

$$\frac{a_{k+1}}{a_k} \leqslant \frac{b_{k+1}}{b_k}.$$

Pelo critério de comparação de razões, a série $\displaystyle\sum_{k=0}^{+\infty} a_k$ é convergente.

Exemplo 2 Considere a série de termos positivos $\displaystyle\sum_{k=0}^{+\infty} a_k$ e suponha que existe um natural p tal que, para todo $k \geqslant p$, $\dfrac{a_{k+1}}{a_k} \geqslant 1$. Prove que a série $\displaystyle\sum_{k=0}^{+\infty} a_k$ é divergente.

Solução

Consideremos a série $\displaystyle\sum_{k=0}^{+\infty} b_k$, com $b_k = 1$ para todo $k \geqslant 0$. Tal série é evidentemente divergente e, para todo $k \geqslant p$,

$$\frac{a_{k+1}}{a_k} \geqslant \frac{b_{k+1}}{b_k}.$$

Pelo critério de comparação de razões, a série $\displaystyle\sum_{k=0}^{+\infty} a_k$ é divergente.

Exemplo 3 Considere a série de termos positivos $\displaystyle\sum_{k=0}^{+\infty} a_k$ e suponha que existe um natural $p > 1$, tal que, para todo $k \geqslant p$, tem-se

$$k\left(1 - \frac{a_{k+1}}{a_k}\right) \leqslant 1.$$

Prove que a série $\displaystyle\sum_{k=0}^{+\infty} a_k$ é divergente.

Solução

$k\left(1 - \dfrac{a_{k+1}}{a_k}\right) \leqslant 1$ é equivalente a $\dfrac{a_{k+1}}{a_k} \geqslant 1 - \dfrac{1}{k}$. De $1 - \dfrac{1}{k} = \dfrac{b_{k+1}}{b_k}$, em que $b_k = \dfrac{1}{k-1}$, resulta que, para todo $k \geqslant p$, $\dfrac{a_{k+1}}{a_k} \geqslant \dfrac{b_{k+1}}{b_k}$. Como a série $\displaystyle\sum_{k=2}^{+\infty} b_k$ é divergente (pois se trata da série harmônica de ordem 1), pelo critério de comparação de razões, a série $\displaystyle\sum_{k=0}^{+\infty} a_k$ é divergente.

Antes de passarmos ao próximo exemplo, observamos que se α é um real dado, com $\alpha > 1$, então, para todo $x \geqslant -1$, $(1 + x)^{\alpha} \geqslant 1 + \alpha x$. (É só observar que o gráfico de $f(x) = (1 + x)^{\alpha}$, $x \geqslant -1$, tem a concavidade voltada para cima em $]-1, +\infty[$ e que $y = 1 + \alpha x$ é a reta tangente ao gráfico de f no ponto $(0, 1)$.)

Exemplo 4 Considere a série de termos positivos $\displaystyle\sum_{k=0}^{+\infty} a_k$ e suponha que existem um real $\alpha > 1$ e um natural $p > 1$ tais que, para todo $k \geqslant p$, $k\left(1 - \dfrac{a_{k+1}}{a_k}\right) > \alpha$. Prove que a série $\displaystyle\sum_{k=0}^{+\infty} a_k$ é convergente.

Capítulo 3

Solução

$k\left(1 - \dfrac{a_{k+1}}{a_k}\right) > \alpha$ é equivalente a $\dfrac{a_{k+1}}{a_k} < 1 - \dfrac{\alpha}{k}$. Do que dissemos antes, segue que, para

todo $k \geq 1$, $1 - \dfrac{\alpha}{k} \leq \left(1 - \dfrac{1}{k}\right)^{\alpha}$. Como

$$\left(1 - \dfrac{1}{k}\right)^{\alpha} = \dfrac{b_{k+1}}{b_k},$$

em que $b_k = \dfrac{1}{(k-1)^{\alpha}}$, resulta $\dfrac{a_{k+1}}{a_k} < \dfrac{b_{k+1}}{b_k}$ e, portanto, a série $\sum\limits_{k=0}^{+\infty} a_k$ é convergente, uma

vez que a série $\sum\limits_{k=0}^{+\infty} b_k$ é convergente por tratar-se de uma série harmônica de ordem $\alpha > 1$.

Exemplo 5 Considere as séries de termos positivos $\sum\limits_{k=0}^{+\infty} a_k$ e $\sum\limits_{k=0}^{+\infty} b_k$, em que $b_k = \dfrac{1}{(k-1)\ln(k-1)}$.

(Observe que o Exemplo 1 da Seção 3.1 nos conta que a série $\sum\limits_{k=3}^{+\infty} b_k = \sum\limits_{k=3}^{+\infty} \dfrac{1}{k \ln k}$ é divergente.)

a) Mostre que $\dfrac{a_{k+1}}{a_k} \geq \dfrac{b_{k+1}}{b_k}$ é equivalente a

$$\left(\ln k\right)\left[1 - \dfrac{k}{k-1}\dfrac{a_{k+1}}{a_k}\right] \leq -\ln\left(1 - \dfrac{1}{k}\right).$$

b) Mostre que

$$\left(\ln k\right)\left[1 - \dfrac{k}{k-1}\dfrac{a_{k+1}}{a_k}\right] \leq \dfrac{1}{k}$$

implica a 2ª desigualdade do item *a*.

c) Conclua que, se existe um natural $p \geq 3$ tal que, para todo $k \geq p$,

$$(k \ln k)\left[1 - \dfrac{k}{k-1}\dfrac{a_{k+1}}{a_k}\right] \leq 1$$

então a série $\sum\limits_{k=0}^{+\infty} a_k$ é divergente.

Solução

a) Fica para o leitor.

b) Inicialmente, observamos que, para todo $x > -1$, $\ln(1 + x) < x$. (Para se convencer deste fato é só observar que o gráfico de $f(x) = \ln(1 + x)$ tem concavidade voltada para baixo e que $y = x$ é a reta tangente ao gráfico de f no ponto $(0, 0)$.) Segue que, para $k \geq 2$,

Critérios de Convergência e Divergência para Séries de Termos Positivos

$\ln\left(1 - \dfrac{1}{k}\right) < -\dfrac{1}{k}$ e, portanto, $\dfrac{1}{k} < -\ln\left(1 - \dfrac{1}{k}\right)$. Logo, a desigualdade deste item implica a 2ª desigualdade do item *a*.

c) Tendo em vista os itens *a* e *b*, resulta que, para todo $k \geqslant p$, $\dfrac{a_{k+1}}{a_k} \geqslant \dfrac{b_{k+1}}{b_k}$ e portanto, a série $\displaystyle\sum_{k=0}^{+\infty} a_k$ é divergente, uma vez que $\displaystyle\sum_{k=3}^{+\infty} b_k$ é divergente.

Exemplo 6 Considere as séries de termos positivos $\displaystyle\sum_{k=0}^{+\infty} a_k$ e $\displaystyle\sum_{k=0}^{+\infty} b_k$, em que $b_k = \dfrac{1}{(k-1)[\ln(k-1)]^\alpha}$ com $\alpha > 1$. (Observe que o Exemplo 2 da Seção 3.1 nos conta que a série $\displaystyle\sum_{k=3}^{+\infty} b_k = \sum_{k=2}^{+\infty} \dfrac{1}{k(\ln k)^\alpha}$, com $\alpha > 1$, é convergente.)

a) Mostre que $\dfrac{a_{k+1}}{a_k} \leqslant \dfrac{b_{k+1}}{b_k}$ é equivalente a

$$(k \ln k)\left(1 - \frac{k}{k-1}\frac{a_{k+1}}{a_k}\right) \geqslant -\alpha \ln\left(1 - \frac{1}{k}\right)^k.$$

b) Suponha que existe um natural $p \geqslant 3$ tal que, para todo $k \geqslant p$,

$$(k \ln k)\left(1 - \frac{k}{k-1}\frac{a_{k+1}}{a_k}\right) \leqslant -\alpha^2.$$

Mostre que existe um natural $q \geqslant p$ tal que a 2ª desigualdade do item *a* se verifica para $k \geqslant q$.

c) Conclua que se existe um real $\alpha > 1$ e um natural $p \geqslant 3$ tais que, para todo $k \geqslant p$,

$$(k \ln k)\left[1 - \frac{k}{k-1}\frac{a_{k+1}}{a_k}\right] \geqslant -\alpha^2$$

então a série é convergente.

Solução

a) Fica para o leitor.

b) De $\displaystyle\lim_{k \to +\infty}\left(1 - \frac{1}{k}\right)^k = e^{-1}$ segue que $\displaystyle\lim_{k \to +\infty} \ln\left(1 - \frac{1}{k}\right)^k = -1$. Como $\alpha > 1$, resulta que existe $q \geqslant p$ tal que, para $k \geqslant q$,

$$\ln\left(1 - \frac{1}{k}\right)^k > -\alpha$$

Capítulo 3

e, portanto, para $k \geqslant q$, $\alpha^2 > -\ln\left(1 - \dfrac{1}{k}\right)^k$. Logo, para $k \geqslant q$, a 2ª desigualdade do item a se verifica.

c) Fica para o leitor. (Veja referência bibliográfica 14.)

3.4 Critérios da Razão e da Raiz

Critério da razão. Seja a série $\displaystyle\sum_{k=0}^{+\infty} a_k$, com $a_k > 0$ para todo $k \geqslant q$, em que q é um natural fixo. Suponhamos que $\displaystyle\lim_{k \to +\infty} \dfrac{a_{k+1}}{a_k}$ exista, finito ou infinito. Seja

$$L = \lim_{k \to +\infty} \frac{a_{k+1}}{a_k}.$$

Então,

a) $L < 1 \Rightarrow \displaystyle\sum_{k=0}^{+\infty} a_k$ é convergente.

b) $L > 1$ ou $L = +\infty \Rightarrow \displaystyle\sum_{k=0}^{+\infty} a_k$ é divergente.

c) Se $L = 1$, o critério nada revela.

Demonstração

Veja final da seção. ■

Exemplo 1 A série $\displaystyle\sum_{k=0}^{+\infty} \dfrac{2^k}{k!}$ é convergente ou divergente? Justifique.

Solução

Como $a_k = \dfrac{2^k}{k!}$, temos

$$\frac{a_{k+1}}{a_k} = \frac{\dfrac{2^{k+1}}{(k+1)!}}{\dfrac{2^k}{k!}} = \frac{2}{k+1}.$$

Segue que

$$\lim_{k \to +\infty} \frac{a_{k+1}}{a_k} = \lim_{k \to +\infty} \frac{2}{k+1} = 0.$$

Pelo critério da razão, a série $\displaystyle\sum_{k=0}^{+\infty} \dfrac{2^k}{k!}$ é convergente.

Critérios de Convergência e Divergência para Séries de Termos Positivos

Exemplo 2 Mostre que a série

$$\sum_{n=1}^{+\infty} \frac{1 \cdot 4 \cdot 7 \cdot \ldots \cdot (3n+1)}{n^5}$$

é divergente.

Solução

$$a_n = \frac{1 \cdot 4 \cdot 7 \cdot \ldots \cdot (3n+1)}{n^5}.$$

(Observe: $a_1 = \dfrac{1 \cdot 4}{1^5} = 4$; $a_2 = \dfrac{1 \cdot 4 \cdot 7}{2^5} = \dfrac{28}{32}$; $a_3 = \dfrac{1 \cdot 4 \cdot 7 \cdot 10}{3^5}$ etc.)

$$\frac{a_{n+1}}{a_n} = \frac{1 \cdot 4 \cdot 7 \cdot \ldots \cdot (3n+1)(3n+4)}{(n+1)^5} \cdot \frac{n^5}{1 \cdot 4 \cdot 7 \cdot \ldots \cdot (3n+1)} = \frac{3n+4}{\left(1 + \dfrac{1}{n}\right)^5}.$$

Segue que

$$\lim_{n \to +\infty} \frac{a_{n+1}}{a_n} = +\infty.$$

Pelo critério da razão, a série é divergente.

Exemplo 3 Mostre que a série $\sum_{k=1}^{+\infty} \dfrac{k^k}{k!}$ é divergente.

Solução

$$\frac{a_{k+1}}{a_k} = \frac{(k+1)^{k+1}}{(k+1)!} \cdot \frac{k!}{k^k} = \frac{(k+1)^k}{k^k}$$

ou seja,

$$\frac{a_{k+1}}{a_k} = \left(\frac{k+1}{k}\right)^k = \left(1 + \frac{1}{k}\right)^k.$$

Segue que

$$\lim_{k \to +\infty} \frac{a_{k+1}}{a_k} = e > 1.$$

Pelo critério da razão, a série é divergente.

Exemplo 4 Mostre que $\lim_{k \to +\infty} \dfrac{k!}{k^k} = 0.$

Solução

Se a série $\sum_{k=1}^{+\infty} \dfrac{k!}{k^k}$ for convergente, então teremos necessariamente $\lim_{k \to +\infty} \dfrac{k!}{k^k} = 0$. (Veja teorema da Seção 2.3.) Vamos, então, provar que tal série é convergente.

Capítulo 3

$$\frac{a_{k+1}}{a_k} = \frac{\dfrac{(k+1)!}{(k+1)^{k+1}}}{\dfrac{k!}{k^k}} = \frac{k^k}{(k+1)^k} = \frac{1}{\left(1+\dfrac{1}{k}\right)^k}.$$

Segue que

$$\lim_{k \to +\infty} \frac{a_{k+1}}{a_k} = \frac{1}{e} < 1.$$

Pelo critério da razão, a série é convergente. Logo,

$$\lim_{k \to +\infty} \frac{k!}{k^k} = 0.$$

Exemplo 5   Mostre que a série $\displaystyle\sum_{k=0}^{+\infty} \frac{n! + n^2}{(n+1)!}$ é divergente.

Solução

$$\frac{a_{n+1}}{a_n} = \frac{(n+1)! + (n+1)^2}{(n+2)!} \cdot \frac{(n+1)!}{n! + n^2} = \frac{(n+1)! + (n+1)^2}{(n+2)(n! + n)^2} =$$

$$= \frac{n+1}{n+2} \cdot \frac{n! + (n+1)}{n! + n^2}$$

ou seja,

$$\frac{a_{n+1}}{a_n} = \frac{1 + \dfrac{1}{n}}{1 + \dfrac{2}{n}} \cdot \frac{1 + \dfrac{n+1}{n!}}{1 + \dfrac{n}{(n-1)!}}.$$

Assim,

$$\lim_{n \to +\infty} \frac{a_{n+1}}{a_n} = 1.$$

O critério da razão nada revela. A série poderá ser convergente ou não. Vejamos o que realmente acontece. (Vamos utilizar a seguir o Exemplo 6 da Seção 3.1.)

$$\frac{n! + n^2}{(n+1)!} = \frac{1 + \dfrac{n}{(n-1)!}}{n+1} = \frac{1}{n} \cdot \frac{1 + \dfrac{n}{(n+1)!}}{\dfrac{n+1}{n}}.$$

Como

$$\lim_{n \to +\infty} \frac{1 + \dfrac{n}{(n+1)!}}{\dfrac{n+1}{n}} = 1$$

Critérios de Convergência e Divergência para Séries de Termos Positivos

e a série $\sum\limits_{k=1}^{+\infty} \dfrac{1}{n}$ é divergente, resulta que a série dada é divergente. (Observe que $\lim\limits_{n \to +\infty} \dfrac{n}{(n-1)!} =$

$= \lim\limits_{n \to +\infty} \dfrac{n}{n-1} \cdot \dfrac{1}{(n-2)!} = 0.)$

Deixamos a seu cargo a tarefa de criar uma série $\sum\limits_{k=1}^{+\infty} a_k$ que seja convergente e tal que

$$\lim_{k \to +\infty} \frac{a_{k+1}}{a_k} = 1.$$

Critério da raiz. Seja a série $\sum\limits_{k=1}^{+\infty} a_k$ com $a_k > 0$ para todo $k \geqslant q$, em que q é um natural fixo. Suponhamos que $\lim\limits_{k \to +\infty} \sqrt[k]{a_k}$ exista, finito ou infinito. Seja

$$L = \lim_{k \to +\infty} \sqrt[k]{a_k}.$$

Então

a) $L < 1 \Rightarrow \sum\limits_{k=0}^{+\infty} a_k$ é convergente.

b) $L > 1$ ou $L = +\infty \Rightarrow \sum\limits_{k=1}^{+\infty} a_k$ é divergente.

c) $L = 1$ o critério nada revela.

Demonstração

Veja final da seção. ■

> **Exemplo 6** A série $\sum\limits_{k=0}^{+\infty} \dfrac{k^3}{3^k}$ é convergente ou divergente? Justifique.

Solução

Vamos aplicar o critério da raiz. Temos

$$\lim_{k \to +\infty} \sqrt[k]{a_k} = \lim_{k \to +\infty} \sqrt[k]{\frac{k^3}{3^k}} = \frac{1}{3} \lim_{k \to +\infty} \sqrt[k]{k^3} = \frac{1}{3}$$

pois $\lim\limits_{k \to +\infty} \sqrt[k]{k^3} = 1$. Logo, a série é convergente.

Observação. Seja a série $\sum\limits_{k=0}^{+\infty} a_n$, com $a_n > 0$. Se ocorrer $\lim\limits_{n \to +\infty} \dfrac{a_{n+1}}{a_n} = 1$, o critério da razão não decide se a série é ou não convergente. Conforme Exercício 6, 1.1, se

$$\lim_{n \to +\infty} \frac{a_{n+1}}{a_n} = 1,$$

então teremos, também $\lim\limits_{n \to +\infty} \sqrt[n]{a_n} = 1$. Isto significa que se $\lim\limits_{n \to +\infty} \dfrac{a_{n+1}}{a_n} = 1$, o critério da raiz nada revela, também, sobre a convergência ou divergência da série.

Para finalizar a seção, vamos demonstrar os critérios da razão e da raiz.

Demonstração do critério da razão

a) Tomemos r tal que $L < r < 1$. Segue que existe um natural $p \geq q$ tal que, para $k \geq p$,

$$\frac{a_{k+1}}{a_k} < r.$$

Pelo Exemplo 1 da seção anterior, a série é convergente.

b) Segue da hipótese que existe um natural $p \geq q$ tal que, para $k \geq p$, $\frac{a_{k+1}}{a_k} \geq 1$. Pelo Exemplo 2 da seção anterior, a série é divergente.

c) É só observar que $\lim_{k \to +\infty} \frac{a_{k+1}}{a_k} = 1$ para $a_k = \frac{1}{k}$, $k \geq 1$, ou $a_k = \frac{1}{k^2}$, $k \geq 1$, e lembrar que

$$\sum_{k=1}^{+\infty} \frac{1}{k} = +\infty \text{ e } \sum_{k=1}^{+\infty} \frac{1}{k^2} = \frac{\pi^2}{6}.$$ ■

Demonstração do critério da raiz

a) Tomando-se r tal que $L < r < 1$, existe um natural $p \geq q$ tal que, para $k \geq p$, $\sqrt[k]{a_k} < r$ e, portanto, $a_k < r^k$. A convergência da série segue por comparação com a série geométrica

$$\sum_{k=0}^{+\infty} r^k.$$

b) e *c)* ficam para o leitor. ■

Exercícios 3.4

1. É convergente ou divergente? Justifique.

  a) $\sum_{k=0}^{+\infty} \frac{3^k}{1+4^k}$ *b)* $\sum_{n=1}^{+\infty} \frac{n!\,2^n}{n^n}$

  c) $\sum_{n=1}^{+\infty} n\alpha^n$ em que $\alpha > 0$ é um real dado   *d)* $\sum_{n=1}^{+\infty} (\sqrt{n+1} - \sqrt{n})$

  e) $\sum_{n=1}^{+\infty} \frac{n^3 + 4}{2^n}$

2. Prove que, para todo $a > 0$, a série $\sum_{n=0}^{+\infty} \frac{a^n}{n!}$ é convergente. Conclua que $\lim_{n \to +\infty} \frac{a^n}{n!} = 0$.

3. Determine $x > 0$ para que a série seja convergente.

  a) $\sum_{n=1}^{+\infty} \frac{x^n}{n}$ *b)* $\sum_{n=1}^{+\infty} \frac{x^n}{n^2}$

  c) $\sum_{n=1}^{+\infty} \frac{nx^n}{n^3 + 1}$ *d)* $\sum_{n=1}^{+\infty} \frac{x^n}{2^n}$

Critérios de Convergência e Divergência para Séries de Termos Positivos

e) $\displaystyle\sum_{n=3}^{+\infty} \frac{x^n}{\ln n}$

f) $\displaystyle\sum_{n=1}^{+\infty} \frac{x^n}{1 \cdot 3 \cdot 5 \cdot \ldots \cdot (2n+1)}$

g) $\displaystyle\sum_{n=1}^{+\infty} \frac{(2n+1)x^n}{n!}$

h) $\displaystyle\sum_{n=1}^{+\infty} \frac{x^n}{n^n}$

4. Prove que, para todo natural $n \geqslant 1$,

$$\ln 1 + \ln 2 + \ldots \ln(n-1) \leqslant \int_1^n \ln x \, dx \leqslant \ln 2 + \ln 3 + \ldots + \ln n.$$

Conclua que, para todo $n \geqslant 1$, $(n-1)! e^n \leqslant e n^n \leqslant n! e^n$.

5. Prove que a série $\displaystyle\sum_{n=1}^{+\infty} \frac{n! e^n}{n^n}$ é divergente.

(*Sugestão*: Utilize a desigualdade $e n^n \leqslant n! e^n$ do Exercício 4.)

6. Determine $x > 0$ para que a série $\displaystyle\sum_{n=1}^{+\infty} \frac{n! x^n}{n^n}$ seja convergente.

7. Considere a série $\displaystyle\sum_{k=1}^{+\infty} a_n$, com $a_n > 0$ para todo $n \geqslant 1$. Suponha que exista um número real t positivo, com $t < 1$, tal que, para todo $n \geqslant 1$,

$$\frac{a_{n+1}}{a_n} < t.$$

Prove que a série é convergente.

8. Considere a série $\displaystyle\sum_{k=1}^{+\infty} a_n$, em que a_n é a sequência que começa com a e cada termo é obtido multiplicando o anterior alternadamente por b ou por a: $a, ab, a^2b, a^2b^2, a^3b^2, a^3b^3, \ldots$ com $0 < a < b < 1$.

a) Prove que $\displaystyle\lim_{n \to +\infty} \frac{a_{n+1}}{a_n}$ não existe.

b) Utilizando o Exercício 7, mostre que a série é convergente.

c) Mostre que, para todo $n \geqslant 2$, $a < \sqrt[n]{a_n} < b$. Conclua desta desigualdade a convergência da série.

d) Prove que $\displaystyle\lim_{n \to +\infty} \sqrt[n]{a_n} = ab$. Utilize, então, o critério da raiz para concluir a convergência da série.

e) Compare a e d com Exercício 6-1.1.

Capítulo 3

3.5 Critério de Raabe

Critério de Raabe. Seja a série $\sum\limits_{n=0}^{+\infty} a_n$, com $a_n > 0$ para todo natural n. Suponhamos que

$$\lim_{n \to +\infty} n\left(1 - \frac{a_{n+1}}{a_n}\right) \text{ existe, finito ou infinito. Seja}$$

$$L = \lim_{n \to +\infty} n\left(1 - \frac{a_{n+1}}{a_n}\right).$$

Nestas condições, tem-se:

a) $L > 1$ ou $L = +\infty \Rightarrow \sum\limits_{n=0}^{+\infty} a_n$ é convergente.

b) $L < 1$ ou $L = -\infty \Rightarrow \sum\limits_{n=0}^{+\infty} a_n$ é divergente.

c) $L = 1$ o critério nada revela.

Antes da demonstração, vejamos o seguinte exemplo.

Exemplo   Utilizando o critério de Raabe, verifique que a série

$$\sum_{n=1}^{+\infty} \frac{1 \cdot 3 \cdot 5 \cdot \ldots \cdot (2n-1)}{2 \cdot 4 \cdot 6 \cdot \ldots \cdot 2n} \cdot \frac{1}{2n+1}$$

é convergente.

Solução

$$a_n = \frac{1 \cdot 3 \cdot 5 \cdot \ldots \cdot (2n-1)}{2 \cdot 4 \cdot 6 \cdot \ldots \cdot 2n} \cdot \frac{1}{2n+1}.$$

Temos

$$n\left(1 - \frac{a_{n+1}}{a_n}\right) = n\left(1 - \frac{(2n+1)^2}{(2n+2)(2n+3)}\right) = \frac{6n^2 + 5n}{4n^2 + 10n + 6}.$$

Segue que

$$\lim_{n \to +\infty} n\left(1 - \frac{a_{n+1}}{a_n}\right) = \frac{3}{2} > 1.$$

Pelo critério de Raabe, a série é convergente. (Observe que $\lim\limits_{n \to +\infty} \dfrac{a_{n+1}}{a_n} = 1$; logo, o critério da razão nada revela sobre a convergência ou divergência da série.)

Vamos, agora, demonstrar o critério de Raabe.

   a) Da hipótese segue que, tomando-se $1 < a < L$, existe um natural $p \geqslant q$ tal que, para todo $k \geqslant p$,

$$k\left(1 - \frac{a_{k+1}}{a_k}\right) > \alpha.$$

Pelo Exemplo 4 da Seção 3.3, a série é convergente.

b) Fica para o leitor. (*Sugestão*: Utilizar o Exemplo 3 da Seção 3.3.)

c) Fica para o leitor verificar que $\lim\limits_{n \to +\infty} k\left(1 - \frac{a_{k+1}}{a_k}\right) = 1$ quando $a_k = \frac{1}{k \ln k}$ ou $a_k = \frac{1}{k(\ln k)^2}$

e observar que $\sum\limits_{k=2}^{+\infty} \frac{1}{k \ln k}$ é divergente e $\sum\limits_{k=2}^{+\infty} \frac{1}{k(\ln k)^2}$ é convergente.

Exercícios 3.5

1. Mostre que a série $\sum\limits_{k=2}^{+\infty} \frac{n^n}{n! e^n}$ é divergente.

2. A série $\sum\limits_{n=1}^{+\infty} \frac{1 \cdot 3 \cdot 5 \cdot \ldots \cdot (2n-1)}{2 \cdot 4 \cdot 6 \cdot \ldots \cdot 2n}$ é convergente ou divergente? Justifique.

3. Seja α um real dado, com $0 < \alpha < 1$. Mostre que a série

$$\sum_{n=1}^{+\infty} (-1)^{n+1} \frac{\alpha(\alpha-1)(\alpha-2) \ldots (\alpha-n+1)}{n!}$$

é convergente. (Cuidado! Esta série não é alternada.)

4. Seja α um real dado, com $0 < \alpha < 1$. Utilizando 3, conclua que

$$\lim_{n \to +\infty} \frac{\alpha(\alpha-1)(\alpha-2) \ldots (\alpha-n+1)}{n!} = 0.$$

5. Seja α um real dado, com $0 < \alpha < 1$. Prove que

$$\sum_{n=1}^{+\infty} \frac{\alpha(\alpha-1)(\alpha-2) \ldots (\alpha-n+1)}{n!}$$

é uma série alternada convergente.

6. Seja α um real dado, com α não natural. Prove que a série

$$\sum_{n=1}^{+\infty} \left| \frac{\alpha(\alpha-1)(\alpha-2) \ldots (\alpha-n+1)}{n!} \right|$$

é convergente para $\alpha > 0$ e divergente para $\alpha < 0$.

7. Seja a_k, $k \geq 0$, uma sequência de termos estritamente positivos tal que

$$\lim_{k \to +\infty} k\left(1 - \frac{a_{k+1}}{a_k}\right) = L, \text{ com } L > 0.$$

Capítulo 3

a) Prove que existe um natural m tal que $\sum\limits_{k=0}^{+\infty} a_k^m$ é convergente.

b) Conclua que $\lim\limits_{k \to +\infty} a_k = 0$.

8. Seja a_k, $k \geq 0$, uma sequência de termos estritamente positivos tal que

$$\lim_{k \to +\infty} a_k \left(1 - \frac{a_{k+1}}{a_k} \right) = L \text{ com } L < 0. \text{ Prove que } \lim_{k \to +\infty} a_k \neq 0.$$

9. Considere a sequência a_k, $k \geq 1$, dada por

$$a_k = \left| \frac{\alpha(\alpha - 1(\alpha - 2) \ldots (\alpha - n + 1)}{k!} \right|$$

em que α é um real dado, com α não natural. Mostre que

a) $\alpha > -1 \Rightarrow \lim\limits_{k \to +\infty} a_k = 0$.

b) $\alpha < -1 \Rightarrow \lim\limits_{k \to +\infty} a_k \neq 0$.

(*Sugestão*: Utilize Exercícios 7 e 8.)

10. Estude a série alternada $\sum\limits_{n=1}^{+\infty} (-1)^{n+1} \dfrac{3 \cdot 5 \cdot \ldots \cdot (2n-1)}{2 \cdot 4 \cdot \ldots \cdot 2n} \dfrac{1}{n^\alpha}$ com relação a convergência e divergência, em que $\alpha > 0$ é um real dado. (*Sugestão*: Para $\alpha \neq \dfrac{1}{2}$, utilize Exercícios 7 e 8, e para $\alpha = \dfrac{1}{2}$ utilize Exercício 21 da Seção 2.1.)

11. Estude a série $\sum\limits_{n=1}^{+\infty} \dfrac{3 \cdot 5 \cdot 7 \cdot \ldots \cdot (2n+1)}{2 \cdot 4 \cdot 6 \cdot \ldots \cdot 2n} \dfrac{1}{n^\alpha}$ com relação a convergência e divergência, em que $\alpha > 0$ é um real dado.

3.6 Critério de De Morgan

Critério de De Morgan. Seja a série $\sum\limits_{k=0}^{+\infty} a_k$, com $a_k > 0$, para $k \geq q$, em que q é um natural fixo. Suponhamos que

$$\lim_{k \to +\infty} (\ln k) \left[k \left(1 - \frac{a_{k+1}}{a_k} \right) - 1 \right] = L$$

com L finito ou infinito. Então,

a) $L > 1$ ou $L = +\infty \Rightarrow \sum\limits_{k=0}^{+\infty} a_k$ é convergente.

Critérios de Convergência e Divergência para Séries de Termos Positivos

b) $L < 1$ ou $L = -\infty \Rightarrow \sum\limits_{k=0}^{+\infty} a_k$ é divergente.

c) $L = 1$ o critério nada revela.

Demonstração

Veja final da seção. ∎

Exemplo Estude a série $\sum\limits_{n=1}^{+\infty} a_n$, com relação a convergência e divergência, em que $a_n = \dfrac{3 \cdot 5 \cdot 7 \cdot ... \cdot (2n+1)}{2 \cdot 4 \cdot 6 \cdot ... \cdot 2n} \dfrac{1}{n^\alpha}$ e α um real dado.

Solução

$$\frac{a_{n+1}}{a_n} = \frac{2n+3}{(2n+1)} \cdot \frac{n^\alpha}{(n+1)^\alpha}.$$

Como $\lim\limits_{n \to +\infty} \dfrac{a_{n+1}}{a_n} = 1$, segue que o critério da razão nada revela sobre a convergência ou divergência da série. Vamos então aplicar o critério de Raabe. Temos

$$n\left(1 - \frac{a_{n+1}}{a_n}\right) = \frac{1 - \dfrac{2+3m}{2(1+m)^{\alpha+1}}}{m}, \text{ em que } m = \frac{1}{n}.$$

Daí

$$\lim\limits_{n \to +\infty} n\left(1 - \frac{a_{n+1}}{a_n}\right) = \lim\limits_{m \to 0^+} \frac{1 - \dfrac{2+3m}{2(1+m)^{\alpha+1}}}{m} = \left(\frac{0}{0}\right).$$

Pela regra de L'Hospital

$$\lim\limits_{m \to 0^+} \frac{1 - \dfrac{2+3m}{2(1+m)^{\alpha+1}}}{m} = \lim\limits_{m \to 0^+} \frac{-6(1+m)^{\alpha+1} + 2(2+3m)(\alpha+1)(1+m)^\alpha}{4(1+m)^{2\alpha+2}}$$

e, portanto,

$$\lim\limits_{n \to +\infty} n\left(1 - \frac{a_{n+1}}{a_n}\right) = \frac{2\alpha - 1}{2}.$$

Pelo critério de Raabe, a série é convergente para $\alpha > \dfrac{3}{2}$ e divergente para $\alpha > \dfrac{3}{2}$. Para $\alpha = \dfrac{3}{2}$, o critério de Raabe nada revela. Vamos aplicar o critério de De Morgan para tentar decidir quando $\alpha = \dfrac{3}{2}$. Como anteriormente, vamos fazer $m = \dfrac{1}{n}$. Temos

Capítulo 3

$$(\ln n)\left[n\left(1 - \frac{a_{n+1}}{a_n}\right) - 1\right] = (-\ln m)\left[\frac{2(1+m)^{\alpha+1} - (2+3m) - 2m(1+m)^{\alpha+1}}{2m(1+m)^{\alpha+1}}\right].$$

O 2º membro pode ser colocado na seguinte forma:

$$(-m\ln m)\frac{1}{2(1+m)^{\alpha+1}}\left[\frac{2(1+m)^{\alpha+1} - (2+3m) - 2m(1+m)^{\alpha+1}}{m^2}\right].$$

Temos

$$\lim_{m\to 0^+} m\ln m = 0 \quad \text{e} \quad \lim_{m\to 0^+}\frac{1}{2(1+m)^{\alpha+1}} = \frac{1}{2}.$$

(Confira!) Por outro lado, lembrando que $\alpha = \dfrac{3}{2}$ e aplicando duas vezes a regra de L'Hospital, resulta

$$\lim_{m\to 0^+}\frac{2(1+m)^{\alpha+1} - (2+3m) - 2m(1+m)^{\alpha+1}}{m^2} = \alpha^2 - \alpha - 1 = -\frac{1}{4}.$$

Assim,

$$\lim_{n\to+\infty}(\ln n)\left[n\left(1 - \frac{a_{n+1}}{a_n}\right) - 1\right] = 0.$$

Pelo critério de De Morgan, a série é divergente para $\alpha = \dfrac{3}{2}$. Conclusão: a série é convergente para $\alpha > \dfrac{3}{2}$ e divergente para $\alpha \leq \dfrac{3}{2}$.

Demonstração do critério de De Morgan

Primeiro observamos que

$$\lim_{k\to+\infty}(\ln k)\left[k\left(1 - \frac{a_{k+1}}{a_k}\right) - 1\right] = \lim_{k\to+\infty}(k\ln k)\left[k\,1 - \frac{k}{k-1}\frac{a_{n+1}}{a_k}\right]$$

desde que um dos dois limites exista. (Confira.) Agora a e b seguem dos Exemplos 5 e 6 da Seção 3.3. Com relação a c, veja Exercício 4. ∎

Exercícios 3.6

1. Estude a série dada com relação a convergência e divergência.

a) $\displaystyle\sum_{n=1}^{+\infty} \frac{5 \cdot 7 \cdot 9 \cdot \ldots \cdot (2n+3)}{2 \cdot 4 \cdot 6 \cdot \ldots \cdot 2n}\,\frac{1}{n^\alpha}$, $\alpha > 0$

b) $\displaystyle\sum_{n=1}^{+\infty} \frac{(2+\beta)(4+\beta)(6+\beta)\cdot\ldots\cdot(2n+\beta)}{2 \cdot 4 \cdot 6 \cdot \ldots \cdot 2n}\,\frac{1}{n^\alpha}$, $\alpha > 0$ e $\beta > 0$

c) $\sum_{n=1}^{+\infty} \dfrac{\alpha(\alpha+1)\cdot\ldots\cdot(\alpha+n-1)\beta(\beta+1)\cdot\ldots\cdot(\beta+n-1)}{\gamma(\gamma+1)\cdot\ldots\cdot(\gamma+n-1)\delta(\delta+1)\cdot\ldots\cdot(\delta+n-1)}$, em que α, β, γ e δ são números reais quaisquer não pertencentes ao conjunto dos números inteiros estritamente negativos.

2. (*Um critério para divergência.*) Considere a série $\sum_{n=1}^{+\infty} a_n$ com $a_n > 0$ para $n \geq q$, em que q é um natural fixo. Seja $f(n) = \dfrac{a_{n+1}}{a_n}$ e considere $g(m) = f\left(\dfrac{1}{m}\right)$. Suponha que

$$\lim_{m \to 0^+} \dfrac{1 - g(m) - m}{m^2} = L.$$

Prove que, se L for finito, a série será divergente.

3. (*Critério de Gauss.*) Seja $\sum_{n=0}^{+\infty} a_n$ uma série de termos estritamente positivos e suponha que

$$\dfrac{a_{n+1}}{a_n} = \dfrac{n^k + b_1 n^{k-1} + b_2 n^{k-2} + \ldots + b_k}{n^k + c_1 n^{k-1} + c_2 n^{k-2} + \ldots + c_k}$$

em que k é um natural fixo, $k \geq 1$, e $b_1, b_2, \ldots, b_k, c_1, c_2, \ldots, c_k$ são reais fixos. Prove

a) $c_1 - b_1 > 1 \Rightarrow \sum_{n=0}^{+\infty} a_n$ é convergente.

b) $c_1 - b_1 \leq 1 \Rightarrow \sum_{n=0}^{+\infty} a_n$ é divergente.

4. Sejam $a_n = \dfrac{1}{n \ln n \ln(\ln n)}$ e $b_n = \dfrac{1}{n \ln n [\ln(\ln n)]^2}$.

Prove

a) $\sum_{n=3}^{+\infty} a_n$ é divergente e $\lim_{n \to +\infty} (\ln n) \left[n\left(1 - \dfrac{a_{n+1}}{a_n}\right) - 1 \right] = 1$

b) $\sum_{n=3}^{+\infty} b_n$ é convergente e $\lim_{n \to +\infty} (\ln n) \left[n\left(1 - \dfrac{b_{n+1}}{b_n}\right) - 1 \right] = 1$.

4 CAPÍTULO

Séries Absolutamente Convergentes. Critério da Razão para Séries de Termos Quaisquer

4.1 Série Absolutamente Convergente e Série Condicionalmente Convergente

Dizemos que a série $\sum_{k=0}^{+\infty} a_k$ é *absolutamente convergente* se $\sum_{k=0}^{+\infty} |a_k|$ for convergente.

Exemplo 1 Verifique que a série $\sum_{k=1}^{+\infty} \frac{\text{sen}\,k}{k^2}$ é absolutamente convergente.

Solução

Para todo $k \geqslant 1$,

$$\left| \frac{\text{sen}\,k}{k^2} \right| \leqslant \frac{1}{k^2}.$$

Como $\sum_{k=1}^{+\infty} \frac{1}{k^2}$ é convergente, resulta, pelo critério de comparação, que

$$\sum_{k=1}^{+\infty} \left| \frac{\text{sen}\,k}{k^2} \right|$$

é convergente. Deste modo, a série dada é absolutamente convergente.

Exemplo 2 A série $\sum_{k=1}^{+\infty} (-1)^{k+1} \frac{1}{k}$ é absolutamente convergente? Justifique.

Solução

Como $\sum_{k=1}^{+\infty} \frac{1}{k}$ é divergente, resulta que a série dada não é absolutamente convergente.

Uma série que é convergente, mas não absolutamente convergente, denomina-se *condicionalmente convergente*.

Séries Absolutamente Convergentes. Critério da Razão para Séries de Termos Quaisquer

Exemplo 3 A série $\sum\limits_{k=1}^{+\infty}(-1)^{k+1}\dfrac{1}{k}$ é condicionalmente convergente.

Vamos provar a seguir que toda série absolutamente convergente é convergente.

Teorema. Se $\sum\limits_{k=0}^{+\infty}\left|a_k\right|$ for convergente, então $\sum\limits_{k=0}^{+\infty}a_k$ será, também, convergente.

Demonstração

Para todo natural k,

$$0 \leqslant \left|a_k\right| + a_k \leqslant 2\left|a_k\right| \text{ (Verifique.)}$$

Como $\sum\limits_{k=0}^{+\infty}\left|a_k\right|$ é convergente, por hipótese, segue do critério de comparação que

$$\sum_{k=0}^{+\infty}\left(\left|a_k\right| + a_k\right)$$

é também convergente. Como, para todo natural k,

$$a_k = \left(\left|a_k\right| + a_k\right) - \left|a_k\right|$$

resulta

$$\sum_{k=0}^{+\infty}a_k = \sum_{k=0}^{+\infty}\left(\left|a_k\right| + a_k\right) - \sum_{k=0}^{+\infty}\left|a_k\right|.$$

Logo, $\sum\limits_{k=0}^{+\infty}a_k$ é convergente.

(Observe que, para todo natural n,

$$\sum_{k=0}^{n}a_k = \sum_{k=0}^{n}\left(\left|a_k\right| + a_k\right) - \sum_{k=0}^{n}\left|a_k\right|.$$

e, portanto,

$$\lim_{n\to+\infty}\sum_{k=0}^{n}a_k = \lim_{n\to+\infty}\sum_{k=0}^{n}\left(\left|a_k\right| + a_k\right) - \lim_{n\to+\infty}\sum_{k=0}^{n}\left|a_k\right|.)$$ ■

CUIDADO. Não vale a recíproca do teorema acima. A série $\sum\limits_{k=1}^{+\infty}(-1)^{k+1}\dfrac{1}{k}$ é convergente, mas não é absolutamente convergente.

Exemplo 4 A série $\sum\limits_{k=1}^{+\infty}\dfrac{\operatorname{sen}k}{k^2}$ é convergente ou divergente? Justifique.

Solução

Para todo natural $k \geqslant 1$,

$$\left|\frac{\operatorname{sen}k}{k^2}\right| \leqslant \frac{1}{k^2}.$$

Capítulo 4

Como $\sum\limits_{k=1}^{+\infty} \dfrac{1}{k^2}$ é convergente (série harmônica de ordem 2) resulta do critério de comparação que

$$\sum_{k=1}^{+\infty} \left| \frac{\operatorname{sen} k}{k^2} \right|$$

é convergente. Segue que $\sum\limits_{k=1}^{+\infty} \dfrac{\operatorname{sen} k}{k^2}$ é convergente, pois se trata de uma série que é absolutamente convergente.

Exemplo 5 A série $\sum\limits_{k=3}^{+\infty} (-1)^k \dfrac{1}{\ln k}$ é convergente ou divergente? É condicionalmente convergente?

Solução

$$\sum_{k=3}^{+\infty} (-1)^k \frac{1}{\ln k}$$

é *convergente*, pois trata-se de uma série alternada em que a sequência $a_k = \dfrac{1}{\ln k}$ é decrescente e $\lim\limits_{k \to +\infty} \dfrac{1}{\ln k} = 0$. Já vimos que a série $\sum\limits_{k=3}^{+\infty} \dfrac{1}{\ln k}$ é divergente; logo, $\sum\limits_{k=3}^{+\infty} (-1)^k \dfrac{1}{\ln k}$ é uma série *condicionalmente convergente*. (Só para *treinar*, vamos mostrar que a série $\sum\limits_{k=3}^{+\infty} \dfrac{1}{\ln k}$ é divergente, utilizando o critério de Raabe. Temos:

$$\lim_{k \to +\infty} k\left(1 - \frac{a_{k+1}}{a_k}\right) = \lim_{k \to +\infty} k\left(1 - \frac{\ln k}{\ln(k+1)}\right).$$

Como

$$k\left(1 - \frac{\ln k}{\ln(k+1)}\right) = k\frac{\ln\left(\dfrac{k+1}{k}\right)}{\ln(k+1)} = \frac{\ln\left(1+\dfrac{1}{k}\right)^k}{\ln(k+1)}$$

resulta

$$\lim_{k \to +\infty} k\left(1 - \frac{a_{k+1}}{a_k}\right) = 0,$$

pois, $\lim\limits_{k \to +\infty} \ln\left(1 + \dfrac{1}{k}\right)^k = \ln e = 1$ e $\lim\limits_{k \to +\infty} \ln(k+1) = +\infty$. Segue do critério de Raabe a divergência da série.)

4.2 Critério da Razão para Séries de Termos Quaisquer

Critério da razão. Seja a série $\sum\limits_{k=0}^{+\infty} a_k$ com $a_k \neq 0$ para todo natural k. Suponhamos que

$\lim\limits_{k \to +\infty} \left| \dfrac{a_k + 1}{a_k} \right|$ exista, finito ou infinito. Seja

Séries Absolutamente Convergentes. Critério da Razão para Séries de Termos Quaisquer

$$L = \lim_{k \to +\infty} \left| \frac{a_{k+1}}{a_k} \right|.$$

Nestas condições, tem-se:

a) se $L < 1$, a série $\sum_{k=0}^{+\infty} a_k$ será *convergente*.

b) se $L > 1$ ou $L = +\infty$, a série $\sum_{k=0}^{+\infty} a_k$ será *divergente*.

c) se $L = 1$, o critério nada revela.

Demonstração

a) Se $L < 1$, a série $\sum_{k=0}^{+\infty} |a_k|$ será convergente; logo $\sum_{k=0}^{+\infty} a_k$ será, também, convergente.

(Observe que $\sum_{k=0}^{+\infty} |a_k|$ é uma série de termos positivos; logo o critério da razão visto no capítulo anterior se aplica.)

b) Se $L > 1$ ou $L = +\infty$, existirá um natural p tal que

$$k \geq p \Rightarrow \frac{|a_{k+1}|}{|a_k|} > 1 \ \text{(verifique).}$$

Daí, para todo natural $k > p$,

$$|a_k| > |a_p|$$

Como $a_p \neq 0$, $\lim_{k \to +\infty} |a_k|$ não poderá ser zero e o mesmo acontecerá, então, com $\lim_{k \to +\infty} a_k$.

Pelo critério do termo geral, a série $\sum_{k=0}^{+\infty} a_k$ será divergente. ■

Exemplo 1 Determine x para que a série $\sum_{n=1}^{+\infty} nx^n$ seja convergente.

Solução

Para $x = 0$ a soma da série é zero; logo, convergente. Suponhamos então $x \neq 0$ e apliquemos o critério da razão:

$$\lim_{n \to +\infty} \left| \frac{(n+1)x^{n+1}}{nx^n} \right| = |x| \lim_{n \to +\infty} \frac{n+1}{n} = |x|.$$

Segue, do critério da razão, que a série é convergente para $|x| < 1$ e divergente para $|x| > 1$. Para $|x| = 1$, a série é divergente. De fato, se $x = 1$ a série será divergente, pois

$$\lim_{n \to +\infty} n = +\infty;$$

Capítulo 4

se $x = -1$, a série será, também, divergente, pois

$$\lim_{n \to +\infty} (-1)^n n$$

não existe.

Conclusão. A série é convergente para $|x| < 1$.

Exemplo 2 Determine x para que a série $\sum\limits_{n=1}^{+\infty} \dfrac{x^n}{n}$ seja convergente.

Solução

Para $x = 0$ a série é convergente. Para $x \neq 0$, vamos aplicar o critério da razão:

$$\lim_{n \to +\infty} \left| \frac{x^{n+1}}{n+1} \cdot \frac{n}{x^n} \right| = |x| \lim_{n \to +\infty} \frac{n}{n+1} = |x|.$$

Segue, do critério da razão, que a série é convergente para $|x| < 1$ e divergente para $|x| > 1$.

Para $x = 1$, temos a série harmônica $\sum\limits_{n=1}^{+\infty} \dfrac{1}{n}$ que já sabemos ser divergente. Para $x = -1$, temos a série alternada convergente

$$\sum_{n=1}^{+\infty} (-1)^n \frac{1}{n}.$$

Conclusão. A série é convergente para $-1 \leqslant x < 1$.

Observação. Para cada $x \in [-1, 1[$, $\sum\limits_{n=1}^{+\infty} \dfrac{x^n}{n}$ é um número. Podemos, então, considerar a função $f \colon [-1, 1[\to \mathbb{R}$ dada por

$$f(x) = \sum_{n=1}^{+\infty} \frac{x^n}{n}.$$

Veremos mais adiante que $f(x) = -\ln(1 - x)$, $-1 \leqslant x < 1$. Tente chegar a este resultado, procedendo como no Exemplo 7 da Seção 2.1.

Exercícios 4.2

1. Determine x para que a série seja convergente. (Convencionaremos aqui que $0^0 = 1$.)

a) $\sum\limits_{n=1}^{+\infty} x^n$ b) $\sum\limits_{n=1}^{+\infty} \dfrac{x^n}{n!}$

c) $\sum\limits_{n=2}^{+\infty} \dfrac{x^n}{\ln n}$ d) $\sum\limits_{n=1}^{+\infty} \dfrac{x^n}{n^2}$

Séries Absolutamente Convergentes. Critério da Razão para Séries de Termos Quaisquer

e) $\displaystyle\sum_{n=1}^{+\infty} e^{nx}$

f) $\displaystyle\sum_{n=1}^{+\infty} \frac{n!\,x^n}{n!}$

g) $\displaystyle\sum_{n=1}^{+\infty} \frac{1\cdot 3\cdot 5\cdot \ldots \cdot (2n-1)}{2\cdot 4\cdot 6\cdot \ldots \cdot 2n} x^{2n}$

h) $\displaystyle\sum_{n=1}^{+\infty} \frac{1\cdot 3\cdot 5\cdot \ldots \cdot (2n-1)}{2\cdot 4\cdot 6\cdot \ldots \cdot 2n}\cdot \frac{x^{2n+1}}{2n+1}$

2. Determine o domínio da função f dada por

a) $f(x) = \displaystyle\sum_{n=1}^{+\infty} n!\,x^n$. (O domínio de f é o conjunto dos x para os quais a série é convergente.)

b) $f(x) = \displaystyle\sum_{n=1}^{+\infty} \frac{x^n}{n^3}$

c) $f(x) = \displaystyle\sum_{n=1}^{+\infty} \left(\operatorname{sen} \frac{1}{n}\right) x^n$

d) $f(x) = \displaystyle\sum_{n=1}^{+\infty} 2^n x^n$

3. Determine o domínio e esboce o gráfico.

a) $f(x) = \displaystyle\sum_{n=1}^{+\infty} x^n$

b) $f(x) = \displaystyle\sum_{n=1}^{+\infty} n x^n$

4. Mostre que as séries abaixo são convergentes para todo x.

a) $\displaystyle\sum_{n=0}^{+\infty} \frac{x^n}{n!}$

b) $\displaystyle\sum_{n=0}^{+\infty} (-1)^n \frac{x^{2n+1}}{(2n+1)!}$

c) $\displaystyle\sum_{n=1}^{+\infty} (-1)^n \frac{x^{2n}}{(2n)!}$

5. Utilizando a fórmula de Taylor com resto de Lagrange (veja Vol. 1), mostre que, para todo x, tem-se

a) $e^x = \displaystyle\sum_{n=0}^{+\infty} \frac{x^n}{n!}$

b) $\operatorname{sen} x = \displaystyle\sum_{n=0}^{+\infty} (-1)^n \frac{x^{2n+1}}{(2n+1)!}$

c) $\cos x = \displaystyle\sum_{n=0}^{+\infty} (-1)^n \frac{x^{2n}}{(2n)!}$

6. (*Critério da raiz para série de termos quaisquer.*) Considere a série $\displaystyle\sum_{n=0}^{+\infty} a_k$. Suponha que

$$\lim_{k\to +\infty} \sqrt[k]{|a_k|}$$

exista, finito ou infinito. Seja $L = \displaystyle\lim_{k\to +\infty} \sqrt[k]{|a_k|}$. Prove.

a) Se $L < 1$, a série $\displaystyle\sum_{r=0}^{+\infty} a_k$ será convergente.

b) Se $L > 1$ ou $L = +\infty$, a série será divergente.

Capítulo 4

4.3 Reordenação de uma Série

Seja a série $\sum\limits_{k=0}^{+\infty} a_k$ e seja $\varphi : \mathbb{N} \to \mathbb{N}$ uma função *bijetora*, o que significa que φ é *injetora* e

Im $\varphi - \mathbb{N}$. A série $\sum\limits_{k=0}^{+\infty} b_k$, em que $b_k = a_{\varphi(k)}$, denomina-se uma *reordenação* da série $\sum\limits_{k=0}^{+\infty} a_k$.

Observe que sendo $\sum\limits_{k=0}^{+\infty} b_k$ uma reordenação $\sum\limits_{k=0}^{+\infty} a_k$ então $\sum\limits_{k=0}^{+\infty} b_k$ tem os *mesmos termos* que

$\sum\limits_{k=0}^{+\infty} a_k$, só que *numa outra ordem*. Por exemplo, a série

$$1 + \frac{1}{3} - \frac{1}{2} - \frac{1}{4} + \frac{1}{5} + \frac{1}{7} - \frac{1}{6} - \frac{1}{8} + \frac{1}{9} + \frac{1}{11} - \frac{1}{10} - \frac{1}{12} + \dots$$

é uma *reordenação* da série $\sum\limits_{k=1}^{+\infty} (-1)^{k+1} \dfrac{1}{k}$.

Teorema. Seja $\sum\limits_{k=0}^{+\infty} b_k$ uma reordenação da série $\sum\limits_{k=0}^{+\infty} a_k$. Se $\sum\limits_{k=0}^{+\infty} a_k$ for absolutamente convergente, então $\sum\limits_{k=0}^{+\infty} b_k$ será, também, absolutamente convergente e

$$\sum\limits_{k=0}^{+\infty} a_k = \sum\limits_{k=0}^{+\infty} b_k.$$

Demonstração

Para todo $n \geqslant 0$,

$$\sum\limits_{k=0}^{n} |b_k| \leqslant \sum\limits_{k=0}^{n} |a_k| \text{ (por quê?).}$$

Segue que a série $\sum\limits_{k=0}^{+\infty} |b_k|$ é convergente, o que significa que $\sum\limits_{k=0}^{+\infty} b_k$ é absolutamente convergente, logo, convergente. Provemos, agora, que

$$\sum\limits_{k=0}^{+\infty} b_k = \sum\limits_{k=0}^{+\infty} a_k.$$

Seja $s = \sum\limits_{k=0}^{+\infty} a_k$. Daí e pelo fato de $\sum\limits_{k=0}^{+\infty} a_k$ ser absolutamente convergente, segue que dado $\varepsilon > 0$, existe um natural n_0 tal que

$$\left| \sum\limits_{k=0}^{n_0} a_k - s \right| < \frac{\varepsilon}{2} \text{ e } \sum\limits_{k=n_0}^{+\infty} |a_k| < \frac{\varepsilon}{2}.$$

(Pelo fato de $\sum\limits_{k=0}^{+\infty} |a_k|$ ser convergente, resulta $\lim\limits_{n \to +\infty} \sum\limits_{k=n}^{+\infty} |a_k| = 0$ e, portanto, para todo $\varepsilon > 0$, existe n_0 tal que

Séries Absolutamente Convergentes. Critério da Razão para Séries de Termos Quaisquer

$$n \geqslant n_0 \Rightarrow \sum_{k=n}^{+\infty} |a_k| < \frac{\varepsilon}{2}.)$$

Seja, agora, m_0 um natural tal que

$$\{\varphi(0), \varphi(1), \varphi(2), ..., \varphi(m_0)\} \supset \{0, 1, 2, ..., n_0\}.$$

Segue que, para todo $m \geqslant m_0$,

$$\left| \sum_{k=0}^{m} b_k - \sum_{k=0}^{n_0} a_k \right| \leqslant \sum_{k=n_0}^{+\infty} |a_k| < \frac{\varepsilon}{2} \text{ (Pense!)}$$

(Lembre-se de que $b_k = a_{(k)}$: $b_0 = a_{(0)}$, $b_1 = a_{(1)}$, $b_2 = a_{(2)}$ etc.) Então, para todo $m \geqslant m_0$,

$$\left| \sum_{k=0}^{m} b_k - s \right| \leqslant \left| \sum_{k=0}^{m} b_k - \sum_{k=0}^{n_0} a_k \right| + \left| \sum_{k=0}^{n_0} a_k - s \right| < \varepsilon,$$

ou seja,

$$\sum_{k=0}^{+\infty} b_k = s. \qquad \blacksquare$$

Dizemos que uma série convergente, com soma s, satisfaz a "*propriedade comutativa*" se toda reordenação dela for convergente, com soma s. *O teorema anterior nos diz que toda série absolutamente convergente satisfaz a propriedade comutativa.* Existem séries convergentes que não satisfazem a propriedade comutativa!

░░░ **Exercícios 4.3**

1. Considere a série $\sum_{k=1}^{+\infty} (-1)^{k+1} \frac{1}{k}$. Já sabemos que esta série é convergente e tem por soma ln 2.

 a) Mostre que existe uma reordenação desta série com soma 10. (Observe que

$$1 + \frac{1}{3} + \frac{1}{5} + ... = +\infty.)$$

 b) Mostre que existe uma reordenação desta série com soma s, em que s é um real qualquer.

 c) Mostre que existe uma reordenação com soma $+\infty$ e outra com soma $-\infty$.

 (*Sugestão*: Se você pensou, pensou e não conseguiu resolver o item *a*, olhe, então, a resposta. Mas, antes de olhar a resposta pense mais um pouco. Boa sorte!)

2. Verifique que

$$\frac{3}{2}\ln 2 = 1 + \frac{1}{3} - \frac{1}{2} + \frac{1}{5} + \frac{1}{7} - \frac{1}{4} + \frac{1}{9} + \frac{1}{11} - \frac{1}{6} + ...$$

Observe que a série que ocorre no 2º membro é uma reordenação da série

$$1 - \frac{1}{2} + \frac{1}{3} - \frac{1}{4} + \frac{1}{5} + ...$$

Capítulo 4

(*Sugestão*:

$$\ln 2 = 1 - \frac{1}{2} + \frac{1}{3} - \frac{1}{4} + \frac{1}{5} - \frac{1}{6} + \frac{1}{7} - \frac{1}{8} + \frac{1}{9} - \frac{1}{10} + \ldots$$

e

$$\frac{1}{2}\ln 2 = \frac{1}{2} - \frac{1}{4} + \frac{1}{6} - \frac{1}{8} + \frac{1}{10} + \ldots$$

Somando membro a membro...)

3. (*Teorema de Riemann.*) Prove que se $\sum\limits_{k=0}^{+\infty} a_k$ for condicionalmente convergente e se s for um real qualquer, então existirá uma reordenação desta série com soma s.

5 CAPÍTULO

Critérios de Cauchy e de Dirichlet

5.1 Sequências de Cauchy

Dizemos que a_n, $n \geq 0$, é uma *sequência de Cauchy* se, para todo $\varepsilon > 0$, existir um natural n_0 tal que

① $$n \geq n_0, m \geq n_0 \Rightarrow |a_n - a_m| < \varepsilon.$$

Grosso modo, dizer que a_n é uma *sequência de Cauchy* significa que o módulo da diferença entre dois termos quaisquer a_m e a_n vai se tornando cada vez menor à medida que m e n crescem.

O principal objetivo desta seção é provar que toda sequência de Cauchy é convergente.

Segue da definição anterior que se a_n for uma sequência de Cauchy, para todo $k \neq 0$, k natural, existe um natural n_k tal que

$$n \geq n_k, m \geq n_k \Rightarrow |a_n - a_m| < \frac{1}{k}.$$

Tomando-se $m = n_k$, vem

$$n \geq n_k \Rightarrow |a_n - a_{n_k}| < \frac{1}{k}$$

ou ainda

② $$n \geq n_k \Rightarrow a_{n_k} - \frac{1}{k} < a_n < a_{n_k} + \frac{1}{k}.$$

Vemos, assim, que se a_n for uma sequência de Cauchy, então os seus termos, à medida que n cresce, vão se acumulando em intervalos de amplitude cada vez menor.

$$n \geq n_k \Rightarrow a_n \in \left] a_{n_k} - \frac{1}{k}, a_{n_k} + \frac{1}{k} \right[.$$

Capítulo 5

Segue de ② que toda sequência de Cauchy é *limitada*. (Justifique.)

Para provar que toda sequência de Cauchy é convergente, vamos precisar do seguinte exemplo.

Exemplo Seja a_n, $n \geq 0$, uma sequência limitada. Considere as sequências

$$l_n = \inf\{a_j \mid j \geq n\}$$

e

$$L_n = \sup\{a_j \mid j \geq n\}.$$

Prove que as sequências l_n e L_n, $n \geq 0$, são convergentes.

Solução

Como a sequência a_n é limitada, l_n e L_n existem para todo natural n. Veja:

$l_0 = \inf\{a_0, a_1, a_2, ...\}$

$l_1 = \inf\{a_1, a_2, a_3, ...\}$

$l_2 = \inf\{a_2, a_3, a_4, ...\}$ etc.

$L_0 = \sup\{a_0, a_1, a_2, a_3, ...\}$

$L_1 = \sup\{a_1, a_2, a_3, a_4, ...\}$

$L_2 = \sup\{a_2, a_3, a_4, ...\}$ etc.

Observe que l_n é crescente e L_n decrescente. Observe, ainda, que, para todo natural n, $l_n \leq L_n$. Segue que, para todo natural n,

$$l_0 \leq L_n$$

e

$$l_n \leq L_0.$$

Portanto, tais sequências são convergentes.

Teorema 1. Toda sequência de Cauchy é convergente.

Demonstração

Seja a_n, $n \geq 0$, uma sequência de Cauchy. Sendo de Cauchy é limitada. Podemos, então, considerar as sequências do exemplo anterior:

$$L_n = \sup\{a_j \mid j \geq n\} \text{ e } l_n = \inf\{a_j \mid j \geq n\}.$$

Já sabemos que tais sequências são convergentes. Como a_n é de Cauchy, para todo natural $k \neq 0$, existe um natural n_k tal que

$$n \geq n_k \implies a_{n_k} - \frac{1}{k} < a_n < a_{n_k} + \frac{1}{k}.$$

Assim, $a_{n_k} - \dfrac{1}{k}$ é uma cota inferior do conjunto

$$\{a_n \mid n \geq n_k\}$$

e $a_{n_k} + \dfrac{1}{k}$ uma cota superior. Logo,

$$a_{n_k} - \frac{1}{k} \leq l_{n_k} \leq L_{n_k} \leq a_{n_k} + \frac{1}{k}.$$

Segue que, para todo $n \geq n_k$,

$$a_{n_k} - \frac{1}{k} \leq l_n \leq a_{n_k} + \frac{1}{k}$$

e

$$a_{n_k} - \frac{1}{k} \leq L_n \leq a_{n_k} + \frac{1}{k}$$

Daí e pelo fato de $l_n \leq L_n$ vem

③

$$n \geq n_k \Rightarrow 0 \leq L_n - l_n \leq \frac{2}{k}$$

e, portanto,

$$\lim_{n \to +\infty} [L_n - l_n] = 0;$$

logo

$$\lim_{n \to +\infty} L_n = \lim_{n \to +\infty} l_n.$$

(Observe que para todo $\varepsilon > 0$ dado existe um natural $k \neq 0$ tal que $\dfrac{2}{k} < \varepsilon$ tendo em vista ③, para todo $\varepsilon > 0$ dado, existem naturais $k \neq 0$ e n_k tais que

$$n \geq n_k \Rightarrow |L_n - l_n| < \frac{2}{k} < \varepsilon.$$

Logo,

$$\lim_{n \to +\infty} \left(L_n - l_n \right) = 0.$$

Como, para todo natural n,

$$l_n \leq a_n \leq L_n$$

resulta, pelo teorema do confronto, que a_n é convergente e

$$\lim_{n \to +\infty} a_n = \lim_{n \to +\infty} L_n.$$

∎

Capítulo 5

Teorema 2. Toda sequência convergente é de Cauchy.

Demonstração

Sendo a_n, $n \geqslant 0$, convergente, dado $\varepsilon > 0$ existe um natural n_0 tal que

$$n \geqslant n_0 \Rightarrow \left| a_n - a \right| < \frac{\varepsilon}{2}$$

em que $a = \lim\limits_{n \to +\infty} a_n$. Temos, também,

$$m \geqslant n_0 \Rightarrow \left| a_m - a \right| < \frac{\varepsilon}{2}.$$

Temos

$$\left| a_m - a_n \right| = \left| a_m - a + a - a_n \right| \leqslant \left| a_m - a \right| + \left| a_n - a \right|.$$

Segue que

$$n \geqslant n_0 \text{ e } m \geqslant n_0 \Rightarrow \left| a_m - a_n \right| < \varepsilon. \qquad \blacksquare$$

Dos teoremas 1 e 2 resulta a seguinte condição equivalente para convergência.

Teorema. Uma sequência é convergente se for uma sequência de Cauchy.

Para finalizar a seção, enunciaremos a seguir duas condições equivalentes e muito úteis para a_n ser uma sequência de Cauchy.

A sequência a_n, $n \geqslant 0$, é uma *sequência de Cauchy* se, e somente se, para todo $\varepsilon > 0$ dado, existir um natural n_0 tal que, quaisquer que sejam os naturais n e p,

$$n \geqslant n_0 \Rightarrow \left| a_{n+p} - a_n \right| < \varepsilon.$$

Ou ainda a_n é uma *sequência de Cauchy* se, para todo $\varepsilon > 0$ dado, existir um natural n_0 tal que, quaisquer que sejam os naturais m e n,

$$m > n \geqslant n_0 \Rightarrow \left| a_m - a_n \right| < \varepsilon.$$

Exercícios 5.1

1. Dizemos que uma função $T\colon \mathbb{R} \to \mathbb{R}$ é uma *contração* se existir um real λ, com $0 \leqslant \lambda < 1$, tal que, quaisquer que sejam os reais x e y,

$$\left| T(x) - T(y) \right| \leqslant \lambda \left| x - y \right|.$$

Seja, então, $T\colon \mathbb{R} \to \mathbb{R}$ uma contração e considere um real a_0. Seja a sequência a_n, $n \geqslant 0$, dada por

$$a_n = T(a_{n-1}), n \geqslant 1.$$

Prove

a) $|a_2 - a_1| \leq \lambda |a_1 - a_0|$

b) $|a_3 - a_2| \leq \lambda^2 |a_1 - a_0|$

c) $|a_{n+1} - a_n| \leq \lambda^n |a_1 - a_0|$

d) $|a_{n+2} - a_n| \leq (\lambda^{n+1} + \lambda^n)|a_1 - a_0|$

e) $|a_{n+p} - a_n| \leq (\lambda^{n+p-1} + \lambda^{n+p-2} + \ldots + \lambda^n)|a_1 - a_0|$

f) $|a_{n+p} - a_n| \leq \dfrac{\lambda^n}{1-\lambda}|a_1 - a_0|$, para todo natural p e todo natural n.

2. Seja a_n, $n \geq 0$, a sequência do exercício anterior. Prove que tal sequência é de Cauchy e, portanto, existe um número real a tal que $\lim_{n \to +\infty} a_n = a$.

3. Seja $T: \mathbb{R} \to \mathbb{R}$ uma contração. Prove que T é contínua.

4. Seja a_n, $n \geq 0$, a sequência do Exercício 1. Tendo em vista os Exercícios 2 e 3, prove que $a = T(a)$.

5. Seja $T: \mathbb{R} \to \mathbb{R}$ uma função. Dizemos que a é um *ponto fixo* para T se $a = T(a)$. Prove que se T for uma contração, então T admitirá um e somente um ponto fixo.

6. Mostre que $T: \mathbb{R} \to \mathbb{R}$ dada por $T(x) = \operatorname{arctg} \dfrac{x}{2}$ é uma contração e determine o único ponto fixo de T.

    (*Sugestão*: Lembre-se do TVM.)

7. $T: \mathbb{R} \to \mathbb{R}$ dada por $T(x) = x^2 + 3x$ admite ponto fixo? T é contração? Justifique.

5.2 Critério de Cauchy para Convergência de Série

A série $\sum_{k=0}^{+\infty} a_k$ é convergente se, e somente se, a sequência $s_n = \sum_{k=0}^{n} a_k$, $n \geq 0$ for convergente, como já sabemos.

Pelo teorema da seção anterior, a sequência $s_n = \sum_{k=0}^{n} a_k$ é convergente se para todo $\varepsilon > 0$ dado, existir um natural n_0 tal que, quaisquer que sejam os naturais n e p,

$$n \geq n_0 \Rightarrow |s_{n+p} - s_n| < \varepsilon.$$

Como

$$|s_{n+p} - s_n| = |a_{n+1} + a_{n+2} + \ldots + a_{n+p}|$$

resulta o seguinte critério para convergência de uma série.

Capítulo 5

Critério de Cauchy (para série numérica). A série $\sum\limits_{k=0}^{+\infty} a_k$ é convergente se e somente se, para todo $\varepsilon > 0$ dado, existir um natural n_0 tal que, quaisquer que sejam os naturais n e p, com $p \geqslant 1$,

$$n \geqslant n_0 \Rightarrow \left| a_{n+1} + a_{n+2} + ... + a_{n+p} \right| < \varepsilon.$$

O critério acima pode ser reescrito na seguinte forma: a série $\sum\limits_{k=0}^{+\infty} a_k$ é convergente se, e somente se, para todo $\varepsilon > 0$ dado, existir um natural n_0 tal que, quaisquer que sejam os naturais m e n,

$$m > n \geqslant n_0 \Rightarrow \left| \sum_{k=0}^{m} a_k - \sum_{k=0}^{n} a_k \right| = \left| a_{n+1} + a_{n+2} + ... + a_m \right| < \varepsilon.$$

Exercícios 5.2

1. Utilizando o critério de Cauchy, prove que se $\sum\limits_{k=0}^{+\infty} a_k$ for convergente, então $\lim\limits_{k \to +\infty} a_k = 0$.

2. Utilizando o critério de Cauchy, prove que se $\sum\limits_{k=0}^{+\infty} a_k$ for absolutamente convergente, então $\sum\limits_{k=0}^{+\infty} a_k$ será convergente.

5.3 Critério de Dirichlet

Enunciamos a seguir o critério de Dirichlet e a demonstração é deixada para o final da seção.

Critério de Dirichlet. Seja a série

$$\sum_{k=0}^{+\infty} b_k a_k.$$

Suponhamos que a sequência a_k seja decrescente e tal que $\lim\limits_{k \to +\infty} a_k = 0$. Suponhamos, ainda, que exista $B > 0$ tal que, para todo natural n,

$$\left| \sum_{k=0}^{n} b_k \right| \leqslant B.$$

Nestas condições, a série $\sum\limits_{k=0}^{+\infty} b_k a_k$ é convergente.

O próximo exemplo mostra que o critério de convergência para série alternada, visto anteriormente, é um caso particular do critério de Dirichlet.

Critérios de Cauchy e de Dirichlet

Exemplo 1 Considere a série alternada $\sum\limits_{k=0}^{+\infty} (-1)^k a_k \, (a_k > 0)$ e suponha que a sequência a_k é decrescente, com $\lim\limits_{k \to +\infty} a_k = 0$. Utilizando o critério de Dirichlet, prove que a série é convergente.

Solução

Seja $b_k = (-1)^k$. Para todo natural n,

$$\left| \sum_{k=0}^{n} b_k \right| \leq 1.$$

Como, por hipótese, a_k é decrescente e $\lim\limits_{k \to +\infty} a_k = 0$ segue do critério de Dirichlet a convergência da série dada.

Exemplo 2 Prove que a série $\sum\limits_{k=1}^{+\infty} \dfrac{\operatorname{sen} k}{k}$ é convergente.

Solução

$$\operatorname{sen} a + \operatorname{sen} 2a + ... + \operatorname{sen} na = \frac{\cos\dfrac{a}{2} - \cos\left(n + \dfrac{1}{2}\right)a}{2\operatorname{sen}\dfrac{a}{2}}.$$

(Veja Exemplo 3.) Em particular,

$$\left| \operatorname{sen} 1 + \operatorname{sen} 2 + ... + \operatorname{sen} k \right| \leq \frac{1}{\operatorname{sen}\dfrac{1}{2}}.$$

As sequências $a_k = \dfrac{1}{k}$ e $b_k = \operatorname{sen} k$ satisfazem, então, as condições do critério de Dirichlet.

Logo, a série $\sum\limits_{k=1}^{+\infty} \dfrac{\operatorname{sen} k}{k}$ é convergente.

Exemplo 3 Suponha $x \neq 2k\pi$, k inteiro. Seja i o número complexo tal que $i^2 = -1$.

a) Verifique que

$$e^{ix} + e^{2ix} + e^{3ix} + ... + e^{nix} = \frac{e^{nix} - 1}{1 - e^{-ix}}.$$

b) Conclua que

$$\operatorname{sen} x + \operatorname{sen} 2x + ... + \operatorname{sen} nx = \frac{\cos\dfrac{x}{2} - \cos\left(n + \dfrac{1}{2}\right)x}{2\operatorname{sen}\dfrac{x}{2}}$$

e

Capítulo 5

$$\cos x + \cos 2x + \ldots + \cos nx = \frac{\operatorname{sen}\dfrac{nx}{2}\cos\dfrac{(n+1)x}{2}}{\operatorname{sen}\dfrac{x}{2}}.$$

Solução

a) $e^{ix} + e^{2ix} + e^{3ix} + \ldots + e^{nix}$ é a soma dos n primeiros termos de uma progressão geométrica de 1º termo e^{ix} e razão e^{ix}. Assim

$$e^{ix} + e^{2ix} + e^{3ix} + \ldots + e^{nix} = e^{ix}\frac{e^{nix}-1}{e^{ix}-1} = \frac{e^{nix}-1}{1-e^{-ix}}.$$

b) Pela relação de Euler (veja Apêndice A do Vol. 2),

$$e^{nix} = \cos nx + i\operatorname{sen} nx$$

e

$$e^{-ix} = \cos x - i\operatorname{sen} x.$$

Segue que

$$\frac{e^{nix}-1}{1-e^{-ix}} = \frac{\cos nx + i\operatorname{sen} nx - 1}{(1-\cos x) + i\operatorname{sen} x}.$$

Multiplicando o numerador e o denominador da última fração pelo conjugado do denominador e fazendo algumas simplificações, obtemos

$$\frac{e^{nix}-1}{1-e^{-ix}} = \left[\frac{\operatorname{sen}\dfrac{nx}{2}\cos\dfrac{(n+1)x}{2}}{\operatorname{sen}\dfrac{x}{2}}\right] + i\left[\frac{\cos\dfrac{x}{2} - \cos\left(n+\dfrac{1}{2}\right)x}{2\operatorname{sen}\dfrac{x}{2}}\right].$$

Para completar a demonstração, basta observar que

$$\sum_{k=1}^{n} e^{kix} = \sum_{k=1}^{n}\cos kx + i\sum_{k=1}^{n}\operatorname{sen} kx.$$

Exemplo 4 (*Lema de Abel.*) Seja a_k uma sequência decrescente, com $a_k \geqslant 0$ para todo k. Suponha que exista $B > 0$ tal que, para todo natural n, $\left|\displaystyle\sum_{k=0}^{n} b_k\right| \leqslant B$. Nestas condições, prove que, para todo natural n,

$$\left|\sum_{k=0}^{n} b_k a_k\right| \leqslant Ba_0.$$

Solução

Seja $B_n = \displaystyle\sum_{k=0}^{n} b_k$. Temos

$$B_0 = b_0 \text{ e } b_n = B_n - B_{n-1}.$$

Então,

$$\sum_{k=0}^{n} b_k a_k = B_0 a_0 + \sum_{k=1}^{n} (B_k - B_{k-1}) a_k = \sum_{k=0}^{n} B_k a_k - \sum_{k=1}^{n} B_{k-1} a_k =$$

$$= \sum_{k=0}^{n} B_k a_k - \sum_{k=0}^{n-1} B_k a_{k+1}.$$

Temos, então, a *identidade de Abel*

$$\sum_{k=0}^{n} b_k a_k = B_n a_n + \sum_{k=0}^{n-1} B_k (a_k - a_{k+1}).$$

Como, por hipótese, $\left| B_n \right| = \left| \sum_{k=0}^{n} b_k \right| \leq B$, resulta

$$\left| \sum_{k=0}^{n} b_k a_k \right| \leq B a_n + B \sum_{k=0}^{n-1} (a_k - a_{k+1}) = B a_0.$$

Portanto, para todo natural n,

$$\left| \sum_{k=0}^{n} b_k a_k \right| \leq B a_0.$$

Demonstração do Critério de Dirichlet

Quaisquer que sejam os naturais n e p, com $n > p$,

$$\sum_{k=p}^{n} b_k = \sum_{k=0}^{n} b_k - \sum_{k=0}^{p-1} b_k$$

e daí

$$\left| \sum_{k=p}^{n} b_k \right| \leq \left| \sum_{k=0}^{n} b_k \right| + \left| \sum_{k=0}^{p-1} b_k \right|$$

e, portanto,

$$\left| \sum_{k=p}^{n} b_k \right| \leq 2B.$$

Pelo lema de Abel (exemplo anterior)

$$\left| \sum_{k=p}^{n} b_k a_k \right| \leq 2B a_p.$$

Como $\lim_{p \to +\infty} a_p = 0$ dado $\varepsilon > 0$ existe n_0 tal que

$$p \geq n_0 \Rightarrow \left| \sum_{k=p}^{n} b_k a_k \right| < \varepsilon.$$

Portanto, dado $\varepsilon > 0$ existe um natural n_0 tal que, quaisquer que sejam os naturais n e p,

Capítulo 5

$$n > p \geqslant n_0 \Rightarrow \left| \sum_{k=p}^{n} b_k a_k \right| = \left| b_p a_p + b_{p+1} a_{p+1} + \dots + a_n b_n \right| < \varepsilon.$$

Pelo critério de Cauchy, a série $\sum_{k=0}^{+\infty} b_k a_k$ é convergente. ∎

Exercícios 5.3

1. Prove que as séries abaixo são convergentes para todo x, com $\operatorname{sen}\dfrac{x}{2} \neq 0$.

   a) $\displaystyle\sum_{k=1}^{+\infty} \frac{\operatorname{sen} kx}{k}$ b) $\displaystyle\sum_{k=1}^{+\infty} \frac{\cos kx}{k}$

2. Prove que $\displaystyle\sum_{k=1}^{+\infty} \frac{|\operatorname{sen} k|}{k}$ é divergente.

   (*Sugestão*: Verifique que $|\operatorname{sen} k| \geqslant \operatorname{sen}^2 k$ e observe que $\operatorname{sen}^2 k = \dfrac{1}{2} - \dfrac{1}{2}\cos 2k$.)

3. É convergente ou divergente? Justifique.

   a) $\displaystyle\sum_{k=1}^{+\infty} 2^{-k} \operatorname{sen} k$

   b) $\displaystyle\sum_{k=3}^{+\infty} \frac{\cos k}{\ln k}$

   c) $\displaystyle\sum_{k=1}^{+\infty} \frac{b_k}{k^2}$, em que b_k é a sequência $1, 1, 1, 1, -1, -1, -1, -1, 1, 1, 1, 1, \dots$

   d) $\displaystyle\sum_{k=1}^{+\infty} \left(\frac{1}{\sqrt{k}} - \frac{1}{\sqrt{k+1}} \right) \frac{1}{\sqrt{k}}$

4. Considerando as hipóteses do critério de Dirichlet e olhando para a identidade de Abel, prove

   a) $\displaystyle\lim_{n \to +\infty} B_n a_n = 0$.

   b) A série telescópica $\displaystyle\sum_{k=0}^{+\infty} (a_k - a_{k+1})$ é convergente.

   c) $\left| B_k (a_k - a_{k+1}) \right| \leqslant B(a_k - a_{k+1})$.

   d) A série $\displaystyle\sum_{k=0}^{+\infty} b_k (a_k - a_{k+1})$ é convergente.

   e) $\displaystyle\sum_{k=0}^{+\infty} a_k b_k = \sum_{k=0}^{+\infty} B_k (a_k - a_{k+1})$.

5. Olhando para a identidade de Abel, prove o seguinte critério devido a Abel.

   Critério de Abel. Suponha que a sequência a_k, $k \geqslant 0$, seja crescente (ou decrescente) e limitada e que a série $\displaystyle\sum_{k=0}^{+\infty} b_k$ seja convergente. Nestas condições, a série $\displaystyle\sum_{k=0}^{+\infty} a_k b_k$ é convergente.

6 CAPÍTULO

Sequências de Funções

6.1 Sequência de Funções. Convergência

Uma *sequência de funções* é uma sequência $n \mapsto f_n$, em que cada f_n é uma função. Só considerararemos sequências de funções de uma variável real a valores reais.

Seja f_n uma sequência de funções definidas em A. Para cada $x \in A$, podemos considerar a sequência numérica de termo geral $f_n(x)$. Seja B o conjunto de todos os x, $x \in A$, para os quais a sequência numérica $f_n(x)$ converge. Podemos, então, considerar a função $f : B \to \mathbb{R}$ dada por

$$f(x) = \lim_{n \to +\infty} f_n(x).$$

Diremos, então, que f_n *converge* a f em B.

Exemplo 1 Para cada natural $n \geq 1$, seja $f_n(x) = x^n$. Mostre que a sequência de funções f_n converge, em $]-1, 1]$, à função f dada por

$$f(x) = \begin{cases} 1 \text{ se } x = 1 \\ 0 \text{ se } -1 < x < 1. \end{cases}$$

Solução

Precisamos mostrar que, para todo $x \in \ ]-1, 1]$,

$$\lim_{n \to +\infty} f_n(x) = f(x).$$

Para $x = 1$,

$$\lim_{n \to +\infty} f_n(1) = \lim_{n \to +\infty} 1^n = 1.$$

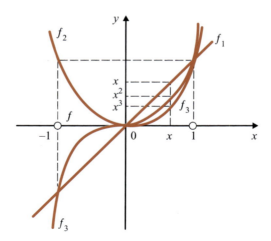

Para $-1 < x < 1$,

$$\lim_{n \to +\infty} f_n(x) = \lim_{n \to +\infty} x^n = 0.$$

Para $|x| > 1$ e $x = -1$, a sequência numérica $f_n(x)$, $n \geq 1$, é divergente:

$$\lim_{n \to +\infty} f_n(x) = +\infty \text{ se } x > 1.$$

e

$$\lim_{n \to +\infty} f_n(x) \text{ não existe se } x \leq -1. \text{ (Verifique.)}$$

Segue que, para todo $x \in \,]-1, 1]$,

$$\lim_{n \to +\infty} f_n(x) = f(x)$$

em que

$$f(x) = \begin{cases} 1 \text{ se } x = 1 \\ 0 \text{ se } -1 < x < 1. \end{cases}$$

Observe que as f_n são contínuas em $x_0 = 1$, mas a f não. Seja $f: B \to \mathbb{R}$ dada por

$$f(x) = \lim_{n \to +\infty} f_n(x)$$

e seja $x_0 \in B$. Mais adiante estabeleceremos uma *condição suficiente* para que a continuidade das f_n em x_0 implique a continuidade de f em x_0.

Sequências de Funções

Exemplo 2 Determine o domínio da função f dada por

$$f(x) = \lim_{n \to +\infty} n \operatorname{sen} \frac{x}{n}.$$

Solução

O domínio de f é o conjunto de todos x para os quais a sequência $n \operatorname{sen} \frac{x}{n}$, $n \geq 1$, converge. Temos, para todo $x \neq 0$,

$$\lim_{n \to +\infty} n \operatorname{sen} \frac{x}{n} = \lim_{n \to +\infty} \frac{\operatorname{sen} \frac{x}{n}}{\frac{x}{n}} x = x.$$

Se $x = 0$,

$$\lim_{n \to +\infty} n \operatorname{sen} \frac{0}{n} = 0 = f(0).$$

Segue que, para todo x real,

$$f(x) = \lim_{n \to +\infty} n \operatorname{sen} \frac{x}{n} = x.$$

Logo, o domínio de f é $\mathbb{R}$ e, para todo x, $f(x) = x$.

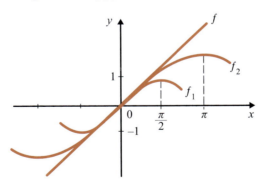

Do que vimos acima, resulta que a sequência de funções f_n, $n \geq 1$, em que f_n é dada por $f_n(x) = n \operatorname{sen} \frac{x}{n}$, converge a f em $\mathbb{R}$. Observe que, à medida que n cresce os gráficos das f_n vão "encostando" cada vez mais no gráfico de f.

Capítulo 6

Exemplo 3 Para cada natural n, $n \geq 1$, seja f_n dada por

$$f_n(x) = \begin{cases} 2n^2 x & \text{se } 0 \leq x \leq \dfrac{1}{2n} \\ -2n^2 x + 2n & \text{se } \dfrac{1}{2n} < x \leq \dfrac{1}{n} \\ 0 & \text{se } \dfrac{1}{n} < x \leq 1. \end{cases}$$

a) Esboce o gráfico de f_n.

b) Mostre que, para todo $x \in [0, 1]$, $\lim_{n \to +\infty} f_n(x) = 0$.

c) Calcule $\lim_{n \to +\infty} \int_0^1 f_n(x)\,dx$.

d) Calcule $\int_0^1 \left(\lim_{n \to +\infty} f_n(x)\,dx \right)$.

e) Compare *c* e *d*.

Solução

a)

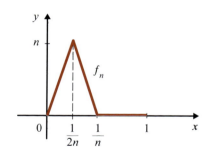

b) Para cada $x \in [0, 1]$, $\lim_{n \to +\infty} f_n(x) = 0$ (por quê?). Segue que a sequência f_n, $n \geq 1$, converge, em $[0, 1]$, à função f dada por $f(x) = 0$, $0 \leq x \leq 1$.

c) Para cada $n \geq 1$,

$$\int_0^1 f_n(x)\,dx = \frac{1}{2}. \text{ (Verifique.)}$$

Daí

$$\lim_{n \to +\infty} \int_0^1 f_n(x)\,dx = \frac{1}{2}$$

d) $\int_0^1 \left(\lim_{n \to +\infty} f_n(x) \right) dx = \int_0^1 f(x)\,dx = 0$

e) $\lim_{n \to +\infty} \int_0^1 f_n(x)\,dx \neq \int_0^1 \left(\lim_{n \to +\infty} f_n(x) \right) dx$. Os símbolos "$\lim_{n \to +\infty}$" e "$\int_0^1$" não podem ser permutados.

Sequências de Funções

89

Observação. Uma das nossas tarefas a seguir será a de determinar condições para que os símbolos "$\lim\limits_{n \to +\infty}$" e "$\int_a^b$" possam ser permutados.

Exercícios 6.1

1. Determine o domínio da função f dada por

$$f(x) = \lim_{n \to +\infty} f_n(x).$$

Esboce os gráficos de f_n e f.

a) $f_n(x) = e^{nx}$

b) $f_n(x) = \dfrac{nx}{1 + nx^2}$

c) $f_n(x) = nxe^{-nx^2}$

d) $f_n(x) = \left(1 + \dfrac{1}{n}\right)^{nx}$

e) $f_n(x) = \dfrac{nx}{1 + nx^2}$

f) $f_n(x) = \sqrt{\dfrac{1 + nx^2}{n}}$

g) $f_n(x) = \dfrac{nx}{n + x^2}$

(▶) h) $f_n(x) = e^{-nx^2}$

Seja f_n, $n \geq 1$, uma sequência de funções definidas em A. Seja $B \subset A$. Suponha que, para todo $x \in B$ e para todo $\varepsilon > 0$, existe n_0 (que pode depender de ε e de x) tal que

$$n > n_0 \text{ e } m > n_0 \Rightarrow \left| f_n(x) - f_m(x) \right| < \varepsilon.$$

Mostre que existe $f : B \to \mathbb{R}$ tal que, para todo $x \in B$,

$$\lim_{n \to +\infty} f_n(x) = f(x).$$

(*Sugestão*: Utilize o critério de Cauchy para convergência de sequência numérica.)

6.2 Convergência Uniforme

Quando dizemos que a sequência de funções f_n converge a f em B, isto significa que, para todo $x \in B$ e para todo $\varepsilon > 0$, existe n_0 (que pode depender de x e de ε) tal que

$$n > n_0 \Rightarrow \left| f_n(x) - f(x) \right| < \varepsilon.$$

Pois bem, quando acontecer de o n_0 só *depender* de ε, diremos que a *convergência é uniforme*.

Capítulo 6

Definição. Seja f_n uma sequência de funções definidas em A e seja $f: B \to \mathbb{R}$, com $B \subset A$. Dizemos que a sequência de funções f_n *converge uniformemente a f em B* se, para todo $\varepsilon > 0$ dado, existir um natural n_0 (que só dependa de ε) tal que, para todo $x \in B$,

$$n > n_0 \Rightarrow |f_n(x) - f(x)| < \varepsilon.$$

OBSERVAÇÃO IMPORTANTE. Segue da definição acima que se a sequência de funções f_n convergir uniformemente a f em B, então, para todo $x \in B$, a sequência numérica $f_n(x)$ convergirá a $f(x)$, isto é,

$$f(x) = \lim_{n \to +\infty} f_n(x), x \in B.$$

A condição "para todo $x \in B$,

$$n > n_0 \Rightarrow |f_n(x) - f(x)| < \varepsilon"$$

é equivalente a "para todo $x \in B$,

$$n > n_0 \Rightarrow f(x) - \varepsilon < f_n(x) < f(x) + \varepsilon".$$

Assim, a sequência de funções f_n converge uniformemente a f em B se, para todo $\varepsilon > 0$, existir um natural n_0 (que só dependa de ε) tal que, para todo $n > n_0$, o trecho do gráfico de f_n, correspondente a $x \in B$, permanecer dentro da faixa determinada pelos gráficos das funções $y = f(x) - \varepsilon$ e $y = f(x) + \varepsilon$, com $x \in B$.

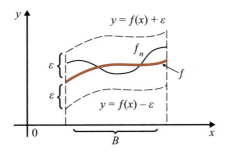

Exemplo 1 Considere a sequência de funções f_n, $n \geq 1$, em que $f_n(x) = x^n$, e seja $f(x) = 0$ para $x \in \left[-\dfrac{1}{2}, \dfrac{1}{2}\right]$. Prove que a sequência de funções f_n converge uniformemente a f em $\left[-\dfrac{1}{2}, \dfrac{1}{2}\right]$.

Solução

Precisamos provar que, para todo $\varepsilon > 0$ dado, existe n_0 (que só dependa de ε) tal que, para todo $x \in \left[-\dfrac{1}{2}, \dfrac{1}{2}\right]$,

$$n > n_0 \Rightarrow |x^n - 0| < \varepsilon.$$

Sequências de Funções

Temos

$$|x| \leq \frac{1}{2} \Rightarrow |x|^n \leq \left(\frac{1}{2}\right)^n.$$

Deste modo, para se ter $|x^n| < \varepsilon$, para todo $x \in \left[-\frac{1}{2}, \frac{1}{2}\right]$, basta que $\left(\frac{1}{2}\right)^n < \varepsilon$. Tomando-se, então, n_0 tal que, $\left(\frac{1}{2}\right)^{n_0} < \varepsilon$ (observe que tal n_0 só depende de ε) resulta

$$n > n_0 \Rightarrow |x^n| < \varepsilon$$

para todo

$$x \in \left[-\frac{1}{2}, \frac{1}{2}\right].$$

Portanto, a sequência dada converge uniformemente a f em $\left[-\frac{1}{2}, \frac{1}{2}\right]$.

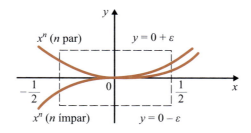

Exemplo 2 A sequência f_n, $n \geq 1$, em que $f_n(x) = x^n$, converge uniformemente a $f(x) = 0$ em $]-1, 1[$? Por quê?

Solução

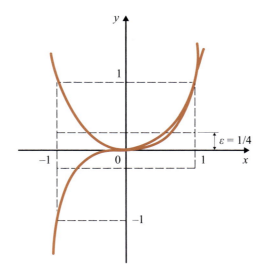

Capítulo 6

Para todo $n \geq 1$, existe $x \in \,]-1, 1[$, tal que

$$x^n > \frac{1}{4}$$

pois, $\lim\limits_{x \to 1^-} x^n = 1$. Deste modo, *não* existe n_0 tal que, para todo $x \in \,]-1, 1[$,

$$n > n_0 \Rightarrow 0 - \frac{1}{4} < x^n < 0 + \frac{1}{4}.$$

Segue que a sequência dada *não* converge uniformemente a $f(x) = 0$ em $]-1, 1[$.

Observe que, para todo $x \in \,]-1, 1[$,

$$\lim_{n \to +\infty} f_n(x) = 0.$$

Deste modo, a sequência de funções $f_n(x) = x^n$ converge, em $]-1, 1[$, à função $f(x) = 0$, *mas a convergência não é uniforme*.

Exemplo 3 Seja a sequência f_n, $n \geq 1$, em que $f_n(x) = n \operatorname{sen} \dfrac{x}{n}$.

a) Verifique que tal sequência converge em $\mathbb{R}$ à função $f(x) = x$, mas não uniformemente.

b) Prove que a sequência converge uniformemente a $f(x) = x$ em $[-r, r]$, em que $r > 0$ é um real dado.

Solução

a) Para todo x real,

$$\lim_{n \to +\infty} n \operatorname{sen} \frac{x}{n} = x = f(x).$$

(Veja Exemplo 2 da Seção 6.1.)

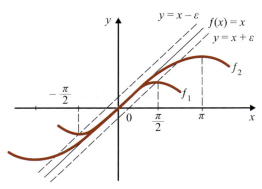

Se a convergência fosse uniforme, dado $\varepsilon > 0$ existiria n_0 (que só depende de ε) tal que

Sequências de Funções

$$n > n_0 \Rightarrow \left| x - n\,\mathrm{sen}\,\frac{x}{n} \right| < \varepsilon.$$

para todo x real. Como, para todo $n > n_0$

$$\lim_{n \to +\infty} \left| x - n\,\mathrm{sen}\,\frac{x}{n} \right| = +\infty$$

resulta que a convergência não é uniforme.

b) Vamos provar, inicialmente, que, para todo natural $n \geq 1$, a função

$$h(x) = x - n\,\mathrm{sen}\,\frac{x}{n}$$

é crescente em $[0, +\infty[$. De fato,

$$h'(x) = 1 - \cos\frac{x}{n} \geq 0$$

para todo $x \geq 0$. Logo, h é crescente em $[0, +\infty\,[$. Segue que, para todo $x \in [0, r]$,

$$0 \leq x - n\,\mathrm{sen}\,\frac{x}{n} \leq r - n\,\mathrm{sen}\,\frac{r}{n}.$$

Como

$$\lim_{n \to +\infty} \left(r - n\,\mathrm{sen}\,\frac{r}{n} \right) = 0$$

dado $\varepsilon > 0$, existe n_0 tal que

$$n > n_0 \Rightarrow \left| r - n\,\mathrm{sen}\,\frac{r}{n} \right| < \varepsilon.$$

Segue que, para todo $x \in [-r, r]$,

$$n > n_0 \Rightarrow \left| x - n\,\mathrm{sen}\,\frac{x}{n} \right| < \varepsilon.$$

Portanto, a sequência converge uniformemente a $f(x) = x$ em $[-r, r]$. (Tente enxergar este fato graficamente.)

Exercícios 6.2

1. Para cada $n \geq 1$, seja $f_n(x) = \dfrac{1}{nx^2}$.

a) Determine o domínio da função f dada por

Capítulo 6

$$f(x) = \lim_{n \to +\infty} f_n(x).$$

b) Esboce os gráficos de *f* e das *f_n*.

c) *f_n*, *n* ⩾ 1, converge uniformemente a *f* em]0, +∞[? E em [1, +∞[?

2. Para cada *n* ⩾ 1, seja $f_n(x) = 1 + x + x^2 + \ldots + x^n$.

   a) Qual o domínio da função *f* dada por

$$f(x) = \lim_{n \to +\infty} f_n(x).$$

   b) A sequência *f_n*, *n* ⩾ 1, converge uniformemente a *f* em [0, 1[? E em [0, *r*], com 0 < *r* < 1?

3. Para cada *n* ⩾ 1, seja $f_n(x) = \dfrac{n}{nx^2 + 1}$.

   a) Determine o domínio da função *f* dada por

$$f(x) = \lim_{n \to +\infty} f_n(x).$$

   b) Esboce os gráficos de *f* e das *f_n*.

   c) A sequência *f_n*, *n* ⩾ 1, converge uniformemente a *f* em]0, +∞ [? E em $[\frac{1}{2}, +∞]$?

4. Para cada *n* ⩾ 1, seja $f_n(x) = n \, \text{arctg} \, \dfrac{x}{n}$.

   a) Determine o domínio da função *f* dada por

$$f(x) = \lim_{n \to +\infty} f_n(x).$$

   b) Mostre que *f_n*, *n* ⩾ 1, converge uniformemente a *f* em [−*r*, *r*], em que *r* > 0 é um real dado.

   c) Mostre que a sequência *f_n* não converge uniformemente a *f* em ℝ.

5. Para cada *n* ⩾ 1, seja $f_n(x) = \dfrac{nx}{nx^2 + 1}$. Considere a função *f* dada por

$$f(x) = \lim_{n \to +\infty} f_n(x).$$

   a) Esboce os gráficos de *f* e das *f_n*.

   b) *f_n*, *n* ⩾ 1, converge uniformemente a *f* em ℝ? E em [*α*, +∞ [, com *α* > 0?

6. Para cada *n* ⩾ 1, seja $f_n(x) = \dfrac{nx}{1 + n^2 x^4}$. Considere a função *f* dada por

$$f(x) = \lim_{n \to +\infty} f_n(x).$$

   a) Esboce os gráficos de *f* e das *f_n*.

   b) *f_n* converge uniformemente a *f* em [0, 1]? Justifique.

Sequências de Funções

(*Sugestão*: Verifique que o valor máximo de f_n em $[0, 1]$ tende a $+\infty$ quando n tende a $+\infty$)

c) Verifique que

$$\int_0^1 (\lim_{n \to +\infty} f_n(x))\, dx \neq \lim_{n \to +\infty} \int_0^1 f_n(x)\, dx.$$

7. Mesmo exercício que o anterior em que f_n, $n \geqslant 1$, é dada por $f_n(x) = nxe^{-nx^2}$.

6.3 Continuidade, Integrabilidade e Derivabilidade de Função Dada como Limite de uma Sequência de Funções

As demonstrações dos teoremas que enunciaremos a seguir serão feitas na Seção 6.5.
    Consideremos a sequência de funções $f_n(x) = x^n$. Já vimos que

$$\lim_{n \to +\infty} f_n(x) = f(x)$$

em que

$$f(x) = \begin{cases} 0 \text{ se } -1 < x < 1 \\ 1 \text{ se } x = 1. \end{cases}$$

Observe que cada f_n é contínua em $x = 1$; entretanto, f *não* é contínua neste ponto.
    Seja f_n uma sequência de funções que converge a f em B. O próximo teorema fornece-nos uma *condição suficiente* para que a continuidade das f_n se transfira para a f.

Teorema 1. Seja f_n uma sequência de funções e seja $f : B \to \mathbb{R}$ dada por

$$f(x) = \lim_{n \to +\infty} f_n(x).$$

Suponhamos que f_n convirja *uniformemente* a f em B. Nestas condições, se cada f_n for contínua em $x_0 \in B$, então f será, também, contínua em x_0.

Observação:

1. Segue do teorema acima, se cada f_n for *contínua* em B e se a sequência f_n *convergir* uniformemente a f em B, em que $f : B \to \mathbb{R}$, então f será contínua em B.

2. Seja $f : B \to \mathbb{R}$ dada por $f(x) = \lim_{n \to +\infty} f_n(x)$ e seja $x_0 \in B$. Se cada f_n for *contínua* em x_0 e se f *não* for *contínua* neste ponto, então a convergência de f_n a f *não* é uniforme.

O próximo teorema fornece-nos uma condição suficiente para que os símbolos $\int_a^b$ e $\lim_{n \to +\infty}$ possam ser permutados.

Capítulo 6

Teorema 2. Seja $f: [a, b] \to \mathbb{R}$ dada por

$$f(x) = \lim_{n \to +\infty} f_n(x)$$

em que cada f_n é suposta contínua em $[a, b]$. Nestas condições, se f_n convergir *uniformemente* a f em $[a, b]$, então

$$\int_a^b f(x)\,dx = \lim_{n \to +\infty} \int_a^b f_n(x)\,dx$$

ou seja,

$$\int_a^b \left(\lim_{n \to +\infty} f_n(x) \right) dx = \lim_{n \to +\infty} \int_b^a f_n(x)\,dx.$$

Observação:

1. Pode ser provado que o teorema acima continua válido se a hipótese "f_n contínua em $[a, b]$" for substituída por "f_n integrável em $[a, b]$".

2. Seja $f: [a, b] \to \mathbb{R}$ dada por $f(x) = \lim_{n \to +\infty} f_n(x)$ em que cada f_n é integrável em $[a, b]$. Se

$$\int_a^b f(x)\,dx \neq \lim_{n \to +\infty} \int_a^b f_n(x)\,dx$$

então a convergência de f_n a f *não é uniforme* em $[a, b]$.

O próximo teorema fornece-nos uma condição suficiente para que os símbolos $\dfrac{d}{dx}$ e $\lim\limits_{n \to +\infty}$ possam ser permutados.

Teorema 3. Seja f_n uma sequência de funções de classe C^1 no intervalo I e sejam f e g funções de I em $\mathbb{R}$ dadas por

$$f(x) = \lim_{n \to +\infty} f_n(x)$$

e

$$g(x) = \lim_{n \to +\infty} f_n'(x)$$

Nestas condições, se a sequência de funções convergir uniformemente a g em I, então, para todo $x \in I$,

$$f'(x) = g(x),$$

ou seja,

$$\left(\lim_{n \to +\infty} f_n(x) \right)' = \lim_{n \to +\infty} f_n'(x).$$

Observe que no teorema anterior não se exige que f_n convirja uniformemente a f; o que se exige é *convergência uniforme* de f_n' a g em I.

Sequências de Funções

Exercícios 6.3

1. Seja $f: \mathbb{R} \to \mathbb{R}$ dada por $f(x) = \lim\limits_{n \to +\infty} \dfrac{nx}{nx^2 + 1}$. Utilizando o teorema 1, mostre que a sequência

de funções $f_n(x) = \dfrac{nx}{nx^2 + 1}$, $n \geq 1$, *não* converge uniformemente a f em $\mathbb{R}$.

(*Sugestão*: Utilize a Observação 2 que vem logo após o teorema 1 desta seção.)

2. Dê exemplo de uma sequência de funções f_n, sendo cada f_n contínua, e f dada por

$$f(x) = \lim_{n \to +\infty} f_n(x),$$

também, contínua e tal que a convergência de f_n a f *não* seja uniforme.

3. Dê exemplo de uma sequência de funções f_n, sendo cada f_n descontínua em todos os números

reais, e tal que $f: \mathbb{R} \to \mathbb{R}$ dada por $f(x) = \lim\limits_{n \to +\infty} f_n(x)$, seja contínua.

4. Seja f dada por $f(x) = \lim\limits_{n \to +\infty} nxe^{-nx^2}$.

a) Calcule $\int_0^1 f(x)\,dx$ e $\lim\limits_{n \to +\infty} \int_0^1 nex^{-nx^2}\,dx$.

b) Utilizando o teorema 2, mostre que a sequência f_n, em que $f_n(x) = nxe^{-nx^2}$, não converge
uniformemente a f em $[0, 1]$.

5. Dê exemplo de uma sequência de funções f_n tal que se tenha

$$\int_a^b f(x)\,dx = \lim_{n \to +\infty} \int_a^b f_n(x)\,dx$$

em que $f(x) = \lim\limits_{n \to +\infty} f_n(x)$, mas que f_n não convirja uniformemente a f em $[a, b]$.

6. Para cada $n \geq 1$, seja $f_n(x) = \dfrac{1}{n}$ sen nx. Verifique que f_n converge uniformemente, em $\mathbb{R}$,

à função f dada por $f(x) = \lim\limits_{n \to +\infty} f_n(x)$. É verdade que para todo x, $f'(x) = \lim\limits_{n \to +\infty} f'_n(x)$? Este

resultado está em contradição com o teorema 3? Explique.

6.4 Critério de Cauchy para Convergência Uniforme de uma Sequência de Funções

Critério de Cauchy. Uma sequência de funções f_n converge uniformemente, em B, à função
$f: B \to \mathbb{R}$ dada por

$$f(x) = \lim_{n \to +\infty} f_n(x).$$

se e somente se para todo $\varepsilon > 0$ dado existir um natural n_0 tal que, quaisquer que sejam
os naturais n e m e para todo $x \in B$,

$$n > n_0 \ \text{e} \ m > n_0 \Rightarrow \left| f_n(x) - f_m(x) \right| < \varepsilon.$$

Capítulo 6

Demonstração

Suponhamos que f_n converge uniformemente a f em B. Isto significa que, para todo $\varepsilon > 0$ dado, existe n_0 tal que, para todo $x \in$ B,

$$n > n_0 \Rightarrow \left| f_n(x) - f(x) \right| < \frac{\varepsilon}{2}.$$

Como

$$\left| f_n(x) - f_m(x) \right| \leqslant \left| f_n(x) - f(x) \right| + \left| f_m(x) - f(x) \right|$$

resulta que, para todo $x \in B$,

$$n > n_0 \text{ e } m > n_0 \Rightarrow \left| f_n(x) - f_m(x) \right| < \varepsilon.$$

Suponhamos, agora, que para todo $\varepsilon > 0$, existe n_0 tal que, para todo $x \in B$,

① $$n > n_0 \text{ e } m > n_0 \Rightarrow \left| f_n(x) - f_m(x) \right| < \frac{\varepsilon}{2}.$$

Segue daí que, para todo $x \in B$, a sequência numérica de termo geral $f_n(x)$ é uma sequência de Cauchy. Assim, para cada $x \in B$, existe um número $f(x)$ com

$$f(x) = \lim_{n \to +\infty} f_n(x)$$

Vamos mostrar que a sequência de funções converge uniformemente a f em B. Fazendo em ① m tender a $+\infty$ resulta que, para todo $x \in B$,

$$n > n_0 \Rightarrow \left| f_n(x) - f(x) \right| \leq \frac{\varepsilon}{2} < \varepsilon$$

ou seja, f_n converge uniformemente a f em B. ∎

6.5 Demonstrações de Teoremas

Demonstração do teorema 1

Precisamos provar que dado $\varepsilon > 0$, existe $\delta > 0$, tal que, para todo $x \in B$,

$$\left| x - x_0 \right| < \delta \Rightarrow \left| f(x) - f(x_0) \right| < \varepsilon.$$

Como, por hipótese, f_n converge uniformemente a f, dado $\varepsilon > 0$, existe um natural p, tal que, para todo $x \in B$,

① $$\left| f_p(x) - f(x) \right| < \frac{\varepsilon}{3}$$

e, em particular,

② $$\left| f_p(x_0) - f(x_0) \right| < \frac{\varepsilon}{3}.$$

Da hipótese de cada f_n ser contínua em x_0 resulta, em particular, que f_p é contínua em x_0. Daí, existe $\delta > 0$ tal que, para todo $x \in B$,

③ $$\left| x - x_0 \right| < \delta \Rightarrow \left| f_p(x) - f_p(x_0) \right| < \frac{\varepsilon}{3}.$$

Por outro lado, para todo $x \in B$,

$$\left| f(x) - f(x_0) \right| = \left| f(x) - f_p(x) + f_p(x) - f_p(x_0) + f_p(x_0) - f(x_0) \right|$$

e, portanto,

$$\left| f(x) - f(x_0) \right| \leq \left| f(x) - f_p(x) \right| + \left| f_p(x) - f_p(x_0) \right| + \left| f_p(x_0) - f(x_0) \right|.$$

De ①, ②, ③ e da desigualdade acima resulta que, para todo $x \in B$,

$$\left| x - x_0 \right| < \delta \Rightarrow \left| f(x) - f(x_0) \right| < \frac{\varepsilon}{3} + \frac{\varepsilon}{3} + \frac{\varepsilon}{3} = \varepsilon.$$ ∎

Demonstração do teorema 2

Precisamos provar que dado $\varepsilon > 0$, existe um natural n_0 tal que

④ $$n > n_0 \Rightarrow \left| \int_a^b f_n(x)\,dx - \int_a^b f(x)\,dx \right| < \varepsilon.$$

Da hipótese e do teorema anterior segue que f é contínua em $[a, b]$; logo, integrável em $[a, b]$. Temos

⑤ $$\left| \int_a^b f_n(x)\,dx - \int_a^b f(x)\,dx \right| \leq \int_a^b \left| f_n(x) - f(x) \right|\,dx.$$

Como f_n converge uniformemente a f em $[a, b]$, dado $\varepsilon > 0$, existe um natural n_0 tal que, para todo $x \in [a, b]$,

⑥ $$n > n_0 \Rightarrow \left| f_n(x) - f(x) \right| \leq \frac{\varepsilon}{b - a}.$$

De ⑤ e ⑥ segue ④. ∎

Demonstração do teorema 3

Seja $x_0 \in I$, com x_0 fixo. Para todo $x \in I$,

$$\int_{x_0}^x g(t)\,dt = \lim_{n \to +\infty} \int_{x_0}^x f_n'(t)\,dt$$

Capítulo 6

pois, por hipótese, f_n converge uniformemente a g no intervalo de extremos x_0 e x (estamos usando aqui o teorema anterior e a hipótese de f_n convergir uniformemente a g em I). Como

$$\int_{x_0}^{x} f_n'(t)\, dt = f_n(x) - f_n(x_0)$$

resulta

$$\int_{x_0}^{x} g(t)\, dt = \lim_{n \to +\infty} \left(f_n(x) - f_n(x_0) \right) = f(x) - f(x_0),$$

ou seja,

$$f(x) = f(x_0) + \int_{x_0}^{x} g(t)\, dt, \ x \in I.$$

Como g é contínua em I (por quê?), pelo teorema fundamental do cálculo,

$$f'(x) = g(x)$$

para todo $x \in I$.

7 CAPÍTULO

Série de Funções

7.1 Série de Funções

Uma *série de funções* é uma série $\sum\limits_{n=0}^{+\infty} f_n$, em que cada f_n é uma função. Dizemos que a série $\sum\limits_{n=0}^{+\infty} f_n$ *converge*, em B, à função $s : B \to \mathbb{R}$ se, para cada $x \in B$,

$$s(x) = \sum_{n=0}^{+\infty} f_n(x)$$

o que significa que, para cada $x \in B$,

$$s(x) = \lim_{n \to +\infty} \sum_{k=0}^{n} f_k(x).$$

A função $s = s(x)$, dada por $s(x) = \sum\limits_{n=0}^{+\infty} f_n(x)$, denomina-se *soma* da série $\sum\limits_{n=0}^{+\infty} f_n$. (Quando nos referirmos à função $s = s(x)$ como a soma da série $\sum\limits_{n=0}^{+\infty} f_n$ ficará subentendido que o domínio de $s = s(x)$ é o conjunto de todos os x para os quais a série $\sum\limits_{n=0}^{+\infty} f_n(x)$ converge.)

> **Exemplo** Já sabemos que, para todo x, com $|x| < 1$,
>
> $$\sum_{n=0}^{+\infty} x^n = \frac{1}{1-x}.$$
>
> Assim, a série $\sum\limits_{n=0}^{+\infty} x^n$ *converge*, em $]-1, 1[$, à função $s(x) = \frac{1}{1-x}, |x| < 1$. (Estamos convencionando aqui que $0^0 = 1$.)

Capítulo 7

7.2 Critério de Cauchy para Convergência Uniforme de uma Série de Funções

A série de funções $\sum\limits_{k=0}^{+\infty} f_k$ *converge uniformemente,* em B, à função $s : B \to \mathbb{R}$ se, para todo $\varepsilon > 0$ dado, existir um natural n_0 tal que, para todo $x \in B$,

$$n > n_0 \Rightarrow \left| \sum_{k=0}^{n} f_k(x) - s(x) \right| < \varepsilon.$$

Vamos, agora, reenunciar para série de funções o critério de Cauchy para convergência uniforme de uma sequência de funções. (Veja Seção 6.4.)

Critério de Cauchy (para convergência uniforme de uma série de funções). A série de funções $\sum\limits_{k=0}^{+\infty} f_k$ converge uniformemente, em B, à função $s(x) = \sum\limits_{k=0}^{+\infty} f_k(x)$ se e somente se para todo $\varepsilon > 0$ dado, existir um natural n_0 tal que, quaisquer que sejam os naturais m e n e para todo $x \in B$,

$$m > n > n_0 \Rightarrow \left| \sum_{k=0}^{m} f_k(x) - \sum_{k=0}^{n} f_k(x) \right| < \varepsilon.$$

Observe que

$$\sum_{k=0}^{m} f_k(x) - \sum_{k=0}^{n} f_k(x) = f_{n+1}(x) + f_{n+2}(x) + \dots + f_m(x).$$

7.3 O Critério *M* de Weierstrass para Convergência Uniforme de uma Série de Funções

Critério M de Weierstrass. Seja $\sum\limits_{k=0}^{+\infty} f_k$ uma série de funções e suponhamos que exista uma série numérica $\sum\limits_{k=0}^{+\infty} M_k$ tal que, para todo $x \in B$ e para todo natural k,

$$\left| f_k(x) \right| \leqslant M_k.$$

Nestas condições, se a série $\sum\limits_{k=0}^{+\infty} M_k$ for convergente, então a série $\sum\limits_{k=0}^{+\infty} f_k$ convergirá uniformemente, em B, à função $s(x) = \sum\limits_{k=0}^{+\infty} f_k(x)$.

Série de Funções

103

Demonstração

Sendo, por hipótese, $\sum\limits_{k=0}^{+\infty} M_k$ convergente, pelo critério de Cauchy para séries numéricas, dado $\varepsilon > 0$, existe um natural n_0 tal que, quaisquer que sejam os naturais m e n

① $$m > n > n_0 \Rightarrow \left| M_{n+1} + M_{n+2} + \ldots + M_m \right| < \varepsilon.$$

Temos, para todo $x \in B$ e para todos m e n, com $m > n > n_0$,

$$\left| \sum_{k=0}^{m} f_k(x) - \sum_{k=0}^{n} f_k(x) \right| = \left| f_{n+1}(x) + f_{n+2}(x) + \ldots + f_m(x) \right| \leq$$
$$\leq \left| f_{n+1}(x) \right| + \left| f_{n+2}(x) \right| + \ldots + \left| f_m(x) \right|$$

e, portanto, de ① e da hipótese segue

$$\left| \sum_{k=0}^{m} f_k(x) - \sum_{k=0}^{n} f_k(x) \right| \leq M_{n+1} + M_{n+2} + \ldots + M_m < \varepsilon.$$

Logo, pelo critério de Cauchy para convergência uniforme de uma série de funções, resulta que a série $\sum\limits_{k=0}^{+\infty} f_k$ converge uniformemente, em B, à função $s(x) = \sum\limits_{k=0}^{+\infty} f_k(x)$. ■

Exemplo 1

a) Verifique que a série $\sum\limits_{k=1}^{+\infty} \dfrac{\operatorname{sen} kx}{x^4 + k^4}$ é uniformemente convergente em $\mathbb{R}$.

b) Mostre que a função $s(x) = \sum\limits_{k=1}^{+\infty} \dfrac{\operatorname{sen} kx}{x^4 + k^4}$ é contínua em $\mathbb{R}$.

Solução

a) Para todo x e para todo natural $k \geq 1$

$$\left| \frac{\operatorname{sen} kx}{x^4 + k^4} \right| \leq \frac{1}{k^4}.$$

A série numérica $\sum\limits_{k=1}^{+\infty} \dfrac{1}{k^4}$ é convergente. Segue do critério M de Weierstrass que a série dada converge uniformemente em $\mathbb{R}$ à função

$$s(x) = \sum_{k=1}^{+\infty} \frac{\operatorname{sen} kx}{x^4 + k^4}.$$

b) Para todo $x \in \mathbb{R}$,

Capítulo 7

$$s(x) = \lim_{n \to +\infty} s_n(x)$$

em que $s_n(x) = \sum_{k=1}^{n} \dfrac{\operatorname{sen} kx}{x^4 + k^4}$. Como a convergência é uniforme em $\mathbb{R}$ e as funções $s_n(x)$ são contínuas em $\mathbb{R}$, segue, do teorema 1 da Seção 6.3, que $s = s(x)$ é contínua em $\mathbb{R}$.

Exemplo 2

a) Verifique que a série $\sum_{k=1}^{+\infty} \dfrac{1}{x^2 + k^2}$ converge uniformemente, em $\mathbb{R}$, à função

$$s(x) = \sum_{k=1}^{+\infty} \dfrac{1}{x^2 + k^2}.$$

b) Justifique a igualdade

$$\int_0^1 s(x)\, dx = \sum_{k=1}^{+\infty} \dfrac{1}{k} \operatorname{arctg} \dfrac{1}{k}.$$

Solução

a) Para todo $x \in \mathbb{R}$ e para todo natural $k \geqslant 1$,

$$\left| \dfrac{1}{x^2 + k^2} \right| \leqslant \dfrac{1}{k^2}.$$

Como $\sum_{k=1}^{+\infty} \dfrac{1}{k^2}$ é convergente, segue do critério M de Weierstrass que a série

$$\sum_{k=1}^{+\infty} \dfrac{1}{x^2 + k^2}$$

converge uniformemente, em $\mathbb{R}$, à função

$$s(x) = \sum_{k=1}^{+\infty} \dfrac{1}{x^2 + k^2}.$$

b) Para todo $x \in \mathbb{R}$,

$$s(x) = \sum_{k=1}^{+\infty} \dfrac{1}{x^2 + k^2}.$$

Isto é,

$$s(x) = \lim_{n \to +\infty} s_n(x)$$

em que $s_n(x) = \sum_{k=1}^{n} \dfrac{1}{x^2 + k^2}$. Como a convergência é uniforme em $\mathbb{R}$, segue que a convergência é, também, uniforme no intervalo $[0, 1]$. Como as s_n são contínuas em $[0, 1]$, resulta, do teorema 2 da Seção 6.3,

Série de Funções

$$\int_0^1 s(x)\,dx = \lim_{n \to +\infty} \int_0^1 s_n(x)\,dx.$$

De

$$\int_0^1 s_n(x)\,dx = \sum_{k=1}^n \int_0^1 \frac{1}{x^2+k^2}\,dx$$

segue

$$\int_0^1 s(x)\,dx = \lim_{n \to +\infty} \sum_{k=1}^n \int_0^1 \frac{1}{x^2+k^2}\,dx.$$

Mas,

$$\int_0^1 \frac{1}{x^2+k^2}\,dx = \frac{1}{k}\operatorname{arctg}\frac{1}{k} \text{ (verifique)}.$$

Logo,

$$\int_0^1 s(x)\,dx = \sum_{k=1}^{+\infty} \frac{1}{k}\operatorname{arctg}\frac{1}{k}.$$

Observação. Sempre que dissermos que a série $\sum\limits_{k=0}^{+\infty} f_k$ é uniformemente convergente em B, isto significa que a série converge uniformemente, em B, à função

$$s(x) = \sum_{k=0}^{+\infty} f_k(x).$$

▨▨▨ **Exercícios 7.3**

1. Verifique que a série dada converge uniformemente no intervalo dado.

   a) $\displaystyle\sum_{k=1}^{+\infty} \frac{x}{x^2+k^2}$ em $\left[-r,\ r\right], r > 0$.

   b) $\displaystyle\sum_{k=1}^{+\infty} \frac{x^k}{k!}$ em $\left[-r,\ r\right], r > 0$.

   c) $\displaystyle\sum_{k=1}^{+\infty} 2^k x^k$ em $\left[-r,\ r\right]$, com $0 < r < \dfrac{1}{2}$.

   ▶ d) $\displaystyle\sum_{k=1}^{+\infty} \frac{x^k}{2k+1}$ em $\left[-r,\ r\right]$, com $0 < r < 1$.

2. Mostre que a função $s = s(x)$ dada por $s(x) = \displaystyle\sum_{k=1}^{+\infty} \frac{\cos kx}{x^2+k^2}$ é contínua em $\mathbb{R}$.

Capítulo 7

3. Seja $s = s(x)$ dada por $s(x) = \sum_{k=1}^{+\infty} (k+1)x^k$. Prove que, para todo $t \in \,]\!-1,\, 1[$,

$$\int_0^t s(x)\, dx = \frac{t^2}{1-t}.$$

Conclua que, para todo $x \in \,]\!-1,\, 1[$,

$$\sum_{k=1}^{+\infty} (k+1)x^k = \frac{2x - x^2}{(1-x)^2}.$$

4. Suponha que $\sum_{k=1}^{+\infty} f_k$ é uniformemente convergente em B à função $s(x) = \sum_{k=1}^{+\infty} f_k(x)$. Seja $g: B \to \mathbb{R}$ tal que, para todo $x \in B$, $|g(x)| \leqslant M$, em que $M > 0$ é um real fixo. Prove que $\sum_{k=1}^{+\infty} g\, f_k$ converge uniformemente em B à função $h(x) = s(x)g(x)$.

5. Seja a_k, $k \geqslant 1$, uma sequência numérica dada. Suponha que a série $\sum_{n=1}^{+\infty} a_n \cos nx$ convirja uniformemente em $[-\pi,\, \pi]$. Seja $F(x) = \sum_{n=1}^{+\infty} a_n \cos nx$, $x \in \left[-\pi,\, \pi\right]$. Prove que, para todo natural $k \geqslant 1$,

$$a_k = \frac{1}{\pi} \int_{-\pi}^{\pi} F(x) \cos kx\, dx.$$

6. Sejam a_k, $k \geqslant 0$, e b_k, $k \geqslant 1$, duas sequências numéricas dadas. Suponha que a série

$$\frac{a_0}{2} + \sum_{n=1}^{+\infty} \left(a_n \cos nx + b_n \,\text{sen}\, nx \right)$$

convirja uniformemente em $\left[-\pi,\, \pi\right]$. Seja

$$F(x) = \frac{a_0}{2} + \sum_{n=1}^{+\infty} \left(a_n \cos nx + b_n \,\text{sen}\, nx \right).$$

Prove que

$$a_k = \frac{1}{\pi} \int_{-\pi}^{\pi} F(x) \cos kx\, dx,\, k \geqslant 0,$$

e

$$b_k = \frac{1}{\pi} \int_{-\pi}^{\pi} F(x) \,\text{sen}\, kx\, dx,\, k \geqslant 1,$$

7. Seja f definida e integrável em $\left[-\pi,\, \pi\right]$. A série

Série de Funções

$$\frac{a_0}{2} + \sum_{n=1}^{+\infty}\left(a_n\cos nx + b_n\,\mathrm{sen}\,nx\right),$$

em que

$$a_0 = \frac{1}{\pi}\int_{-\pi}^{\pi} f(x)\,dx,$$

$$a_n = \frac{1}{\pi}\int_{-\pi}^{\pi} f(x)\cos nx\,dx, n \geqslant 1,$$

e

$$b_n = \frac{1}{\pi}\int_{-\pi}^{\pi} f(x)\,\mathrm{sen}\,nx\,dx, n \geqslant 1,$$

denomina-se *série de Fourier* de *f*. Os números a_n, $n \geqslant 0$ e b_n, $n \geqslant 1$, são os *coeficientes de Fourier* de *f*. Determine a série de Fourier da função dada e verifique que a série obtida converge uniformemente em $\mathbb{R}$.

a) $f(x) = x^2,\ -\pi \leqslant x \leqslant \pi$

b) $f(x) = |x|,\ -\pi \leqslant x \leqslant \pi$

c) $f(x) = \begin{cases} \pi + x & \text{se } -\pi \leqslant x < 0 \\ \pi - x & \text{se } 0 \leqslant x \leqslant \pi \end{cases}$

8. Seja $f(x)$ definida e de classe C^2 em $[-\pi,\ \pi]$. Para cada natural $n \geqslant 1$, seja

$$a_n = \int_{-\pi}^{\pi} f(x)\cos nx\,dx.$$

a) Verifique que, para todo natural $n \geqslant 1$,

$$a_n = \frac{1}{n^2}\{[f'(\pi) - f'(-\pi)]\cos n\pi - \int_{-\pi}^{\pi} f''(x)\cos nx\,dx\}.$$

b) Prove que a série

$$\sum_{n=1}^{+\infty} a_n\cos nx$$

é uniformemente convergente em $\mathbb{R}$.

Capítulo 7

7.4 Continuidade, Integrabilidade e Derivabilidade de Função Dada como Soma de uma Série de Funções

Nesta seção, vamos reescrever, em linguagem de série, os teoremas da Seção 6.3.

Teorema 1. Seja $s: B \to \mathbb{R}$ dada por

$$s(x) = \sum_{k=0}^{+\infty} f_k(x).$$

Se a série de funções $\sum_{k=0}^{+\infty} f_k$ convergir uniformemente a s, em B, e se cada f_k for contínua em $x_0 \in B$, então s será contínua em x_0.

Demonstração

$$s(x) = \lim_{n \to +\infty} s_n(x)$$

em que

$$s_n(x) = \sum_{k=0}^{n} f_k(x).$$

Como a convergência é uniforme em B e como cada s_n é contínua em x_0, segue do teorema 1 da Seção 6.3, que $s = s(x)$ é contínua em x_0. ■

Teorema 2. (Integração termo a termo.) Seja $s = s(x)$, $x \in [a, b]$, dada por

$$s(x) = \sum_{K=0}^{+\infty} f_k(x).$$

Se cada f_k for contínua em $[a, b]$ e se a série $\sum_{k=0}^{+\infty} f_k(x)$ convergir uniformemente a s em $[a, b]$, então

$$\int_a^b s(x)\,dx = \sum_{k=0}^{+\infty} \int_a^b f_k(x)\,dx$$

ou seja,

$$\int_a^b \left[\sum_{k=0}^{+\infty} f_k(x) \right] dx = \sum_{k=0}^{+\infty} \int_a^b f_k(x)\,dx.$$

Demonstração

$$s(x) = \lim_{n \to +\infty} \sum_{k=0}^{n} f_k(x)$$

Série de Funções

Como a convergência é uniforme em $[a, b]$ e cada $s_n(x) = \sum_{k=0}^{n} f_k(x)$ é contínua em $[a, b]$ segue do teorema 2 da Seção 6.3 que

$$\int_a^b s(x)\, dx = \lim_{n \to +\infty} \int_a^b \left[\sum_{k=0}^{n} f_k(x) \right] dx = \lim_{n \to +\infty} \sum_{k=0}^{n} \int_a^b f_k(x)\, dx,$$

ou seja,

$$\int_a^b s(x)\, dx = \sum_{k=0}^{+\infty} \int_a^b f_k(x)\, dx.$$

O teorema 2 conta-nos que se cada f_k for contínua em $[a, b]$ e se a série $\sum_{k=0}^{+\infty} f_k$ convergir uniformemente em $[a, b]$ então os símbolos $\int_a^b e \sum_{k=0}^{+\infty}$ poderão ser permutados:

$$\int_a^b \left[\sum_{k=0}^{+\infty} f_k(x) \right] dx = \sum_{k=0}^{+\infty} \int_a^b f_k(x)\, dx. \qquad \blacksquare$$

Teorema 3. (Derivação termo a termo.) Seja $s: I \to \mathbb{R}$, I intervalo, dada por

$$s(x) = \sum_{k=0}^{+\infty} f_k(x).$$

Se cada f_k for de classe C^1 em I e se a série $\sum_{k=0}^{+\infty} f_k'$ convergir uniformemente em I, então, para todo $x \in I$,

$$s'(x) = \sum_{k=0}^{+\infty} f_k'(x),$$

ou seja,

$$\left(\sum_{k=0}^{+\infty} f_k(x) \right)' = \sum_{k=0}^{+\infty} f_k'(x).$$

Demonstração

Fica a cargo do leitor. $\qquad \blacksquare$

Exemplo Seja $s = s(x)$ a função dada por

$$s(x) = \sum_{k=1}^{+\infty} \frac{\operatorname{sen} kx}{k^3}.$$

a) Qual o domínio de s?

b) Justifique: para todo x real,

$$s'(x) = \sum_{k=1}^{+\infty} \frac{\cos kx}{k^2}.$$

Capítulo 7

Solução

a) Para todo x e todo $k \geqslant 1$,

$$\left|\frac{\operatorname{sen} kx}{k^3}\right| \leqslant \frac{1}{k^3}.$$

Segue que a série converge absolutamente para todo x; logo, a série converge para todo x. O domínio de $s = s(x)$ é $\mathbb{R}$.

b) $\displaystyle\sum_{k=1}^{+\infty}\left(\frac{\operatorname{sen} kx}{k^3}\right)' = \sum_{k=1}^{+\infty}\frac{\cos kx}{k^2}.$

Para todo x real e para todo $k \geqslant 1$,

$$\left|\frac{\cos kx}{k^2}\right| \leqslant \frac{1}{k^2}.$$

Segue do critério M de Weierstrass que a série $\displaystyle\sum_{k=1}^{+\infty}\frac{\cos kx}{k^2}$ converge uniformemente em $\mathbb{R}$. Pelo teorema sobre derivação termo a termo,

$$\left(\sum_{k=1}^{+\infty}\frac{\operatorname{sen} kx}{k^3}\right)' = \sum_{k=1}^{+\infty}\left(\frac{\operatorname{sen} kx}{k^3}\right)',$$

ou seja,

$$s'(x) = \sum_{k=1}^{+\infty}\frac{\cos kx}{k^2}.$$

Exercícios 7.4

1. Prove que a função dada é contínua no conjunto B dado.

a) $f(x) = \displaystyle\sum_{n=1}^{+\infty}\frac{\cos nx^3}{n^4}, B = \mathbb{R}$

b) $f(x) = \displaystyle\sum_{n=0}^{+\infty}\frac{1}{2^{nx}}, B = \left[1, \; +\infty\right[$

c) $f(x) = \displaystyle\sum_{n=0}^{+\infty}\frac{2^n x^n}{n!}, B = \mathbb{R}$

2. Seja $f(x) = \displaystyle\sum_{n=1}^{+\infty}\operatorname{sen}\frac{x}{n^2}.$ Justifique a igualdade

$$\int_0^1 f(x)\,dx = \sum_{n=1}^{+\infty}n^2\left(1 - \cos\frac{1}{n^2}\right)$$

3. Seja $f(x) = \displaystyle\sum_{n=0}^{+\infty}\frac{x^n}{n!}.$ Verifique que

$$\int_0^x f(t)\,dt = f(x) - 1.$$

Série de Funções

4. Seja $f(x) = \sum_{n=1}^{+\infty} \dfrac{x}{x^2 + n^2}$. Justifique a igualdade

$$\int_0^1 f(x)\,dx = \dfrac{1}{2}\sum_{n=1}^{+\infty} \ln\left(1 + \dfrac{1}{n^2}\right).$$

5. Seja $f(x) = \sum_{n=1}^{+\infty} \operatorname{arctg} \dfrac{x}{n^2}$. Mostre que a série numérica

$$\sum_{n=1}^{+\infty}\left[\operatorname{arctg}\dfrac{1}{n^2} - \dfrac{n^2}{2}\ln\left(1 + \dfrac{1}{n^4}\right)\right]$$

é convergente e tem por soma $\int_0^1 f(x)\,dx$.

6. Considere a função f dada por

$$f(x) = \sum_{n=1}^{+\infty} \dfrac{x^{n-1}}{n^3}.$$

a) Qual o domínio de f?

b) Mostre que f é contínua.

c) Justifique a igualdade:

$$\int_{-1}^1 f(x)\,dx = \sum_{k=0}^{+\infty} \dfrac{2}{(2k+1)^4}.$$

d) Prove que, para todo x no domínio de f,

$$f'(x) = \sum_{n=1}^{+\infty} \dfrac{(n-1)x^{n-2}}{n^3}.$$

7.5 Exemplo de Função que É Contínua em $\mathbb{R}$, mas que Não É Derivável em Nenhum Ponto de $\mathbb{R}$

Seja $g: \mathbb{R} \to \mathbb{R}$ a função que satisfaz as condições:

a) $g(x) = \begin{cases} x & \text{se } 0 \leq x \leq 1 \\ 2-x & \text{se } 1 < x \leq 2 \end{cases}$

b) para todo $x \in \mathbb{R}$, $g(x+2) = g(x)$.

A condição b nos diz que g é periódica, com período 2. Observe que, para todo x, $|g(x)| \leq 1$.

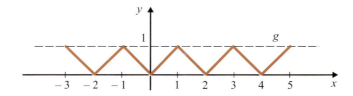

Para cada natural n, seja

$$f_n(x) = \left(\frac{3}{4}\right)^n g(4^n x), \quad x \in \mathbb{R}.$$

Assim,

$f_0(x) = g(x)$;

$f_1(x) = \frac{3}{4} g(4x)$;

$f_2(x) = \left(\frac{3}{4}\right)^2 g(4^2 x)$ etc.

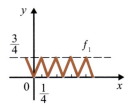
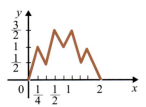

Faça você o gráfico de $f_0 + f_1 + f_2$ e imagine os gráficos de $f_0 + f_1 + f_2 + ... + f_n$, para $n \geq 3$. Nosso objetivo a seguir é provar que a função f dada por

$$f(x) = \sum_{n=0}^{+\infty} \left(\frac{3}{4}\right)^n g(4^n x)$$

é contínua em $\mathbb{R}$, mas *não* derivável em nenhum ponto de $\mathbb{R}$. Para todo x real e para todo natural n,

$$\left| \left(\frac{3}{4}\right)^n g(4^n x) \right| \leq \left(\frac{3}{4}\right)^n.$$

Como $\sum_{n=0}^{+\infty} \left(\frac{3}{4}\right)^n$ é convergente (série geométrica com razão $\frac{3}{4} < 1$), segue do critério M de Weierstrass que a série

$$\sum_{n=0}^{+\infty} \left(\frac{3}{4}\right)^n g(4^n x)$$

é uniformemente convergente em $\mathbb{R}$ e como, para cada n, $f_n(x) = \left(\frac{3}{4}\right)^n g(4^n x)$ é contínua em $\mathbb{R}$, resulta que a função

$$f(x) = \sum_{n=0}^{+\infty} \left(\frac{3}{4}\right)^n g(4^n x)$$

é contínua em $\mathbb{R}$.

Seja, agora, $x \in \mathbb{R}$. Para cada natural m, existe um inteiro k tal que

Série de Funções

$$k \leq 4^m x \leq k+1.$$

Daí,

$$k4^{-m} \leq x \leq (k+1)4^{-m}.$$

Sejam $\alpha_m = k4^{-m}$ e $\beta_m = (k+1)\, 4^{-m}$. De $\beta_m - \alpha_m = 4^{-m}$ resulta

$$\lim_{m \to +\infty} \left(\beta_m - \alpha_m \right) = 0.$$

Mas, para todo m, $\alpha_m \leq x \leq \beta_m$; logo,

$$\lim_{m \to +\infty} \alpha_m = x = \lim_{m \to +\infty} \beta_m.$$

Vamos provar a seguir que

$$\lim_{m \to +\infty} \left| \frac{f\left(\beta_m\right) - f\left(\alpha_m\right)}{\beta_m - \alpha_m} \right| = +\infty,$$

o que mostra que f não é derivável em x. (Se f fosse derivável em x, deveríamos ter

$$\lim_{m \to +\infty} \frac{f\left(\beta_m\right) - f(\alpha_m)}{\beta_m - \alpha_m} = f'(x).$$

Confira!) Temos

$$f(\beta_m) - f(\alpha_m) = \sum_{n=0}^{+\infty} \left(\frac{3}{4} \right)^n [g(4^n \beta_m) - g(4^n \alpha_m)].$$

Para $n > m$,

$$4^n \beta_m - 4^n \alpha_m = 4^n \left(\beta_m - \alpha_m \right) = 4^{n-m},$$

que é múltiplo de 4; daí

$$g(4^n \beta_m) - g(4^n \alpha_m) = 0,$$

pois g é periódica com período 2. Para $n = m$,

$$4^n \beta_m = k+1 \quad \text{e} \quad 4^n \alpha_m = k,$$

daí

$$\left| g(4^n \beta_m) - g(4^n \alpha_m) \right| = 1.$$

Capítulo 7

Para $n < m$, não existe inteiro entre $4^n \beta_m$ e $4^n \alpha_m$ (verifique); logo,

$$\left| g\left(4^n \beta_m\right) - g(4^n \alpha_m) \right| = 4^{n-m}. \text{ (Pense!)}$$

Segue que

$$f(\beta_m) - f(\alpha_m) = \sum_{n=0}^{m} \left(\frac{3}{4}\right)^n [g(4^n \beta_m) - g(4^n \alpha_m)],$$

daí

$$f(\beta_m) - f(\alpha_m) = \left(\frac{3}{4}\right)^m [g(4^m \beta_m) - g(4^m \alpha_m)] + \sum_{n=0}^{m-1} \left(\frac{3}{4}\right)^n [g(4^n \beta_m) - g(4^n \alpha_m)].$$

Do que vimos acima resulta

$$\left| f(\beta_m) - f(\alpha_m) \right| \geqslant \left(\frac{3}{4}\right)^m - \sum_{n=0}^{m-1} \left(\frac{3}{4}\right)^n 4^{n-m},$$

ou seja,

$$\left| f(\beta_m) - f(\alpha_m) \right| \geqslant \left(\frac{3}{4}\right)^m - 4^{-m} \sum_{n=0}^{m-1} 3^n.$$

Como

$$\sum_{n=0}^{m-1} 3^n = \frac{3^m - 1}{3 - 1} = \frac{3^m - 1}{2},$$

resulta

$$\left| f(\beta_m) - f(\alpha_m) \right| \geqslant \frac{1}{2}\left(\frac{3}{4}\right)^m + \frac{1}{2 \cdot 4^m},$$

e daí

$$\left| f(\beta m) - f(\alpha_m) \right| \geqslant \frac{1}{2}\left(\frac{3}{4}\right)^m.$$

Como $\beta_m - \alpha_m = 4^{-m}$, resulta

$$\left| \frac{f(\beta_m) - f(\alpha_m)}{\beta_m - \alpha_m} \right| \geqslant \frac{3^m}{2}.$$

Logo,

$$\lim_{m \to +\infty} \left| \frac{f(\beta_m) - f(\alpha_m)}{\beta_m - \alpha_m} \right| = +\infty.$$

8 CAPÍTULO

Série de Potências

8.1 Série de Potências

Seja a_n, $n \geq 0$, uma sequência numérica dada e seja x_0 um real dado. A série

$$\sum_{n=0}^{+\infty} a_n(x - x_0)^n$$

denomina-se *série de potências, com coeficientes a_n, em volta de x_0 (ou centrada em x_0).* Se $x_0 = 0$, temos a série de potências em volta de zero:

$$\sum_{n=0}^{+\infty} a_n x^n = a_0 + a_1 x + a_2 x^2 + \ldots$$

(Estamos convencionando aqui que $0^0 = 1$.)

Por exemplo, $\displaystyle\sum_{n=0}^{+\infty} \frac{x^n}{n!}$ é uma série de potências em volta de zero e com coeficientes $a_n = \dfrac{1}{n!}$.

O próximo teorema destaca uma propriedade bastante importante das séries de potências.

Teorema. Se $\displaystyle\sum_{n=0}^{+\infty} a_n x^n$ for convergente para $x = x_1$, com $x_1 \neq 0$, então a série convergirá absolutamente para todo x no intervalo aberto $\left]-|x_1|, |x_1|\right[$.

Demonstração

Sendo, por hipótese, $\displaystyle\sum_{n=0}^{+\infty} a_n x_1^n$ convergente, segue que

$$\lim_{n \to +\infty} a_n x_1^n = 0.$$

Tomando-se, então, $\varepsilon = 1$, existe um natural p tal que, para todo $n \geq p$,

Capítulo 8

$$\left|a_n x_1^n\right| \leqslant 1.$$

Como

$$\left|a_n x^n\right| = \left|a_n x_1^n\right|\left|\frac{x}{x_1}\right|^n,$$

resulta que, para todo x e todo natural $n \geqslant p$,

$$\left|a_n x^n\right| \leqslant \left|\frac{x}{x_1}\right|^n.$$

Para $|x| < |x_1|$, a série geométrica $\displaystyle\sum_{n=0}^{+\infty}\left|\frac{x}{x_1}\right|^n$ é convergente. Segue do critério de comparação que $\displaystyle\sum_{n=0}^{+\infty} a_n x^n$ converge absolutamente para todo x, com $|x| < |x_1|$. ∎

Exemplo A série $\displaystyle\sum_{n=1}^{+\infty}\frac{x^n}{n}$ converge para $x = -1$. (Observe que para $x = -1$ temos a série alternada $\displaystyle\sum_{n=1}^{+\infty}(-1)^n\frac{1}{n}$ que já sabemos que converge.) Pelo teorema anterior, a série converge absolutamente para todo $x \in \left]-1,\ 1\right[$. Para $x = -1$ a série não é absolutamente convergente.

Exercícios 8.1

▶ **1.** Verifique que a série $\displaystyle\sum_{n=0}^{+\infty} 2^{nx}$ converge para $x = -1$. Tal série converge absolutamente para todo $x \in \left]-1,\ 1\right]$? Explique.

2. Considere a série de potências, centrada em, x_0, $\displaystyle\sum_{n=0}^{+\infty} a_n (x - x_0)^n$. Suponha que tal série convirja para $x = x_1$, $x \neq x_0$. Mostre que a série converge absolutamente para todo $x \in \left]x_0 - r,\ x_0 + r\right[$, em que $r = |x_1 - x_0|$.

8.2 Série de Potências: Raio de Convergência

Teorema. Seja a série de potências $\displaystyle\sum_{n=0}^{+\infty} a_n x^n$. Existem apenas três possibilidades:

I) ou $\displaystyle\sum_{n=0}^{+\infty} a_n x^n$ converge apenas para $x = 0$;

II) ou $\displaystyle\sum_{n=0}^{+\infty} a_n x^n$ converge absolutamente para todo x real;

Série de Potências

III) ou existe um $R > 0$ tal que a série $\sum_{n=0}^{+\infty} a_n x^n$ converge absolutamente para todo x no intervalo $]-R,\ R[$, e diverge para todo x, com $|x| > R$. Nos extremos $-R$ e R a série poderá convergir ou não.

Diverge	Converge	Diverge

$-R$ R

Poderá convergir   Poderá convergir
ou não   ou não

Demonstração

Seja A o conjunto de todos $x \geqslant 0$ para os quais a série converge.

1º Caso. $A = \{0\}$

Se a série convergisse para algum $x_1 \neq 0$, pelo teorema da seção anterior, convergiria, também, para todo $x \in]-|x_1|,\ |x_1|[$, que contradiz a hipótese $A = \{0\}$. Logo, se $A = \{0\}$ a série convergirá apenas para $x = 0$.

2º Caso. $A = \mathbb{R}_+ \left(\mathbb{R}_+ =]0,\ +\infty[\right)$

Para todo x real, existe $x_1 > 0$ tal que

$$|x| < x_1.$$

Como a série $\sum_{n=0}^{+\infty} a_n x_1^n$ é convergente, pelo teorema da seção anterior, a série convergirá absolutamente para todo x, com $|x| < x_1$. Portanto, a série converge absolutamente para todo x.

3º Caso. $A \neq \mathbb{R}_+$ e $A \neq \{0\}$

Se, para todo $r > 0$, existisse um $x_1 > r$ tal que

$$\sum_{n=0}^{+\infty} a_n x_1^n$$

fosse convergente, pelo teorema da seção anterior, a série seria absolutamente convergente para todo x (por quê?), que contradiz a hipótese $A \neq \mathbb{R}_+$. Portanto, se $A \neq \mathbb{R}_+$, então A será limitado superiormente; logo, admitirá supremo R:

$$R = \sup A.$$

Como $A \neq \{0\}$, teremos, evidentemente, $R > 0$. Sendo R o supremo de A, para todo x com $|x| < R$, existe $x_1 \in A$, com $|x| < x_1$. Resulta, novamente do teorema da seção anterior, que a série converge absolutamente para todo $x \in [-R, R[$. Fica a seu cargo verificar que a série diverge para todo x, com $|x| > R$. ∎

Capítulo 8

O número R que aparece no teorema anterior denomina-se *raio de convergência* da série. Se a série convergir para todo x diremos que o raio de convergência é $+\infty$: $R = +\infty$. Se a série convergir apenas para $x = 0$, o raio de convergência é zero.

O próximo exemplo fornece-nos uma fórmula para o cálculo do raio de convergência de algumas séries.

Exemplo 1 Seja a série de potências $\sum_{n=0}^{+\infty} a_n x^n$ e suponha $a_n \neq 0$ para todo $n \geqslant p$, em que p é um natural fixo. Mostre que o raio de convergência de tal série é

$$R = \lim_{n \to +\infty} \left| \frac{a_n}{a_n + 1} \right|$$

desde que o limite exista, finito ou infinito.

Solução

Apliquemos o critério da razão para a série de termos quaisquer.

$$\lim_{n \to +\infty} \left| \frac{a_{n+1} x^{n+1}}{a_n x^n} \right| = |x| \lim_{n \to +\infty} \left| \frac{a_{n+1}}{a_n} \right|.$$

Se $\lim_{n \to +\infty} \left| \frac{a_n + 1}{a_n} \right| = 0$, a série convergirá absolutamente para todo x. Neste caso, o raio de convergência é $+\infty$:

$$R = \lim_{n \to +\infty} \left| \frac{a_n}{a_{n+1}} \right| = +\infty.$$

(Observe que $\lim_{n \to +\infty} \left| \frac{a_{n+1}}{a_n} \right| = 0 \Leftrightarrow \lim_{n \to +\infty} \left| \frac{a_n}{a_{n+1}} \right| = +\infty.$)

Se $\lim_{n \to +\infty} \left| \frac{a_{n+1}}{a_n} \right| = +\infty$, a série convergirá apenas para $x = 0$:

$$R = \lim_{n \to +\infty} \left| \frac{a_n}{a_{n+1}} \right| = 0.$$

Se $\lim_{n \to +\infty} \left| \frac{a_{n+1}}{a_n} \right|$ for finito e diferente de zero, a série convergirá absolutamente para todo x tal que

$$|x| \lim_{n \to +\infty} \left| \frac{a_{n+1}}{a_n} \right| < 1,$$

ou seja, convergirá, para todo x, tal que

$$|x| < \lim_{n \to +\infty} \left| \frac{a_n}{a_{n+1}} \right| = R;$$

e divergirá para $|x| > R$. ∎

Série de Potências

119

O raio de convergência da série

$$\sum_{n=0}^{+\infty} a_n x^n$$

em que $a_n \neq 0$ para $n \geq p$, é dado pela fórmula

$$R = \lim_{n \to +\infty} \left| \frac{a_n}{a_{n+1}} \right|$$

desde que o limite exista, finito ou infinito.

Sugerimos ao leitor estabelecer uma fórmula para o raio de convergência utilizando o critério da raiz.

Exemplo 2 Determine o domínio da função f dada por $f(x) = \sum_{n=0}^{+\infty} n^n x^n$.

Solução

$\sum_{n=0}^{+\infty} n^n x^n$ é uma série de potências com $a_n = n^n$. Determinemos seu raio de convergência.

$$R = \lim_{n \to +\infty} \left| \frac{a_n}{a_{n+1}} \right| = \lim_{n \to +\infty} \frac{n^n}{(n+1)^{n+1}}.$$

Como

$$\frac{n^n}{(n+1)^{n+1}} = \frac{1}{\left(1 + \dfrac{1}{n}\right)^n} \cdot \frac{1}{n+1}$$

Resulta

$$R = \lim_{n \to +\infty} \frac{1}{\left(1 + \dfrac{1}{n}\right)^n} \cdot \frac{1}{n+1} = \frac{1}{e} \cdot 0 = 0.$$

Portanto, a série converge apenas para $x = 0$. O domínio de f é $\{0\}$. Tal função só está definida para $x = 0$.

Exemplo 3 Determine o domínio da função f dada por $f(x) = \sum_{n=0}^{+\infty} \frac{x^n}{n+2}$.

Solução

$\sum_{n=0}^{+\infty} \frac{x^n}{n+2}$ é uma série de potências com $a_n = \frac{1}{n+2}$.

Determinemos seu raio de convergência.

$$R = \lim_{n \to +\infty} \left| \frac{a_n}{a_{n+1}} \right| = \lim_{n \to +\infty} \frac{n+3}{n+2} = 1.$$

Capítulo 8

A série converge para todo $x \in \left]-1,\ 1\right[$ e diverge para todo x, com $|x| > 1$. Vamos, agora, analisar o que ocorre para $x = -1$ e para $x = 1$.

Para $x = -1$ temos a série alternada $\displaystyle\sum_{n=0}^{+\infty} (-1)^n \frac{1}{n+2}$ que já sabemos ser convergente.

Para $x = 1$ temos a série divergente $\displaystyle\sum_{n=0}^{+\infty} \frac{1}{n+2}$.

Conclusão. O domínio de f é o intervalo $\left[-1,\ 1\right[$.

Exemplo 4 Determine o domínio da função f dada por

$$f(x) = \sum_{n=0}^{+\infty} \frac{x^n}{n^3}.$$

Solução

$\displaystyle\sum_{n=0}^{+\infty} \frac{x^n}{n^3}$ é uma série de potências com $a_n = \dfrac{1}{n^3}$.

Temos

$$R = \lim_{n \to +\infty} \left| \frac{a_n}{a_n + 1} \right| = 1. \text{ (Verifique.)}$$

A série converge para todo $x \in \left]-1,\ 1\right[$, e diverge para $|x| > 1$. Como

$$\sum_{n=0}^{+\infty} \frac{1}{n^3} \quad \text{e} \quad \sum_{n=0}^{+\infty} (-1)^n \frac{1}{n^3}$$

são convergentes (verifique), resulta que a série converge para todo $x \in \left]-1,\ 1\right]$.
Conclusão. O domínio de f é o intervalo fechado $\left[-1,\ 1\right]$.

Exemplo 5 Determine o domínio da função f dada por $f(x) = \displaystyle\sum_{n=0}^{+\infty} \frac{x^n}{n!}$.

Solução

$$R = \lim_{n \to +\infty} \left| \frac{a_n}{a_{n+1}} \right| = \lim_{n \to +\infty} \frac{(n+1)!}{n!} = \lim_{n \to +\infty} (n+1) = +\infty.$$

A série converge para todo x; logo o domínio de f é $\mathbb{R}$.

Exercícios 8.2

1. Determine o domínio da função f sendo $f(x)$ igual a

a) $\displaystyle\sum_{n=0}^{+\infty} nx^n$

b) $\displaystyle\sum_{n=2}^{+\infty} \frac{x^n}{\ln n}$

c) $\displaystyle\sum_{n=0}^{+\infty} \frac{nx^n}{n+1}$

d) $\displaystyle\sum_{n=0}^{+\infty} \frac{x^n}{n^2+3}$

e) $\displaystyle\sum_{n=0}^{+\infty} 2^n x^n$

f) $\displaystyle\sum_{n=1}^{+\infty} \frac{x^n}{n^n}$

2. Seja α um real dado, com $\alpha > 0$ e α não natural. Prove que a série

$$\sum_{n=1}^{+\infty} \frac{\alpha(\alpha-1)(\alpha-2)\ldots(\alpha-n+1)}{n!} x^n$$

converge para $|x| \leqslant 1$ e diverge para $|x| > 1$.

3. Considere a série de potências $\displaystyle\sum_{n=0}^{+\infty} a_n(x-x_0)^n$ centrada em $x_0 \neq 0$. Prove que existem apenas três possibilidades:

I) ou a série converge apenas para $x = x_0$;

II) ou a série converge para todo x;

III) ou existe $R > 0$ tal que a série converge para todo $x \in \left] x_0 - R, x_0 + R \right[$ e diverge para $|x - x_0| > R$. Nos extremos $x_0 - R$ e $x_0 + R$ a série poderá convergir ou não.

(*Sugestão*: Faça $u = x - x_0$ e aplique o teorema da seção.)

4. Considere a série de potências $\displaystyle\sum_{n=0}^{+\infty} a_n x^n$. Seja $A = \{x \geqslant 0 \mid \lim_{n \to +\infty} a_n x^n = 0\}$. Prove que o raio de convergência da série é o supremo do conjunto A.

5. Olhando para o Exercício 4 (e sem fazer cálculo!), diga qual é o raio de convergência da série dada:

a) $\displaystyle\sum_{n=0}^{+\infty} n^3 x^n$

b) $\displaystyle\sum_{n=0}^{+\infty} 2^n x^n$

c) $\displaystyle\sum_{n=0}^{+\infty} n^n x^n$

d) $\displaystyle\sum_{n=0}^{+\infty} \frac{n^3+n+1}{n^4+1} x^n$

6. a) Suponha que $|x| < r$, $r > 0$, e que $\lim_{n \to +\infty} a_n r^n = 0$. Prove que $\lim_{n \to +\infty} na_n x^n = 0$.

b) Prove que as séries de potências $\displaystyle\sum_{n=0}^{+\infty} na_n x^n$ e $\displaystyle\sum_{n=0}^{+\infty} a_n x^n$ têm o mesmo raio de convergência.

8.3 Continuidade, Integrabilidade e Derivabilidade de Função Dada como Soma de uma Série de Potências

Seja a série de potências $\displaystyle\sum_{n=0}^{+\infty} a_n x^n$, com raio de convergência R, $R > 0$ ou $R = +\infty$. Vamos provar, inicialmente, que tal série *converge uniformemente* em todo intervalo fechado $\left[-r, \ r \right]$, $r > 0$,

Capítulo 8

contido no intervalo de convergência $]-R, R[$. De fato, como $r \in \,]-R, R[$, a série converge absolutamente para $x = r$. Por outro lado, para todo $x \in [-r, \, r]$ e para todo natural n,

$$|a_n x^n| \leq |a_n r^n|.$$

Pelo critério M de Weierstrass, a série converge uniformemente em $[-r, \, r]$.

Teorema 1. Seja a série de potências $\sum\limits_{n=0}^{+\infty} a_n x^n$ com raio de convergência

$R, R > 0$ ou $R = +\infty$. Então a função f dada por

$$f(x) = \sum_{n=0}^{+\infty} a_n x^n$$

é *contínua* em $]-R, R[$.

Demonstração

Para todo $x \in \,]-R, R[$, existe $r > 0$, com $|x| < r < R$. A continuidade de f em x segue da convergência uniforme de $\sum\limits_{n=0}^{+\infty} a_n x^n$ em $[-r, \, r]$. ∎

Teorema 2. (*Integração termo a termo.*) Seja a série de potências $\sum\limits_{n=0}^{+\infty} a_n x^n$ com raio de convergência $R, R > 0$ ou $R = +\infty$. Seja f dada por $f(x) \sum\limits_{n=0}^{+\infty} a_n x^n$. Então, para todo $t \in \,]-R, R[$,

$$\int_0^t f(x) \, dx = \sum_{n=0}^{+\infty} \int_0^t a_n x^n \, dx,$$

ou seja,

$$\int_0^t f(x) \, dx = \sum_{n=0}^{+\infty} \frac{a_n t^{n+1}}{n+1}.$$

Demonstração

Fica a cargo do leitor. ∎

Teorema 3. (*Derivação termo a termo.*) Seja a série de potências $\sum\limits_{n=0}^{+\infty} a_n x^n$, com raio de convergência $R, R > 0$ ou $R = +\infty$. Seja f a função dada $f(x) = \sum\limits_{n=0}^{+\infty} a_n x^n$. Então, para todo $x \in \,]-R, R[$,

$$f'(x) = \sum_{n=1}^{+\infty} n a_n x^{n-1}.$$

Demonstração

Veja Exercício 2 desta seção. ■

Observações

1. Os três teoremas continuam válidos se substituirmos

$$\sum_{n=0}^{+\infty} a_n x^n \text{ e } \left]-R,R\right[$$

por

$$\sum_{n=0}^{+\infty} a_n (x-x_0)^n \text{ e } \left]x_0 - R, x_0 + R\right[.$$

2. Seja a série $\sum_{n=0}^{+\infty} a_n x^n$ com raio de convergência $R, R > 0$ ou $R = +\infty$. Seja f dada por

$$f(x) = \sum_{n=0}^{+\infty} a_n x^n = a_0 + a_1 x + a_2 x^2 + \ldots$$

Seguindo o mesmo raciocínio utilizado na demonstração do teorema 3 (derivação termo a termo) prova-se que f admite derivadas de todas as ordens em $\left]-R, R\right[$ e que

$$f'(x) = \sum_{n=1}^{+\infty} n a_n x^{n-1}$$

$$f''(x) = \sum_{n=2}^{+\infty} n(n-1) a_n x^{n-2}$$

$$f'''(x) = \sum_{n=3}^{+\infty} n(n-1)(n-2) a_n x^{n-3} \text{ etc.}$$

Exemplo 1 Seja a série de potências $\sum_{n=0}^{+\infty} a_n x^n$ com raio de convergência $R, R > 0$ ou $R = +\infty$. Considere a função f dada por

$$f(x) = \sum_{n=0}^{+\infty} a_n x^n.$$

Mostre que, para todo $n \geq 1$, $a_n = \dfrac{f^{(n)}(0)}{n!}$. Conclua que

$$f(x) = f(0) + \sum_{n=1}^{+\infty} \frac{f^{(n)}(0)}{n!} x^n.$$

Solução

$$f(x) = \sum_{n=0}^{+\infty} a_n x^n = a_0 + a_1 x + a_2 x^2 + \ldots$$

Logo, $f(0) = a_0$. Temos

$$f'(x) = \sum_{n=1}^{+\infty} n a_n x^{n-1} = a_1 + \sum_{n=2}^{+\infty} n a_n x^{n-1};$$

Capítulo 8

$$f''(x) = \sum_{n=2}^{+\infty} n(n-1)a_n\, x^{n-2} = 2 \cdot 1 a_2 + \sum_{n=3}^{+\infty} n(n-1)\, a_n\, x^{n-2};$$

$$\vdots$$

$$f^{(k)}(x) = \sum_{n=k}^{+\infty} n(n-1)\ldots(n-k+1)a_n\, x^{n-k}$$

e, portanto,

$$f^{(k)}(x) = k!\, a_k + \sum_{n=k+1}^{+\infty} n(n-1)\ldots(n-k+1)\, a_n x^{n-k}.$$

Daí, para todo $k \geqslant 1, f^{(k)}(0) = k!\, a_k$. Ou seja, $f^{(n)}(0) = n!\, a_n$, para todo $n \geqslant 1$; logo,

$$a_n = \frac{f^{(n)}(0)}{n!}$$

para todo $n \geqslant 1$. Segue que

$$f(x) = f(0) + \sum_{n=1}^{+\infty} \frac{f^{(n)}(0)}{n!} x^n.$$

Observação. Se $f(x) = \sum_{n=0}^{+\infty} a_n(x-x_0)^n$, então $f(x) = f(0) + \sum_{n=1}^{+\infty} \frac{f^{(n)}(x_0)}{n!}(x-x_0)^n$.

Exemplo 2   Suponha que a série de potências $\sum_{n=0}^{+\infty} a_n x^n$ tem um raio de convergência não nulo R. Suponha, ainda, que existe $r > 0$, com $r < R$, tal que, para todo $x \in \,]-r,\ r[$,

$$\sum_{n=0}^{+\infty} a_n x^n = 0.$$

Prove que, para todo n, $a_n = 0$.

Solução

Seja $f(x) = \sum_{n=0}^{+\infty} a_n x^n$. Segue da hipótese que $f(x) = 0$, para todo $x \in \,]-r,\ r[$. Então, $f^{(n)}(0) = 0$, para todo $n \geqslant 1$. Como $a_0 = f(0) = 0$, segue, tendo em vista o exemplo anterior, que $a_n = 0$ para todo natural n.

O exemplo anterior conta-nos que se $\sum_{n=0}^{+\infty} a_n x^n$ for _identicamente nula_ num intervalo $]-r,\ r[$, então todos os coeficientes a_n terão que ser nulos. Ou seja:

$$\sum_{n=0}^{+\infty} a_n x^n = 0 \ \text{ em } \ ]-r,\ r[\ \ (r > 0)$$

é equivalente a

$$a_n = 0 \ \text{ para todo natural } n.$$

Série de Potências

Exemplo 3 Determine uma solução da equação diferencial

① $$y'' + xy = 0$$

que satisfaça as condições iniciais $y(0) = 1$ e $y'(0) = 0$.

Solução

Tentemos uma solução do tipo

$$y(x) = \sum_{n=0}^{+\infty} a_n x^n$$

em que os a_n são coeficientes a serem determinados. Sendo $y = y(x)$ solução de ① a série de potências deve ter um raio de convergência não nulo R. Temos

$$y''(x) = \sum_{n=2}^{+\infty} (n-1)\, n\, a_n x^{n-2}.$$

Como estamos supondo que $y = y(x)$ é solução de ①, devemos ter, para todo $x \in \left]-R, R\right[$,

$$\sum_{n=2}^{+\infty} (n-1)n\, a_n x^{n-2} + x \sum_{n=0}^{+\infty} a_n x^n = 0$$

ou

$$\sum_{n=0}^{+\infty} (n+1)(n+2)a_{n+2} x^n + \sum_{n=0}^{+\infty} a_n x^{n+1} = 0$$

ou ainda

$$1 \cdot 2\, a_2 + \sum_{n=1}^{+\infty} (n+1)(n+2)a_{n+2} x^n + \sum_{n=1}^{+\infty} a_{n-1} x^n = 0.$$

Daí, para todo $x \in \left]-R, R\right[$,

$$1 \cdot 2\, a_2 + \sum_{n=1}^{+\infty} [(n+1)(n+2)a_{n+2} + a_{n-1}] x^n = 0.$$

Pelo exemplo anterior, todos os coeficientes deverão ser nulos. Devemos ter, então, para todo $n \geqslant 1$,

$$\begin{cases} a_2 = 0 \\ (n+1)(n+2)a_{n+2} + a_{n-1} = 0. \end{cases}$$

Portanto,

$$\begin{cases} a_2 = 0 \\ a_n = \dfrac{-1}{n(n-1)} a_{n-3}, n \geqslant 3. \end{cases}$$

De $y(0) = 1$ e $y'(0) = 0$ segue que $a_0 = 1$ e $a_1 = 0$. (Observe que $y(0) = a_0$ e $y'(0) = a_1$.) Segue que os únicos termos diferentes de zero são os da forma $a_{3n}, n \geqslant 1$. Temos, para todo $n \geqslant 1$,

Capítulo 8

$$a_{3n} = \frac{(-1)^n}{3n(3n-1)(3n-3)(3n-4)\ldots 3\cdot 2}\, a_0.$$ (Verifique.)

Tendo em vista que $a_0 = 1$,

$$a_{3n} = \frac{(-1)^n}{3n(3n-1)(3n-3)(3n-4)\ldots 3\cdot 2}, n \geqslant 1.$$

Assim,

②

$$y(x) = 1 + \sum_{n=1}^{+\infty} \frac{(-1)^n}{3n(3n-1)(3n-3)(3n-4)\ldots 3\cdot 2}\, x^{3n}.$$

Fica a seu cargo verificar que a série acima converge para todo x. (*Sugestão*: Faça $x^3 = u$ e verifique que a série obtida converge para todo u. Ou, então, aplique diretamente o critério da razão para séries de termos quaisquer.) O fato de a função dada em ② ser solução de ① decorre do modo como os a_n foram calculados. Sugerimos, entretanto, que como exercício você verifique, por substituição direta na equação, que a função acima é realmente solução da equação dada e que satisfaz as condições iniciais dadas.

Exemplo 4 Ache uma fórmula para calcular a soma $\sum_{n=0}^{+\infty} nx^n, |x| < 1$.

Solução

O raio de convergência da série $\sum_{n=0}^{+\infty} (n+1)x^n$ é $R = 1$ (verifique). Seja

$$f(x) = \sum_{n=0}^{+\infty} (n+1)\, x^n.$$

Para todo $t \in \left]-1,\ 1\right[$,

$$\int_0^t f(x)\, dx = \sum_{n=0}^{+\infty} \int_0^t (n+1)x^n\ dx$$

e, portanto,

$$\int_0^t f(x)\, dx = \sum_{n=0}^{+\infty} t^{n+1} = t + t^2 + t^3 + \ldots$$

Assim, para todo $t \in \left]-1,\ 1\right[$,

③

$$\int_0^t f(x)\, dx = \frac{t}{1-t}.$$

Como f é contínua em $\left[-1,\ 1\right[$, pelo teorema fundamental do cálculo

$$\frac{d}{dt} \int_0^t f(x)\, dx = f(t).$$

Derivando, então, em relação a t os dois membros de ③ resulta

$$f(t) = \frac{1}{(1-t)^2}.$$

Portanto, para $|x| < 1$,

$$\sum_{n=0}^{+\infty} (n+1)x^n = \frac{1}{(1-x)^2}.$$

Como

$$\sum_{n=0}^{+\infty} nx^n = \sum_{n=0}^{+\infty} (n+1)x^n - \sum_{n=0}^{+\infty} x^n,$$

resulta

$$\sum_{n=0}^{+\infty} nx^n = \frac{1}{(1-x)^2} - \frac{1}{1-x},$$

ou seja,

$$\boxed{\sum_{n=0}^{+\infty} nx^n = \frac{x}{(1-x)^2}, |x| < 1.}$$

Exercícios 8.3

1. Suponha que $\sum_{n=0}^{+\infty} a_n x^n$ tem raio de convergência R, $R > 0$ ou $R = +\infty$. Prove que o raio de convergência de $\sum_{n=0}^{+\infty} na_n x^{n-1}$ é, também, R.

   (*Sugestão*: Suponha, por absurdo, que o raio de convergência de $\sum_{n=1}^{+\infty} na_n x^{n-1}$ seja estritamente maior que R e aplique o teorema 2. Veja, também, item (*c*) do Exercício 2.)

2. Seja $\sum_{n=0}^{+\infty} a_n x^n$ com raio de convergência R, $R > 0$ ou $R = +\infty$.

   a) Seja $r \in \left]0, R\right[$. Prove que existe $M > 0$ tal que, para todo natural $n, \left]a_n r^n\right[\leqslant M$.

   b) Seja r como acima. Verifique que, para todo $n \geqslant 1$ e para todo x,

   $$\left| na_n x^{n-1} \right| \leqslant \frac{nM}{r} \left| \frac{x}{r} \right|^{n-1}$$

   c) Prove que, para $|x| < R$, a série $\sum_{n=1}^{+\infty} na_n x^{n-1}$ converge absolutamente.

   d) Prove que a série $\sum_{n=1}^{+\infty} na_n x^{n-1}$ converge uniformemente em todo intervalo $\left[-r, \ r\right]$ contido em $\left]-R, R\right[$.

Capítulo 8

e) Conclua que se $f(x) = \sum_{n=0}^{+\infty} a_n x^n$, então, para todo $x \in \,]-R, R[$,

$$f'(x) = \sum_{n=1}^{+\infty} n a_n x^{n-1}.$$

Exercícios do Capítulo

1. Mostre que, para $|x| < 1$,

$$\ln \frac{1+x}{1-x} = 2 \sum_{n=0}^{+\infty} \frac{x^{2n+1}}{2n+1}.$$

(*Sugestão*: Verifique que para $\sum_{n=0}^{+\infty} x^{2n} = \frac{1}{1-x^2}$, para $|x| < 1$, e integre termo a termo de 0 a t.)

2. Seja p um natural qualquer. Mostre que, para $|x| < 1$, tem-se:

a) $\left| \sum_{n=p}^{+\infty} \frac{x^{2n+1}}{2n+1} \right| \leq \frac{1}{2p+1} \frac{|x|^{2p+1}}{1-x^2}.$

b) $\left| \ln \frac{1+x}{1-x} - 2 \sum_{n=0}^{p-1} \frac{x^{2n+1}}{2n+1} \right| \leq \frac{1}{2p+1} \frac{|x|^{2p+1}}{1-x^2}.$ (*Sugestão*: Utilize o item (*a*) e o exercício anterior.)

3. Avalie ln 2 com erro inferior, em módulo, a 10^{-3}.

(*Sugestão*: Verifique que $\frac{1+x}{1-x} = 2 \Leftrightarrow x = \frac{1}{3}$ e utilize o item (*b*) do exercício anterior.)

4. Avalie com erro inferior, em módulo, a 10^{-3}.

a) ln 8   b) ln 3

c) ln 9   d) ln 32

5. Mostre que, para $|x| \leq 1$,

$$\text{arctg } x = \sum_{n=0}^{+\infty} (-1)^n \frac{x^{2n+1}}{2n+1}.$$

(*Sugestão*: $\sum_{n=0}^{+\infty} (-1)^n x^{2n} = \frac{1}{1+x^2}.$)

6. Seja p um natural qualquer e $0 < x \leq 1$. Mostre que

a) $\left| \sum_{n=p}^{+\infty} (-1)^n \frac{x^{2n+1}}{2n+1} \right| \leq \frac{x^{2p+1}}{2p+1}$

b) $\left| \text{arctg } x - \sum_{n=p}^{p-1} (-1)^n \frac{x^{2n+1}}{2n+1} \right| \leq \frac{x^{2p+1}}{2p+1}$

Série de Potências

129

7. Avalie $\text{arctg}\, \dfrac{1}{2}$ e $\text{arctg}\, \dfrac{1}{3}$ com erro inferior, em módulo, a 10^{-4}.

(*Sugestão*: Utilize o item (*b*) do Exercício 6.)

8. Utilizando a identidade $\text{tg}(x+y) = \dfrac{\text{tg}\, x + \text{tg}\, y}{1 - \text{tg}\, x \,\text{tg}\, y}$ prove que $\dfrac{\pi}{4} = \text{arctg}\,\dfrac{1}{2} + \text{arctg}\,\dfrac{1}{3}$.

9. Utilizando os Exercícios 7 e 8, avalie $\dfrac{\pi}{2}$. Estime o erro.

10. *a*) Prove que, para todo $x > 0$, $\text{arctg}\, x + \text{arctg}\, \dfrac{1}{x} = \dfrac{\pi}{2}$.

   b) Descreva um processo para se avaliar arctg 3 com erro inferior, em módulo, a $\varepsilon > 0$.

   c) Suponha $x > 1$. Descreva um processo para se avaliar arctg x com erro inferior, em módulo, a $\varepsilon > 0$.

11. Determine uma solução da equação dada que satisfaz as condições iniciais dadas. (Proceda como no Exemplo 3 da Seção 8.3.)

   a) $y'' + xy = 0$, $y(0) = 0$ e $y'(0) = 1$

   b) $y'' - xy' - y = 0$, $y(0) = 1$ e $y'(0) = 0$

   c) $y'' + x^2 y' + xy = 0$, $y(0) = 0$ e $y'(0) = 1$

   d) $y'' = x^2 y$, $y(0) = 1$ e $y'(0) = 0$

   e) $y'' = x^3 y$, $y(0) = 0$ e $y'(0) = 1$

12. Sabe-se que a equação

$$y'' - y' - xy = 0$$

admite uma solução $y = y(x)$, $x \in \mathbb{R}$, satisfazendo as condições iniciais $y(0) = 1$ e $y'(0) = 0$. Sabe-se, ainda, que tal solução é desenvolvível em série de potências, em volta da origem, com raio de convergência $+\infty$; isto é, para todo x,

$$y(x) = 1 + \sum_{n=1}^{+\infty} \frac{y^{(n)}(0)}{n!} x^n.$$

Prove.

   a) $y^{(n)}(0) = y^{(n-1)}(0) + (n-2) y^{(n-3)}(0), n \geqslant 4$.

   b) $y^{(n)}(0) \leqslant (n-1) y^{(n-1)}(0), n \geqslant 4$.

   c) $\dfrac{y^{(n)}(0)}{n!} \leqslant \dfrac{1}{2n}, n \geqslant 3$.

   d) Para $|x| < 1$,

Capítulo 8

$$\left| y(x) - \left(1 + \sum_{n=3}^{p-1} \frac{y^{(n)}(0)}{n!} x^n \right) \right| < \frac{|x|^p}{2p\left(1 - |x|\right)}$$

13. Seja $y = y(x)$ a função do exercício anterior. Avalie $y(1/2)$ com erro inferior, em módulo, a 10^{-3}.

14. (*Série binomial* ou de Newton.) Seja α um real dado, com α não natural. Considere a equação diferencial linear de $1^{\underline{a}}$ ordem

①
$$y' = \frac{\alpha}{1+x} y, \ x > -1$$

    a) Verifique que $y = (1+x)^\alpha$, $x > -1$, satisfaz ①.

    b) Suponha que $y = g(x)$, $-1 < x < 1$, seja solução de ① e que $g(0) = 1$. Prove que, para

    todo $x \in \left] -1, \ 1 \right[$,

$$g(x) = (1+x)^\alpha.$$

(*Sugestão*: Verifique que $\dfrac{d}{dx}\left[\dfrac{g(x)}{(1+x)^\alpha} \right] = 0$ em $\left] -1, \ 1 \right[$.)

    c) Verifique que a série

$$\sum_{n=1}^{+\infty} \frac{\alpha(\alpha-1)(\alpha-2)\ldots(\alpha-n+1)}{n!} x^n$$

    tem raio de convergência $R = 1$.

    d) Mostre que a função

$$g(x) = 1 + \sum_{n=1}^{+\infty} \frac{\alpha(\alpha-1)\ldots(\alpha-n+1)}{n!} x^n, \ -1 < x < 1,$$

    é solução da equação ① e que $g(0) = 1$.

    (*Sugestão*: Mostre que $(1+x)g'(x) = \alpha g(x)$.)

    e) Conclua que, para todo $x \in \left] -1, \ 1 \right[$,

$$(1+x)^\alpha = 1 + \sum_{n=1}^{+\infty} \frac{\alpha(\alpha-1)(\alpha-2)\ldots(\alpha-n+1)}{n!} x^n.$$

15. *a*) Verifique que, para todo $x \in \left] -1, \ 1 \right[$,

$$(1+x)^{-1/2} = 1 + \sum_{n=1}^{+\infty} (-1)^n \frac{1 \cdot 3 \cdot 5 \cdot \ldots \cdot (2n-1)}{2 \cdot 4 \cdot 6 \cdot \ldots \cdot 2n} x^n$$

    b) Mostre que para $x = 1$ a série acima converge. (*Sugestão*: Veja Exercícios 11 da Seção 3.2 e 9(a) da Seção 3.5.)

Série de Potências

c) Seja $f : [0, 1] \to \mathbb{R}$ dada por

$$f(x) = 1 + \sum_{n=1}^{+\infty} (-1)^n \frac{1 \cdot 3 \cdot 5 \cdot \ldots \cdot (2n-1)}{2 \cdot 4 \cdot 6 \cdot \ldots \cdot 2n} x^n.$$

Conclua que, para todo $x \in [0, 1]$,

$$\left| f(x) - \left(1 + \sum_{n=1}^{p-1} (-1)^n \frac{1 \cdot 3 \cdot 5 \cdot \ldots \cdot (2n-1)}{2 \cdot 4 \cdot 6 \cdot \ldots \cdot 2n} x^n \right) \right| \leq \frac{1 \cdot 3 \cdot 5 \cdot \ldots \cdot (2p-1)}{2 \cdot 4 \cdot 6 \cdot \ldots \cdot 2p}$$

em que $p \geq 2$ é um natural dado.

(*Sugestão*: Observe que, para $0 < x \leq 1$, a série é alternada.)

d) Prove que a série acima converge uniformemente a f em $[0, 1]$.

e) Conclua que a igualdade do item a verifica-se para todo $x \in \,]-1, 1]$.

16. Mostre que, para todo $x \in \,]-1, 1[$, tem-se

a) $(1 - x^2)^{-1/2} = 1 + \sum_{n=1}^{+\infty} \frac{1 \cdot 3 \cdot 5 \cdot \ldots \cdot (2n-1)}{2 \cdot 4 \cdot 6 \cdot \ldots \cdot 2n} x^{2n}$

b) $\text{arcsen } x = x + \sum_{n=1}^{+\infty} \frac{1 \cdot 3 \cdot 5 \cdot \ldots \cdot (2n-1)}{2 \cdot 4 \cdot 6 \cdot \ldots \cdot 2n} \frac{x^{2n+1}}{2n+1}$

17. a) Utilizando o critério de Raabe, verifique a série

$$\sum_{n=1}^{+\infty} \frac{1 \cdot 3 \cdot 5 \cdot \ldots \cdot (2n-1)}{2 \cdot 4 \cdot 6 \cdot \ldots \cdot 2n} \frac{1}{2n+1}$$

é convergente.

b) Utilizando o item a e o critério M de Weierstrass, prove que a série

$$\sum_{n=1}^{+\infty} \frac{1 \cdot 3 \cdot 5 \cdot \ldots \cdot (2n-1)}{2 \cdot 4 \cdot 6 \cdot \ldots \cdot 2n} \frac{x^{2n+1}}{2n+1}$$

é *uniformemente convergente* em $[-1, 1]$.

c) Conclua que, para todo $x \in [-1, 1]$,

$$\text{arcsen } x = x + \sum_{n=1}^{+\infty} \frac{1 \cdot 3 \cdot 5 \cdot \ldots \cdot (2n-1)}{2 \cdot 4 \cdot 6 \cdot \ldots \cdot 2n} \frac{x^{2n+1}}{2n+1}$$

(*Sugestão*: Veja Exercício 16.)

d) Verifique que

Capítulo 8

$$\frac{\pi}{2} = 1 + \sum_{n=1}^{+\infty} \frac{1 \cdot 3 \cdot 5 \cdot \ldots \cdot (2n-1)}{2 \cdot 4 \cdot 6 \cdot \ldots \cdot 2n} \cdot \frac{1}{2n+1}$$

18. Suponha que a série de potências $\sum_{n=0}^{+\infty} a_n x^n$ tem raio de convergência R, com $R > 0$ e R real. Prove que se $\sum_{n=0}^{+\infty} a_n R^n$ for *absolutamente convergente*, então a série $\sum_{n=0}^{+\infty} a_n x^n$ será uniformemente convergente em $\left[-R, R\right]$.

(*Observação*: Pode ser provado, também, que se $\sum_{n=0}^{+\infty} a_n R^n$ for *condicionalmente convergente*, então a série $\sum_{n=0}^{+\infty} a_n x^n$ será uniformemente convergente em $\left[0, R\right]$.)

19. Seja $\alpha > 0$ um real dado, com α não natural. Prove que, para todo $x \in \left[-1, 1\right]$,

$$(1+x)^\alpha = 1 + \sum_{n=1}^{+\infty} \frac{\alpha(\alpha-1)(\alpha-2)\ldots(\alpha-n+1)}{n!} x^n.$$

(*Sugestão*: Utilize o exercício anterior e o Exercício 6 da Seção 3.5. Utilize, também, o item *e* do Exercício 14 desta seção e lembre-se de que $(1-x)^\alpha$ é contínua em $x = 1$ e em $x = -1$.)

20. *a*) Seja α um real dado, com $-1 < \alpha < 0$. Prove que, para todo $x \in \left]-1, 1\right]$,

$$(1+x)^\alpha = 1 + \sum_{n=1}^{+\infty} \frac{\alpha(\alpha-1)(\alpha-2)\ldots(\alpha-n+1)}{n!} x^n.$$

(*Sugestão*:

$$\frac{\alpha(\alpha-1)(\alpha-2)\ldots(\alpha-n+1)}{n!} = (-1)^n \left|\frac{\alpha(\alpha-1)(\alpha-2)\ldots(\alpha-n+1)}{n!}\right|.$$

Proceda, então, como no Exercício 15.)

b) Seja $\alpha \leqslant -1$ um real dado. Prove que para $|x| = 1$ a série

$$\sum_{n=1}^{+\infty} \frac{\alpha(\alpha-1)(\alpha-2)\ldots(\alpha-n+1)}{n!} x^n$$

é divergente.

21. Suponha $|x| < 1$. Calcule o valor da soma.

a) $\sum_{n=0}^{+\infty} (n+2)(n+1)x^n$

b) $\sum_{n=0}^{+\infty} n^2 x^n$

$$\left(Sugestão: \left(\sum_{n=0}^{+\infty} x^{n+2}\right)'' = \sum_{n=0}^{+\infty} (n+2)(n+1)x^n.\right)$$

Série de Potências

22. Avalie $\int_0^1 \dfrac{\operatorname{sen} x}{x}\, dx$ com erro, em módulo, inferior a 10^{-3}.

(*Sugestão*: Lembre-se da expansão do sen x em série de potências.)

23. Suponha que $f(x)$ admita derivadas de todas as ordens no intervalo I e que $0 \in I$. Suponha, ainda, que existe $M > 0$ tal que, para todo e todo $x \in I$ natural $n \geqslant 1, \left| f^{(n)}(x) \right| \leqslant M$. Nestas condições, prove que, para todo $x \in I$,

$$f(x) = f(0) + \sum_{n=1}^{+\infty} \frac{f^{(n)}(0)}{n!} x^n.$$

(*Sugestão*: Utilize a fórmula Taylor com resto de Lagrange. Veja Vol. 1.)

24. Considere a função

$$f(x) = \begin{cases} e^{\left(-\frac{1}{x^2}\right)} & \text{se } x \neq 0 \\ 0 & \text{se } x = 0. \end{cases}$$

a) Verifique que $f^{(n)}(0) = 0$ para todo natural $n \geqslant 1$.

b) Verifique que, para todo $x \neq 0$,

$$f(x) \neq f(0) + \sum_{n=1}^{+\infty} \frac{f^{(n)}(0)}{n!} x^n$$

c) Compare com o exercício anterior e discuta.

9 CAPÍTULO

Introdução às Séries de Fourier

9.1 Série de Fourier de uma Função

Vamos iniciar a seção com o seguinte exemplo.

Exemplo 1 Sejam $a_n, n \geqslant 0$ e $b_n, n \geqslant 1$, números reais dados. Suponha que a *série trigonométrica*

$$\frac{a_0}{2} + \sum_{n=1}^{+\infty} \left(a_n \cos nx + b_n \operatorname{sen} nx \right)$$

convirja uniformemente, em $\left[-\pi, \pi \right]$, a uma função f. Prove que

$$a_0 = \frac{1}{\pi} \int_{-\pi}^{\pi} f(x)\, dx,$$

$$a_n = \frac{1}{\pi} \int_{-\pi}^{\pi} f(x) \cos nx\, dx, n \geqslant 1$$

e

$$b_n = \frac{1}{\pi} \int_{-\pi}^{\pi} f(x) \operatorname{sen} nx\, dx, n \geqslant 1.$$

Solução

Para todo $x \in \left[-\pi, \pi \right]$,

① $$f(x) = \frac{a_0}{2} + \sum_{n=1}^{+\infty} \left(a_n \cos nx + b_n \operatorname{sen} nx \right).$$

Como a convergência é uniforme neste intervalo, e as funções $a_n \cos nx + b_n \operatorname{sen} nx$ contínuas, segue que é válida a integração termo a termo. Então

Introdução às Séries de Fourier

$$\int_{-\pi}^{\pi} f(x)\,dx = \int_{-\pi}^{\pi} \frac{a_0}{2}\,dx + \sum_{n=1}^{+\infty}\left(a_n\int_{-\pi}^{\pi}\cos nx\,dx + b_n\int_{-\pi}^{\pi}\operatorname{sen} nx\,dx\right)$$

e, portanto,

$$\int_{-\pi}^{\pi} f(x)\,dx = \frac{a_0}{2}\int_{-\pi}^{\pi} dx$$

pois

$$\int_{-\pi}^{\pi}\cos nx\,dx = 0 \ \text{ e } \ \int_{-\pi}^{\pi}\operatorname{sen} nx\,dx = 0, n \geqslant 1.$$

Segue que

$$a_0 = \frac{1}{\pi}\int_{-\pi}^{\pi} f(x)\,dx.$$

Seja, agora, $k \geqslant 1$ um natural fixo. Multiplicando os dois membros de ① por $\cos kx$, a convergência, ainda, é uniforme. (Veja Exercício 4 da Seção 7.3.) Integrando termo a termo obtemos

$$\int_{-\pi}^{\pi} f(x)\cos kx\,dx = \int_{-\pi}^{\pi}\frac{a_0}{2}\cos kx\,dx + a_1\int_{-\pi}^{\pi}\cos x\cos kx\,dx +$$

$$+ b_1\int_{-\pi}^{\pi}\operatorname{sen} x\cos kx\,dx + a_2\int_{-\pi}^{\pi}\cos 2x\cos kx\,dx +$$

$$+ b_2\int_{-\pi}^{\pi}\operatorname{sen} 2x\cos kx\,dx + \ldots +$$

$$+ a_k\int_{-\pi}^{\pi}\cos kx\cos kx\,dx + b_k\int_{-\pi}^{\pi}\operatorname{sen} kx\cos kx\,dx + \ldots$$

Temos

$$\int_{-\pi}^{\pi}\frac{a_0}{2}\cos kx\,dx = 0$$

e

$$\int_{-\pi}^{\pi}\operatorname{sen} nx\cos kx\,dx = 0, n \geqslant 1.$$

(A segunda integral é zero pelo fato de $\operatorname{sen} nx\cos kx$ ser uma função ímpar.)

Vamos mostrar, a seguir, que

$$\int_{-\pi}^{\pi}\cos nx\,kx\,dx = \begin{cases} 0 \ \text{ se } n \neq k \\ \pi \ \text{ se } n = k \end{cases}$$

$$\boxed{n = k}$$

$$\int_{-\pi}^{\pi}\cos^2 kx\,dx = \int_{-\pi}^{\pi}\left(\frac{1}{2} + \frac{1}{2}\cos 2kx\right)dx = \pi.$$

$$\boxed{n \neq k}$$

$$\cos nx\cos kx = \frac{1}{2}\big(\cos (n+k)x + \cos (n-k)x\big).$$

Capítulo 9

Portanto,

$$\int_{-\pi}^{\pi} \cos nx \cos kx \, dx = 0. \text{ (Confira.)}$$

Conclusão:

$$a_k = \frac{1}{\pi} \int_{-\pi}^{\pi} f(x) \cos kx \, dx, k \geq 1.$$

De modo análogo, conclui-se que

$$b_k = \frac{1}{\pi} \int_{-\pi}^{\pi} f(x) \, \text{sen} \, kx \, dx, k \geq 1.$$

A seguir, vamos definir *coeficientes de Fourier* e *série de Fourier* de uma função.

Seja $f : [-\pi, \pi] \to \mathbb{R}$ uma função integrável. Os números

$$a_0 = \frac{1}{\pi} \int_{-\pi}^{\pi} f(x) \, dx,$$

$$a_n = \frac{1}{\pi} \int_{-\pi}^{\pi} f(x) \cos nx \, dx, n \geq 1$$

e

$$b_n = \frac{1}{\pi} \int_{-\pi}^{\pi} f(x) \text{sen} \, nx \, dx, n \geq 1$$

denominam-se *coeficientes de Fourier* de f. A série

$$\frac{a_0}{2} + \sum_{n=1}^{+\infty} \left(a_n \cos nx + b_n \, \text{sen} \, nx \right)$$

em que os a_n e b_n são os coeficientes de Fourier de f, denomina-se *série de Fourier* de f.

Uma pergunta que se coloca de modo natural é a seguinte: a série de Fourier de f converge a f? Na Seção 9.3 estabeleceremos uma condição suficiente para que a série de Fourier de f convirja uniformemente a f em $[-\pi, \pi]$.

Exemplo 2 Determine a série de Fourier de $f(x) = x, -\pi \leq x \leq \pi$.

Solução

$$a_0 = \frac{1}{\pi} \int_{-\pi}^{\pi} x \, dx = 0;$$

$$a_n = \frac{1}{\pi} \int_{-\pi}^{\pi} x \cos nx \, dx = 0$$

pois $x \cos nx$ é uma função ímpar;

$$b_n = \frac{1}{\pi} \int_{-\pi}^{\pi} x \, \operatorname{sen} nx \, dx = \frac{2}{\pi} \int_{0}^{\pi} x \, \operatorname{sen} nx \, dx$$

pois $x \, \operatorname{sen} nx$ é uma função par. Integrando por partes, vem

$$\int_{0}^{\pi} x \, \operatorname{sen} nx \, dx = \left[-\frac{1}{n} x \cos nx \right]_{0}^{\pi} - \int_{0}^{\pi} -\frac{1}{n} \cos nx \, dx$$

e, portanto,

$$\int_{0}^{\pi} x \, \operatorname{sen} nx \, dx = (-1)^{n+1} \frac{\pi}{n}.$$

(Observe que $\cos n\pi = (-1)^n$, para todo natural n.) Logo,

$$b_n = (-1)^{n+1} \frac{2}{n}, \ n \geq 1.$$

Portanto,

$$\sum_{n=1}^{+\infty} (-1)^{n+1} \frac{2}{n} \operatorname{sen} nx$$

é a série de Fourier de $f(x) = x, \ -\pi \leq x \leq \pi$.

Exemplo 3 Determine a série de Fourier de

$$f(x) = x^2, \ -\pi \leq x \leq \pi.$$

Mostre que a série encontrada converge uniformemente em $\mathbb{R}$.

Solução

$$a_0 = \frac{1}{\pi} \int_{-\pi}^{\pi} x^2 \, dx = \frac{2\pi^2}{3};$$

$$a_n = \frac{1}{\pi} \int_{-\pi}^{\pi} x^2 \cos nx \, dx = \frac{2}{\pi} \int_{0}^{\pi} x^2 \cos nx \, dx$$

e, portanto,

$$a_n = (-1)^n \frac{4}{n^2}, n \geq 1. \text{ (Confira.)}$$

Como $x^2 \operatorname{sen} nx$ é uma função ímpar,

$$b_n = \frac{1}{\pi} \int_{-\pi}^{\pi} x^2 \operatorname{sen} nx \, dx = 0, n \geq 1.$$

A série de Fourier da função dada é

$$\frac{\pi^2}{3} + \sum_{n=1}^{+\infty} (-1)^n \frac{4}{n^2} \cos nx.$$

Como

$$\left| (-1)^n \frac{4}{n^2} \cos nx \right| \leq \frac{4}{n^2}$$

para todo x e todo natural $n \geq 1$, segue do critério M de Weierstrass que a série converge uniformemente em $\mathbb{R}$. (Lembre-se de que $\sum_{n=1}^{+\infty} \frac{1}{n^2}$ é a série harmônica de ordem 2 e, portanto, convergente.)

A série de Fourier que vamos construir no próximo exemplo será utilizada mais adiante.

Exemplo 4 Determine a série de Fourier da função

$$h(x) = \begin{cases} 1 - \dfrac{x}{\pi} & \text{se } 0 < x \leq \pi \\ -1 - \dfrac{x}{\pi} & \text{se } -\pi \leq x < 0 \end{cases}$$

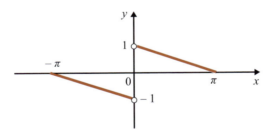

Solução

Como h é uma função ímpar, a função

$$h(x) \cos nx$$

será, também, ímpar. Logo,

$$a_n = \frac{1}{\pi} \int_{-\pi}^{\pi} h(x) \cos nx \, dx = 0, \; n \geq 0.$$

Por outro lado, $h(x) \operatorname{sen} nx$ é uma função par; daí

$$b_n = \frac{2}{\pi} \int_0^{\pi} h(x) \operatorname{sen} nx \, dx,$$

ou seja,

$$b_n = \frac{2}{\pi} \int_0^{\pi} \left(1 - \frac{x}{\pi}\right) \operatorname{sen} nx \, dx = \frac{2}{n\pi}. \quad \text{(Verifique.)}$$

Portanto, a série de Fourier da função dada é

$$\frac{2}{\pi} \sum_{n=1}^{+\infty} \frac{\operatorname{sen} nx}{n}.$$

Provaremos na Seção B.2, do Apêndice B, que esta série converge uniformemente nos intervalos $\left[-\pi, -a\right]$ e $\left[a, \pi\right]$, para todo a, com $0 < a < \pi$. Provaremos, ainda, que, para todo $x \neq 0$, com $x \in \left[-\pi, \pi\right]$,

$$h(x) = \frac{2}{\pi} \sum_{n=1}^{+\infty} \frac{\operatorname{sen} nx}{n}.$$

Evidentemente que, para $x = 0$, a série converge para zero.

Exemplo 5 Seja $f : \left[-\pi, \pi\right] \to \mathbb{R}$ uma função de classe C^2 e tal que $f(-\pi) = f(\pi)$. Prove que a sua série de Fourier converge uniformemente, em $\mathbb{R}$, para a função $F : \mathbb{R} \to \mathbb{R}$ dada por

$$F(x) = \frac{a_0}{2} + \sum_{n=1}^{+\infty} \left(a_n \cos nx + b_n \operatorname{sen} nx\right)$$

em que os a_n e b_n são os coeficientes de Fourier de f.

Solução

$$a_n = \frac{1}{\pi} \int_{-\pi}^{\pi} f(x) \cos nx \, dx, \, n \geqslant 1.$$

Integrando duas vezes por partes, obtemos

$$\int_{-\pi}^{\pi} f(x) \cos nx \, dx = \frac{1}{n^2} \left[\left(f'(\pi) - f'(-\pi)\right) \cos n\pi - \int_{-\pi}^{\pi} f''(x) \cos nx \, dx \right].$$

Temos

$$\left| \left(f'(\pi) - f'(-\pi)\right) \cos nx - \int_{-\pi}^{\pi} f''(x) \cos nx \, dx \right| \leqslant M_1$$

em que

$$M_1 = \left| f'(\pi) - f'(-\pi) \right| + \int_{-\pi}^{\pi} \left| f''(x) \right| dx.$$

Portanto,

$$\left| a_n \right| \leqslant \frac{M_1}{\pi n^2}, \, n \geqslant 1.$$

Da mesma forma, existe $M_2 > 0$ tal que

Capítulo 9

$$|b_n| \leqslant \frac{M_2}{\pi n^2}, \ n \geqslant 1.$$

(É aqui que você vai usar a hipótese $f(-\pi) = f(\pi)$. Verifique.)

Segue que, para todo x real e para todo natural $n \geqslant 1$,

$$\left| a_n \cos nx + b_n \operatorname{sen} nx \right| \leqslant \frac{M}{n^2}$$

em que $M = \dfrac{M_1 + M_2}{\pi}$. Pelo critério M de Weierstrass, a série de Fourier de f

$$\frac{a_0}{2} + \sum_{n=1}^{+\infty} \left(a_n \cos nx + b_n \operatorname{sen} nx \right)$$

converge uniformemente, em $\mathbb{R}$, para a função $F : \mathbb{R} \to \mathbb{R}$ dada por

$$F(x) = \frac{a_0}{2} + \sum_{n=1}^{+\infty} \left(a_n \cos nx + b_n \operatorname{sen} nx \right).$$

Exercícios 9.1

1. Determine a série de Fourier da função dada.

a) $f(x) = \begin{cases} 1 & \text{se } 0 \leqslant x \leqslant \pi \\ 0 & \text{se } -\pi \leqslant x < 0 \end{cases}$

b) $f(x) = |x|, \ -\pi \leqslant x \leqslant \pi$

▶ c) $f(x) = \begin{cases} 1 & \text{se } 0 \leqslant x \leqslant \pi \\ -1 & \text{se } -\pi \leqslant x < 0 \end{cases}$

d) $f(x) = x^3, \ -\pi \leqslant x \leqslant \pi$

e) $f(x) \begin{cases} 0 & \text{se } -\pi \leqslant x \leqslant -1 \\ x+1 & \text{se } -1 < x < 0 \\ 1 & \text{se } 0 \leqslant x \leqslant \pi \end{cases}$

2. Suponha que, para todo $x \in \mathbb{R}$,

$$F(x) = \frac{a_0}{2} + \sum_{n=1}^{+\infty} \left(a_n \cos nx + b_n \operatorname{sen} nx \right).$$

Prove que F é periódica de período 2π.

3. Seja $f(x) = e^{-x^2}, \ -\pi \leqslant x \leqslant \pi$. Prove que a série de Fourier de f converge uniformemente em $\mathbb{R}$. (*Sugestão*: Utilize o Exemplo 5.)

4. Seja $f : \mathbb{R} \to \mathbb{R}$ dada por

$$f(x) = \sum_{n=1}^{+\infty} \frac{\operatorname{sen} nx}{n^3}.$$

a) Prove que *f* é contínua.

b) Prove que

$$f'(x) = \sum_{n=1}^{+\infty} \frac{\cos nx}{n^2}$$

(*Sugestão*: Veja teorema 3 da Seção 7.4.)

5. Suponha $f : [-\pi, \pi] \to \mathbb{R}$ de classe C^3, $f(-\pi) = f(\pi)$ e $f'(-\pi) = f'(\pi)$. Seja $F : \mathbb{R} \to \mathbb{R}$ dada por

$$F(x) = \frac{a_0}{2} + \sum_{n=1}^{+\infty} \left(a_n \cos nx + b_n \operatorname{sen} nx \right)$$

em que a série de 2º membro é a série de Fourier de *f*. Prove que, para todo $x \in \mathbb{R}$,

$$F'(x) = \sum_{n=1}^{+\infty} \left(nb_n \cos nx - na_n \operatorname{sen} nx \right).$$

(*Sugestão*: Prove que existe $M > 0$ tal que, para todo $n \geq 1$, $|a_n| \leq \dfrac{M}{n^3}$ e $|b_n| \leq \dfrac{M}{n^3}$ e utilize o teorema 3 da Seção 7.4.)

9.2 Uma Condição Suficiente para Convergência Uniforme de uma Série de Fourier

Vimos no Exemplo 5 da seção anterior que, se *f* for de classe C^2 em $[-\pi, \pi]$ e $f(-\pi) = f(\pi)$, então a sua série de Fourier será uniformemente convergente em $\mathbb{R}$. Nosso objetivo nesta seção é provar que se *f* for contínua, de classe C^2 por partes em $[-\pi, \pi]$ e se $f(-\pi) = f(\pi)$, então a sua série de Fourier será, também, uniformemente convergente em $\mathbb{R}$. Inicialmente, vamos definir função de classe C^2 por partes.

Seja $f : [-\pi, \pi] \to \mathbb{R}$ Dizemos que *f* é de classe C^2 por partes se existir uma partição

$$-\pi = x_0 < x_1 < x_2 < \ldots < x_{i-1} < x_i < \ldots < x_n = \pi$$

do intervalo $[-\pi, \pi]$ e, para cada índice i, $i = 1, 2 \ldots, n$, existir uma função

$$f_i : [x_{i-1}, x_i] \to \mathbb{R}$$

de classe C^2 e tal que, para todo $x \in \left] x_{i-1}, x_i \right[$,

$$f(x) = f_i(x).$$

Capítulo 9

Exemplo 1 Mostre que a função

$$f(x) = \begin{cases} -1 & \text{se } -\pi \leqslant x \leqslant 0 \\ x^2 & \text{se } 0 \leqslant x \leqslant \pi \end{cases}$$

é de classe C^2 por partes.

Solução

Sejam

$$f_1(x) = -1, \ x \in \left[-\pi, 0\right]$$

e

$$f_2(x) = x^2, \ x \in \left[0, \pi\right].$$

As funções f_1 e f_2 são de classe C^2, pois suas derivadas de 2ª ordem são contínuas. Além disso,

$$f(x) = f_1(x) \text{ em } \left]-\pi, 0\right[$$

e

$$f(x) = f_2(x) \text{ em } \left]0, \pi\right[.$$

Logo, f é de classe C^2 por partes.

Sugerimos ao leitor dar exemplo de uma função $f : \left[-\pi, \pi\right] \to \mathbb{R}$ que seja contínua e de classe C^2 por partes.

O próximo teorema nos conta que se f for contínua, de classe C^2 por partes em $\left[-\pi, \pi\right]$ e tal que $f(-\pi) = f(\pi)$, então sua série de Fourier convergirá uniformemente em $\mathbb{R}$.

Teorema. Seja $f : \left[-\pi, \pi\right] \to \mathbb{R}$ e tal que $f(-\pi) = f(\pi)$. Suponha, ainda, que f seja contínua e de classe C^2 por partes em $\left[-\pi, \pi\right]$. Então a série de Fourier de f converge uniformemente em $\mathbb{R}$.

Demonstração

Para simplificar, suporemos f da forma

$$f(x) = \begin{cases} f_1(x) & \text{se } -\pi \leqslant x \leqslant a \\ f_2(x) & \text{se } a \leqslant x \leqslant \pi \end{cases}$$

em que $f_1 : \left[-\pi, a\right] \to \mathbb{R}$ e $f_2 : \left[a, \pi\right] \to \mathbb{R}$ são supostas de classe C^2 e $f_1(a) = f_2(a)$. (Esta última condição é para garantir a continuidade de f.) Temos, também, $f_1(-\pi) = f_2(\pi)$. (Esta condição segue da hipótese.) Para provar que a série de Fourier de f converge uniformemente em $\mathbb{R}$ é suficiente provar que existe $M > 0$ tal que, para todo $x \in \mathbb{R}$ e todo $n \geqslant 1$,

$$|a_n| \leqslant \frac{M}{n^2}$$

e

$$|b_n| \leqslant \frac{M}{n^2}. \text{ (Por quê?)}$$

Temos

$$a_n = \frac{1}{\pi} \int_{-\pi}^{\pi} f(x) \cos nx \, dx.$$

$$\int_{-\pi}^{\pi} f(x) \cos nx \, dx = \int_{-\pi}^{a} f_1(x) \cos nx \, dx + \int_{a}^{\pi} f_2(x) \cos nx \, dx.$$

Integrando por partes, vem

$$\int_{-\pi}^{a} f_1(x) \cos nx \, dx = \frac{1}{n} f_1(a) \operatorname{sen} na + \frac{1}{n^2} \alpha_n,$$

em que

$$\alpha_n = f_1'(a) \cos na - f_1'(-\pi) \cos n\pi - \int_{-\pi}^{a} f_1''(x) \cos nx \, dx;$$

$$\int_{a}^{\pi} f_2(x) \cos nx \, dx = -\frac{1}{n} f_2(a) \operatorname{sen} na + \frac{1}{n^2} \beta_n,$$

em que

$$\beta_n = f_2'(\pi) \cos n\pi - f_2'(a) \cos na - \int_{a}^{\pi} f_2''(x) \cos nx \, dx.$$

Portanto,

$$a_n = \frac{1}{n^2} \left(\frac{\alpha_n + \beta_n}{\pi} \right).$$

Mas

$$|\alpha_n| \leqslant |f_1'(a)| + |f_1'(-\pi)| + \int_{-\pi}^{a} |f_1''(x)| \, dx$$

e

$$|\beta_n| \leqslant |f_2'(\pi)| + |f_2'(a)| + \int_{a}^{\pi} |f_2''(x)| \, dx.$$

Logo, existe $M_1 > 0$ tal que

$$|a_n| \leqslant \frac{M_1}{n^2}.$$

Capítulo 9

(Determine um valor para M_1 que resolve.) Do mesmo modo, mostra-se que existe $M_2 > 0$ tal que

$$\left| b_n \right| \leq \frac{M_2}{n^2}. \text{ (Verifique.)}$$

Logo, para todo $x \in \mathbb{R}$ e todo $n \geq 1$,

$$\left| a_n \cos nx + b_n \operatorname{sen} nx \right| \leq \frac{M_1 + M_2}{n^2}.$$

A convergência uniforme, em $\mathbb{R}$, segue então do critério M de Weierstrass. ■

Exemplo 2   Mostre que a série de Fourier de

$$f(x) = \left| x \right|, -\pi \leq x \leq \pi,$$

converge uniformemente em $\mathbb{R}$.

Solução

f é contínua, de classe C^2 por partes e $f(-\pi) = f(\pi)$. Pelo teorema anterior, sua série de Fourier converge uniformemente em $\mathbb{R}$.

9.3 · Uma Condição Suficiente para que a Série de Fourier de uma Função Convirja Uniformemente para a Própria Função

O objetivo desta seção é provar que se

$$f : \left[-\pi, \ \pi \right] \to \mathbb{R}$$

for contínua, de classe C^2 por partes e $f(-\pi) = f(\pi)$, então a sua série de Fourier convergirá uniformemente, em $\left[-\pi, \ \pi \right]$, à própria função f. Para provar este resultado vamos precisar do lema seguinte, cuja demonstração será feita na Seção B.1, do Apêndice B.

Lema. Sejam f e g definidas e contínuas em $\left[-\pi, \ \pi \right]$, tais que

$$f(-\pi) = f(\pi) \ \text{ e } \ g(-\pi) = g(\pi).$$

Se, para todo natural n,

$$\int_{-\pi}^{\pi} f(x) \cos nx \, dx = \int_{-\pi}^{\pi} g(x) \cos nx \, dx, n \geq 0$$

e

$$\int_{-\pi}^{\pi} f(x) \operatorname{sen} nx \, dx = \int_{-\pi}^{\pi} g(x) \operatorname{sen} nx \, dx, n \geq 1,$$

então

$$f(x) = g(x) \text{ em } \left[-\pi, \, \pi\right].$$

Vamos, agora, demonstrar o seguinte:

Teorema. Seja $f : \left[-\pi, \, \pi\right] \to \mathbb{R}$ contínua, de classe C^2 por partes e tal que $f(-\pi) = f(\pi)$. Seja

$$\frac{a_0}{2} + \sum_{n=1}^{+\infty} [a_n \cos nx + b_n \operatorname{sen} nx]$$

a série de Fourier de f. Então, para todo x em $\left[-\pi, \, \pi\right]$,

$$f(x) = \frac{a_0}{2} + \sum_{n=1}^{+\infty} \left(a_n \cos nx + b_n \operatorname{sen} nx\right),$$

sendo a convergência uniforme em $\left[-\pi, \, \pi\right]$.

Demonstração

Pela hipótese, a série converge uniformemente em $\mathbb{R}$; portanto, em particular em $\left[-\pi, \, \pi\right]$. Seja, então, $g : \left[-\pi, \, \pi\right] \to \mathbb{R}$ a soma da série em $\left[-\pi, \, \pi\right]$; isto é, para todo x e $\left[-\pi, \, \pi\right]$,

$$g(x) = \frac{a_0}{2} + \sum_{n=1}^{+\infty} \left(a_n \cos nx + b_n \operatorname{sen} nx\right).$$

Observe que $g(-\pi) = g(\pi)$ e pelo fato de a convergência ser uniforme g é contínua. Sendo a convergência uniforme, segue do Exemplo 1 da Seção 9.1, que

$$a_n = \frac{1}{\pi} \int_{-\pi}^{\pi} g(x) \cos nx \, dx, \ n \geq 0$$

e

$$b_n = \frac{1}{\pi} \int_{-\pi}^{\pi} g(x) \operatorname{sen} nx \, dx, \ n \geq 1,$$

mas

$$a_n = \frac{1}{\pi} \int_{-\pi}^{\pi} f(x) \cos nx \, dx, \ n \geq 0$$

e

$$b_n = \frac{1}{\pi} \int_{-\pi}^{\pi} f(x) \operatorname{sen} nx \, dx, \ n \geq 1.$$

Como f e g são contínuas e, além disso,

$$f(-\pi) = f(\pi) \text{ e } g(-\pi) = g(\pi),$$

segue do lema anterior que

$$f(x) = g(x) \text{ em } [-\pi, \pi]. \qquad \blacksquare$$

Exemplo 1   Tendo em vista o Exemplo 3 da Seção 9.1 e o teorema anterior, resulta

① $$x^2 = \frac{\pi^2}{3} + \sum_{n=1}^{+\infty} (-1)^n \frac{4}{n^2} \cos nx$$

para x em $[-\pi, \pi]$, sendo a convergência uniforme neste intervalo. Para todo natural $n \geq 1$, seja

$$s_n(x) = \frac{\pi^2}{3} + \sum_{k=1}^{n} (-1)^k \frac{4}{k^2} \cos kx.$$

Sendo a convergência uniforme em $[-\pi, \pi]$, segue que, para todo $\varepsilon > 0$ dado, existe n_0 (que só depende de ε) tal que

$$n > n_0 \Rightarrow x^2 - \varepsilon < s_n(x) < x^2 + \varepsilon$$

para todo x em $[-\pi, \pi]$; isto é, para todo $n > n_0$, os gráficos de $s_n = s_n(x)$, $x \in [-\pi, \pi]$, permanecem na faixa compreendida entre os gráficos das funções $y = x^2 - \varepsilon$ e $y = x^2 + \varepsilon$, $x \in [-\pi, \pi]$. Na figura abaixo damos uma ideia do gráfico de $s_n = s_n(x)$, para n par. Deixamos a cargo do leitor verificar que $s_n(0) < 0$, para n ímpar, e $s_n(0) > 0$ para n par. (É só observar que, para $x = 0$, a série é alternada com soma zero.)

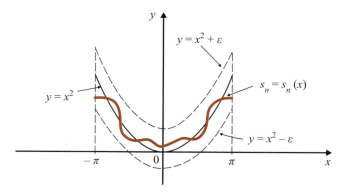

À medida que n tende a $+\infty$, os gráficos de $s_n = s_n(x)$ vão "encostando" cada vez mais no gráfico de $y = x^2$, $x \in [-\pi, \pi]$. (Observe que $s_n = s_n(x)$ é uma função par.)

Fazendo $x = 0$ em ①, obtemos

$$0 = \frac{\pi^2}{3} + \sum_{n=1}^{+\infty} (-1)^n \frac{4}{n^2}$$

e, portanto,

$$\frac{\pi^2}{12} = \sum_{n=1}^{+\infty} (-1)^{n+1} \frac{1}{n^2}.$$

Como se trata de uma série alternada, resulta

$$\left| \frac{\pi^2}{12} - \sum_{k=1}^{n} (-1)^{k+1} \frac{1}{k^2} \right| \leq \frac{1}{(n+1)^2}$$

para todo $n \geq 1$. (Veja Seção 2.2.)

Exemplo 2 Utilizando o Exemplo 1, determine a série de Fourier da função

$$f(x) = \frac{x^3 - \pi^2 x}{3}, \ -\pi \leq x \leq \pi.$$

Solução

Pelo Exemplo 1,

$$x^2 = \frac{\pi^2}{3} + \sum_{n=1}^{+\infty} (-1)^n \frac{4}{n^2} \cos nx, \ -\pi \leq x \leq \pi.$$

Como a convergência é uniforme e as funções $\cos nx$ são contínuas, é válida a integração termo a termo no intervalo de extremidades 0 e t, para todo t em $[-\pi, \pi]$. Então,

$$\int_0^t x^2 \, dx = \frac{\pi^2 t}{3} + \sum_{n=1}^{+\infty} (-1)^n \frac{4}{n^2} \int_0^t \cos nx \, dx$$

e, portanto, para todo t em $[-\pi, \pi]$,

$$\frac{t^3}{3} = \frac{\pi^2 t}{3} + \sum_{n=1}^{+\infty} (-1)^n \frac{4}{n^3} \, \text{sen} \, nt.$$

Trocando t por x, vem

$$\frac{x^3 - \pi^2 x}{3} = \sum_{n=1}^{+\infty} (-1)^n \frac{4}{n^3} \, \text{sen} \, nx, \ -\pi \leq x \leq \pi.$$

Agora, é só observar que a convergência é uniforme e utilizar o Exemplo 1 da Seção 9.1 para concluir que esta é realmente a série de Fourier da função dada.

Capítulo 9

Exemplo 3 Determine uma série de Fourier que convirja uniformemente, em $[0, \pi]$, à função

$$f(x) = x, \ 0 \leq x \leq \pi.$$

Solução

Consideremos a função

$$g(x) = |x|, \ -\pi \leq x \leq \pi.$$

Esta função é contínua, de classe C^2 por partes e $g(-\pi) = g(\pi)$. Pelo teorema anterior, sua série de Fourier converge uniformemente, em $[-\pi, \pi]$, à própria função g. Esta série converge, então, uniformemente, em $[0, \pi]$, à função $f(x) = x$, $0 \leq x \leq \pi$. Fazendo os cálculos, chega-se a

$$|x| = \frac{\pi}{2} + \frac{2}{\pi} \sum_{n=1}^{+\infty} \frac{\left[(-1)^n - 1\right]}{n^2} \cos nx,$$

sendo a convergência uniforme em $[-\pi, \pi]$. Logo,

$$x = \frac{\pi}{2} + \frac{2}{\pi} \sum_{n=1}^{+\infty} \frac{\left[(-1)^n - 1\right]}{n^2} \cos nx,$$

sendo a convergência uniforme em $[0, \pi]$. Como

$$(-1)^n - 1 = \begin{cases} -2 & \text{se } n \text{ for ímpar} \\ 0 & \text{se } n \text{ for par} \end{cases}$$

resulta

$$x = \frac{\pi}{2} - \frac{4}{\pi} \sum_{n=1}^{+\infty} \frac{1}{(2n-1)^2} \cos(2n-1)x$$

para todo x em $[0, \pi]$, sendo a convergência uniforme neste intervalo.

Observação. A série de Fourier acima *não é a única* que converge uniformemente em $[0, \pi]$ à função dada. Por exemplo, a série de Fourier da função cujo gráfico é

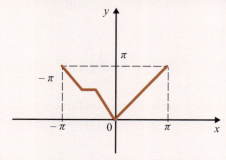

também converge uniformemente em $[0, \pi]$ à função dada. (Por quê?)

Exemplo 4 Determine uma função (não nula) cuja série de Fourier convirja uniformemente, em $[0, \pi]$, à função $f(x) = 0$, $0 \leq x \leq \pi$.

Solução

A função

$$g(x) = \begin{cases} x + \pi & \text{se } -\pi \leq x \leq -\dfrac{\pi}{2} \\ -x & \text{se } -\dfrac{\pi}{2} < x < 0 \\ 0 & \text{se } 0 \leq x \leq \pi \end{cases}$$

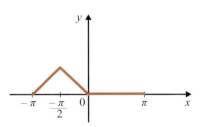

resolve o problema. De fato, g é contínua, de classe C^2 por partes e $g(-\pi) = g(\pi)$; logo, a sua série de Fourier converge uniformemente, em $[-\pi, \pi]$, à própria função g. Portanto, a série de Fourier de g converge uniformemente, em $[0, \pi]$, à função dada.

Exemplo 5 Considere a função

$$h(x) = \begin{cases} -1 - \dfrac{x}{\pi} & \text{se } -\pi \leq x < 0 \\ 1 - \dfrac{x}{\pi} & \text{se } 0 \leq x \leq \pi \end{cases}$$

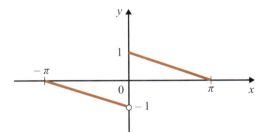

a) Mostre que não existe série de Fourier que convirja uniformemente a h em $[-\pi, \pi]$.

b) Para todo a em $]0, \pi[$, seja $g_a : [-\pi, \pi] \to \mathbb{R}$ a função cujo gráfico é o da figura abaixo.

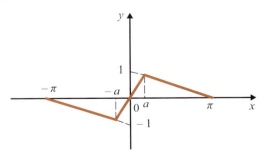

Capítulo 9

Mostre que a série de Fourier de g_a converge uniformemente, no conjunto $\left[-\pi, -a\right] \cup \left[a, \pi\right]$, à função h dada.

Solução

a) Se uma série de Fourier converge uniformemente no intervalo $\left[-\pi, \pi\right]$, então a sua soma será obrigatoriamente contínua neste intervalo. Como a função dada não é contínua em $x = 0$, resulta que não pode existir uma série de Fourier que convirja uniformemente a h em $\left[-\pi, \pi\right]$.

b) A função g_a é contínua, de classe C^2 por partes e tal que $g_a(-\pi) = g_a(\pi)$. Logo, a sua série de Fourier converge uniformemente, em $\left[-\pi, \pi\right]$, à própria função g_a. Portanto, a série de Fourier de g_a converge uniformemente, em $\left[-\pi, -a\right] \cup \left[a, \pi\right]$, à função h dada. Isto é, para todo x em $\left[-\pi, -a\right] \cup \left[a, \pi\right]$,

$$h(x) = \frac{1}{\pi} \sum_{n=1}^{+\infty} [\int_{-\pi}^{\pi} g_a(x) \operatorname{sen} nx] \operatorname{sen} nx,$$

sendo a convergência uniforme no conjunto $\left[-\pi, -a\right] \cup \left[a, \pi\right]$, em que a série que ocorre no 2º membro é a série de Fourier da função g_a. (Observe que, pelo fato de g_a ser uma função ímpar,

$$a_n = \frac{1}{\pi} \int_{-\pi}^{\pi} g_a(x) \cos nx \, dx = 0, \; n \geqslant 0.)$$

Com isso terminamos a resolução do Exemplo 5. Vamos, agora, fazer mais alguns comentários sobre esse exemplo. Como vimos, para todo x em $\left[-\pi, \pi\right]$,

① $$g_a(x) = \frac{1}{\pi} \sum_{n=1}^{+\infty} [\int_{-\pi}^{\pi} g_a(x) \operatorname{sen} nx \, dx] \operatorname{sen} nx,$$

sendo a convergência uniforme em $\left[-\pi, \pi\right]$. Seja

$$s_n(x) = \frac{1}{\pi} \sum_{k=1}^{n} [\int_{-\pi}^{\pi} g_a(x) \operatorname{sen} kx \, dx] \operatorname{sen} kx$$

com $x \in [-\pi, \pi]$. Segue que, para todo $\varepsilon > 0$ dado, existe n_0 (que só depende de ε) tal que

$$n > n_0 \Rightarrow g_a(x) - \varepsilon < s_n(x) < g_a(x) + \varepsilon$$

para todo x em $\left[-\pi, \pi\right]$. (Este fato decorre da convergência ① ser uniforme em $\left[-\pi, \pi\right]$.)

Assim, para $n > n_0$, os gráficos de $s_n = (x)$, $x \in [-\pi, \pi]$ permanecem na faixa compreendida entre os gráficos das funções

$$y = g_a(x) - \varepsilon \; \text{ e } \; y = g_a(x) + \varepsilon, \; -\pi \leqslant x \leqslant \pi.$$

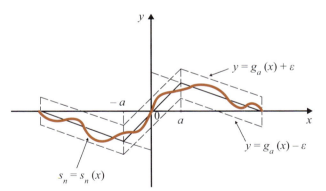

À medida que n tende a $+\infty$, os gráficos de $s_n = s_n(x)$ vão "encostando" cada vez mais no gráfico de $y = g_a(x)$, $x \in [-\pi, \pi]$. (Observe que $s_n = s_n(x)$ é uma função ímpar.)

Da mesma forma, para $n > n_0$, os gráficos de $s_n = s_n(x)$, com x em $[-\pi, -a] \cup [a, \pi]$, permanecem na faixa compreendida entre os gráficos das funções

$$y = h(x) - \varepsilon \text{ e } y = h(x) + \varepsilon, \quad x \in [-\pi, -a] \cup [a, \pi].$$

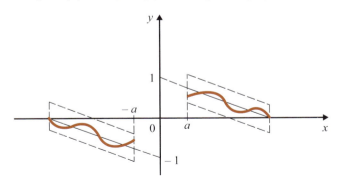

Observe que

$$\lim_{a \to 0^+} \int_{-\pi}^{\pi} g_a(x) \operatorname{sen} nx \, dx = \int_{-\pi}^{\pi} h(x) \operatorname{sen} nx \, dx.$$

Tendo em vista o que vimos acima, é razoável esperar que a série de Fourier de h convirja para $h(x)$, para todo $x \neq 0$, com x em $[-\pi, \pi]$, e que a convergência deverá ser uniforme em todo conjunto da forma

② $$[-\pi, -a] \cup [a, \pi],$$

para $0 < a < \pi$. Provaremos na Seção B.2 do Apêndice B que este fato realmente ocorre. Isto é, provaremos que, para todo $x \in [-\pi, \pi]$,

$$\frac{2}{\pi} \sum_{n=1}^{+\infty} \frac{\operatorname{sen} nx}{n} = \begin{cases} h(x) & \text{se } x \neq 0 \\ 0 & \text{se } x = 0 \end{cases}$$

sendo a convergência uniforme no conjunto ②, anterior. (Observe que a série que ocorre no 1º membro da igualdade acima é a série de Fourier de h, conforme Exemplo 4 da Seção 9.1.) Este resultado será utilizado na demonstração do teorema que enunciaremos na próxima seção.

Exercícios 9.3

1. Seja $F: \mathbb{R} \to \mathbb{R}$ dada por

$$F(x) = \frac{a_0}{2} + \sum_{n=1}^{+\infty} a_n \cos nx$$

em que a série do 2º membro é a série de Fourier da função $f(x) = x^2$, $-\pi \leqslant x \leqslant \pi$.

a) Prove que F é contínua.

b) Verifique que F é periódica de período 2π.

c) Esboce o gráfico de F.

2. Seja $f: \mathbb{R} \to \mathbb{R}$ periódica de período 2π, contínua e de classe C^2 por partes em $[-\pi, \pi]$. Prove que, para todo $x \in \mathbb{R}$,

$$f(x) = \frac{a_0}{2} + \sum_{n=1}^{+\infty} [a_n \cos nx + b_n \, \text{sen}\, nx]$$

em que a série do 2º membro é a série de Fourier de f.

3. Sejam a_n, $n \geqslant 0$ e b_n, $n \geqslant 1$ números reais dados. Seja $f:[-\pi, \pi] \to \mathbb{R}$ dada por

$$f(x) = \frac{a_0}{2} + \sum_{n=1}^{+\infty} a_n \cos nx + b_n \, \text{sen}\, nx.$$

Prove que $f(-\pi) = f(\pi)$.

4. Seja $f(x) = x$, $-\pi \leqslant x \leqslant \pi$. Existe série de Fourier que convirja uniformemente a f em $[-\pi, \pi]$? Justifique.

5. Seja $f(x) = x$, $a \leqslant x \leqslant \pi$, em que $a \in]-\pi, 0[$ é um real dado. Determine uma função $g:[-\pi, \pi] \to \mathbb{R}$ cuja série de Fourier convirja uniformemente a f em $[a, \pi]$. Justifique.

6. Seja a um real dado, com $0 < a < \pi$. Seja f uma função definida em $[-\pi, -a] \cup [a, \pi]$, dada por $f(x) = 1$. Determine uma série de Fourier, com pelo menos dois coeficientes não nulos, que convirja uniformemente a f em $[-\pi, -a] \cup [a, \pi]$. Justifique.

7. Seja $f:[-\pi, \pi] \to \mathbb{R}$ uma função par, contínua e de classe C^2 por partes. Prove que, para todo x em $[-\pi, \pi]$,

$$f(x) = \frac{a_0}{2} + \sum_{n=1}^{+\infty} a_n \cos nx$$

que a convergência é uniforme neste intervalo, em que

$$a_n = \frac{1}{\pi}\int_{-\pi}^{\pi} f(x)\cos nx\,dx, n \geq 0.$$

8. Seja $f:[-\pi, \pi] \to \mathbb{R}$ uma função ímpar, contínua, de classe C^2 por partes e tal que $f(\pi) = 0$. Prove que, para todo x em $[-\pi, \pi]$,

$$f(x) = \sum_{n=1}^{+\infty} b_n \operatorname{sen} nx$$

e que a convergência é uniforme neste intervalo, em que

$$b_n = \frac{1}{\pi}\int_{-\pi}^{\pi} f(x)\operatorname{sen} nx\,dx, n \geq 1.$$

9. Seja $F:\mathbb{R} \to \mathbb{R}$ dada por

$$F(x) = \sum_{n=1}^{+\infty} b_n \operatorname{sen} nx$$

em que a série do 2º membro é a série de Fourier de $f(x) = x^5 - \pi^4 x, -\pi \leq x \leq \pi$.

a) Prove que F é contínua e esboce o gráfico.

b) Prove que, para todo x,

$$F'(x) = \sum_{n=1}^{+\infty} n b_n \cos nx$$

(*Sugestão para o item b*: Utilize o Exercício 5 da Seção 9.1.)

9.4 Convergência de Série de Fourier de Função de Classe C² por Partes

Sejam a_n, $n \geq 0$ e b_n, $n \geq 1$ reais dados. Como já sabemos, se, para todo $x \in \mathbb{R}$,

$$f(x) = \frac{a_0}{2} + \sum_{n=1}^{+\infty}\left(a_n \cos nx + b_n \operatorname{sen} nx\right),$$

então a função f será periódica de período 2π. (Este fato decorre de as funções $\cos nx$ e $\operatorname{sen} nx$ serem periódicas de período 2π.)

Seja $f:\mathbb{R} \to \mathbb{R}$ uma função contínua e periódica de período 2π. Suponhamos que f seja de classe C^2 por partes em $[-\pi, \pi]$. Do que aprendemos nas Seções 9.2 e 9.3, resulta que, para todo $x \in \mathbb{R}$,

$$f(x) = \frac{a_0}{2} + \sum_{n=1}^{+\infty}\left(a_n \cos nx + b_n \operatorname{sen} nx\right),$$

sendo a convergência uniforme em $\mathbb{R}$, em que os a_n e b_n são os coeficientes de Fourier de f.

Capítulo 9

Observamos que uma função $f : \mathbb{R} \to \mathbb{R}$ periódica de período 2π, fica completamente determinada pelos seus valores no intervalo $[-\pi, \pi]$. (Por quê?)

Exemplo 1 Seja $f : \mathbb{R} \to \mathbb{R}$ periódica do período 2π, dada por $f(x) = |x|$, $-\pi \leq x \leq \pi$. Esboce o gráfico de f.

Solução

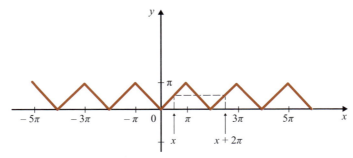

A função f do exemplo acima é contínua e periódica de período 2π; além disso é de classe C^2 por partes em $[-\pi, \pi]$. Logo, sua série de Fourier converge uniformemente a f em $\mathbb{R}$. A série de Fourier de f é

$$\frac{\pi}{2} + \frac{2}{\pi} \sum_{n=1}^{+\infty} \frac{\left[(-1)^n - 1\right]}{n^2} \cos nx. \text{ (Confira.)}$$

Segue que, para $x \in \mathbb{R}$,

$$f(x) = \frac{\pi}{2} + \frac{2}{\pi} \sum_{n=1}^{+\infty} \frac{\left[(-1)^n - 1\right]}{n^2} \cos nx,$$

sendo a convergência uniforme em $\mathbb{R}$. Seja

$$s_n(x) = \frac{\pi}{2} + \frac{2}{\pi} \sum_{k=1}^{n} \frac{\left[(-1)^k - 1\right]}{k^2} \cos kx, \; x \in \mathbb{R}.$$

Observe que, para todo natural $n \geq 1$, $s_n = s_n(x)$ é uma função par. Para n suficientemente grande, o gráfico de $s_n = s_n(x)$ tem o aspecto mostrado na figura a seguir.

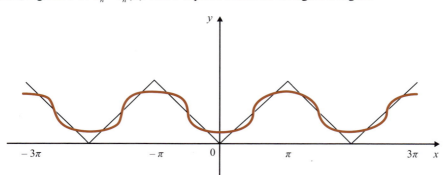

Quando n tende a $+\infty$, os gráficos de $s_n = s_n(x)$ vão "encostando" cada vez mais no gráfico de f.

Exemplo 2 Seja $f : \mathbb{R} \to \mathbb{R}$, periódica de período 2π, dada por $f(x) = x$, $-\pi < x \leq \pi$.

a) Esboce o gráfico de f.

b) Determine uma série de Fourier que convirja uniformemente a f em todo intervalo fechado da forma $\left[(2n-1)\pi + a, (2n+1)\pi - a\right]$, com n inteiro e a um real dado, $0 < a < \pi$.

Solução

a)

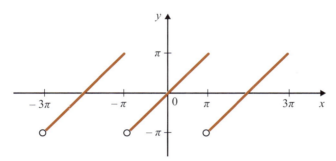

b) Seja $a \in \,]0, \pi[$ um real dado. Consideremos a função $g_a : \mathbb{R} \to \mathbb{R}$, periódica com período 2π, cujo gráfico é o apresentado na figura abaixo.

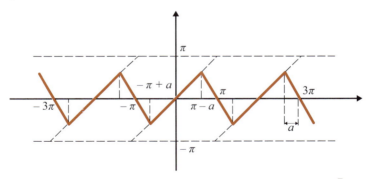

A função g_a é contínua; além disso, é de classe C^2 por partes no intervalo $[-\pi, \pi]$. Observe que $g_a(-\pi) = g_a(\pi) = 0$. A série de Fourier de g_a converge uniformemente a f em todo intervalo fechado da forma

$$[(2n-1)\pi + a, (2n+1)\pi - a]$$

com n inteiro. Esta afirmação decorre do fato de que a série de Fourier de g_a converge uniformemente a g_a em $\mathbb{R}$ e g_a coincide com a f em cada intervalo da forma acima descrita. Observe que os coeficientes de Fourier de g_a tendem para os coeficientes de Fourier de f quando a tende a zero. Desta observação e do que vimos acima resulta ser razoável esperar que a série de Fourier de f convirja uniformemente a f em todo intervalo fechado em que f for contínua. O teorema que enunciaremos a seguir garante-nos que isto realmente acontece.

Capítulo 9

Antes de enunciar o próximo teorema, introduziremos as seguintes notações. Suponhamos que a função f admita limites laterais finitos no ponto p. O limite lateral à direita será indicado por $f(p^+)$ e o lateral à esquerda, por $f(p^-)$:

$$f(p^+) = \lim_{x \to p^+} f(x)$$

e

$$f(p^-) = \lim_{x \to p^-} f(x).$$

Teorema. Seja $f : \mathbb{R} \to \mathbb{R}$ periódica com período 2π e de classe C^2 por partes em $\left[-\pi, \pi\right]$, mas não necessariamente contínua neste intervalo. Sejam a_n, $n \geqslant 0$ e b_n, $n \geqslant 1$ os coeficientes de Fourier de f. Então, para todo x real, tem-se: se f for contínua em x,

$$f(x) = \frac{a_0}{2} + \sum_{n=1}^{+\infty} \left(a_n \cos nx + b_n \operatorname{sen} nx \right);$$

se f não for contínua em x,

$$\frac{f(x^+) + f(x^-)}{2} = \frac{a_0}{2} + \sum_{n=1}^{+\infty} \left(a_n \cos nx + b_n \operatorname{sen} nx \right).$$

Além disso, a convergência será uniforme em todo intervalo fechado em que a f for contínua.

Observação. O teorema acima ainda será verdadeiro se a hipótese "classe C^2 por partes" for trocada por "classe C^1 por partes".

A demonstração deste teorema é deixada para a Seção B.3 do Apêndice B.

Exemplo 3 Seja $f : \mathbb{R} \to \mathbb{R}$ a função periódica, com período 2π, dada por

$$f(x) = \begin{cases} 1 & \text{se } -\pi \leqslant x < 0 \\ \dfrac{x}{\pi} & \text{se } 0 \leqslant x \leqslant \pi \end{cases}$$

Esboce o gráfico da função $f : \mathbb{R} \to \mathbb{R}$ dada por

$$F(x) = \frac{a_0}{2} + \sum_{n=1}^{+\infty} (a_n \cos nx + b_n \operatorname{sen} nx)$$

em que a série do 2º membro é a série de Fourier de f.

Solução

Como f é periódica de período 2π e de classe C^2 por partes em $\left[-\pi, \pi\right]$, podemos aplicar o teorema anterior. Assim,

$$F(x) = \begin{cases} f(x) & \text{se } f \text{ for contínua em } x \\ \dfrac{f(x^+) + f(x^-)}{2} & \text{se } f \text{ for não contínua em } x. \end{cases}$$

Segue que $F : \mathbb{R} \to \mathbb{R}$ é a função periódica de período 2π dada por

$$F(x) = \begin{cases} 1 & \text{se } -\pi \leq x < 0 \\ \dfrac{1}{2} & \text{se } x = 0 \\ \dfrac{x}{\pi} & \text{se } 0 < x \leq \pi \end{cases}$$

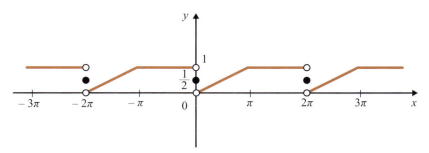

(Observe que a função f só é descontínua nos pontos da forma $2n\pi$, n inteiro, e nestes pontos, o limite lateral à direita é zero e o lateral à esquerda é 1; assim, em todo x em que f é descontínua

$$F(x) = \frac{f(x^+) + f(x^-)}{2} = \frac{0+1}{2} = \frac{1}{2}.)$$

Para mais informações sobre as séries de Fourier e suas aplicações sugerimos ao leitor as referências bibliográficas 12, 16 e 19.

Exercícios 9.4

Esboce o gráfico da função $F : \mathbb{R} \to \mathbb{R}$ dada por

$$F(x) = \frac{a_0}{2} + \sum_{n=1}^{+\infty}(a_n \cos nx + b_n \operatorname{sen} nx),$$

em que a série do 2º membro é a série de Fourier da função $f : \mathbb{R} \to \mathbb{R}$, periódica de período 2π, dada por

1. $f(x) = \begin{cases} 1 & \text{se } -\pi \leq x < -\dfrac{\pi}{2} \\ 2 & \text{se } -\dfrac{\pi}{2} \leq x \leq \dfrac{\pi}{2} \\ 1 & \text{se } \dfrac{\pi}{2} < x < \pi \end{cases}$

2. $f(x) = \begin{cases} 1 & \text{se } -\pi \leq x < 0 \\ 2 & \text{se } 0 \leq x < \pi \end{cases}$

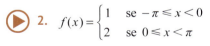

10

CAPÍTULO

Equações Diferenciais de 1ª Ordem

10.1 Equação Diferencial de 1ª Ordem

Por uma *equação diferencial de 1ª ordem* entendemos uma equação do tipo

$$\frac{dy}{dx} = F(x, y) \quad (\text{ou } y' = F(x, y))$$

em que $F(x, y)$ é uma função definida em um aberto Ω do $\mathbb{R}^2$. Uma função $y = y(x)$ definida em um intervalo aberto I é uma *solução* dessa equação se, para todo x em I, ocorrer

$$y'(x) = F(x, y(x)).$$

Exemplo 1 Verifique que $y = e^{x^2}$, $x \in \mathbb{R}$, é uma solução da equação diferencial $\frac{dy}{dx} = 2xy$. (Aqui $F(x, y) = 2xy$ e $\Omega = \mathbb{R}^2$.)

Solução

Precisamos verificar que sendo $y = e^{x^2}$, a igualdade $\frac{dy}{dx} = 2xy$ se verifica para todo x. Para todo x, temos

$$\frac{dy}{dx} = (e^{x^2})' = 2xe^{x^2} = 2xy.$$

Assim, $y = e^{x^2}$, x em $\mathbb{R}$, é uma solução da equação dada.

Exemplo 2 Determine uma solução $y = y(x)$ da equação $\frac{dy}{dx} = 3x + 5$ que satisfaça a condição inicial $y(0) = 2$. (Aqui $F(x, y) = 3x + 5$.)

Solução

O que queremos aqui é uma função $y = y(x)$, com $y(0) = 2$, cuja derivada seja $3x + 5$. Então, $y = \int (3x + 5) dx = \frac{3x^2}{2} + 5x + k$, k constante, é solução da equação. Segue que $y = \frac{3x^2}{2} + 5x + 2$ é uma solução satisfazendo a condição dada.

Equações Diferenciais de 1ª Ordem

159

Exemplo 3 Determine uma função $y = y(x)$, com $y(1) = 2$, que satisfaça a seguinte propriedade: o coeficiente angular da reta tangente no ponto de abscissa x é igual ao produto das coordenadas do ponto de tangência.

Solução

O coeficiente angular da reta tangente no ponto de abscissa x é $y'(x)$ e o ponto de tangência é $(x, y(x))$. Devemos ter, então,

$$y'(x) = xy(x).$$

Assim, a função que queremos determinar é uma solução da equação diferencial

$$\frac{dy}{dx} = xy.$$

Tendo em vista a condição $y(1) = 1$, podemos supor $y(x) > 0$ para todo x no domínio I da função, sendo I um intervalo. Segue que, para todo x em I, devemos ter

$$\frac{y'(x)}{y(x)} = x.$$

Lembrando que $(\ln y(x))' = \dfrac{y'(x)}{y(x)}$ e que $\left(\dfrac{x^2}{2}\right)' = x$, teremos

$$(\ln y(x))' = \left(\frac{x^2}{2}\right)' \quad \text{para todo } x \text{ em } I.$$

Segue que existe uma constante k tal que

$$\ln y(x) = \frac{x^2}{2} + k \text{ para todo } x \text{ em } I.$$

(*Lembre-se*: duas funções que têm derivadas iguais em um intervalo, neste intervalo, elas diferirão por uma constante.) Da condição $y(1) = 1$ segue que

$$\ln y(1) = \frac{1^2}{2} + k, \text{ ou seja, } k = -\frac{1}{2}.$$

Conclusão: $y = e^{(x^2 - 1)/2}$, x qualquer, resolve o problema.

O objetivo deste capítulo é o estudo das equações diferenciais ordinárias de 1ª ordem.

10.2 Equações de Variáveis Separáveis. Soluções Constantes

Uma *equação diferencial de 1ª ordem de variáveis separáveis* é uma equação da forma

①

$$\frac{dy}{dx} = g(x)h(y) \quad \left(\text{ou } \frac{dx}{dt} = g(t)h(x)\right)$$

Capítulo 10

em que g e h são funções definidas em intervalos abertos I_1 e I_2, respectivamente. Observe que uma solução de ① é uma função $y = y(x)$ definida num intervalo aberto I, com $I \subset I_1$, tal que para todo x em I,

$$y'(x) = g(x)h(y(x)).$$

Exemplo 1 $\dfrac{dy}{dx} = xy^2$ é uma equação de variáveis separáveis. Aqui $g(x) = x$ e $h(y) = y^2$.

Exemplo 2 $\dfrac{dx}{dt} = t^2 + x^2$ é uma equação diferencial de 1ª ordem, mas não de variáveis separáveis.

Exemplo 3 Verifique que $x(t) = -\dfrac{2}{t^2 - 1}$, $-1 < t < 1$, é solução da equação $\dfrac{dx}{dt} = tx^2$.

Solução

Precisamos mostrar que, para todo t em $]-1, 1[$, $x'(t) = t[x(t)]^2$. Temos

$$x'(t) = \frac{d}{dt}\left(-\frac{2}{t^2 - 1}\right) = \frac{4t}{(t^2 - 1)^2}$$

e

$$t[x(t)]^2 = t\left[-\frac{2}{t^2 - 1}\right]^2 = \frac{4t}{(t^2 - 1)^2}.$$

Logo, para todo t em $]-1, 1[$,

$$x'(t) = t[x(t)]^2,$$

ou seja, $x(t) = -\dfrac{2}{t^2 - 1}$, $-1 < t < 1$, é solução da equação.

Vejamos, agora, como determinar as soluções constantes, caso exista alguma, de uma equação de variáveis separáveis. Para que a função constante $y(x) = a$, x em I_1, (a constante) seja solução de ① devemos ter, para todo x em I_1,

$$y'(x) = g(x)h(y(x)), \text{ ou seja, } 0 = g(x)h(a)$$

pois $y'(x) = 0$ e $y(x) = a$. Supondo então que $g(x)$ não seja identicamente nula em I_1, deveremos ter $h(a) = 0$, ou seja, para que a função constante $y(x) = a$, x em I_1, seja solução basta que a seja raiz da equação $h(y) = 0$.

> **Soluções constantes de uma equação de variáveis separáveis**
>
> Supondo $g(x)$ não identicamente nula em I_1, a função constante $y(x) = a$, x em I_1, será solução de $\dfrac{dy}{dx} = g(x)h(y)$ se a for raiz da equação $h(y) = 0$.

Equações Diferenciais de 1ª Ordem

161

Atenção. Se as variáveis y e x forem trocadas respectivamente por x e t, a função constante $x(t) = a$, t em I_1, será solução de $\dfrac{dx}{dt} = g(t)h(x)$ se a for raiz da equação $h(x) = 0$.

Exemplo 1 Determine as soluções constantes de $\dfrac{dy}{dx} = x(1 - y^2)$.

Solução

$$h(y) = 1 - y^2; \, h(y) = 0 \Leftrightarrow 1 - y^2 = 0. \text{ Como}$$

$$1 - y^2 = 0 \Leftrightarrow y = 1 \text{ ou } y = -1$$

resulta que

$$y(x) = 1 \text{ e } y(x) = -1$$

são as soluções constantes da equação.

Exemplo 2 A equação $\dfrac{dx}{dt} = 4 + x^2$ não admite solução constante, pois $h(x) = 4 + x^2$ não admite raiz real.

Exercícios 10.2

1. Assinale as equações diferenciais de variáveis separáveis.

a) $\dfrac{dy}{dx} = xy$

b) $\dfrac{dy}{dx} = \dfrac{y}{x}$

c) $\dfrac{dx}{dt} = 1 + x^2$

d) $\dfrac{dx}{dt} = x + t$

e) $\dfrac{dy}{dx} = \dfrac{x + y}{x^2 + 1}$

f) $\dfrac{dx}{dt} = x(1 + t^2)$

2. Verifique que a função dada é solução da equação dada.

a) $x(t) = \text{tg } t$, $-\dfrac{\pi}{2} < t < \dfrac{\pi}{2}$ e $\dfrac{dx}{dt} = 1 + x^2$

b) $y(x) = -\dfrac{2}{x^2 + 1}$ e $\dfrac{dy}{dx} = xy^2$

c) $x(t) = 4$ e $\dfrac{dx}{dt} = t(x^2 - 16)$

d) $y(x) = 1$, $x > 0$ e $\dfrac{dx}{dt} = \dfrac{y^2 - 1}{x}$

e) $y = e^{x^2/2}$ e $\dfrac{dy}{dx} = xy$

Capítulo 10

3. Determine, caso existam, as soluções constantes.

a) $\dfrac{dy}{dx} = xy^2$

b) $\dfrac{dx}{dt} = x^2 - x$

c) $\dfrac{dx}{dt} = t(1 + x^2)$

d) $\dfrac{dy}{dx} = \dfrac{x}{y}$

e) $\dfrac{dy}{dx} = x(y^2 + y - 2)$

▶ f) $\dfrac{dy}{dx} = \dfrac{y^2 + 2y}{x}$, $x > 0$

10.3 Equações de Variáveis Separáveis: Método Prático para a Determinação das Soluções Não Constantes

Consideremos a equação de variáveis separáveis

$$\frac{dy}{dx} = g(x)h(y)$$

com $g(x)$ e $h(y)$ definidas e contínuas nos intervalos abertos I_1 e I_2, respectivamente. Lembre-se de que uma solução desta equação é uma função $y = y(x)$, x em um intervalo aberto I, com $I \subset I_1$, tal que para todo x em I

① $$y'(x) = g(x)h(y(x)).$$

Uma pergunta que surge espontaneamente é a seguinte: como deveremos proceder para determinar uma solução $y = y(x)$, x em um intervalo aberto I, satisfazendo a condição inicial (x_0, y_0), com x_0 em I_1 e y_0 em I_2? Bem, se $h(y_0) = 0$, então a função constante $y(x) = y_0$, $x \in I_1$, será uma solução. Se $h(y_0) \neq 0$, $y_0 = y(x_0)$, tendo em vista a continuidade da composta $h(y(x))$ e o teorema da conservação do sinal, poderemos supor $h(y(x)) \neq 0$ para todo x em I. Desta forma a equação ① será equivalente a

$$\frac{y'(x)}{h(y(x))} = g(x), x \in I.$$

Daí,

$$\int \frac{y'(x)\,dx}{h(y(x))} = \int g(x)\,dx + k, \ x \text{ em } I \text{ e } k \text{ constante,}$$

em que as integrais estão indicando primitivas particulares dos integrandos. Com a mudança de variável $y = y(x)$ $(dy = y'(x)\,dx)$ teremos

$$\int \frac{dy}{h(y)} = \int g(x)\,dx + k, k \in \mathbb{R}.$$

Para obter uma solução não constante e satisfazendo a condição inicial dada é só integrar e escolher k adequadamente. Tudo isso nos sugere o seguinte método prático para determinação de soluções não constantes:

Equações Diferenciais de 1ª Ordem

Método prático para determinação de soluções não constantes

$$\frac{dy}{dx} = g(x)h(y)$$

$$\frac{dy}{h(y)} = g(x)\,dx \text{ (separação das variáveis)}$$

$$\int \frac{dy}{h(y)} = \int g(x)\,dx$$

$$H(y) = G(x) + k, \, k \in \mathbb{R}$$

em que $H(y)$ e $G(x)$ são primitivas de $\dfrac{1}{h(y)}$ e $g(x)$, respectivamente.

Observação. Pode ser provado que se $g(x)$ for contínua em I_1 e $h'(y)$ contínua em I_2 então todas as soluções não constantes serão obtidas pelo processo acima. (Veja Vol. 1, Seção 14.4. Veja, também, o Cap. 14 deste volume.)

Exemplo 1 Resolva a equação $\dfrac{dy}{dx} = xy^2$.

Solução

Primeiro vamos determinar as soluções constantes.

$$h(y) = y^2; \, y^2 = 0 \Leftrightarrow y = 0.$$

Assim, $y(x) = 0$ é a única solução constante. Vamos agora determinar as soluções não constantes.

$$\frac{dy}{dx} = xy^2$$

$$\frac{dy}{y^2} = x\,dx \text{ (separação das variáveis)}$$

$$\int \frac{dy}{y^2} = \int x\,dx$$

$$-\frac{1}{y} = \frac{x^2}{2} + k, \, k \in \mathbb{R}$$

$$y = -\frac{2}{x^2 + 2k}.$$

Como $g(x)$ e $h'(y) = 2y$ são contínuas e tendo em vista a observação que precede este exemplo, resulta

Capítulo 10

$$y = 0$$

e

$$y = -\frac{2}{x^2 + 2k}, \; k \text{ constante}$$

é a família de todas as soluções da equação.

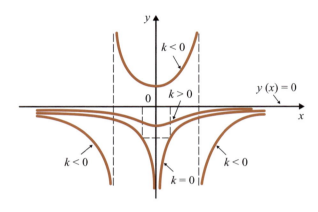

Exemplo 2 om relação à equação do exemplo anterior, determine a solução que satisfaça a condição inicial dada.

a) $y(1) = 0$ b) $y(0) = 1$ c) $y(0) = -1$

Solução

a) A solução constante $y(x) = 0$ satisfaz a condição inicial $y(1) = 0$.

b) $y = -\dfrac{2}{x^2 + 2k}$ e $y(0) = 1$. Como para $x = 0$ deveremos ter $y = 1$, vem

$$1 = -\frac{2}{0^2 + 2k}, \text{ ou seja, } k = -1.$$

Segue que

$$y(x) = -\frac{2}{x^2 - 2}, -\sqrt{2} < x < \sqrt{2},$$

satisfaz a condição inicial dada. (*Lembre-se*: o domínio de uma solução é sempre um intervalo; no caso em questão, tomamos $-\sqrt{2} < x < \sqrt{2}$, pois o domínio deverá conter $x = 0$.)

c) $y = -\dfrac{2}{x^2 + 2k}$ e $y(0) = -1$.

$$-1 = -\frac{2}{0^2 + 2k}, \text{ ou seja, } k = 1.$$

Equações Diferenciais de 1ª Ordem

Segue que

$$y(x) = -\frac{2}{x^2 + 2}, \, x \in \mathbb{R},$$

satisfaz a condição inicial dada.

Exemplo 3 Resolva $\dfrac{dx}{dt} = t^2 x$.

Solução

$$x(t) = 0 \text{ é a única solução constante.}$$

Determinemos, agora, as soluções não constantes.

$$\frac{dx}{x} = t^2 \, dt$$

$$\int \frac{dx}{x} = \int t^2 \, dt$$

$$\ln|x| = \frac{t^3}{3} + k_1, \, k_1 \in \mathbb{R}.$$

Daí,

$$x = k_2 e^{t^3/3}, \, k_2 > 0 \, (k_2 = e^{k_1}).$$

Se $x > 0$, $x = k_2 e^{t^3/3}$ e, se $x < 0$, $x = -k_2 e^{t^3/3}$; segue que $x = k e^{t^3/3}$, em que $k \neq 0$ é uma constante real qualquer. A solução constante $x(t) = 0$ poderá ser incluída nesta família e, para isso, é só permitir que a constante k assuma, também, o valor zero. Deste modo,

$$x = k e^{t^3/3}, \text{ com } k \text{ uma constante real qualquer,}$$

é a família de todas as soluções da equação.

Exemplo 4 Determine a função $y = f(x)$, tal que $f(1) = 1$, que goza da seguinte propriedade: o coeficiente angular da reta tangente no ponto de abscissa x é igual ao produto das coordenadas do ponto de tangência.

Solução

Para todo x no domínio de f devemos ter

$$f'(x) = xf(x).$$

Assim, a função procurada é solução da equação

$$\frac{dy}{dx} = xy.$$

Como a solução constante $y(x) = 0$ não satisfaz a condição inicial dada, segue que a solução é uma função não constante. Sendo $y = y(x)$ a solução procurada, a condição $f(1) = 1$ nos permite supor $y(x) > 0$. Temos

Capítulo 10

$$\int \frac{dy}{y} = \int x\, dx \quad \text{e, portanto,} \quad \ln y = \frac{x^2}{2} + k,\, k \in \mathbb{R}.$$

Da condição $y = 1$ para $x = 1$, resulta

$$\ln 1 = \frac{1^2}{2} + k \quad \text{e, portanto,} \quad k = -\frac{1}{2}.$$

A função procurada é, então,

$$y = e^{(x^2/2 - 1/2)}, \quad \text{ou seja,} \quad y = \frac{1}{\sqrt{e}} e^{x^2/2}.$$

Exemplo 5   Determine o tempo necessário para se esvaziar um tanque cilíndrico de raio 2 m e altura 5 m, cheio de água, admitindo que a água se escoe através de um orifício, situado na base do tanque, de raio 0,1 m, com uma velocidade $v = \sqrt{2gh}$ m/s, sendo h a altura da água no tanque e $g = 10$ m/s² a aceleração gravitacional.

Solução

Seja $h = h(t)$ a altura da água no instante t. O volume $V = V(t)$ de água no tanque no instante t será

$$V(t) = 4\pi h(t)$$

e assim

①
$$\frac{dV}{dt} = 4\pi \frac{dh}{dt}.$$

Por outro lado, supondo Δt suficientemente pequeno, o volume de água que passa pelo orifício entre os instantes t e $t + \Delta t$ é aproximadamente igual ao volume de um cilindro de base πr^2 (em que r é o raio do orifício) e altura $v(t)\Delta t$ (observe que a água que no instante t está saindo pelo orifício, no instante $t + \Delta t$ se encontrará, aproximadamente, a uma distância $v(t)\Delta t$ do orifício, em que $v(t)$ é a velocidade, no instante t, com que a água está deixando o tanque). Então, na variação de tempo Δt, a variação ΔV no volume de água será

$$\Delta V \cong -v(t)\pi r^2 \Delta t.$$

É razoável, então, admitir que a diferencial de $V = V(t)$ seja dada por

$$dV = -v(t)\pi r^2 dt,$$

ou que

②
$$\frac{dV}{dt} = -v(t)\pi r^2.$$

De ① e ② resulta

$$4\pi \frac{dh}{dt} = -v(t)\pi r^2.$$

Sendo $v = \sqrt{20h}$ e $r = 0,1$, resulta que a altura $h = h(t)$ da água no tanque é regida pela equação

Equações Diferenciais de 1ª Ordem

$$4\frac{dh}{dt} = -0,01\sqrt{20h},\ h > 0.$$

Temos

$$\int \frac{400}{\sqrt{20h}}\,dh = -\int dt \quad \text{e, portanto,} \quad \frac{800}{\sqrt{20}}\sqrt{h} = -t + k,\ k \in \mathbb{R}.$$

De $h(0) = 5$, resulta $k = 400$. Assim,

$$h = \frac{5}{400^2}(-t + 400)^2.$$

O tempo necessário para esvaziar o tanque será, então, de 400 segundos ou 6 min e 40 s.

Exemplo 6 Uma partícula move-se sobre o eixo x com aceleração proporcional ao quadrado da velocidade. Sabe-se que no instante $t = 0$ a velocidade é de 2 m/s e, no instante $t = 1$, de 1 m/s.

a) Determine a velocidade $v = v(t)$, $t \geqslant 0$.

b) Determine a função de posição $x = x(t)$, $t \geqslant 0$, supondo $x(0) = 0$.

Solução

a) O movimento é regido pela equação

$$\frac{dv}{dt} = av^2$$

em que a é a constante de proporcionalidade.

$$\int \frac{dv}{v^2} = \int a\,dt \quad \text{e, portanto,} \quad -\frac{1}{v} = at + k,\ k \in \mathbb{R}.$$

Segue que

$$v = -\frac{1}{at + k}.$$

Para $t = 0$, $v = 2$, assim

$$2 = -\frac{1}{k}, \quad \text{ou seja,}\ k = -\frac{1}{2}.$$

Para $t = 1$, $v = 1$, assim

$$1 = -\frac{1}{a - \dfrac{1}{2}}, \quad \text{ou seja,}\ a = -\frac{1}{2}.$$

Logo, $v(t) = \dfrac{2}{1 + t}$, $t \geqslant 0$.

Capítulo 10

b) De $\dfrac{dx}{dt} = v$, resulta $\dfrac{dx}{dt} = \dfrac{2}{1+t}$.

$$\int dx = \int \dfrac{2}{1+t}\, dt \text{ e, portanto, } x = 2\ln(1+t) + k, \, k \in \mathbb{R}, \, t \geq 0.$$

Tomando-se $k = 0$, a condição inicial $x(0) = 0$ estará satisfeita. Assim, $x(t) = 2\ln(1+t), \, t \geq 0$.

No próximo exemplo, vamos precisar da segunda lei de Newton que diz: *a resultante das forças que agem sobre uma partícula é igual ao produto da massa da partícula pela sua aceleração.*

Segunda lei de Newton

$$m\vec{a} = \sum_{k=1}^{n} \vec{F}_k$$

em que m é a massa, $\vec{a}$ a aceleração e $\sum_{k=1}^{n} \vec{F}_k$ a resultante das forças que atuam sobre a partícula.

Observação. No sistema internacional de unidades (SI) a unidade de comprimento é o metro (m), a de tempo o segundo (s), a de massa o quilograma (kg), a de força o newton (N) e a de trabalho o joule (J). Sempre que deixarmos de mencionar as unidades adotadas, ficará implícito que se trata do sistema SI.

Exemplo 7 Uma partícula de massa 1 kg desloca-se sobre o eixo $0x$ e sabe-se que sobre ela atuam uma força constante, paralela ao movimento, de 5 N e uma força de resistência, também paralela ao movimento, e cuja intensidade é igual à velocidade v. Sabe-se, ainda, que $v(0) = 0$ e $x(0) = 0$. Qual a posição da partícula no instante t?

Solução

Sendo $x = x(t)$ a posição da partícula no instante t, pela 2ª lei de Newton, a equação que rege o movimento é

$$\dfrac{d^2x}{dt^2} = 5 - \dfrac{dx}{dt}, \text{ ou seja, } \dfrac{dv}{dt} = 5 - v$$

pois, $v = \dfrac{dx}{dt}$. Como $v(0) = 0$, para t próximo de zero teremos $5 - v > 0$. Podemos, então, supor $5 - v > 0$ para todo t no domínio de $x = x(t)$. Temos

$$\dfrac{dv}{5-v} = dt \text{ e daí } -\ln(5-v) = t + k, \, k \in \mathbb{R}.$$

De $v(0) = 0$, resulta $k = -\ln 5$. Segue que

$$5 - v = e^{-t-k} \text{ ou } v = 5 - e^{-t + \ln 5} = 5 - e^{-t}e^{\ln 5}.$$

Equações Diferenciais de 1ª Ordem

Como $e^{\ln 5} = 5$, $v = 5(1 - e^{-t})$, $t \geqslant 0$. Temos, então,

$$\frac{dx}{dt} = 5(1 - e^{-t}) \text{ e } x = \int 5(1 - e^{-t})dt = 5t + 5e^{-t} + k, \; k \in \mathbb{R}.$$

Para que a condição $x(0) = 0$ seja satisfeita, basta tomar $k = -5$. Assim,

$$x = 5(t + e^{-t} - 1), \; t \geqslant 0,$$

é a posição da partícula no instante t.

Exercícios 10.3

1. Resolva

a) $\dfrac{dx}{dt} = xt$

b) $\dfrac{dy}{dx} = y^2$

c) $\dfrac{dy}{dx} = x^2 + 1$

d) $\dfrac{dT}{dt} = -2(T - 10)$

e) $\dfrac{dx}{dt} = \dfrac{t}{x}, \; x > 0$

f) $\dfrac{dy}{dx} = \dfrac{y}{x}, \; x > 0$

g) $\dfrac{dx}{dt} = x^2 - 1$

h) $\dfrac{dy}{dx} = e^{-y}$

i) $\dfrac{dv}{dt} = v^2 - v$

j) $\dfrac{dx}{dt} = \ln t$

l) $\dfrac{dy}{dx} = \dfrac{1 + y^2}{x}, \; x > 0$

m) $\dfrac{ds}{dt} = te^{-s}$

n) $\dfrac{du}{dv} = \dfrac{v}{u^2}, \; u > 0$

o) $\dfrac{dx}{dt} = \dfrac{tx}{1 + t^2}$

p) $\dfrac{dy}{dx} = \cos^2 y, \; -\dfrac{\pi}{2} < y < \dfrac{\pi}{2}$

q) $\dfrac{dx}{dt} = \dfrac{t}{\cos x}, \; -\dfrac{\pi}{2} < x < \dfrac{\pi}{2}$

r) $\dfrac{dy}{dx} = \cos^2 y, \; \dfrac{\pi}{2} < y < \dfrac{3\pi}{2}$

s) $\dfrac{dv}{dt} = 4 - v^2$

t) $\dfrac{dW}{dV} = \dfrac{C}{V}$ (C constante)

u) $\dfrac{dx}{dt} = \alpha x(x + 2)$ (α constante)

2. Determine $y = y(x)$ que satisfaça as condições dadas.

a) $\dfrac{dy}{dx} = e^y$ e $y(0) = 1$

b) $\dfrac{dy}{dx} = y^2 - 4$ e $y(1) = 2$

c) $\dfrac{dy}{dx} = 3y^2$ e $y(0) = \dfrac{1}{2}$

d) $\dfrac{dy}{dx} = y^2 - 4$ e $y(0) = 1$

Capítulo 10

3. Suponha que $V = V(p)$, $p > 0$, satisfaça a equação $\dfrac{dV}{dp} = -\dfrac{V}{\gamma p}$, γ constante. Admitindo

que $V = V_1$, $V_1 > 0$, para $p = p_1$, mostre que $V_p^{\gamma} = V_1^{\gamma} p_1$, para todo $p > 0$.

4. O coeficiente angular da reta tangente, no ponto de abscissa x, ao gráfico de $y = f(x)$, é proporcional ao cubo da ordenada do ponto de tangência. Sabendo que $f(0) = 1$ e $f(1) = \dfrac{1}{\sqrt{2}}$, determine f.

5. Um corpo de massa 10 kg é abandonado a uma certa altura. Sabe-se que as únicas forças atuando sobre ele são o seu peso e uma força de resistência proporcional à velocidade. Admitindo-se que 1 segundo após ter sido abandonado a sua velocidade é de 8 m/s, determine a velocidade no instante t. Suponha que a aceleração gravitacional seja de 10 m/s². (Lembre-se de que o peso do corpo é o produto de sua massa pela aceleração gravitacional.)

6. A reta tangente ao gráfico de $y = f(x)$, no ponto (x, y), intercepta o eixo y no ponto de ordenada xy. Determine f sabendo que $f(1) = 1$.

7. Determine a curva que passa por $(1, 2)$ e cuja reta tangente em (x, y) intercepta o eixo x no ponto de abscissa $\dfrac{x}{2}$.

8. Um corpo de massa 2,5 kg cai do repouso e as únicas forças atuando sobre ele são o seu peso e uma força de resistência igual ao quadrado da velocidade. Qual a velocidade no instante t? Suponha que a aceleração gravitacional seja de 10 m/s².

9. Para todo $a > 0$, o gráfico de $y = f(x)$ intercepta ortogonalmente a curva $x^2 + 2y^2 = a$. Determine f sabendo que $f(1) = 2$.

10. Para todo $a > 0$, o gráfico de $y = f(x)$ intercepta ortogonalmente a curva $xy = a$, $x > 0$. Determine f sabendo que $f(2) = 3$.

11. Determine uma curva que passa pelo ponto $(0, 2)$ e que goza da seguinte propriedade: a reta tangente no ponto (x, y) encontra o eixo x no ponto A, de abscissa positiva, de tal modo que a distância de (x, y) a A seja sempre 2.

10.4 Equações Lineares de 1ª Ordem

Uma *equação diferencial linear de primeira ordem* é uma equação do tipo

① $$\frac{dy}{dx} = f(x)y + g(x)$$

em que $f(x)$ e $g(x)$ são funções contínuas definidas num mesmo intervalo I. Se $g(x) = 0$ em I, então diremos que ① é uma *equação linear homogênea de 1ª ordem*.

Exemplo 1 $\dfrac{dy}{dx} = xy + 1$ é linear de 1ª ordem; aqui $f(x) = x$ e $g(x) = 1$. Esta equação é linear mas não homogênea.

Equações Diferenciais de 1ª Ordem

Exemplo 2 $\dfrac{dx}{dt} = t^2x$ é linear de 1ª ordem e é, também, de variáveis separáveis; aqui $f(t) = t^2$ e $g(t) = 0$. Trata-se, ainda, de uma equação linear homogênea de 1ª ordem, pois, $g(t) = 0$ para todo t.

Exemplo 3 $\dfrac{dy}{dx} = 5y^2 + \operatorname{sen} x$ não é linear e tampouco de variáveis separáveis.

Se $g(x) = 0$ em I, teremos a equação linear homogênea $\dfrac{dy}{dx} = f(x)y$ que é, também, uma equação de variáveis e cuja solução é

$$y = ke^{\int f(x)dx}, \ k \in \mathbb{R}.$$

Exemplo 4 Resolva a equação $\dfrac{dy}{dx} = x^2y$.

Solução

Trata-se de uma equação diferencial linear e, também, de variáveis separáveis. Separando as variáveis, integrando e observando que a função constante $y = 0$ é, também, solução, obtemos a solução geral

$$y = ke^{x^3/3}, k \in \mathbb{R}.$$

A seguir, vamos destacar a fórmula para o cálculo das soluções de ①.

Fórmula para as soluções de uma equação diferencial linear de 1ª ordem
As soluções da equação

$$\frac{dy}{dx} = f(x)y + g(x)$$

são dadas pela fórmula

$$y = e^{\int f(x)dx}\left[k + \int g(x)e^{-\int f(x)dx}\, dx \right], \ k \in \mathbb{R},$$

em que as integrais indicam primitivas particulares dos integrandos.

Para chegar a esta fórmula, vamos olhar primeiro para a equação homogênea $\dfrac{dy}{dx} = f(x)y$, cuja solução, como sabemos, é $y = ke^{\int f(x)dx}$ e, como k é uma constante, isto significa que a derivada do quociente $\dfrac{y}{e^{\int f(x)dx}}$ é zero. Calculando a derivada deste quociente, observa-se que a razão do zero é o aparecimento no numerador, após simplificação, da expressão $y' - f(x)y$. Então, se supusermos $y = y(x)$ solução $y' = f(x)y + g(x)$, no numerador deverá aparecer $g(x)$, pois, neste caso, $y' - f(x)y = g(x)$. Vamos conferir? Sendo, então, $y = y(x)$ solução de $y' = f(x)y + g(x)$ teremos, também, $y' - f(x)y = g(x)$. Temos

Capítulo 10

$$\frac{d}{dx}\left[\frac{y}{e^{\int f(x)dx}}\right] = \frac{y'e^{\int f(x)dx} - yf(x)e^{\int f(x)dx}}{e^{2\int f(x)dx}} = \frac{y' - yf(x)}{e^{\int f(x)dx}} = \frac{g(x)}{e^{\int f(x)dx}},$$

ou seja,

$$\frac{d}{dx}\left[\frac{y}{e^{\int f(x)dx}}\right] = g(x)e^{-\int f(x)dx}.$$

Integrando, resulta

$$\frac{y}{e^{\int f(x)dx}} = k + \int g(x)e^{-\int f(x)dx}\,dx, \, k \in \mathbb{R}$$

e, portanto,

$$y = e^{\int f(x)dx}\left[k + \int g(x)e^{-\int f(x)dx}\,dx\right], \, k \in \mathbb{R},$$

em que as integrais indicam primitivas particulares dos integrandos.

Exemplo 5 Resolva a equação $\dfrac{dy}{dx} = 3y + 4$. Qual a solução que satisfaz a condição inicial $y(0) = 5$?

Solução

Trata-se de uma equação linear em que $f(x) = 3$ e $g(x) = 4$. As soluções são então dadas pela fórmula

$$y = e^{\int 3dx}\left[k + \int 4e^{-\int 3dx}\,dx\right], \, k \in \mathbb{R},$$

ou seja,

$$y = ke^{3x} + e^{3x}\int 4e^{-3x}\,dx.$$

De $\int 4e^{-3x}\,dx = -\dfrac{4}{3}e^{-3x}$, resulta

$$y = ke^{3x} - \frac{4}{3}, \, k \in \mathbb{R}.$$

Para que tenhamos $y(0) = 5$, k deverá satisfazer a equação $5 = k - \dfrac{4}{3}$, ou seja, $k = \dfrac{19}{3}$. Assim, a solução $y = \dfrac{19}{3}e^{3x} - \dfrac{4}{3}$ satisfaz a condição dada.

Esqueceu a fórmula? Caso tenha esquecido a fórmula, proceda do seguinte modo. A solução da equação $\dfrac{dy}{dx} = 3y$ é $y = ke^{3x}$. Construamos, agora, o quociente $\dfrac{y}{e^{3x}}$. Derivando este quociente e supondo que $y = y(x)$ seja solução da equação dada, vem

$$\frac{d}{dx}\left[\frac{y}{e^{3x}}\right] = \frac{y'e^{3x} - 3ye^{3x}}{e^{6x}} = \frac{y' - 3y}{e^{3x}} = \frac{4}{e^{3x}} = 4e^{-3x}.$$

Equações Diferenciais de 1ª Ordem

Integrando, obtemos

$$\frac{y}{e^{3x}} = k + \int 4e^{-3x}\, dx.$$

Cuidado. Tudo isso funciona bem porque a equação é linear!

O próximo exemplo mostra como a equação diferencial linear se relaciona com a matemática financeira.

Exemplo 6 Certa pessoa faz hoje uma aplicação de R$5.000,00 em uma instituição financeira que remunera o capital aplicado de acordo com a equação $\frac{dC}{dt} = 0{,}02C$, em que $C = C(t)$ é o valor da aplicação no instante t, sendo t dado em meses e C em reais. Observe que o capital C está variando a uma taxa $\frac{dC}{dt}$ que é proporcional ao valor do capital no instante t, sendo 0,02 o coeficiente de proporcionalidade.

a) Qual o valor do capital aplicado no instante t?

b) Qual o valor da aplicação daqui a um mês? E daqui a 2 meses?

c) Qual a taxa mensal de juros compostos que a instituição financeira está pagando?

d) Interprete o coeficiente de proporcionalidade 0,02.

Solução

a) É uma equação linear e, também, de variáveis separáveis. Integrando, obtemos

$$C = ke^{0{,}02t}.$$

Como o valor da aplicação realizada hoje foi de R$5.000,00, segue que $C(0) = 5.000$. Deste modo, $C = 5.000\, e^{0{,}02t}$ será o valor da aplicação no instante t.

b) Para $t = 1$. $C = 5.000\, e^{0{,}02} = 5.101{,}00670015$, pois $e^{0{,}002} \cong 1{,}02020134$, logo o valor da aplicação daqui a 1 mês será de R$5.101,01. E daqui a dois meses teremos $C = 5.000\, e^{0{,}04}$, ou seja, $C = 5.204{,}05$. Assim, daqui a 1 mês o valor da aplicação será de R$5.101,01 e daqui a dois meses o valor será de R$5.204,05.

c) Como $5.000\, e^{0{,}02} \cong 5.000 + \underbrace{5.000 \cdot 0{,}02020134}_{\text{juros}}$, segue que a taxa de juros compostos que

está sendo paga pela financeira é de 2,020134 % ao mês.

d) Antes de interpretar o coeficiente 0,02, vamos fazer um pequeno comentário sobre *taxa de juros compostos* e *taxa nominal de juros*. Por exemplo, se aplicamos hoje um valor C_0 a uma taxa de juros compostos de i % ao mês, isto significa que daqui a 1 mês o montante da aplicação será de

$$C_1 = C_0 + \underbrace{C_0 \cdot i\,\%}_{\text{juros}} = C_0(1 + i\,\%);$$

o montante ao final do 2º mês é obtido somando-se ao montante C_1 os juros devidos no mês, à taxa de i %, e calculado sobre este montante, ou seja,

Capítulo 10

$$C_2 = C_1 + \underbrace{C_1 \cdot i\,\%}_{juros} = C_1(1 + i\,\%) = C_0(1 + i\,\%)^2;$$

repetindo este procedimento, ao final de t meses o montante será de

$$C = C_0(1 + i\,\%)^t$$

que é a fórmula para o cálculo do montante no regime de juros compostos. Observe que neste regime são calculados juros sobre juros. Por outro lado, uma taxa nominal de juros, que deverá vir sempre acompanhada do *número de capitalizações* que ocorrerão no período a que ela se refere, é, também, equivalente a uma taxa de juros compostos como veremos. Por exemplo, uma taxa nominal de juros de 18 % ao ano, capitalizável mensalmente ou capitalizável 12 vezes no ano, é outra maneira de nos referirmos a uma taxa de juros compostos de $\dfrac{18}{12}\,\%$ ao mês; supondo mês de 30 dias, uma taxa nominal de 3 % ao mês, capitalizável 30 vezes no mês, é equivalente a uma taxa de juros compostos de $\dfrac{3}{30}\,\%$ ao dia; e assim por diante. Suponhamos, agora, que uma aplicação de C_0 reais seja realizada hoje a uma taxa nominal de 2 % ao mês; supondo mês de 30 dias, se esta taxa for capitalizável 30 vezes no mês, o montante ao final do mês será de $C_1 = C_0\left(1 + \dfrac{2}{30}\,\%\right)^{30}$, pois no mês ocorrerão 30 capitalizações à taxa de $\dfrac{2}{30}\,\%$ ao dia; se a taxa nominal de 2 % ao mês for capitalizável 60 vezes no mês, ou seja, as capitalizações de juros ocorrerão a cada 12 horas, o montante ao final do mês será de $C_1 = C_0\left(1 + \dfrac{2}{60}\,\%\right)^{60}$; se a taxa nominal de 2 % ao mês for capitalizável n vezes no mês, o montante ao final do mês será de

$$C_1 = C_0\left(1 + \frac{2}{n}\,\%\right)^n = C_0\left(1 + \frac{0{,}02}{n}\right)^n.$$

Lembrando que

$$e^{0,02} = \lim_{n \to \infty}\left(1 + \frac{0{,}02}{n}\right)^n \text{ (confira)}$$

isto significa, se houver infinitas capitalizações no mês, ou seja, se a capitalização de juros for *instantânea*, o montante da aplicação ao final do mês será de

$$C_1 = C_0 e^{2\,\%}.$$

Podemos então interpretar o coeficiente $0{,}02 = 2\,\%$ como uma taxa nominal de 2 % ao mês, capitalizável instantaneamente. Esta taxa nominal de juros capitalizável instantaneamente é denominada *taxa instantânea* ou *taxa contínua de juros*. Deste modo, o coeficiente $0{,}02$ nada mais é do que a taxa instantânea ou contínua de 2 % ao mês que está sendo paga pela financeira.

Exercícios 10.4

1. Resolva.

   a) $\dfrac{dx}{dt} = -x + 2$

   b) $\dfrac{dx}{dt} = 2x - 1$

   c) $\dfrac{dx}{dt} = x \operatorname{sen} t$

   d) $\dfrac{dx}{dt} = \dfrac{x}{t} + t,\ t > 0$

   e) $\dfrac{dy}{dx} = x - y$

   f) $\dfrac{dT}{dt} = -2(T - 3)$

   g) $\dfrac{dx}{dt} = x + \operatorname{sen} t$

   h) $\dfrac{dy}{dx} = -2y + \cos 2x$

   i) $\dfrac{dy}{dx} = y \ln x$

   j) $\dfrac{dy}{dx} = \dfrac{y}{x^2 - 1},\ -1 < x < 1$

2. Suponha E, R e C constantes não nulas. Resolva a equação.

   a) $R\dfrac{dQ}{dt} = \dfrac{Q}{C}$

   b) $R\dfrac{dQ}{dt} + \dfrac{Q}{C} = E$

3. Suponha E, R e L constantes não nulas. Determine a solução $i = i(t)$ do problema

   $$\begin{cases} L\dfrac{di}{dt} + Ri = E \\ i(0) = 0 \end{cases}$$

4. Um objeto aquecido a 100 °C é colocado em um quarto a uma temperatura ambiente de 20 °C; um minuto após a temperatura do objeto passa a 90 °C. Admitindo a *lei de resfriamento de Newton* que a temperatura $T = T(t)$ do objeto esteja variando a uma taxa proporcional à diferença entre a temperatura do objeto e a do quarto, isto é,

   $$\dfrac{dT}{dt} = \alpha(T - 20),\ \alpha \text{ constante},$$

   determine a temperatura do objeto no instante t. Suponha t em minutos.

5. Um investidor aplica seu dinheiro em uma instituição financeira que remunera o capital investido a uma taxa instantânea de 8 % ao mês.

   a) Supondo que o capital investido no instante $t = 0$ seja C_0, determine o valor $C = C(t)$ do capital aplicado no instante t.

   b) Qual o rendimento mensal que o investidor está auferindo? (Suponha t em meses.)

6. Um capital $C = C(t)$ está crescendo a uma taxa $\dfrac{dC}{dt}$ proporcional a C. Sabe-se que o valor do capital aplicado no instante $t = 0$ era de R\$20.000,00 e, 1 ano após, R\$60.000,00. Determine o valor do capital no instante t. Suponha t em anos.

7. (*Decaimento radioativo*) Um material radioativo se desintegra a uma taxa $\dfrac{dm}{dt}$ proporcional a m, em que $m = m(t)$ é a quantidade de matéria no instante t. Supondo que a quantidade inicial

Capítulo 10

(em $t = 0$) de matéria seja m_0 e que 10 anos após já tenha se desintegrado $\frac{1}{3}$ da quantidade inicial, pede-se o tempo necessário para que a metade da quantidade inicial se desintegre.

8. Uma partícula desloca-se sobre o eixo x com aceleração proporcional à velocidade. Admitindo-se $v(0) = 3$, $v(1) = 2$ e $x(0) = 0$, determine a posição da partícula no instante t.

9. Determine a função $y = f(x)$, $x > 0$, cujo gráfico passa pelo ponto $(1, 2)$ e que goza da propriedade: a área do triângulo de vértices $(0, 0)$, (x, y) e $(0, m)$, $m > 0$ é igual a 1, para todo (x, y) no gráfico de f, em que $(0, m)$ é a interseção da reta tangente em (x, y) com o eixo y.

10.5 Equação de Bernoulli

A equação

$$\frac{dy}{dx} = f(x)y + g(x)y^\alpha, \; \alpha \neq 0 \text{ constante,}$$

hoje chamada *equação de Bernoulli* foi estudada nos fins do século XVII pelos irmãos Jacques (1654-1705) e Jean Bernoulli (1667-1748) e, também, por Leibniz (1646-1716). Trata-se de uma equação não linear, mas que se transforma, com uma conveniente mudança de variável, numa linear.

Para $y \neq 0$, tal equação é equivalente a

①
$$y^{-\alpha}\frac{dy}{dx} = f(x)y^{1-\alpha} + g(x).$$

Agora, com a mudança de variável $u = y^{1-\alpha}$, $y = y(x)$, a equação se transforma numa equação linear. De fato, pela regra da cadeia

$$\frac{du}{dx} = (1 - \alpha)y^{-\alpha}\frac{dy}{dx}.$$

Substituindo em ① obtemos a equação linear

$$\frac{du}{dx} = (1 - \alpha)f(x)u + (1 - \alpha)g(x).$$

> **Equação de Bernoulli**
>
> $$\frac{dy}{dx} = f(x)y + g(x)y^\alpha, \; \alpha \neq 0.$$
>
> Para $y \neq 0$, tal equação é equivalente a $y^{-\alpha}\frac{dy}{dx} = f(x)y^{1-\alpha} + g(x)$. Com a mudança de variável $u = y^{1-\alpha}$, $y = y(x)$ a equação de Bernoulli se transforma na equação linear
>
> $$\frac{du}{dx} = (1 - \alpha)f(x)u + (1 - \alpha)g(x).$$

Equações Diferenciais de 1ª Ordem

Soluções da equação de Bernoulli

$$\frac{dy}{dx} = f(x)y + g(x)y^{\alpha}, \, \alpha \neq 0,$$

com $f(x)$ e $g(x)$ definidas e contínuas em um mesmo intervalo aberto I.

Solução constante. Se $\alpha > 0$ a equação admitirá a solução constante $y(x) = 0$, x em I.

Soluções não constantes.

1º passo. Multiplica-se os dois membros por $y^{-\alpha}$.

2º passo. Faz-se a mudança de variável $u = y^{1-\alpha}$, $y = y(x)$.

Exemplo Resolva a equação $\dfrac{dy}{dx} = y + e^{-3x}y^4$.

Solução

Trata-se de uma equação de Bernoulli, em que $f(x) = 1$, $g(x) = e^{-3x}$ e $\alpha = 4$. A função constante $y(x) = 0$ é uma solução. Para obter as soluções não constantes, vamos multiplicar os dois membros por y^{-4} e, em seguida, fazer a mudança de variável $u = y^{-3}$. Multiplicando por y^{-4} obtemos

$$y^{-4}\frac{dy}{dx} = y^{-3} + e^{-3x}.$$

Fazendo, agora, a mudança de variável $u = y^{-3}$ e lembrando que $\dfrac{du}{dx} = -3y^{-4}\dfrac{dy}{dx}$, obtemos a equação linear

$$\frac{du}{dx} = -3u - 3e^{-3x}.$$

Pela fórmula que fornece as soluções da equação linear, temos

$$u = e^{-3x}\left[k + \int -3e^{-3x}e^{3x}\, dx\right], k \in \mathbb{R},$$

ou seja,

$$u = [k - 3x]e^{-3x}.$$

De $u = y^{-3}$, segue que a família das soluções da equação dada é

$$y = 0 \text{ e } y = \frac{e^x}{\sqrt[3]{k - 3x}}.$$

Exercícios 10.5

1. Resolva as equações de Bernoulli

a) $\dfrac{dy}{dx} = 5y - \dfrac{4x}{y}$

b) $v\dfrac{dv}{dx} = v^2 - e^{2x}v^3$

Capítulo 10

c) $\dfrac{dx}{dt} = \dfrac{x}{t} - \sqrt{x}$, $t > 0$ ▶ d) $y' = y - y^3$

2. Há um modelo para variação populacional em que se supõe que a taxa de variação da população no instante t seja proporcional à população neste instante, com coeficiente de proporcionalidade $\lambda = \alpha - \beta$, sendo α o coeficiente de natalidade e β o de mortalidade. Desse modo, a variação da população $p = p(t)$ é regida pela equação linear $\dfrac{dp}{dt} = \lambda p$. Suponha que a população no instante $t = 0$ seja p_0.

   a) O que acontece com a população se $\alpha = \beta$?

   b) Sendo $\alpha \neq \beta$, determine a população no instante t. O que acontecerá com a população se $\alpha > \beta$? E se $\alpha < \beta$?

3. Considerando fatores inibidores para a variação da população, foi proposta uma modificação para o modelo do exercício anterior, no qual se supõe então um nível máximo $\gamma = \lim\limits_{t \to \infty} p(t)$ que a população possa atingir e que há um fator inibidor proporcional ao quadrado da população e com coeficiente $\varepsilon = \dfrac{\lambda}{\gamma}$. Então, neste modelo, a variação da população é regida pela equação de Bernoulli $\dfrac{dp}{dt} = \lambda p - \varepsilon p^2$, em que se supõe $\lambda > 0$. Suponha que a população no instante $t = 0$ seja p_0.

   a) Resolva a equação.

   b) Supondo $p_0 < \gamma$, para que valor de p a taxa de variação $\dfrac{dp}{dt}$ é máxima? Qual o valor máximo para esta taxa de variação?

   c) Em que instante t o valor da taxa de variação é máximo?

4. Outro modelo para a variação populacional e dado, também, por uma equação de Bernoulli é $\dfrac{dp}{dt} = \gamma p - \varepsilon p^\alpha$, $\alpha > 1$ e $\varepsilon = \dfrac{\lambda}{\gamma^{\alpha - 1}}$, em que se supõe que $\gamma = \lim\limits_{t \to \infty} p(t)$ é o valor máximo para a população. Supondo $p(0) = p_0$, resolva a equação.

5. (*Equação de von Bertalanffy*) A equação de Bernoulli $\dfrac{dp}{dt} = \alpha p^{2/3} - \beta p$ é um modelo usado para a variação do peso $p = p(t)$ de uma espécie de peixe, em que α e β são constantes positivas e que dependem da espécie em estudo. Suponha $p(0) = 0$. (O peixe ao nascer é tão pequeno que o seu peso é quase zero.) Resolva a equação. Esboce o gráfico da solução destacando o intervalo em que o peso está variando a taxa crescente e aquele em que o peso está variando a taxa decrescente. Interprete os resultados.

Observação. Para mais aplicações práticas das equações diferenciais, veja na bibliografia o excelente livro de Bassanezi (1988).

10.6   Equações do Tipo $y' = f(y/x)$

Consideremos a equação

①
$$\frac{dy}{dx} = f\left(\frac{y}{x}\right).$$

Equações Diferenciais de 1ª Ordem

Veremos, a seguir, que, com a mudança de variável $u = \dfrac{y}{x}$, $u = u(x)$, a equação ① se transformará em uma equação de variáveis separáveis. De fato, de $u = \dfrac{y}{x}$ segue $y = xu$. Derivando em relação a x obtemos

$$\frac{dy}{dx} = u + x\frac{du}{dx}.$$

Substituindo na equação em ① resulta

$$u + x\frac{du}{dx} = f(u)$$

que é uma equação de variáveis separáveis.

Reduzindo a equação y′ = f(y/x) a uma de variáveis separáveis

$$\frac{dy}{dx} = f\!\left(\frac{y}{x}\right)$$

$u = \dfrac{y}{x}$ e, portanto, $y = xu$, $u = u(x)$.

Derivando $y = xu$, em relação a x, vem $\dfrac{dy}{dx} = u + x\dfrac{du}{dx}$. Substituindo na equação, resulta

$$u = x\frac{du}{dx} = f(u)$$

que é uma equação de variáveis separáveis.

Exemplo Resolva a equação $\dfrac{dy}{dx} = \dfrac{x+y}{x-y}$.

Solução

Dividindo o numerador e o denominador por x resulta

$$\frac{dy}{dx} = \frac{1 + \dfrac{y}{x}}{1 - \dfrac{y}{x}} = f\!\left(\frac{y}{x}\right), \text{ em que } f(u) = \frac{1+u}{1-u}.$$

Fazendo a mudança de variável $u = \dfrac{y}{x}$, ou seja, $y = xu$ e derivando em relação a x resulta, como vimos anteriormente $\dfrac{dy}{dx} = u + x\dfrac{du}{dx}$; substituindo na equação anterior, obtemos

$$u + x\frac{du}{dx} = \frac{1+u}{1-u}, \text{ ou seja, } x\frac{du}{dx} = \frac{1+u^2}{1-u}.$$

Separando as variáveis, vem

Capítulo 10

$$\frac{1-u}{1+u^2}\,du = \frac{1}{x}\,dx \quad \text{ou} \quad \left[\frac{1}{1+u^2} - \frac{u}{1+u^2}\right]du = \frac{1}{x}\,dx.$$

Integrando,

$$\operatorname{arctg} u - \frac{1}{2}\ln(1+u^2) = \ln|x| + k_1,\, k_1 \in \mathbb{R}.$$

Como para cada real k_1 existe um único real $k > 0$, com $k_1 = \ln k$, e de $u = \dfrac{y}{x}$, a última equação pode ser colocada na forma

$$\operatorname{arctg}\frac{y}{x} = \ln\sqrt{1+\left(\frac{y}{x}\right)^2} + \ln k\,|x| \quad \text{ou} \quad \operatorname{arctg}\frac{y}{x} = \ln k\sqrt{x^2 + y^2}.$$

Ou seja, as soluções da equação proposta são dadas implicitamente pelas equações

$$\operatorname{arctg}\frac{y}{x} = \ln k\sqrt{x^2 + y^2}.$$

Exercícios 10.6

1. Resolva as equações

a) $\dfrac{dy}{dx} = \dfrac{x + 2y}{x}$

b) $\dfrac{dy}{dx} = \dfrac{y^2 - 2xy}{x^2}$

c) $\dfrac{dy}{dx} = \dfrac{2x - y}{y}$

▶ d) $\dfrac{dy}{dx} = \dfrac{y^2}{xy + x^2}$

2. Considere a equação $\dfrac{dy}{dx} = \dfrac{y + xy - y^2}{x}$. Verifique que a mudança de variável $u = \dfrac{y}{x}$, $u = u(x)$, a transforma em $\dfrac{du}{dx} = u - u^2$ e resolva. (Observe que a equação dada já é uma equação de Bernoulli, a mudança de variável apenas simplifica a resolução.)

10.7 Redução de uma Equação Autônoma de 2ª Ordem a uma Equação de 1ª Ordem

Uma *equação diferencial de 2ª ordem* é uma equação da forma

$$\frac{d^2x}{dt^2} = F\left(t, x, \frac{dx}{dt}\right) \quad \left(\text{ou}\,\frac{d^2y}{dx^2} = F\left(x, y, \frac{dy}{dx}\right)\right).$$

Se a função F não depender da *variável independente t* (respectivamente x), então diremos que a *equação é uma equação diferencial autônoma* de 2ª ordem.

Equações Diferenciais de 1ª Ordem

Exemplo 1 $\dfrac{d^2y}{dx^2} - 3x\dfrac{dy}{dx} + 5y = 0$ é uma equação de 2ª ordem não autônoma, pois

$F\left(x, y, \dfrac{dy}{dx}\right) = 3x\dfrac{dy}{dx} - 5y$ depende da variável independente x.

Exemplo 2 $\dfrac{d^2y}{dx^2} - 3\dfrac{dy}{dx} + 5y = 0$ é uma equação de 2ª ordem autônoma, pois a variável
independente x não aparece explicitamente na equação.

Exemplo 3 $\dfrac{d^2x}{dt^2} - 5\left(\dfrac{dx}{dt}\right)^2 + 3x = 0$ é uma equação autônoma de 2ª ordem, pois a
variável independente t não aparece explicitamente na equação.

Como vimos, uma *equação diferencial autônoma de 2ª ordem* é uma equação que pode ser colocada na forma

$$\frac{d^2x}{dt^2} = F\left(x, \frac{dx}{dt}\right) \quad \left(\text{ou } \frac{d^2y}{dx^2} = F\left(y, \frac{dy}{dx}\right)\right)$$

em que a variável independente t (respectivamente x) não ocorre no 2º membro. Suponhamos, agora, que $x = x(t)$ seja uma solução desta equação. Em um intervalo I_1 em que $\dfrac{dx}{dt}$ mantiver o mesmo sinal, tal solução será, neste intervalo, estritamente crescente ou estritamente decrescente, logo, inversível e então poderemos considerar a inversa $t = t(x)$, $x \in I_2$, em que I_2 é o intervalo $\{x(t) | t \in I_1\}$. Fazendo, então, $v = \dfrac{dx}{dt}$, $t = t(x)$, teremos $\dfrac{dv}{dt} = \dfrac{d^2x}{dt^2}$. Por outro lado, pela regra da cadeia, $\dfrac{dv}{dt} = \dfrac{dv}{dx}\dfrac{dx}{dt}$, ou seja, $\dfrac{dv}{dt} = v\dfrac{dv}{dx} = \dfrac{d^2x}{dt^2}$, $t = t(x)$.

Reduzindo uma equação autônoma de 2ª ordem a uma equação de 1ª ordem

$$\frac{d^2x}{dt^2} = F\left(x, \frac{dx}{dt}\right)$$

Fazendo

$$v = \frac{dx}{dt}, \ v \neq 0, \text{ teremos } v\frac{dv}{dx} = \frac{d^2x}{dt^2}, \ t = t(x)$$

Substituindo na equação, obtemos a equação de 1ª ordem

$$v\frac{dv}{dx} = F(x, v).$$

Capítulo 10

Observação. No caso da equação $\dfrac{d^2y}{dx^2} = F\left(y, \dfrac{dy}{dx}\right)$, faz-se a mudança $p = \dfrac{dy}{dx}$, $x = x(y)$,

e daí segue $\dfrac{d^2y}{dx^2} = \dfrac{dp}{dx} = \dfrac{dp}{dy}\dfrac{dy}{dx} = p\dfrac{dp}{dy}$.

Exemplo 4 Uma partícula de massa $m = 1$ desloca-se sobre o eixo x sob ação da única

força $\vec{F} = -x\,\vec{i}$. Suponha $x(0) = 1$ e $v(0) = 0$.

a) Determine a relação entre v e x.

b) Discuta o movimento.

c) Determine a posição da partícula no instante t.

Solução

Pela segunda lei de Newton, o movimento é regido pela equação autônoma

$$\frac{d^2x}{dt^2} = -x.$$

a) Fazendo $v = \dfrac{dx}{dt}$, $v \neq 0$, teremos $\dfrac{dv}{dt} = \dfrac{dv}{dx}\dfrac{dx}{dt}$ e, portanto, $\dfrac{d^2x}{dt^2} = v\dfrac{dv}{dx}$, $t = t(x)$.
Substituindo na equação, resulta

$$v\frac{dv}{dx} = -x \text{ ou } v\,dv = -x\,dx.$$

Integrando, obtemos

$$\frac{v^2}{2} + \frac{x^2}{2} = k_1, k_1 \in \mathbb{R}, \text{ ou seja, } v^2 + x^2 = k, k \text{ constante. } (k = 2k_1)$$

Para que as condições iniciais sejam satisfeitas, basta tomar $k = 1$. Assim, a relação entre v e x é dada por $v^2 + x^2 = 1$.

b) No instante $t = 0$ a partícula encontra-se na posição $x = 1$. Sob a ação da força a partícula se desloca em direção à origem; passando a origem, a força começa a agir contra o movimento e, na posição $x = -1$, a velocidade se torna zero; em seguida, a partícula é puxada novamente para a origem, passa novamente por ela até atingir novamente a posição $x = 1$ e daí em diante passa a descrever um movimento de vaivém entre as posições $x = 1$ e $x = -1$. Observe que na posição $x = 0$ a intensidade da velocidade é máxima e igual a 1.

c) Temos $\dfrac{dx}{dt} = -\sqrt{1 - x^2}$ no movimento de $x = 1$ a $x = -1$ e $\dfrac{dx}{dt} = \sqrt{1 - x^2}$ no movimento de $x = 1$ a $x = -1$. A solução constante $x = 1$ está descartada, pois, na mudança de variável supusemos $v \neq 0$ e, também porque $x = 1$ não é solução da equação dada. Como o movimento inicia-se em $x = 1$, vamos considerar a equação $\dfrac{dx}{dt} = -\sqrt{1 - x^2}$. Temos

$$\frac{dx}{\sqrt{1 - x^2}} = -dt \text{ e, portanto, arcsen } x = -t + k, k \in \mathbb{R}.$$

Da condição inicial $x(0) = 1$, segue $k = \dfrac{\pi}{2}$, daí $x = \text{sen}\left(-t + \dfrac{\pi}{2}\right)$, ou seja, $x = \cos t$, $0 \leqslant$
$t \leqslant \pi$. Para o movimento de $x = -1$ a $x = 1$ vamos considerar a equação $\dfrac{dx}{dt} = \sqrt{1 - x^2}$ com
a condição inicial $x = -1$ para $t = \pi$. Temos

$$\frac{dx}{\sqrt{1 - x^2}} = dt \quad \text{e, portanto, arcsen } x = t + k,\ k \in \mathbb{R}.$$

Para que a condição inicial seja satisfeita, devemos ter

$$\text{arcsen}(-1) = \pi + 1, \text{ ou seja, } -\frac{\pi}{2} = \pi + k$$

e, portanto, $k = -\dfrac{3\pi}{2}$. Segue que o movimento de $x = -1$ a $x = 1$ é descrito pela função $x =$
$\text{sen}\left(t - \dfrac{3\pi}{2}\right) = \cos t$, $\pi \leqslant t \leqslant 2\pi$. Repetindo este procedimento, conclui-se que $x = \cos t$,
$t \in \mathbb{R}$ é a solução da equação.

Exemplo 5   Uma partícula de massa $m = 1$ descreve um movimento sobre o eixo x sob a
ação da única força $\vec{F} = -\dfrac{1}{x^2}\vec{i}$, $x > 0$, com as condições iniciais $x(0) = 1$ e $v(0) = v_0$, $v_0 > 0$.

a) Determine a relação entre x e v.

b) Para que valores de v_0 a partícula retorna à posição inicial? Para que valores de v_0 a partícula não retorna à posição inicial?

c) Qual o menor valor de v_0 para que a partícula não retorne à posição inicial? Esta menor
velocidade é denominada *velocidade de escape*.

Solução

a) A equação que rege o movimento é

$$\frac{d^2x}{dt^2} = -\frac{1}{x^2},\ x > 0.$$

Com a mudança de variável $v = \dfrac{dx}{dt}$, a equação se transforma na equação de 1ª ordem

$$v\frac{dv}{dt} = -\frac{1}{x^2}, \text{ ou seja, } v\,dv = -\frac{1}{x^2}dx.$$

Integrando, obtemos

$$\frac{v^2}{2} = \frac{1}{x} + k.$$

Para que as condições iniciais sejam satisfeitas devemos ter

Capítulo 10

$$\frac{v_0^2}{2} = \frac{1}{1} + k \text{ e, portanto, } k = \frac{v_0^2 - 2}{2}.$$

Temos, então,

$$\frac{v^2}{2} = \frac{1}{x} + \frac{v_0^2}{2} - 1, \text{ ou seja, } v^2 = \frac{2}{x} + v_0^2 - 2.$$

b) A partícula retornará à posição inicial se para algum valor de x ocorrer $v = 0$. Então, para que a partícula retorne à posição inicial deveremos ter $\dfrac{2}{x} + v_0^2 - 2 = 0$, ou seja, $x = \dfrac{2}{2 - v_0^2}$, $x > 0$. Para $0 < v_0 < \sqrt{2}$ na posição $x = \dfrac{2}{2 - v_0^2}$ a velocidade será zero, e a partir daí estará retornando à posição inicial. Para $v_0 \geqslant \sqrt{2}$ a velocidade nunca se anulará e, portanto, não poderá retornar à posição inicial.

c) $v_0 = \sqrt{2}$ é a velocidade de escape.

Exemplo 6 (*Conservação da energia*) Suponha que uma partícula de massa m desloca-se sobre o eixo x sob a ação da força resultante $f(x)\vec{i}$, em que $f(x)$ é suposta definida e contínua no intervalo J. Seja $U(x)$ uma primitiva de $-f(x)$. Esta primitiva $U(x)$ é denominada *função energia potencial* para f. Mostre que se a posição da partícula for dada por $x = x(t)$, $t \in I$, então existirá uma constante c, tal que para todo t no intervalo I, tem-se

$$\frac{1}{2}mv^2 + U(x) = c \quad \text{(conservação da energia)}$$

o que significa que a *soma da energia cinética* $\dfrac{1}{2}mv^2$ com a *energia potencial $U(x)$* permanece constante durante o movimento.

Solução

Pela 2ª lei de Newton, o movimento da partícula é regido pela equação

$$m\ddot{x} = f(x).$$

De $v = \dfrac{dx}{dt}$ segue, pelo que vimos anteriormente, $v\dfrac{dv}{dx} = \dfrac{d^2x}{dt^2} = \ddot{x}$. Substituindo na equação anterior, obtemos a equação de variáveis separáveis.

$$mv\frac{dv}{dx} = f(x) \text{ ou } mv\, dv = f(x)\, dx$$

Integrando e lembrando que $U'(x) = -f(x)$ resulta

$$\frac{1}{2}mv^2 + U(x) = c, \ c \text{ constante.}$$

Outro modo de se chegar a esta equação é o seguinte: multiplicando-se os dois membros da equação $m\ddot{x} = f(x)$ por $\dot{x}$, obtemos $m\ddot{x}\dot{x} - f(x)\dot{x} = 0$. Temos, então,

Equações Diferenciais de 1ª Ordem

185

$$\frac{d}{dt}\left[\frac{m\dot{x}^2}{2} + U(x)\right] = \frac{m}{2}\frac{d}{dt}\dot{x}^2 + \frac{d}{dt}U(x) = \frac{m}{2}(2\dot{x}\ddot{x}) + U'(x)\dot{x}.$$

De $U'(x) = -f(x)$ e, tendo em vista, $m\ddot{x}\dot{x} - f(x)\dot{x} = 0$ segue

$$\frac{d}{dt}\left[\frac{m\dot{x}^2}{2} + U(x)\right] = m\ddot{x}\dot{x} - f(x)\dot{x} = 0, \text{ para todo } t \in I.$$

Logo, existe uma constante c, tal que, para todo $t \in I$,

$$\frac{1}{2}m\dot{x}^2 + U(x) = c$$

Tenho um carinho muito grande pela equação do próximo exemplo, pois foi com ela que nasceu a ideia para a minha tese de doutorado e para vários dos meus artigos.

Exemplo 7 Suponha que o movimento de uma partícula no eixo x seja regido pela equação $\ddot{x} + x\dot{x} + x = 0$.

a) Determine a relação entre v e x, $v \neq -1$.

b) Mostre que a relação entre v e x, $v > -1$, é dada por uma curva fechada.

c) Conclua que toda solução $x = x(t)$, com $v > -1$, é uma função periódica.

d) Mostre que se a derivada de $x = x(t)$ for igual a -1 para todo t, então $x = x(t)$, com t em $\mathbb{R}$, será solução da equação.

Solução

a) Trata-se de uma equação de 2ª ordem autônoma. Fazendo $v = \dfrac{dx}{dt}$ teremos, também, $v\dfrac{dv}{dx}$ $= \dfrac{d^2x}{dt^2} = \ddot{x}$. Substituindo na equação obtemos a equação de primeira ordem e de variáveis separáveis

$$v\frac{dv}{dx} + xv + x = 0.$$

Supondo $v \neq -1$ e separando as variáveis obtemos

$$\frac{v\,dv}{v+1} + x\,dx = 0.$$

Integrando, vem

$$\int\frac{v}{v+1}\,dv + \int x\,dx = k.$$

De

$$\int\frac{v}{v+1}\,dv = \int\left[1 - \frac{1}{v+1}\right]dv = v - \ln|v+1| \text{ e } \int x\,dx = \frac{x^2}{2}$$

Capítulo 10

resulta

$$v - \ln|v + 1| + \frac{x^2}{2} = k, \; k \text{ constante.}$$

b) Para $v > -1$, temos $v + 1 > 0$. Assim, para $v > -1$ a relação entre x e v será dada pela equação

$$v - \ln(v + 1) + \frac{x^2}{2} = k, \; k \text{ constante.}$$

Como $v - \ln(v + 1) > 0$, para $v > -1$, (verifique), resulta que para $v > -1$ deveremos ter $k > 0$. Temos, ainda,

$$v - \ln(v + 1) < k \text{ para } v > -1, \text{ pois } \frac{x^2}{2} > 0.$$

Segue, então, que para cada $v > -1$,

$$x = \pm \sqrt{2k - 2[v - \ln(v + 1)]}.$$

Para $v = 0$, $x = \pm\sqrt{2k}$. Temos $\dfrac{d}{dv}[v - \ln(v + 1)] = \dfrac{v}{v + 1}$. Segue que

$$v - \ln(v + 1) \text{ é } \begin{cases} \text{estritamente decrescente em }]-1, 0] \\ \text{e} \\ \text{estritamente crescente em } [0, \infty[. \end{cases}$$

Temos, ainda,

$$\lim_{v \to -1^+} (v - \ln(v + 1)) = \infty$$

e

$$\lim_{v \to \infty}(v - \ln(v + 1)) = \lim_{v \to \infty} v\left[1 - \frac{\ln(v + 1)}{v}\right] = \infty, \text{ pois, } \lim_{v \to \infty}\frac{\ln(v + 1)}{v} = 0.$$

Segue que para cada $x \in \left[-\sqrt{2k}, 0\right]$, existe um único $v \in [-1, 0]$ e um único $v \in [0, \infty[$ tal que $x = -\sqrt{2k - 2[v - \ln(v + 1)]}$; do mesmo modo, para cada $x \in \left[0, \sqrt{2k}\right]$ existe um único $v \in [-1, 0]$ e um único $v \in [0, \infty[$ tal que $x = \sqrt{2k - 2[v - \ln(v + 1)]}$. Deste modo, para $v > -1$, a curva

$$v - \ln(v + 1) + \frac{x^2}{2} = k, \; k \text{ constante,}$$

é fechada. Trabalhando no plano xv, segue que para cada $k > 0$ temos uma curva fechada localizada no semiplano $v > -1$. Observe, ainda, que para $0 < k_1 < k_2$ a região

$$v - \ln(v + 1) + \frac{x^2}{2} \leqslant k_1 \text{ está contida na região } v - \ln(v + 1) + \frac{x^2}{2} \leqslant k_2$$

ou seja, o "raio" da região $v - \ln(v+1) + \dfrac{x^2}{2} \leq k$ aumenta à medida que k aumenta.

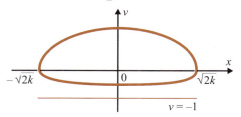

c) Suponhamos $x(0) = \sqrt{2k}$ e $v(0) = 0$. Então, a relação entre x e v é dada por

$$v - \ln(v+1) + \dfrac{x^2}{2} = k.$$

Como $\ddot{x} = -x(\dot{x}+1)$ e $\dot{x}+1 > 0$, segue que $\ddot{x} < 0$, para $0 < x \leq \sqrt{2k}$, e $\ddot{x} > 0$, para $-\sqrt{2k} \leq x < 0$, o que significa que inicialmente a partícula é atraída para a origem, atingindo velocidade com intensidade máxima na origem, em seguida, a partícula vai perdendo velocidade até que a velocidade se anule na posição $x = -\sqrt{2k}$. Em seguida, com velocidade positiva, ela retorna para a posição inicial $x = \sqrt{2k}$. E, a partir daí, a partícula continua descrevendo um movimento de vaivém entre as posições $x = \sqrt{2k}$ e $x = -\sqrt{2k}$. O movimento será periódico onde o período é o tempo gasto para a partícula ir até a posição $x = -\sqrt{2k}$ e retornar à posição $x = \sqrt{2k}$. A intensidade da velocidade será máxima na posição $x = 0$.

d) De $v(t) = -1$, para todo t, segue $x = -t + c$, c constante, que é solução da equação dada. (Confira.)

A equação $\ddot{x} + x\dot{x} + x = 0$ é um caso particular da equação $\ddot{x} + g(x)\dot{x} + g(x) = 0$, em que $g(x)$ é suposta contínua e com o mesmo sinal que x. Utilizando esta equação como comparação, foi possível obter vários resultados qualitativos sobre as soluções da equação mais geral $\ddot{x} + f(x)\dot{x} + g(x) = 0$, equação esta denominada equação de Liénard que é uma equação muito estudada pela sua importância tanto para a física como para várias outras ciências. Observamos que estudar *qualitativamente* uma equação significa buscar informações sobre as soluções sem precisar resolver a equação. Veja bibliografia, Guidorizzi (1988), (1991), (1993) e (1996).

Exercícios 10.7

1. Sendo $v = \dfrac{dx}{dt}$ determine a relação entre v e x.

   a) $\ddot{x} = -x^3$
   b) $\ddot{x} - x^3\dot{x} + x^3 = 0$
   c) $\ddot{x} + \alpha x\dot{x} + x = 0$
   d) $\ddot{x} + 4x = 0$
   e) $\ddot{x} - \dot{x}^2 + x = 0$
   f) $\ddot{x} - x\dot{x}^2 + x = 0$

2. Um corpo de massa m constante é lançado no espaço e supõe-se que a única força atuando sobre ele seja o seu peso que, pela lei do inverso do quadrado de Newton, é proporcional ao

inverso do quadrado da sua distância ao centro da terra. Sendo x a distância do corpo à terra e R o raio da terra, o peso do corpo à distância x da terra será $\dfrac{K}{(x+R)^2}$, K constante. Como, ao nível do mar, ou seja, para $x = 0$, o peso é mg, em que g é aceleração gravitacional no nível do mar e suposta constante, segue que o valor da constante K é determinado fazendo $x = 0$ na expressão do peso e igualando a mg, para se obter $K = mgR^2$. Dessa forma, o movimento do corpo é regido pela equação

$$m\ddot{x} = -\frac{mgR^2}{(x+R)^2}, \text{ ou seja, } \ddot{x} = -\frac{gR^2}{(x+R)^2}.$$

Suponha que o corpo é lançado com uma velocidade inicial $v(0) = \alpha$.

a) Determine a relação entre v e x.

b) Qual o menor valor de α (velocidade de escape) para que o corpo não retorne à terra?

10.8 Equações Diferenciais Exatas

Em muitas ocasiões é conveniente trabalhar com as equações diferenciais de primeira ordem na forma

$$P(x, y)\,dx + Q(x, y)\,dy = 0.$$

A função $y = y(x)(x = x(y))$ será uma solução desta equação se o for de

$$P(x, y) + Q(x, y)\frac{dy}{dx} = 0 \text{ (respectivamente, } P(x, y)\frac{dx}{dy} + Q(x, y) = 0\text{)}.$$

Podemos, também, buscar solução na forma paramétrica, assim, $x = x(t)$ e $y = y(t)$, t num intervalo I, será solução se, para todo t em I,

$$P(x, y)\frac{dx}{dt} + Q(x, y)\frac{dy}{dt} = 0.$$

Se temos uma solução na forma paramétrica, naqueles intervalos em que $\dfrac{dx}{dt} \neq 0$ podemos inverter $x = x(t)$ e então a função $y = y(x)$ dada por $y = y(t)$, com $t = t(x)$, será solução da equação.

Suponhamos que a função $y = y(x)$ seja dada implicitamente pela equação $\varphi(x, y) = c$, c constante. A derivada desta função obtém-se derivando os dois membros da equação em relação a x. Temos

$$\frac{d}{dx}\varphi(x, y) = \frac{d}{dx}c.$$

Pela regra da cadeia,

$$\frac{d\varphi}{dx} = \frac{\partial \varphi}{\partial x}\frac{dx}{dx} + \frac{\partial \varphi}{\partial y}\frac{dy}{dx}, \text{ ou seja, } \frac{d\varphi}{dx} = \frac{\partial \varphi}{\partial x} + \frac{\partial \varphi}{\partial y}\frac{dy}{dx}.$$

Como $\dfrac{d}{dx}c = 0$, pois c é constante, resulta

$$\frac{\partial \varphi}{\partial x} + \frac{\partial \varphi}{\partial y}\frac{dy}{dx} = 0.$$

Desse modo, se $\dfrac{\partial \varphi}{\partial x} = P(x, y)$ e $\dfrac{\partial \varphi}{\partial y} = Q(x, y)$, então, a função $y = y(x)$ dada implicitamente pela equação $\varphi(x, y) = c$, será solução da equação

$$P(x, y)\,dx + Q(x, y)\,dy = 0.$$

Pois bem, diremos que a equação acima é uma *equação diferencial exata* se existir uma função $\varphi = \varphi(x, y)$ tal que $\dfrac{\partial \varphi}{\partial x} = P(x, y)$ e $\dfrac{\partial \varphi}{\partial y} = Q(x, y)$. Neste caso, as suas soluções serão dadas implicitamente pelas equações $\varphi(x, y) = c$.

Equação diferencial exata

Sejam $P(x, y)$ e $Q(x, y)$ contínuas no aberto Ω. A equação diferencial

$$P(x, y)\,dx + Q(x, y)\,dy = 0$$

será *exata* se existir $\varphi = \varphi(x, y)$, $(x, y) \in \Omega$, tal que

$$\frac{\partial \varphi}{\partial x} = P(x, y) \text{ e } \frac{\partial \varphi}{\partial y} = Q(x, y) \text{ em } \Omega.$$

Neste caso, as funções $y = y(x)$ ou $x = x(y)$ dadas implicitamente pelas equações

$$\varphi(x, y) = c, c \text{ constante,}$$

são soluções da equação dada.

Exemplo 1   A equação $x\,dx + y\,dy = 0$ é exata, pois, para $\varphi = \dfrac{x^2}{2} + \dfrac{y^2}{2}$, temos

$$\frac{\partial \varphi}{\partial x} = x \text{ e } \frac{\partial \varphi}{\partial y} = y.$$

Segue que as funções $y = y(x)$ ou $x = x(y)$ dadas implicitamente pelas equações

$$x^2 + y^2 = c, c \text{ constante,}$$

são soluções da equação dada.

Suponhamos que

$$\frac{\partial \varphi}{\partial x} = P(x, y) \text{ e } \frac{\partial \varphi}{\partial y} = Q(x, y) \text{ em } \Omega.$$

Sendo $P(x, y)$ e $Q(x, y)$ de classe C^1 em Ω, então φ será de classe C^2 em Ω, pelo teorema de Schwarz (Vol. 2), teremos

$$\frac{\partial^2 \varphi}{\partial x\,\partial y} = \frac{\partial^2 \varphi}{\partial y\,\partial x} \text{ em } \Omega.$$

Capítulo 10

Por outro lado,

$$\begin{cases} \dfrac{\partial \varphi}{\partial x} = P \\[2mm] \dfrac{\partial \varphi}{\partial y} = Q \end{cases} \Rightarrow \begin{cases} \dfrac{\partial^2 \varphi}{\partial y \partial x} = \dfrac{\partial P}{\partial y} \\[2mm] \dfrac{\partial^2 \varphi}{\partial x \partial y} = \dfrac{\partial Q}{\partial x} \end{cases} \Rightarrow \dfrac{\partial P}{\partial y} = \dfrac{\partial Q}{\partial x} \quad \text{em } \Omega.$$

O que significa que, sendo $P(x, y)$ e $Q(x, y)$ de classe C^1 em Ω, então $\dfrac{\partial P}{\partial y} = \dfrac{\partial Q}{\partial x}$ em Ω é uma *condição necessária* para a equação ser exata. Como vimos no Vol. 3 esta condição será, também, *suficiente* se Ω for uma bola aberta. Quando estivermos resolvendo uma equação poderemos sempre supor Ω uma bola aberta, pois, de início, estaremos supondo sempre que (x, y) esteja próximo da condição inicial (x_0, y_0).

Condição necessária e suficiente para a equação ser localmente exata

Sendo P e Q de classe C^1 na bola aberta Ω, a condição

$$\frac{\partial P}{\partial y} = \frac{\partial Q}{\partial x} \quad \text{em } \Omega$$

é necessária e suficiente para a equação

$$P(x, y)\, dx + Q(x, y)\, dy = 0$$

ser exata em Ω.

Exemplo 2 A equação $(x - y)\, dx + (x + y)\, dy = 0$ não é exata, pois $\dfrac{\partial}{\partial y}(x - y) = -1 \neq$ $\dfrac{\partial}{\partial x}(x + y) = 1$.

Exemplo 3 Determine uma solução $y = y(x)$ da equação

$$x\, dx + 2y\, dy = 0$$

que satisfaz a condição inicial $y(1) = 2$.

Solução

A equação é exata, pois, para $\varphi = \dfrac{x^2}{2} + y^2$, temos

$$\frac{\partial \varphi}{\partial x} = x \text{ e } \frac{\partial \varphi}{\partial y} = 2y.$$

A solução que queremos é dada implicitamente por $\dfrac{x^2}{2} + y^2 = c$; tendo em vista a condição inicial, segue $c = \dfrac{9}{2}$, pois $\varphi(1, 2) = \dfrac{9}{2}$. Assim,

$$y = \sqrt{\frac{9 - x^2}{2}}, \; -3 < x < 3,$$

é uma solução do problema.

Exemplo 4 Determine uma função $y = y(x)$, cujo gráfico $y(x) = (x, y)$, $y = y(x)$, passe pelo ponto $(1, 2)$ e seja normal ao campo $\vec{F} = x\vec{i} + 2y\vec{j}$.

Solução

A condição para que γ seja normal ao campo no ponto $\gamma(x) = (x, y)$ é que o vetor $\gamma'(x) = \left(\dfrac{dx}{dx}, \dfrac{dy}{dx}\right)$, tangente a γ no ponto (x, y), seja ortogonal ao campo neste ponto, ou seja, é preciso que o produto escalar de $\gamma'(x)$ por $\vec{F}(x, y)$ seja nulo. Como

$$\gamma'(x) = \left(1, \frac{dy}{dt}\right) \; \text{ e } \; \vec{F}(x, y) = x\vec{i} + 2y\vec{j}$$

devemos ter

$$\left(1, \frac{dy}{dt}\right) \cdot (x\vec{i} + 2y\vec{j}) = 0, \; \text{ ou seja, } \; x + 2y\frac{dy}{dx} = 0.$$

Assim, a curva $\gamma(x) = (x, y)$, $y = y(x)$, será ortogonal ao campo $\vec{F}$ se $y = y(x)$ for solução da equação

$$x \, dx + 2y \, dy = 0.$$

Tendo em vista o exemplo anterior, a solução $y = y(x)$ é dada implicitamente pela equação

$$\frac{x^2}{2} + y^2 = \frac{9}{2}.$$

Assim, a curva γ dada por

$$\gamma(x) = (x, y), \text{ em que } y = \sqrt{\frac{9 - x^2}{2}}, \; -3 < x < 3,$$

resolve o problema. Por outro lado, observando que a equação anterior é equivalente a

$$\left(\frac{x}{3}\right)^2 + \left(\frac{y\sqrt{2}}{3}\right)^2 = 1,$$

a curva, que é uma elipse, dada na forma paramétrica por

$$\begin{cases} x = 3 \cos t \\ y = \dfrac{3}{\sqrt{2}} \operatorname{sen} t \end{cases} \quad t \text{ em } \mathbb{R}$$

é, também solução.

Capítulo 10

Observe que a equação do exemplo anterior é uma equação de variáveis separáveis e poderia ter sido resolvida pela técnica da Seção 10.3 e que na verdade não difere em nada da técnica utilizada nesta seção.

Exemplo 5 Determine uma solução $y = y(x)$ da equação

$$\frac{dy}{dx} = \frac{2x}{y}$$

que satisfaz a condição inicial $y(1) = 1$.

Solução

A função $y = y(x)$ procurada é a solução que passa pelo ponto $(1, 1)$ da equação

$$2x\,dx - y\,dy = 0.$$

$\varphi(x, y) = x^2 - \dfrac{y^2}{2}$ é tal que $\dfrac{\partial\varphi}{\partial x} = 2x$ e $\dfrac{\partial\varphi}{\partial y} = -y$. A solução que queremos é dada implicitamente pela equação

$$x^2 - \frac{y^2}{2} = \frac{1}{2}\left(\varphi(1, 1) = \frac{1}{2}\right).$$

Então, $y = \sqrt{2x^2 - 1}$, $x > \dfrac{1}{\sqrt{2}}$, é uma solução do problema. (Observe que o domínio de uma solução é sempre um intervalo, tomamos $x > \dfrac{1}{\sqrt{2}}$ para que o domínio contenha 1.)

Exemplo 6 Determine uma função $y = y(x)$ cujo gráfico passe pelo ponto $(1, 1)$ e tal que a reta tangente no ponto genérico (x, y) tenha coeficiente angular $\dfrac{x + 2y}{y - 2x}$.

Solução

A solução da equação

$$\frac{dy}{dx} = \frac{x + 2y}{y - 2x}$$

que satisfaz a condição inicial $y(1) = 1$ resolve o problema. Como queremos uma solução que passa pelo ponto $(1, 1)$, podemos nos restringir ao semiplano $y < 2x$ que contém este ponto. Neste semiplano a equação é equivalente a

$$(x + 2y)\,dx + (2x - y)\,dy = 0$$

que é uma equação diferencial exata (verifique). Vamos, agora, determinar φ tal que

$$\begin{cases} \dfrac{\partial\varphi}{\partial x} = x + 2y \\[2mm] \dfrac{\partial\varphi}{\partial y} = 2x - y \end{cases}$$

Integrando a 1ª equação em relação a x, vem

$$\varphi = \frac{x^2}{2} + 2xy + k$$

em que $k = k(y)$ é uma função a ser determinada e que só depende de y. Temos, então, que determinar k de modo que a derivada de φ em relação a y dê $2x - y$. Olhando atentamente para a expressão de φ, conclui-se que devemos ter $k = -\dfrac{y^2}{2}$, concorda? Assim,

$$\varphi = \frac{x^2}{2} + 2xy - \frac{y^2}{2}$$

resolve o problema. Como $\varphi(1, 1) = 2$, a função que queremos é dada implicitamente pela equação

$$\frac{x^2}{2} + 2xy - \frac{y^2}{2} = 2 \quad \text{que é equivalente a } y^2 - 4xy + 4 - x^2 = 0.$$

Resolvendo esta equação do 2º grau na incógnita y obtemos a função

$$y = 2x - \sqrt{5x^2 - 4}, x > \frac{2}{\sqrt{5}},$$

que resolve o problema. Observamos que o sinal negativo antes do radical é para que a condição inicial $y(1) = 1$ seja satisfeita

A seguir, vamos destacar um procedimento prático para a determinação de φ tal que $\dfrac{\partial \varphi}{\partial x} = P(x, y)$ e $\dfrac{\partial \varphi}{\partial y} = Q(x, y)$ supondo que a condição necessária esteja verificada.

Procedimento prático para a determinação de φ

$$\begin{cases} \dfrac{\partial \varphi}{\partial x} = P(x, y) \\[2mm] \dfrac{\partial \varphi}{\partial y} = Q(x, y) \end{cases} \qquad \varphi = ?$$

Integra-se a primeira equação em relação a x:

$$\varphi = \int P(x, y)\, dx + k(y).$$

Para obter $k(y)$, deriva-se o 2º membro da equação anterior em relação a y e iguala-se a $Q(x, y)$:

$$\frac{\partial}{\partial y}\left(\int P(x, y)\, dx \right) + k'(y) = Q(x, y)$$

Observação. Às vezes é preferível começar integrando a 2ª equação. Você é quem decide!

Capítulo 10

Exemplo 7 Resolva a equação $y\,dx + (x + 2y)\,dy = 0$.

Solução

Trata-se de uma equação exata, pois

$$\frac{\partial}{\partial y}(y) = \frac{\partial}{\partial x}(x + 2y).$$

Vamos, então, determinar φ tal que

$$\begin{cases} \dfrac{\partial \varphi}{\partial x} = y \\[2mm] \dfrac{\partial \varphi}{\partial y} = x + 2y \end{cases}$$

Integrando a 1ª equação em relação a x, obtemos

$$\varphi = xy + k(y).$$

Derivando o 2º membro em relação a y e igualando a $x + 2y$, resulta

$$x + k'(y) = x + 2y \text{ e, portanto, } k'(y) = 2y.$$

Podemos tomar, então, $\varphi = xy + y^2$. As soluções da forma $y = y(x)$ ou $x = x(y)$ são dadas implicitamente pelas equações

$$xy + y^2 = c, c \text{ constante.}$$

Vejamos, agora, como se faz para determinar uma família de curvas que sejam ortogonais a um campo vetorial $\vec{F}(x, y) = P(x, y)\vec{i} + Q(x, y)\vec{j}$. Para que a curva $\gamma(t) = (x, y)$, suposta diferenciável num intervalo I, seja ortogonal a este campo no ponto (x, y), o vetor tangente $\gamma'(t) = \left(\dfrac{dx}{dt}, \dfrac{dy}{dt}\right)$ deverá ser ortogonal ao campo neste ponto, ou seja, o produto escalar deste vetor tangente com o campo deverá ser nulo:

$$\left(\frac{dx}{dt}, \frac{dy}{dt}\right) \cdot (P(x, y)\vec{i} + Q(x, y)\vec{j}) = 0$$

que é equivalente a

$$P(x, y)\frac{dx}{dt} + Q(x, y)\frac{dy}{dt} = 0.$$

Deste modo, a curva $\gamma(t) = (x, y)$ será ortogonal ao campo se for solução da equação

$$P(x, y)\,dx + Q(x, y)\,dy = 0.$$

Se esta equação for exata e $\varphi = \varphi(x, y)$, tal que $\dfrac{\partial \varphi}{\partial x} = P(x, y)$ e $\dfrac{\partial \varphi}{\partial y} = Q(x, y)$, então a curva

Equações Diferenciais de 1ª Ordem

$\gamma(t) = (x, y)$ será ortogonal ao campo $\vec{F}$ se e somente se existir uma constante c tal que

① $\qquad\qquad\qquad \varphi(\gamma(t)) = c$, para todo t em I,

pois, pela regra da cadeia,

$$\frac{d}{dt}\varphi(\gamma(t)) = \frac{d}{dt}\varphi(x, y) = \frac{\partial\varphi}{\partial x}\frac{dx}{dt} + \frac{\partial\varphi}{\partial y}\frac{dy}{dt} = P(x, y)\frac{dx}{dt} + Q(x, y)\frac{dy}{dt}$$

e, deste modo, se $\gamma(t) = (x, y)$ for solução, o último membro da expressão anterior será igual a 0 em I, e daí $\dfrac{d}{dt}\varphi(\gamma(t)) = 0$ em I, logo, existirá uma constante c tal que ① se verifica. Por outro lado, se ① se verifica teremos $P(x, y)\dfrac{dx}{dt} + Q(x, y)\dfrac{dy}{dt} = 0$, e, então, $\gamma(t) = (x, y)$ será ortogonal ao campo $\vec{F}$.

No que segue, a palavra *trajetória* tanto pode estar indicando uma curva como sua imagem.

Trajetórias ortogonais a um campo vetorial

As trajetórias ortogonais ao campo $\vec{F}(x, y) = P(x, y)\vec{i} + Q(x, y)\vec{j}$ são as soluções da equação

$$P(x, y)\,dx + Q(x, y)\,dy = 0.$$

Se tal equação for exata e φ for tal que $\dfrac{\partial\varphi}{\partial x} = P(x, y)$ e $\dfrac{\partial\varphi}{\partial y} = Q(x, y)$, então, $\gamma = \gamma(t)$, $t \in I$, diferenciável no intervalo I, será ortogonal ao campo se e somente se, para alguma constante c, a sua imagem estiver contida na curva de nível

$$\varphi(x, y) = c.$$

Podemos, então, olhar para estas curvas de nível como uma família de trajetórias ortogonais ao campo $\vec{F}$.

Exemplo 8 Determine uma família de trajetórias ortogonais ao campo vetorial $\vec{F}(x, y) = x\vec{i} + y\vec{j}$.

Solução

As trajetórias ortogonais a este campo são as soluções da equação

$$x\,dx + y\,dy = 0$$

Integrando, obtemos a família de circunferências $x^2 + y^2 = c$, $c > 0$.

Exercícios 10.8

1. Verifique que é exata e resolva.

a) $y\,dx + x\,dy = 0$

b) $dx + \cos y \, dy = 0$

c) $\cos y \, dx - x \, \text{sen } y \, dy = 0$

d) $(2x + 3y) \, dx + (3x + 2y) \, dy = 0$

e) $\dfrac{-y}{x^2 + y^2} dx + \dfrac{x}{x^2 + y^2} dy = 0, y > 0$

f) $(y - x^3) \, dx + (y^3 + x) \, dy = 0$

g) $(3x^2 + y) \, dx + (x + 4) \, dy = 0$.

2. Determine uma solução que satisfaz a condição inicial dada.

a) $\dfrac{dy}{dx} = \dfrac{x + 2y}{1 - 2x}$ e $y(1) = 1$

b) $\dfrac{dy}{dx} = \dfrac{3x^2 - y}{x - 3y^2}$ e $y(1) = 0$

c) $\dfrac{dy}{dx} = -\dfrac{2x + \text{sen } y}{x \cos y}$, $-\dfrac{\pi}{2} < y < \dfrac{\pi}{2}$, e $y(1) = \dfrac{\pi}{6}$

3. Determine uma curva $\gamma(t)$, $t \in I$, que passa pelo ponto dado e tal que, para todo $t \in I$, $\gamma'(t)$ seja ortogonal a $\vec{F}(\gamma(t))$, em que $\vec{F}(x, y)$ é o campo vetorial dado.

a) $(1, 1)$ e $\vec{F}(x, y) = y\vec{i} + x\vec{j}$

b) $(1, 2)$ e $\vec{F}(x, y) = (2x - y)\vec{i} + (2y - x)\vec{j}$

c) $(1, 2)$ e $\vec{F}(x, y) = y\vec{i} + (x + y^2)\vec{j}$

4. Uma partícula desloca-se sobre o eixo x de modo que o produto da velocidade pela diferença entre a posição e o tempo é igual à soma da posição com o tempo. Sabe-se que no instante $t = 0$ a partícula encontra-se na posição $x = 1$. Determine a posição $x = x(t)$ da partícula no instante $t > 0$.

5. Determine uma função $y = y(x)$ cujo gráfico passe pelo ponto $(2, 1)$ e tal que o produto da função pela sua derivada seja igual à metade da soma da função com sua derivada.

6. O movimento de uma partícula no plano é regido pelo sistema de equações

$$\begin{cases} \dfrac{dx}{dt} = 2y \\ \dfrac{dy}{dt} = -x. \end{cases}$$

Suponha que no instante $t = 0$ a partícula encontra-se na posição $(1, 1)$, isto é, $x(0) = 1$ e $y(0) = 1$. Mostre que a partícula desloca-se sobre a elipse

$$x^2 + 2y^2 = 3.$$

(*Sugestão*: Verifique que

Equações Diferenciais de 1ª Ordem

$$\begin{cases} x = x(t) \\ y = y(t) \end{cases}$$

é solução da equação $x\,dx + 2y\,dy = 0$.)

10.9 Fator Integrante

Consideremos a equação

① $\qquad P(x, y)\,dx + Q(x, y)\,dy = 0,\ (x, y) \in \Omega,$

e suponhamos que ela não seja exata. Seja $u(x, y)$ definida num aberto $\Omega_1 \subset \Omega$. Dizemos que $u(x, y)$ é um *fator integrante* para ① se

$$u(x, y)P(x, y)\,dx + u(x, y)Q(x, y)\,dy = 0,\ (x, y) \in \Omega_1$$

for exata.

Como já sabemos, se $P(x, y)$, $Q(x, y)$ e $u(x, y)$ forem de classe C^1 na bola aberta Ω_1, uma condição necessária e suficiente para que $u = u(x, y)$ seja um fator integrante é que satisfaça a equação

$$\frac{\partial}{\partial x}(uQ) = \frac{\partial}{\partial y}(uP),$$

ou seja,

② $\qquad \boxed{\dfrac{\partial u}{\partial y} P - \dfrac{\partial u}{\partial x} Q = u\left(\dfrac{\partial Q}{\partial x} - \dfrac{\partial P}{\partial y}\right)}$

Vejamos, a seguir, que condições devem ser satisfeitas para que a equação ① admita um fator integrante que só dependa de x. Vamos, então, procurar um fator integrante da forma $u = u(x)$. Com este fator integrante a ② se reduz a

③ $\qquad -\dfrac{du}{dx} = u\,\dfrac{\dfrac{\partial Q}{\partial x} - \dfrac{\partial P}{\partial y}}{Q}.$

Se $\dfrac{\dfrac{\partial Q}{\partial x} - \dfrac{\partial P}{\partial y}}{Q}$ só depender de x, isto é,

$$\dfrac{\dfrac{\partial Q}{\partial x}(x, y) - \dfrac{\partial P}{\partial y}(x, y)}{Q(x, y)} = h(x)$$

para alguma função h de uma variável, a equação ③ se reduz a

$$-\dfrac{du}{dx} = u\,h(x),$$

Capítulo 10

que é uma equação de variáveis separáveis. Suponhamos h contínua. Separando as variáveis $\left(\dfrac{du}{dx} = -h(x)\,dx\right)$, conclui-se que a equação admite o fator integrante

$$u = e^{-\int h(x)\,dx}.$$

Deixamos a seu cargo verificar que se

$$\frac{\dfrac{\partial Q}{\partial x}(x,\,y) - \dfrac{\partial P}{\partial y}(x,\,y)}{P(x,\,y)} = f(y)$$

com f contínua, a equação ① admitirá o fator integrante

$$u(y) = e^{\int f(y)\,dy}.$$

$$P(x,\,y)\,dx + Q(x,\,y)\,dy = 0.$$

Se

$$\frac{\dfrac{\partial Q}{\partial x}(x,\,y) - \dfrac{\partial P}{\partial y}(x,\,y)}{Q(x,\,y)} = h(x)$$

com h contínua, a equação admitirá o fator integrante

$$u(x) = e^{-\int h(x)\,dx}.$$

Se

$$\frac{\dfrac{\partial Q}{\partial x}(x,\,y) - \dfrac{\partial P}{\partial y}(x,\,y)}{P(x,\,y)} = f(y)$$

com f contínua, a equação admitirá o fator integrante

$$u(y) = e^{\int f(y)\,dy}.$$

Exemplo 1 Resolva a equação

$$(x^2 + y^2)\,dx + (x^3 + 3xy^2 + 2xy)\,dy = 0.$$

Solução

$$P(x,\,y) = x^2 + y^2 \quad \text{e} \quad Q(x,\,y) = x^3 + 3xy^2 + 2xy.$$

Temos

$$\frac{\partial Q}{\partial x} = 3x^2 + 3y^2 + 2y \quad \text{e} \quad \frac{\partial P}{\partial y} = 2y.$$

Equações Diferenciais de 1ª Ordem

A equação não é exata, pois $\dfrac{\partial Q}{\partial x} \neq \dfrac{\partial P}{\partial y}$. Temos

$$\frac{\partial Q}{\partial x} - \frac{\partial P}{\partial y} = 3(x^2 + y^2).$$

Assim,

$$\frac{\dfrac{\partial Q}{\partial x} - \dfrac{\partial P}{\partial y}}{P} = 3.$$

A equação admite, então, o fator integrante

$$u(y) = e^{\int 3\,dy} = e^{3y}.$$

Como $u(y) \neq 0$, a equação dada é equivalente à equação diferencial exata

$$e^{3y}(x^2 + y^2)\,dx + e^{3y}(x^3 + 3xy^2 + 2xy)\,dy = 0.$$

Vamos, agora, determinar $\varphi(x, y)$ tal que

④
$$\begin{cases} \dfrac{\partial \varphi}{\partial x} = e^{3y}(x^2 + y^2) \\[2mm] \dfrac{\partial \varphi}{\partial y} = e^{3y}(x^3 + 3xy^2 + 2xy). \end{cases}$$

Integrando a 1ª equação em relação a x, obtemos

$$\varphi(x, y) = \frac{x^3}{3}e^{3y} + xy^2 e^{3y} + k(y),$$

em que $k(y)$ é uma função de y a determinar. Tendo em vista a 2ª equação de ④, devemos ter

$$\frac{\partial}{\partial y}\left[\frac{x^3}{3}e^{3y} + xy^2 e^{3y} + k(y) \right] = x^3 e^{3y} + 3xy^2 e^{3y} + 2xy e^{3y}.$$

Derivando e simplificando, resulta

$$k'(y) = 0.$$

Assim, $\varphi(x, y) = \dfrac{x^3}{3}e^{3y} + xy^2 e^{3y}$ satisfaz ④. Portanto, as soluções $y = y(x)$ (ou $x = x(y)$) da equação dada são definidas implicitamente pelas equações

$$x^3 + 3xy^2 = ce^{-3y}.$$

Exemplo 2 Determine condições para que a equação

$$P(x, y)\,dx + Q(x, y)\,dy = 0$$

admita fator integrante da forma

$$u(x, y) = h(t), \text{ com } t = xy,$$

em que h é função de uma variável.

Solução

$$\frac{\partial u}{\partial y} = h'(t)x \ \text{ e } \ \frac{\partial u}{\partial x} = h'(t)y.$$

Substituindo em ②, vem

⑤
$$h'(t) = h(t)\frac{\dfrac{\partial Q}{\partial x} - \dfrac{\partial P}{\partial y}}{xP - yQ}.$$

Se

$$\frac{\dfrac{\partial Q}{\partial x}(x, y) - \dfrac{\partial P}{\partial y}(x, y)}{xP(x, y) - yQ(x, y)} = g(t), \text{ com } t = xy,$$

então a equação admitirá fator integrante

$$u(x, y) = h(xy)$$

em que

$$h(t) = e^{\int g(t)\,dt}.$$

(Observe que, substituindo $g(t)$ em ⑤, vem

$$h'(t) = h(t)\,g(t),$$

ou seja,

$$\frac{dh}{dt} = h(t)g(t).$$

Separando as variáveis, resulta

$$\frac{dh}{h} = g(t)\,dt.$$

Basta, então, tomar h tal que

$$\ln h = \int g(t)\,dt\,,$$

ou seja,

$$h(t) = e^{\int g(t)\,dt}.)$$

Exemplo 3 Resolva a equação

$$(2y^2 + 2y)\,dx + (3xy + 2x)\,dy = 0, \, x > 0 \text{ e } y > 0.$$

Solução

$$P(x, y) = 2y^2 + 2y \quad \text{e} \quad Q(x, y) = 3xy + 2x.$$

Temos

$$\frac{\partial Q}{\partial x} - \frac{\partial P}{\partial y} = -y;$$

logo, a equação não é exata.

$$xP(x, y) - yQ(x, y) = -xy^2.$$

Segue que

$$\frac{\dfrac{\partial Q}{\partial x} - \dfrac{\partial P}{\partial y}}{xP - yQ} = \frac{-y}{-xy^2} = \frac{1}{xy} = \frac{1}{t} = g(t)$$

com $t = xy$. Temos

$$h(t) = e^{\int \frac{1}{t} dt} = t.$$

Segue do exemplo anterior que

$$u(x, y) = h(xy) = xy$$

é um fator integrante. Como estamos supondo $x > 0$ e $y > 0$, a equação dada é equivalente à equação exata

$$(2xy^3 + 2xy^2)\, dx + (3x^2y^2 + 2x^2y)\, dy = 0.$$

As soluções $y = y(x)$ da equação dada são definidas implicitamente pelas equações

$$x^2y^3 + x^2y^2 = c. \quad \text{(Verifique.)}$$

Observação. Como

$$\frac{\dfrac{\partial Q}{\partial x} - \dfrac{\partial P}{\partial y}}{P} = -\frac{1}{2} \cdot \frac{1}{1 + y}$$

a equação admite, também, o fator integrante

$$u(y) = e^{-\int \frac{1}{2(1 + y)} dy} = \frac{1}{\sqrt{1 + y}}.$$

Exercícios 10.9

1. Determine um fator integrante e resolva

   a) $(3y^2 - x^2 + 1)\, dx + 2xy\, dy = 0,\ x > 0$

   b) $(xy^2 + 2)\, dx + 3x^2y\, dy = 0,\ x > 0$

   c) $xy\, dx + (x^2 - y^2)\, dy = 0,\ y > 0$

   d) $3y\, dx - x\, dy = 0,\ x > 0$ e $y > 0$

Capítulo 10

e) $(2x + 3y)\, dx + x\, dy = 0, x > 0$

f) $(3xy - 4y)\, dx + (2x^2 - 4x)\, dy = 0, x > 0$ e $y > 0$

2. Determine uma função $y = y(x)$ cujo gráfico passe pelo ponto $\left(\dfrac{1}{2}, 1\right)$ e tal que a reta tangente no ponto de abscissa x intercepte o eixo x no ponto de abscissa x^2.

3. Verifique que a equação de Bernoulli

$$\frac{dy}{dx} + xy = y^2, \, y \neq 0$$

é equivalente a

$$(xy^{-1} - 1)\, dx + y^{-2}\, dy = 0.$$

Procure um fator integrante e resolva.

4. Resolva as equações de Bernoulli dadas.

a) $\dfrac{dy}{dx} + y = xy^3, \, y \neq 0$

b) $\dfrac{dy}{dx} - \dfrac{1}{x}\, y = y^{1/2}, \, y > 0$

5. Estabeleça uma fórmula para as soluções da equação de Bernoulli

$$\frac{dy}{dx} + p(x)y = q(x)y^\alpha, \, y \neq 0,$$

em que $p(x)$ e $q(x)$ são supostas contínuas num mesmo intervalo I e $\alpha \neq 0$ um real dado.

(*Sugestão*: Veja Seção 15.3 deste volume.)

6. Considere a equação linear de 1ª ordem, com coeficientes variáveis

$$\frac{dy}{dx} + p(x)y = q(x),$$

em que $p(x)$ e $q(x)$ são supostas definidas e contínuas num mesmo intervalo I. Verifique que $e^{\int p(x)\, dx}$ é um fator integrante para a equação

$$(p(x)y - q(x))\, dx + dy = 0.$$

Conclua que

$$y = k e^{-\int p(x)\, dx} + e^{-\int p(x)\, dx} \int q(x) e^{\int p(x)\, dx}\, dx$$

em que $\int p(x)\, dx$ está representando uma particular primitiva de $p(x)$ e $\int q(x) e^{\int p(x)\, dx}\, dx$, uma particular primitiva de $q(x) e^{\int p(x)\, dx}$. (Compare com o método utilizado na Seção 10.4 deste volume.)

7. Resolva pelo processo que achar mais conveniente. (Aproveite e dê uma olhada no Cap. 15 deste volume. Poderá ajudar.)

a) $y' = xy^2$

b) $y' = \dfrac{2x + 3y}{y - 3x}$

c) $\dfrac{dy}{dx} + y = y^2$

d) $y' = x^2 y + 2$

e) $\dfrac{dy}{dx} = y + \operatorname{sen} x$

f) $y' = \dfrac{x+1}{y^2+1}$

g) $y' = \dfrac{3xy + 2}{x^2 + 1}$

h) $y' = 5y + x^2$

i) $\dfrac{dy}{dx} = \dfrac{x^2 + 2y + 1}{3y - 2x - 1}$

j) $y' + xy = xy^3$

8. Determine condições para que a equação

$$P(x,y)\,dx + Q(x,y)\,dy = 0$$

admita fator integrante da forma

$$u(x,y) = h(x^2 + y^2),$$

em que $h(t)$ é função de uma variável.

9. Dê exemplos de equações diferenciais que sejam resolvidas utilizando o Exercício 8.

10. Determine uma função $y = f(x)$, cujo gráfico passe pelo ponto $(1, 1)$, tal que, para todo (x, y) no gráfico de f, a área da região A_2 seja o dobro da área da região A_1 (veja figura).

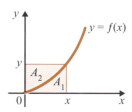

11. Determine uma função $y = f(x)$ com $f(1) = 2$, tal que para todo $t > 0$, com t no domínio de f, a área do conjunto

$$\{(x, y) \in \mathbb{R}^2 \mid 0 \leq y \leq (f(x))^2, 0 \leq x \leq t\}$$

seja igual a $tf(t)$.

12. Seja $f(t)$ uma função dada. Prove que se $y = y(x)$ for uma solução da equação

$$\dfrac{dy}{dx} = f\left(\dfrac{y}{x}\right)$$

então a função $u = u(x)$ dada por

$$u(x) = \dfrac{y(x)}{x} \quad \text{(ou } u = \dfrac{y}{x}, \text{ com } y = y(x)\text{)}$$

Capítulo 10

será solução da equação de variáveis separáveis

$$x\frac{du}{dx} = f(u) - u.$$

13. Verifique que a equação dada é da forma

$$\frac{dy}{dx} = f\left(\frac{y}{x}\right)$$

Utilize, então, o Exercício 12 para determinar uma família de soluções da equação dada.

a) $\dfrac{dy}{dx} = \dfrac{x^2 + y^2}{xy}$

b) $\dfrac{dy}{dx} = \dfrac{4x + y}{y - 2x}$

c) $(x - y)\,dx + (x + y)\,dy = 0$

d) $\dfrac{dy}{dx} = \dfrac{y}{x} + 3\,\mathrm{tg}\,\dfrac{y}{x}$

10.10 Exemplos Diversos

Exemplo 1 O movimento de uma partícula no plano é regido pela equação

①
$$\begin{cases} \dfrac{dx}{dt} = -x + 2y \\[2mm] \dfrac{dy}{dt} = -x + y. \end{cases}$$

Suponha que no instante $t = 0$ a partícula encontra-se na posição $(x(0), y(0)) = (1, 0)$. Mostre que a partícula desloca-se sobre a elipse

$$(x - y)^2 + y^2 = 1.$$

Solução

Seja

②
$$\begin{cases} x = x(t) \\ y = y(t) \end{cases} \quad t \in I$$

em que I é um intervalo contendo 0, a posição da partícula no instante t. Multiplicando-se a 1ª equação de ① por $x - y$ e a 2ª por $-x + 2y$ e somando membro a membro, obtemos

$$(x - y)\frac{dx}{dt} + (-x + 2y)\frac{dy}{dt} = 0.$$

Segue que, sendo ② solução de ①, ② será também solução de

$$(x - y)\,dx + (-x + 2y)\,dy = 0,$$

que é uma equação diferencial exata. A função

$$\varphi(x, y) = \frac{x^2}{2} - xy + y^2$$

é tal que $\dfrac{\partial \varphi}{\partial x} = x - y$ e $\dfrac{\partial \varphi}{\partial y} = -x + 2y$. Como $\varphi(1, 0) = \dfrac{1}{2}$, segue que, para todo $t \in I$, o ponto $(x(t), y(t))$ pertence à curva de nível

$$\frac{x^2}{2} - xy + y^2 = \frac{1}{2}.$$

Portanto, o movimento da partícula realiza-se sobre a elipse

$$(x - y)^2 + y^2 = 1.$$

Exemplo 2 Considere um fluido em escoamento bidimensional, com campo de velocidade
$$\vec{v}(x, y) = (-x + 2y)\vec{i} + (-x + y)\vec{j}.$$

Mostre que as trajetórias descritas pelas partículas do fluido são elipses.

Solução

Consideremos uma partícula qualquer do fluido e suponhamos que no instante t sua posição seja dada por

① $$\begin{cases} x = x(t) \\ y = y(t) \end{cases} t \in I.$$

Na posição $(x(t), y(t))$ a velocidade da partícula é igual a $\vec{v}(x(t), y(t))$. Segue que o movimento das partículas é regido pela equação

$$\begin{cases} \dot{x} = -x + 2y \\ \dot{y} = -x + y \end{cases}$$

Procedendo como no exemplo anterior, resulta que ① é solução de

$$(x - y)\,dx + (-x + 2y)\,dy = 0,$$

cuja solução é a família de elipses

$$(x - y)^2 + y^2 = k.$$

Deste modo, as partículas do fluido deslocam-se sobre elipses.

Exemplo 3 Determine uma solução do sistema

$$\begin{cases} \dfrac{dx}{dt} = -x + 2y \\ \dfrac{dy}{dt} = -x + y \end{cases}$$

Capítulo 10

que passa pelo ponto $(1, 0)$.

Solução

Seja

$$\begin{cases} x = x(t) \\ y = y(t) \end{cases} t \in I$$

uma tal solução. Procedendo-se como nos exemplos anteriores, resulta que, para todo $t \in I$,

$$(x - y)^2 + y^2 = 1.$$

Como estamos interessados numa solução que passa pelo ponto $(1, 0)$, podemos, então, supor $x(t) - y(t) > 0$ para todo $t \in I$. Da equação anterior obtemos

① $$x = y + \sqrt{1 - y^2}.$$

Substituindo na 2ª equação do sistema dado, resulta

$$\frac{dy}{dt} = -\sqrt{1 - y^2}.$$

Separando as variáveis, vem:

$$\frac{dy}{\sqrt{1 - y^2}} = -dt$$

e, portanto, arcsen $y = -t + k_1$. Supondo que no instante $t = 0$ temos $y = 0$, resulta

$$y = -\operatorname{sen} t, -\frac{\pi}{2} < t < \frac{\pi}{2}.$$

Substituindo na equação ①, obtemos

$$x = -\operatorname{sen} t + \cos t.$$

Portanto,

$$\begin{cases} x = -\operatorname{sen} t + \cos t \\ y = -\operatorname{sen} t \end{cases} -\frac{\pi}{2} < t < \frac{\pi}{2}$$

satisfaz as condições dadas. Deixamos a seu cargo verificar que a restrição $t \in \left]-\dfrac{\pi}{2}, \dfrac{\pi}{2}\right[$ pode ser eliminada. Isto é,

$$\begin{cases} x = -\operatorname{sen} t + \cos t \\ y = -\operatorname{sen} t \end{cases} t \in \mathbb{R}$$

é, também, solução do problema.

Sejam $\varphi(x, y)$ e $\varphi_1(x, y)$ definidas e de classe C^1 no aberto Ω; suponhamos que seus gradientes nunca se anulam em Ω. Dizemos que as famílias de curvas

$$\varphi(x, y) = c \text{ e } \varphi_1(x, y) = c_1$$

são *ortogonais* se, para todo $(x, y) \in \Omega$,

$$\nabla\varphi(x, y) \cdot \nabla\varphi_1(x, y) = 0,$$

o que significa que as curvas da família $\varphi(x, y) = c$ interceptam ortogonalmente as da família $\varphi(x, y) = c_1$.

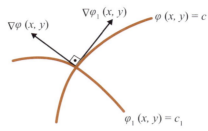

Exemplo 4 Determine uma família de curvas que seja ortogonal à família

$$x^2 + 4y^2 = c, x > 0 \text{ e } y > 0.$$

Solução

Seja $\varphi(x, y) = x^2 + 4y^2$. Temos

$$\nabla\varphi(x, y) = (2x, 8y).$$

A família que queremos deverá, então, ser ortogonal ao campo

$$\vec{F}(x, y) = (-8y, 2x). \text{ (Por quê?)}$$

As curvas desta família são as soluções da equação

$$-8y\, dx + 2x\, dy = 0$$

(Veja a Seção 10.8 deste volume.)

Separando as variáveis, vem

$$-\frac{4}{x}dx + \frac{1}{y}dy = 0.$$

Portanto,

$$-4 \ln x + \ln y = k_1.$$

Segue que

$$y = cx^4 \; (c > 0)$$

é uma família ortogonal à família dada.

Capítulo 10

Exemplo 5 Determine uma solução da equação

$$\ddot{x} = 2x\dot{x}$$

que satisfaça as condições $x(0) = 0$ e $\dot{x}(0) = 1$.

Solução

$$\ddot{x} = 2x\dot{x} \Leftrightarrow \ddot{x} - 2x\dot{x} = 0.$$

Seja $x = x(t)$, $t \in I$, uma tal solução. (I é um intervalo contendo 0.) Temos:

$$\frac{d}{dt}\left(\dot{x} - x^2\right) = \ddot{x} - 2x\dot{x}.$$

Portanto, para todo $t \in I$,

$$\frac{d}{dt}\left(\dot{x} - x^2\right) = 0;$$

logo, existe uma constante c tal que

$$\dot{x} - x^2 = c \text{ em } I.$$

Tendo em vista as condições iniciais dadas, resulta

$$\dot{x} - x^2 = 1,$$

ou seja,

$$\frac{dx}{dt} = 1 + x^2.$$

Separando as variáveis, vem

$$\frac{dx}{1 + x^2} = dt$$

e, portanto,

$$\text{arctg } x = t + k$$

Sendo $k = 0$, pois $x(0) = 0$, resulta

$$x = \text{tg } t, -\frac{\pi}{2} < t < \frac{\pi}{2}.$$

Exemplo 6 O movimento de uma partícula sobre o eixo x é regido pela equação

$$\ddot{x} = \frac{1}{x^2}.$$

Sabe-se que $x(0) = 1$ e $\dot{x}(0) = \sqrt{2}$. Determine a posição $x = x(t)$ da partícula.

Solução

$$\ddot{x} = -\frac{1}{x^2} \Leftrightarrow \ddot{x} + \frac{1}{x^2} = 0.$$

Multiplicando por $\dot{x}$, obtemos

$$\ddot{x}\dot{x} + \frac{\dot{x}}{x^2} = 0$$

Temos:

$$\frac{d}{dt}\left(\frac{\dot{x}^2}{2} - \frac{1}{x}\right) = \ddot{x}\dot{x} + \frac{\dot{x}}{x^2}.$$

Seja $x = x(t)$, $t \in I$, a posição da partícula no instante t. (I é um intervalo contendo 0.) Segue do que vimos acima que, para todo $t \in I$,

$$\frac{d}{dt}\left(\frac{\dot{x}^2}{2} - \frac{1}{x}\right) = 0;$$

logo, existe uma constante c tal que, para todo $t \in I$,

$$\frac{\dot{x}^2}{2} - \frac{1}{x} = c.$$

Tendo em vista as condições iniciais, resulta $c = 0$. Assim, para todo $t \in I$,

$$\dot{x}^2 = \frac{2}{x}.$$

Como $\dot{x}(0) > 0$ e $\dot{x}$ nunca se anula, resulta que $x(t) > 0$ para todo $t \in I$. (Observe que $\dot{x}$ é contínua.) Então

$$\dot{x} = \frac{\sqrt{2}}{\sqrt{x}}.$$

Separando as variáveis, vem

$$x^{1/2}\, dx = \sqrt{2}\, dt$$

e, portanto,

$$\frac{2}{3}x^{3/2} = t\sqrt{2} + k, \, k \in \mathbb{R}.$$

Tendo em vista a condição $x(0) = 1$, resulta $k = \frac{2}{3}$. Portanto,

$$x^{3/2} = \frac{3t\sqrt{2} + 2}{2},$$

ou seja,

$$x = \left(\frac{3t\sqrt{2} + 2}{2}\right)^{2/3}.$$

Capítulo 10

Exemplo 7 Seja $f(x)$ uma função definida e contínua no intervalo J e seja $U(x)$ uma primitiva de $-f(x)$ em J, isto é, $U'(x) = -f(x)$ para todo $x \in J$. Prove que se $x = x(t)$, $t \in I$ for uma solução da equação

$$\ddot{x} = f(x)$$

então existirá uma constante c tal que, para todo $t \in I$,

$$\frac{\dot{x}^2}{2} + U(x) = c.$$

Solução

Basta mostrar que

$$\frac{d}{dt}\left(\frac{\dot{x}^2}{2} + U(x)\right) = 0 \text{ em } I.$$

Temos

$$\frac{d}{dt}\left(\frac{\dot{x}^2}{2}\right) = \ddot{x}\,\dot{x}$$

e

$$\frac{d}{dt}\left[U(x)\right] = U'(x)\dot{x} = -f(x)\dot{x}.$$

Daí e pelo fato de $\ddot{x} - f(x) = 0$, resulta

$$\frac{d}{dt}\left[\frac{\dot{x}^2}{2} + U(x)\right] = \ddot{x}\dot{x} - f(x)\dot{x} = \dot{x}[\ddot{x} - f(x)] = 0.$$

Logo, existe uma constante c tal que, para todo $t \in I$,

$$\frac{\dot{x}^2}{2} + U(x) = c.$$

(Veja também Seção 15.11 deste volume.)

Observação. (*conservação de energia*). Suponhamos que uma partícula de massa $m = 1$ desloca-se no eixo Ox sob a ação da força resultante $f(x)\vec{i}$, em que $f(x)$ é suposta definida e contínua no intervalo J. Seja $U(x)$ uma primitiva de $-f(x)$ em J. (Neste caso, a função $U(x)$ denomina-se uma *função energia potencial* para f.) Pela 2ª lei de Newton (massa × aceleração = resultante) temos

$$\ddot{x} = f(x),$$

que é a equação que rege o movimento da partícula. Pelo exemplo anterior

$$\frac{\dot{x}^2}{2} + U(x) = c,$$

o que significa que a *soma da energia cinética com a energia potencial permanece constante durante o movimento.*

Equações Diferenciais de 1ª Ordem

Exemplo 8   Seja $\theta = \theta(t)$ solução da equação

$$\ddot{\theta} = \operatorname{sen}\theta.$$

Suponha que $\dot{\theta}(t) > 0$ em $[t_0, t_1]$. Mostre que

$$t_1 - t_0 = \int_{\theta_0}^{\theta_1} \frac{d\theta}{\sqrt{2c - 2\cos\theta}}$$

em que c é uma constante conveniente, $\theta(t_0) = \theta_0$ e $\theta(t_1) = \theta_1$.

Solução

Segue, do exemplo anterior, que existe uma constante c tal que, para todo $t \in [t_1, t_0]$,

$$\frac{\dot{\theta}^2}{2} = +\cos\theta = c.$$

Segue da hipótese $\dot{\theta}(t) > 0$ em $[t_0, t_1]$ que

$$\frac{d\theta}{dt} = \sqrt{2c - 2\cos\theta}.$$

No intervalo $[t_0, t_1]$ a função $\theta = \theta(t)$ é estritamente crescente, logo, inversível. Seja $t = t(\theta)$ a sua inversa. Temos

$$\frac{dt}{d\theta} = \frac{1}{\sqrt{2c - 2\cos\theta}}.$$

Portanto,

$$\int_{\theta_0}^{\theta_1} \frac{d\theta}{\sqrt{2c - 2\cos\theta}} = [t(\theta)]_{\theta_0}^{\theta_1}.$$

Como $t(\theta_0) = t_0$ e $t(\theta_1) = t_1$, resulta

$$t_1 - t_0 = \int_{\theta_0}^{\theta_1} \frac{d\theta}{\sqrt{2c - 2\cos\theta}}.$$

Exemplo 9   O movimento de uma partícula no plano é regido pela equação

$$\begin{cases} \dfrac{dx}{dt} = y \\[2mm] \dfrac{dy}{dt} = x. \end{cases}$$

Determine a trajetória descrita pela partícula, supondo que ela parta do ponto (x_0, y_0) dado.

a) $(1, 1)$ *b)* $(0, 1)$

c) $(1, 0)$ *d)* $(-1, -1)$

e) $(-1, 0)$ **f)** $(0, -1)$

g) $(-1, 1)$ **h)** $(1, -1)$

Solução

Multiplicando a 1ª equação por x e a segunda por $-y$ e somando membro a membro, obtemos

① $$x\frac{dx}{dt} - y\frac{dy}{dt} = 0.$$

Segue que toda solução

$$\begin{cases} x = x(t) \\ y = y(t) \end{cases}$$

do sistema dado é, também, solução da equação ①, ou seja, da equação

$$x\,dx - y\,dy = 0.$$

Integrando, resulta

$$\frac{x^2}{2} - \frac{y^2}{2} = k,\, k \in \mathbb{R}$$

ou

$$x^2 - y^2 = c\,(c = 2k).$$

Segue que, para toda solução

$$\begin{cases} x = x(t) \\ y = y(t) \end{cases} \quad t \in I$$

do sistema dado, existe uma constante c tal que, para todo $t \in I$, o ponto $(x(t), y(t))$ permanece sobre a curva de nível

$$x^2 - y^2 = c,$$

que é uma família de hipérboles ($c \neq 0$) ou um par de retas ($c = 0$). A partícula que parte da posição $(1, 1)$ descreve o movimento sobre a reta $y = x$ ($c = 0$, neste caso); esta situação e as outras estão representadas na figura ao lado. As setas indicam o sentido de percurso. Observe que o sistema dado nos conta que a velocidade da partícula depende de sua posição e que na posição (x, y) a velocidade é

$$y\vec{i} + x\vec{j}.$$

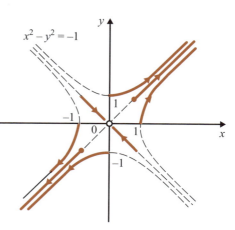

Por exemplo, na posição $(1, 1)$ a velocidade é $\vec{i} + \vec{j}$; na posição $(-1, 1)$ é $\vec{i} - \vec{j}$ etc.

Equações Diferenciais de 1ª Ordem

Exemplo 10 Com relação ao exemplo anterior, determine a posição, no instante t, da partícula que parte da posição (x_0, y_0) dada.

Solução

a) No instante $t = 0$ a posição é $(1, 1)$.

Como vimos, a partícula descreve o movimento sobre a reta $y = x$. Sendo, então, $(x(t), y(t))$ a posição da partícula no instante t, com $t \in I$, teremos, para todo $t \in I$,

$$y(t) = x(t).$$

Substituindo na 1ª equação do sistema dado, obtemos

$$\frac{dx}{dt} = x$$

e, portanto, $x = ke^t$. Devemos tomar $k = 1$, pois, para $t = 0$, $x = 1$. Logo,

$$\begin{cases} x = e^t \\ y = e^t \end{cases} \quad t \geq 0$$

é a posição da partícula no instante t. Observe que

$$\begin{cases} x = e^t \\ y = e^t \end{cases} \quad t \in \mathbb{R}$$

é solução do sistema dado no exemplo anterior; quando t percorre o intervalo $]-\infty, +\infty[$, o ponto (e^t, e^t) descreve a semirreta

$$\left\{ (x, y) \in \mathbb{R}^2 \,\middle|\, y = x, x > 0 \right\}.$$

b) $(x_0, y_0) = (0, 1)$

A partícula descreve o movimento sobre o ramo de hipérbole $x^2 - y^2 = -1$, $y > 0$. Segue que

$$y = \sqrt{1 + x^2}.$$

Substituindo na 1ª equação do sistema, obtemos

$$\frac{dx}{dt} = \sqrt{1 + x^2}.$$

Separando as variáveis e integrando, resulta

① $$\int \frac{dx}{\sqrt{1 + x^2}} = t + k, k \in \mathbb{R}.$$

Fazendo a mudança de variável $x = \text{tg } \theta$,

$$\int \frac{dx}{\sqrt{1 + x^2}} = \int \sec \theta \, d\theta = \ln(\sec \theta + \text{tg } \theta)$$

Capítulo 10

e, portanto,

$$\int \frac{dx}{\sqrt{1+x^2}} = \ln(\sqrt{1+x^2} + x).$$

(Estamos omitindo a constante, pois ela já foi considerada em ①.) Como $x = 0$ para $t = 0$, devemos tomar $k = 0$; assim,

$$\ln\left(\sqrt{1+x^2} + x\right) = t,$$

ou seja,

$$\sqrt{1+x^2} + x = e^t.$$

Daí,

$$1 + x^2 = e^{2t} - 2xe^t + x^2$$

e, portanto,

$$x = \frac{e^t - e^{-t}}{2}.$$

Substituindo em $y = \sqrt{1+x^2}$, obtemos

$$y = \frac{e^t + e^{-t}}{2} \text{ (verifique).}$$

Deste modo,

$$\begin{cases} x = \dfrac{e^t - e^{-t}}{2} \\ y = \dfrac{e^t + e^{-t}}{2} \end{cases}$$

fornece-nos a posição, no instante t, da partícula que, no instante $t = 0$, ocupa a posição $(0, 1)$.

c) $\boxed{(x_0, y_0) = (-1, 1)}$

O movimento se realiza sobre a reta

$$y = -x \text{ (verifique).}$$

Substituindo na 1ª equação do sistema, obtemos

$$\frac{dx}{dt} = -x.$$

Portanto, $x = ke^{-t}$. Para se ter $x(0) = -1$, devemos tomar $k = -1$. Portanto,

$$\begin{cases} x = -e^{-t} \\ y = e^{-t} \end{cases}$$

Equações Diferenciais de 1ª Ordem

fornece-nos a posição no instante t da partícula que parte de $(-1, 1)$. Observe que, para $t \to +\infty$, a posição da partícula tende para a origem $(0, 0)$.

Os demais casos ficam para o leitor.

Exemplo 11 (*Mudança de variáveis.*) Considere a equação

① $$P(x, y)\, dx + Q(x, y)\, dy = 0, (x, y) \in \Omega.$$

Sejam $x = f(u, v)$ e $y = g(u, v)$ duas funções de classe C^1 no aberto Ω_1, tais que, para todo $(u, v) \in \Omega_1$, $(f(u, v), g(u, v)) \in \Omega)$. Prove que se

$$\begin{cases} u = u(t) \\ v = v(t) \end{cases} \quad t \in I$$

for solução da equação

② $$P_1(u, v)\underbrace{\left[\frac{\partial f}{\partial u}\, du + \frac{\partial f}{\partial v}\, dv\right]}_{dx} + Q_1(u, v)\underbrace{\left[\frac{\partial g}{\partial u}\, du + \frac{\partial g}{\partial v}\, dv\right]}_{dy} = 0$$

então

③ $$\begin{cases} x = f(u(t), v(t)) \\ y = g(u(t), v(t)) \end{cases} \quad t \in I$$

será solução de ①.

Observação. Na equação ② acima

$$P_1(u, v) = P(f(u, v), g(u, v))$$

e

$$Q_1(u, v) = Q(f(u, v), g(u, v)).$$

Solução

Segue de ③ que

④ $$\begin{cases} \dfrac{dx}{dt} = \dfrac{\partial f}{\partial u}(u(t), v(t))\dfrac{du}{dt} + \dfrac{\partial f}{\partial v}(u(t), v(t))\dfrac{dv}{dt} \\[2mm] \dfrac{dy}{dt} = \dfrac{\partial g}{\partial u}(u(t), v(t))\dfrac{du}{dt} + \dfrac{\partial g}{\partial v}(u(t), v(t))\dfrac{dv}{dt} \end{cases}$$

Basta, então, substituir ③ e ④ em

$$P(x, y)\frac{dx}{dt} + Q(x, y)\frac{dy}{dt}$$

e observar que, por hipótese,

$$\begin{cases} u = u(t) \\ v = v(t) \end{cases}$$

é solução de ②.

Capítulo 10

Exemplo 12   Considere a equação

$$\frac{dy}{dx} = \frac{y - x}{x + y - 2}.$$

Determine uma solução $y = y(x)$ cujo gráfico passe pelo ponto $(2, 1)$.

Solução

A equação dada é equivalente a

$$(x - y)\, dx + (x + y - 2)\, dy = 0, \ x + y - 2 \neq 0.$$

Façamos a mudança de variáveis

① $$\begin{cases} x = u + 1 \\ y = v + 1 \end{cases}$$

Temos

$$dx = du \text{ e } dy = dv.$$

Substituindo na equação dada, vem

② $$(u - v)\, du + (u + v)\, dv = 0.$$

Como estamos interessados numa solução que passa pelo ponto $(2, 1)$, podemos trabalhar com $u > 0$. Dividindo os dois membros de ② por u, obtemos

$$\left(1 - \frac{v}{u}\right) du + \left(1 + \frac{v}{u}\right) dv = 0.$$

Consideremos, então, a equação

$$\left(1 - \frac{v}{u}\right) + \left(1 + \frac{v}{u}\right)\frac{dv}{du} = 0.$$

Façamos, agora, a mudança de variável

③ $$s = \frac{v}{u} \text{ ou } v = su.$$

Temos

$$\frac{dv}{du} = u\frac{ds}{du} + s.$$

Substituindo na equação acima, obtemos

$$(1 - s) + (1 + s)\left(u\frac{ds}{du} + s\right) = 0,$$

que é equivalente a

$$\frac{du}{u} + \frac{1 + s}{1 + s^2}\, ds = 0$$

Equações Diferenciais de 1ª Ordem

e, portanto,

$$\ln u + \frac{1}{2}\ln(1 + s^2) + \operatorname{arctg} s = k, \; k \in \mathbb{R} \quad \text{(verifique)},$$

ou seja,

$$\ln u^2(1 + s^2) + 2 \operatorname{arctg} s = c \quad (c = 2k).$$

Tendo em conta ① e ③, resulta

$$\ln\left[(x-1)^2 + (y-1)^2\right] + 2\operatorname{arctg}\frac{y-1}{x-1} = c.$$

Para $x = 2$ e $y = 1$ resulta $c = 0$. Uma solução $y = y(x)$ do problema é, então, dada implicitamente pela equação

$$\ln\left[(x-1)^2 + (y-1)^2\right] + 2\operatorname{arctg}\frac{y-1}{x-1} = 0.$$

(Sugerimos ao leitor esboçar o gráfico de uma tal solução; para isto passe a equação acima para coordenadas polares, fazendo

$$\begin{cases} x - 1 = \rho\cos\theta \\ y - 1 = \rho\operatorname{sen}\theta \end{cases} \quad \theta \in \left]-\frac{\pi}{2}, \frac{\pi}{2}\right[.$$

Sugerimos, ainda, verificar que

$$\begin{cases} x = 1 + \rho\cos\theta \\ y = 1 + \rho\operatorname{sen}\theta \end{cases} \quad \theta \in \mathbb{R}$$

com $\rho = ke^{-\theta}$, em que $k \geq 0$ é uma constante, é solução da equação

$$(x - y)\,dx + (x + y - 2)\,dy = 0.$$

Desenhe tais soluções.) Veja, também, Exercício 30 da Seção 10.5.

Exemplo 13 Considere a equação

$$\left(x^2 - y^2 - x\sqrt{x^2 + y^2}\right)dx + \left(2xy - y\sqrt{x^2 + y^2}\right)dy = 0.$$

Determine uma solução que passe pelo ponto $(0, 1)$.

Solução

Vamos passar para coordenadas polares. Façamos

①
$$\begin{cases} x = \rho\cos\theta \\ y = \rho\operatorname{sen}\theta \end{cases}$$

Como estamos interessados numa solução que passe pelo ponto $(0, 1)$ podemos trabalhar com $\rho > 0$ e θ no intervalo $]0, \pi[$. Temos

$$\begin{cases} dx = \dfrac{\partial}{\partial \rho}(\rho\cos\theta)d\rho + \dfrac{\partial}{\partial \theta}(\rho\cos\theta)d\theta \\ dy = \dfrac{\partial}{\partial \rho}(\rho\,\text{sen}\,\theta)d\rho + \dfrac{\partial}{\partial \theta}(\rho\,\text{sen}\,\theta)d\theta \end{cases},$$

ou seja,

② $\quad\begin{cases} dx = \cos\theta\, d\rho - \rho\,\text{sen}\,\theta\, d\theta \\ dy = \text{sen}\,\theta\, d\rho - \rho\cos\theta\, d\theta \end{cases}$

Substituindo ① e ② na equação dada e simplificando, obtemos

$$(\cos\theta - 1)\, d\rho + \rho\,\text{sen}\,\theta\, d\theta = 0,$$

que é equivalente a

$$\frac{d\rho}{\rho} - \frac{\text{sen}\,\theta}{1 - \cos\theta}\, d\theta = 0$$

e, portanto,

$$\ln\rho - \ln(1 - \cos\theta) = c.$$

Para $\rho = 1$ e $\theta = \dfrac{\pi}{2}$ resulta $c = 0$. Logo,

$$\begin{cases} x = \rho\cos\theta \\ y = \rho\,\text{sen}\,\theta \end{cases}$$

com $\rho = 1 - \cos\theta$, $0 < \theta < \pi$, é uma solução que passa pelo ponto $(0, 1)$.

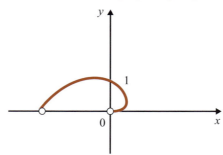

A equação $\rho = 1 - \cos\theta$ é equivalente a $\rho^2 = \rho - \cos\theta$, que em coordenadas cartesianas se escreve

$$x^2 + y^2 + x = \sqrt{x^2 + y^2}.$$

Uma solução da forma $y = y(x)$ é então dada implicitamente por esta equação.

Seja $\rho = k(1 - \cos\theta)$, $\theta \in \mathbb{R}$. Sugerimos ao leitor verificar que para toda constante $k \geq 0$

$$\begin{cases} x = \rho\cos\theta \\ y = \rho\,\text{sen}\,\theta \end{cases}$$

é solução da equação dada. Desenhe as imagens de tais soluções.

Equações Diferenciais de 1ª Ordem

Exercícios do Capítulo

1. Determine uma solução que satisfaça as condições dadas.

   a) $y' = 16 - y^4$, $y(1) = 2$

   b) $y = \sqrt{1 + (yy')^2}$, $y(1) = \sqrt{2}$ e $y' > 0$

   c) $\dot{x} = x^3$, $x(1) = 1$

   d) $(\dot{x})^2 + x^2 = 1$, $x(1) = 0$ e $\dot{x} > 0$

   e) $\ddot{x} = 2x\dot{x}$, $x(0) = 1$ e $\dot{x}(0) = 2$

   f) $\dot{x}^2 + \dfrac{1}{x} = 1$, $x(0) = 2$ e $\dot{x} > 0$

   g) $\ddot{x} = 1 - \dot{x}^2$, $x(0) = 1$ e $\dot{x}(0) = 0$

   (Sugestão: Faça $\dot{x} = u$.)

   h) $\dot{x} + \dfrac{1}{t}x = x^2$, $x(1) = \dfrac{1}{2}$

   i) $\dfrac{d\rho}{d\theta} + (\sec\theta)\rho = 1 - \operatorname{sen}\theta$, $\rho = 3$ para $\theta = 0$

   j) $\dfrac{d\rho}{d\theta} = \dfrac{\rho^2(\cos\theta + \operatorname{sen}\theta)}{1 - \operatorname{sen}\theta}$, $\rho = 0$ para $\theta = \dfrac{\pi}{4}$

   l) $\dfrac{dx}{dt} = \dfrac{x+t}{x-t}$, $x(0) = 1$

   m) $\dfrac{dy}{dx} = y^2 - \dfrac{2}{x^2}$, $y(1) = 0$

   (Sugestão: A mudança $xy = u$, ou seja, $y = \dfrac{u}{x}$, com $u = u(x)$, transforma a equação em uma de variáveis separáveis.)

   n) $\dfrac{dy}{dx} = y^2 - \dfrac{2}{x^2}$, $y(1) = 1$

   o) $\dfrac{dy}{dx} = \dfrac{y}{x} + \dfrac{2}{x^2}$, $y(1) = 1$

2. Determine uma função $y = f(x)$ definida num intervalo I, cujo gráfico passe pelo ponto $(0, \dfrac{5}{4})$ e tal que, para todo $t > 0$, $t \in I$, o comprimento do gráfico de $y = f(x)$, $0 \leq x \leq t$, seja igual à área do conjunto $0 \leq y \leq f(x)$, $0 \leq x \leq t$.

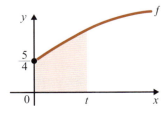

3. Uma partícula de massa $m = 1$ desloca-se sobre o eixo x, sendo o movimento regido pela equação

$$\ddot{x} = \frac{1}{x^2}.$$

Suponha que no instante $t = 0$, $x(0) = 1$ e $\dot{x}(0) = 0$. Calcule o tempo gasto pela partícula para se deslocar da posição $x = 1$ até a posição $x = 2$.

4. (*Pêndulo simples.*) A um fio muito leve de comprimento L está pendurada uma partícula de massa m. Tal partícula é afastada da vertical e abandonada.

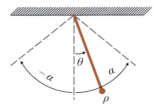

Desprezando-se a resistência do ar, mostra-se em física que o movimento da partícula é regido pela equação

$$\ddot{\theta} = -\frac{g}{L}\operatorname{sen}\theta,$$

em que g é a aceleração gravitacional suposta constante. Admita que no instante $t = 0$, $\theta(0) = \alpha$, $0 < \alpha < \frac{\pi}{2}$ e $\dot{\theta}(0) = 0$. Mostre que o tempo gasto pela partícula para sair da posição α e atingir a posição $-\alpha$ pela primeira vez é

$$\sqrt{\frac{2L}{g}} \int_0^\alpha \frac{d\theta}{\sqrt{\cos\theta - \cos\alpha}}.$$

5. Um objeto aquecido a 80 °C é colocado em um quarto a uma temperatura ambiente de 10 °C; um minuto após a temperatura do objeto passa a 70 °C. Admitindo (*lei de resfriamento de Newton*) que a temperatura $T = T(t)$ do objeto esteja variando a uma taxa proporcional à diferença entre a temperatura do objeto e a do quarto, isto é,

$$\frac{dT}{dt} = \alpha(T - 10),$$

determine a temperatura do objeto no instante t. (Suponha t dado em minutos; α é a constante de proporcionalidade.)

6. Suponha que $x = \varphi(t)$, $t \in I$, seja solução da equação

$$\ddot{x} = -4x^3$$

e que satisfaça as condições iniciais $\varphi(t_0) = 1$ e $\dot{\varphi}(t_0) = 0$ ($t_0 \in I$). Prove que, para todo $t \in I$, $-1 \leq \varphi(t) \leq 1$.

7. Determine uma função f cujo gráfico passe pelo ponto $(1, 1)$ e tal que, para todo p no seu domínio, a área do triângulo de vértices $(p, 0)$, $(p, f(p))$ e M seja 1, em que M é a interseção da reta tangente em $(p, f(p))$ com o eixo x.

Equações Diferenciais de 1ª Ordem

8. Determine uma função f cujo gráfico passe pelo ponto $(1, 1)$ e tal que, para todo p no seu domínio, a área do triângulo de vértices $(p, 0)$, $(p, f(p))$ e M seja igual a p, em que M é a interseção da reta tangente em $(p, f(p))$ com o eixo x.

9. Considere a *equação de Clairaut*

① $$y = xy' + (y')^2.$$

Prove que toda solução $y = y(x)$ de ① que seja derivável até a 2ª ordem é, também, solução de

$$(x + 2y')y'' = 0.$$

Determine, então, uma família de soluções de 1.

(*Sugestão*: Derive em relação a x os dois membros de ①.)

Observação. Seja $\psi(u)$ uma função de uma variável definida num intervalo. Toda equação do tipo

$$y = xy' + \psi(y')$$

denomina-se equação de Clairaut.

10. *a*) Verifique que

$$y' = (xy' - y)\sqrt{1 + (y')^2}$$

é uma *equação de Clairaut*.

b) Determine uma família de soluções satisfazendo a condição $y' > 0$. (Restrinja-se a $x > 0$.)

11. Seja T uma reta tangente ao gráfico de $y = f(x)$ e sejam A e B as interseções de T com os eixos coordenados. Determine uma função f, cujo gráfico não seja uma reta, tal que o segmento AB tenha comprimento 1, para toda reta tangente T. (Suponha que o gráfico de f esteja contido no 1º quadrante e que $f'(x > 0)$.)

12. Determine uma função $y = f(x)$ que tenha a seguinte propriedade: a reta tangente no ponto $P = (x, y)$ encontra o eixo y no ponto Q de modo que, qualquer que seja o ponto P, o segmento PQ tenha comprimento constante a, $a > 0$, e tal que $f(a) = 0$.

13. Determine uma função $y = f(x)$ definida num intervalo I, cujo gráfico passe pelo ponto $(0, \frac{4}{5})$ tal que, para todo $t \in I$, $t > 0$, a área da superfície obtida girando, em torno do eixo x, o gráfico da função $y = f(x)$, $0 \leqslant x \leqslant t$, seja igual a $2\pi t$.

14. Determine uma equação do tipo $P\,dx + Q\,dy = 0$ cujas soluções $y = y(x)$ sejam dadas implicitamente pelas equações $x^2 + 2xy - y^2 = c$.

15. Determine uma família de curvas que seja ortogonal à família dada.

a) $x^2 + 2y^2 = c$ *b*) $xy = c$
c) $x^2y - x^2 = c, x > 0$ *d*) $x^2 + 2xy - y^2 = c$

16. Sejam $P(x, y)$ e $Q(x, y)$ duas funções definidas em $\mathbb{R}^2$ e homogêneas de mesmo grau l, isto é, para todo $t > 0$ e para todo (x, y), $P(tx, ty) = t^\lambda P(x, y)$ e $Q(tx, ty) = t^\lambda Q(x, y)$. Seja

$$\begin{cases} x = x(t) \\ y = y(t) \end{cases} t \in I$$

Capítulo 10

solução da equação

$$P(x, y)\, dx + Q(x, y)\, dy = 0.$$

Prove que, para todo $\tau > 0$,

$$\begin{cases} x = \tau x(t) \\ y = \tau y(t) \end{cases} t \in I$$

será, também, solução. Interprete geometricamente.

17. Considere a equação

$$(x - 2y)\, dx + (y + 2x)\, dy = 0.$$

a) Verifique que

$$\begin{cases} x = e^{-2t} \cos t \\ y = e^{-2t} \operatorname{sen} t \end{cases}$$

é solução.

b) Determine uma solução que passa pelo ponto $(2, 0)$.

(*Sugestão*: Observe que a solução do item a passa pelo ponto $(1, 0)$ e utilize o exercício anterior.)

c) Utilizando o item *a* e o exercício anterior, conclua que as equações

$$(x^2 + y^2)e^{4\operatorname{arctg}\frac{y}{x}} = k$$

definem implicitamente uma família de soluções da equação dada.

18. Suponha que

$$\begin{cases} x = f(t) \\ y = g(t) \end{cases} t \in I\ (I \text{ intervalo})$$

seja solução da equação

$$P(x, y)\, dx + Q(x, y)\, dy = 0$$

e $f'(t) > 0$ em I. Seja $t = h(x)$, $x \in J$, a inversa de $x = f(t)$, $t \in I$. Prove que

$$y = g(h(x)), x \in J,$$

é, também, solução da equação dada. Interprete.

19. Sejam m, n, p e q constantes dadas. Mostre que a mudança $y = sx$ transforma a equação

$$\frac{dy}{dx} = \frac{mx^2 + ny^2}{px^2 + qy^2}$$

numa de variáveis separáveis.

20. Determine uma família de soluções da equação

Equações Diferenciais de 1ª Ordem

$$\frac{dy}{dx} = \frac{2x^2 + y^2}{2x^2}, \, x > 0.$$

21. O movimento de uma partícula no plano é descrito pelo sistema.

$$\begin{cases} \dot{x} = 1 + x^4 \\ \dot{y} = -4x^3 y. \end{cases}$$

Desenhe a trajetória descrita pela partícula supondo que ela inicia o movimento na posição $(0, 1)$.

22. *a*) Determine constantes a e b de modo que a mudança de variáveis

$$\begin{cases} x = u + a \\ y = v + b \end{cases}$$

transforme a equação

$$(3x + 2y - 5) \, dx + (-2x + y + 1) \, dy = 0$$

em

$$(3u + 2v) \, du + (-2u + v) \, dv = 0.$$

b) Determine uma solução $y = y(x)$ de

$$(3x + 2y - 5) \, dx + (-2x + y + 1) \, dy = 0$$

cujo gráfico passe pelo ponto $(0, 0)$.

(*Sugestão*: Veja Exemplo 12 desta Seção.)

23. Considere a equação

$$P(x, y) \, dx + Q(x, y) \, dy = 0.$$

Mostre que a mudança de variáveis

$$\begin{cases} x = \rho \cos \theta \\ y = \rho \, \text{sen} \, \theta \end{cases} \quad (\rho > 0)$$

transforma a equação acima em

$$\frac{1}{\rho} d\rho + g(\rho \cos \theta, \rho \, \text{sen} \, \theta) \, d\theta = 0$$

em que

$$g(x, y) = \frac{Q(x, y)x - P(x, y)y}{P(x, y)x + Q(x, y)y}$$

24. Considere a equação

$$(x^2 - y^2) \, dx + xy \, dy = 0$$

Passe para coordenadas polares e determine uma solução $y = y(x)$ tal que $y(1) = 1$.

Capítulo 10

25. O movimento de uma partícula no plano é regido pela equação

$$\begin{cases} \dfrac{dx}{dt} = -2y \\ \dfrac{dy}{dt} = x. \end{cases}$$

Desenhe a trajetória descrita pela partícula, supondo que o movimento se inicia na posição $(0, a)$, $a > 0$.

26. Suponha que

$$\begin{cases} x = x(t) \\ y = y(t) \end{cases} \quad t \in \mathbb{R}$$

seja solução do sistema

$$\begin{cases} \dfrac{dx}{dt} = -2y \\ \dfrac{dy}{dt} = x \end{cases}$$

e que $x(0) =$ e $y(0) = 0$. Prove que, para todo $t \in \mathbb{R}$,

$$[x(t)]^2 + 2[y(t)]^2 = 0$$

Conclua que, para todo $t \in \mathbb{R}$,

$$x(t) = 0 \text{ e } y(t) = 0$$

27. Considere a equação

$$(mx + ny)\, dx + (px + qy)\, dy = 0, (x, y) \in \Omega,$$

em que Ω é o semiplano $y > 0$; m, n, p e q são constantes dadas e $n = -p$. Suponha, ainda, $m > 0$ e $q > 0$. Prove que

$$\frac{1}{mx^2 + qy^2}$$

é um fator integrante.

28. Utilizando o exercício anterior, resolva a equação

$$(x + y)\, dx + (-x + y)\, dy = 0, y > 0.$$

29. Considere a equação

$$(mx + ny)\, dx + (px + qy)\, dy = 0, (x, y) \in \Omega,$$

em que Ω é o semiplano $y > 0$; m, n, p e q são constantes dadas tais que

$$(n + p)^2 - 4mq < 0.$$

Equações Diferenciais de 1ª Ordem

Prove que

$$\frac{1}{mx^2 + (n + p)xy + qy^2}$$

é um fator integrante. Verifique, ainda, que tal resultado continua válido com

$$\Omega = \left\{(x, y) \in \mathbb{R}^2 \mid (x, y) \notin A\right\}$$

em que $A = \left\{(x, 0) \in \mathbb{R}^2 \mid x > 0\right\}$. ($A$ é o semieixo positivo dos x.)

30. Vimos no Exemplo 12 desta seção que

$$\ln[(x - 1)^2 + (y - 1)^2] + 2 \operatorname{arctg} \frac{y - 1}{x - 1} = c$$

definem implicitamente soluções $y = y(x)$ da equação

① $\qquad\qquad (x - y)\, dx + (x + y - 2)\, dy = 0.$

Faça

$$\varphi(x, y) = \ln[(x - 1)^2 + (y - 1)^2] + 2 \operatorname{arctg} \frac{y - 1}{x - 1}.$$

Calcule $\dfrac{\partial \varphi}{\partial x}$ e $\dfrac{\partial \varphi}{\partial y}$. Determine, então, um fator integrante para ①.

11 CAPÍTULO

Equações Diferenciais Lineares de Ordem n, com Coeficientes Constantes

Videoaulas — vídeo 3.1

11.1 Equações Diferenciais Lineares de 1ª Ordem, com Coeficientes Constantes

Nesta seção e na próxima, vamos rever, rapidamente, assuntos já abordados no Cap. 5 do Vol. 2. Sugerimos ao leitor rever tal capítulo e o Apêndice A.

Sejam dados um número a e uma função f definida e contínua num intervalo I. Uma equação diferencial linear, de 1ª ordem, com coeficiente constante, é uma equação da forma

① $$\frac{dx}{dt} + ax = f(t).$$

Multiplicando ambos os membros de ① pelo fator integrante e^{at}, obtemos

$$e^{at}\frac{dx}{dt} + ax\,e^{at} = e^{at}f(t)$$

ou

② $$\frac{d}{dt}\left(x\,e^{at}\right) = e^{at}f(t)$$

pois $$\frac{d}{dt}\left(x\,e^{at}\right) = \frac{dx}{dt}e^{at} + ax\,e^{at}.$$

Como f é contínua em I, $e^{at}f(t)$ admite primitiva em I. De ② segue que $x\,e^{at}$ é da forma

$$x e^{at} = k + \int e^{at} f(t)\,dt,\ k \in \mathbb{R}$$

ou

③ $$x = k\,e^{-at} + e^{-at}\int e^{at} f(t)\,dt$$

Equações Diferenciais Lineares de Ordem *n*, com Coeficientes Constantes

com k constante. Por outro lado, é fácil verificar que as funções da forma ③ são soluções de ①. Chegamos, assim, ao importante resultado:

As soluções de

$$\frac{dx}{dt} + ax = f(t)$$

são as funções da forma

④ $\qquad x = k\,e^{-at} + e^{-at}\int e^{at} f(t)\,dt$

com k constante. (Reveja Seção 10.4 deste volume.)

Observe que, no cálculo de $\int e^{at} f(t)\,dt$, a constante de integração pode ser omitida, pois tal constante já está incorporada na constante k; isto significa que, em ④, estamos olhando $\int e^{at} f(t)\,dt$ como uma *particular* primitiva de $e^{at} f(t)$.

Seja t_0 um real fixo em I. Como

$$\int_{t_0}^{t} e^{au} f(u)\,du$$

é uma particular primitiva de $e^{at}f(t)$, segue que a fórmula ④ pode, também, ser colocada na forma

$$x = k\,e^{-at} + e^{-at}\int_{t_0}^{t} e^{au} f(u)\,du.$$

Exemplo 1 Considere a equação

$$\frac{dx}{dt} - x = \operatorname{sen} t.$$

a) Determine a solução geral.

b) Determine a solução que satisfaz a condição inicial $x(0) = 1$.

Solução

a) Tendo em vista ④, a solução geral é ($a = -1$ e $f(t) = \operatorname{sen} t$)

$$x = k\,e^{t} + e^{t}\int e^{-t} \operatorname{sen} t\,dt.$$

Como $\int e^{-t} \operatorname{sen} t\,dt = -\dfrac{1}{2}e^{-t}\left(\cos t + \operatorname{sen} t\right)$ (verifique), resulta

$$x = k\,e^{t} - \frac{1}{2}\left(\cos t + \operatorname{sen} t\right).$$

b) Precisamos determinar k para se ter $x = 1$ para $t = 0$.

$$1 = k - \frac{1}{2} \Leftrightarrow k = \frac{3}{2}.$$

A solução que satisfaz a condição inicial dada é

$$x = \frac{3}{2}e^t - \frac{1}{2}(\cos t + \operatorname{sen} t).$$

Exemplo 2 Na figura abaixo está representado um circuito utilizado para carregar um capacitor.

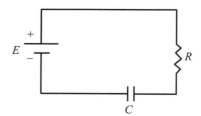

Mostra-se em física que a carga $q = q(t)$ no capacitor é regida pela equação

$$R\frac{dq}{dt} + \frac{q}{C} = E,$$

em que R é a resistência, C a capacitância e E a força eletromotriz. Supondo R, C e E constantes e $q(0) = 0$, determine a carga, no instante t, no capacitor.

Solução

A equação dada é equivalente a

$$\frac{dq}{dt} + \frac{1}{RC}q = \frac{E}{R}.$$

A solução geral é $\left(a = \dfrac{1}{RC} \text{ e } f(t) = \dfrac{E}{R}\right)$

$$q = k e^{-at} + e^{-at} \int \frac{E}{R} e^{at}\, dt.$$

Como $\int \dfrac{E}{R} e^{at}\, dt = \dfrac{E}{aR} e^{at}$, resulta

$$q = ke^{-at} + \frac{E}{aR},$$

ou seja,

$$q = ke^{\left(-\frac{t}{RC}\right)} + EC$$

pois $a = \dfrac{1}{RC}$. Para se ter $q(0) = 0$, devemos tomar $k = -EC$. Portanto,

$$q = EC\left[1 - e^{\left(-\frac{t}{RC}\right)}\right]$$

é a carga, no instante t, no capacitor.

Equações Diferenciais Lineares de Ordem _n_, com Coeficientes Constantes

Para finalizar a seção, observamos que, se em ① substituirmos x por y e t por x, obtemos a equação

$$\frac{dy}{dx} + ay = f(x),$$

cuja solução geral é

$$y = k\,e^{-ax} + e^{-ax} \int e^{ax} f(x)\,dx.$$

Exercícios 11.1

1. Determine a solução geral.

a) $\dfrac{dx}{dt} - 2x = e^{-t}$

b) $3\dfrac{dy}{dx} + y = 4$

c) $2\dfrac{dq}{dt} + 2q = t$

d) $\dfrac{ds}{dt} - s = e^{t}$

2. Uma partícula desloca-se no eixo Ox de modo que a soma da velocidade com a posição $x = x(t)$ é constante e igual a 2. Sabe-se que $x(0) = 0$.

a) Determine a posição $x = x(t)$ da partícula no instante t.

b) Esboce o gráfico da solução encontrada. (Suponha $t \geqslant 0$.)

3. Uma partícula desloca-se sobre a parábola $y = x^2$. Sabe-se que o movimento da sua projeção sobre o eixo Ox é regido pela equação

$$\frac{dx}{dt} + x = t$$

e que $x(0) = 0$. Determine a posição da partícula no instante t.

4. Uma das equações básicas dos circuitos elétricos é

$$L\frac{di}{dt} + Ri = E(t),$$

em que L (Henry) é a indutância, R (Ohm) a resistência, i (Ampère) é a corrente e E (Volt) a força eletromotriz. Resolva a equação supondo

a) L e R constantes não nulas, $E(t) = E_0$ para todo t e $i = 0$ para $t = 0$.

b) $L = 2$, $R = 10$, $E(t) = 110$ sen $120\pi t$ e $i = 0$ para $t = 0$.

5. Esboce o gráfico da solução da equação

$$\frac{dy}{dx} + y = 2x + x^2$$

que satisfaz a condição inicial dada.

a) $y(0) = 0$ b) $y(0) = 1$

11.2 Equações Diferenciais Lineares, Homogêneas, de 2ª Ordem, com Coeficientes Constantes

Os resultados que destacamos a seguir foram provados no Cap. 5 do Vol. 2. (Reveja tal capítulo!!!)

Seja a equação homogênea

$$\ddot{x} + b\dot{x} + cx = 0 \quad (b \text{ e } c \text{ reais dados})$$

e sejam λ_1, λ_2 as raízes da equação característica

$$\lambda^2 + b\lambda + c = 0.$$

(I) Se $\lambda_1 \neq \lambda_2$, λ_1 e λ_2 reais, a solução geral será

$$x = Ae^{\lambda_1 t} + Be^{\lambda_2 t} \ (A, B \in \mathbb{R}).$$

(II) Se $\lambda_1 = \lambda_2$, a solução geral será

$$x = e^{\lambda_1 t}(A + Bt). \ (A, B \in \mathbb{R})$$

(III) Se as raízes forem complexas, $\lambda = \alpha \pm \beta i$, a solução geral será

$$x = e^{\alpha t}(A \cos \beta t + B \operatorname{sen} \beta t) \ (A, B \in \mathbb{R})$$

Exemplo 1 Considere a equação

$$\frac{d^2 x}{dt^2} + 3\frac{dx}{dt} + 2x = 0.$$

a) Determine a solução geral.

b) Determine a solução que satisfaz as condições iniciais $x(0) = 1$ e $\dot{x}(0) = 0$.

Solução

a) A equação característica é

$$\lambda^2 + 3\lambda + 2 = 0,$$

cujas raízes são -1 e -2. A solução geral é, então,

$$x = Ae^{-t} + Be^{-2t}.$$

b) Para $t = 0$, $x = 1$; daí

① $$A + B = 1.$$

Como $\dot{x}(0) = 0$ e $\dot{x} = Ae^{-t} - 2Be^{-2t}$, resulta

Equações Diferenciais Lineares de Ordem *n*, com Coeficientes Constantes

$$-A - 2B = 0$$

e, portanto, $A = -2B$. Substituindo em ①, obtemos $B = -1$; logo, $A = 2$. Assim,

$$x = 2e^{-t} - e^{-2t}$$

é a solução pedida.

Exemplo 2 Determine a solução geral da equação

$$\frac{d^2 y}{dx^2} - 4\frac{dy}{dx} + 4y = 0.$$

Solução

$\lambda = 2$ é a única raiz da equação característica

$$\lambda^2 - 4\lambda + 4 = 0.$$

A solução geral é

$$y = Ae^{2x} + Bxe^{2x},$$

ou seja,

$$y = e^{2x}(A + Bx).$$

Exemplo 3 Considere a equação

$$\frac{d^2 y}{dx^2} + 5y = 0.$$

Determine a solução geral.

Solução

As raízes da equação característica

$$\lambda^2 + 5 = 0$$

são $\sqrt{5}i$ e $-\sqrt{5}i$ ($\alpha = 0$ e $\beta = \sqrt{5}$). Segue que a solução geral é

$$y = A\cos\sqrt{5}x + B\,\text{sen}\,\sqrt{5}x.$$

Exemplo 4 Determine a solução geral da equação

$$\ddot{x} + 4\dot{x} + 5x = 0.$$

Solução

A equação característica é

$$\lambda^2 + 4\lambda + 5 = 0,$$

cujas raízes são

$$\lambda = \frac{-4 \pm \sqrt{-4}}{2},$$

ou seja,

$$\lambda = -2 \pm i \, (\alpha = -2 \text{ e } \beta = 1).$$

A solução geral é, então,

$$x = e^{-2t}(A \cos t + B \, \text{sen} \, t).$$

Exemplo 5 O movimento de uma partícula sobre o eixo Ox é regido pela equação

$$m\ddot{x} + kx = 0,$$

em que $m > 0$ e $k > 0$ são constantes reais dadas. Descreva o movimento.

Solução

A equação é equivalente a

$$\ddot{x} + \omega^2 x = 0,$$

em que $\omega^2 = \dfrac{k}{m}$. As raízes da equação característica

$$\lambda^2 + \omega^2 = 0$$

são $\lambda = \pm \omega i$. ($\alpha = 0$ e $\beta = \omega$). A solução geral é, então,

$$x = A \cos \omega t + B \, \text{sen} \, \omega t.$$

Tomando-se φ tal que

$$A = \sqrt{A^2 + B^2} \cos \varphi \quad \text{e} \quad B = \sqrt{A^2 + B^2} \, \text{sen} \, \varphi$$

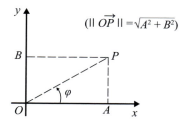

$(\|\overrightarrow{OP}\| = \sqrt{A^2 + B^2})$

resulta

$$x = \sqrt{A^2 + B^2} \, (\cos \varphi \cos \omega t + \text{sen} \, \varphi \, \text{sen} \, \omega t),$$

ou seja,

$$x = \sqrt{A^2 + B^2} \cos(\omega t - \varphi).$$

Trata-se, então, de um *movimento harmônico simples* de amplitude $\sqrt{A^2 + B^2}$.

Equações Diferenciais Lineares de Ordem *n*, com Coeficientes Constantes

Exemplo 6 Considere uma mola com uma das extremidades fixa.

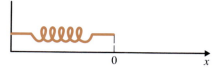

Suponha que a origem, $x = 0$, coincida com a extremidade livre da mola, quando esta se encontra em seu estado normal (não distendida). Se a mola for comprimida ou distendida até que a sua extremidade livre desloque à posição x, a mola exercerá sobre o agente que a deforme uma força cujo valor, em boa aproximação, será

$$\vec{F}(x) = -kx\,\vec{i} \quad \text{(Lei de Hooke)},$$

em que k é a constante da mola. Suponha, agora, que a mola seja distendida e que uma partícula de massa m seja presa na sua extremidade livre e, em seguida, abandonada. Determine a posição $x = x(t)$ da partícula no instante t supondo $x(0) = x_0$ e $\dot{x}(0) = 0$. (Despreze o atrito.)

Solução

Pela segunda Lei de Newton

$$m\ddot{x} = -kx,$$

que é equivalente a

$$m\ddot{x} + kx = 0.$$

Segue do exemplo anterior que a solução geral é

$$x = A \cos \omega t + B \operatorname{sen} \omega t,$$

em que $\omega^2 = \dfrac{k}{m}$. Para que as condições iniciais sejam satisfeitas devemos ter

$$A = x_0 \text{ e } B = 0. \quad \text{(Verifique.)}$$

Logo, a posição da partícula no instante t é dada por

$$x = x_0 \cos \omega t.$$

Exemplo 7 Uma partícula de massa m desloca-se sobre o eixo Ox sob a ação de uma *força elástica* $-kx\vec{i}$ ($k > 0$) e de uma *força de amortecimento* proporcional à velocidade e dada por $-c\dot{x}\vec{i}$ ($c > 0$). Prove que a *energia mecânica*

$$m\frac{\dot{x}^2}{2} + k\frac{x^2}{2}$$

é decrescente em $[0, +\infty[$.

Solução

Pela segunda Lei de Newton,

$$m\ddot{x} = -kx - c\dot{x},$$

Capítulo 11

que é equivalente a

① $$m\ddot{x} + kx = -c\dot{x}.$$

Vamos, agora, calcular a derivada, em relação ao tempo t, da energia mecânica. Temos

$$\frac{d}{dt}\left(m\frac{\dot{x}^2}{2} + k\frac{x^2}{2} \right) = m\dot{x}\ddot{x} + kx\dot{x}.$$

Tendo em vista ①, resulta

$$\frac{d}{dt}\left(m\frac{\dot{x}^2}{2} + k\frac{x^2}{2} \right) = -c\dot{x}^2.$$

Como, por hipótese, $c > 0$, temos

$$\frac{d}{dt}\left(m\frac{\dot{x}^2}{2} + k\frac{x^2}{2} \right) \leqslant 0$$

para todo $t \geqslant 0$; logo, a energia mecânica é decrescente em $[0, +\infty[$. Era razoável esperar tal resultado? Por quê?

Exemplo 8   Uma partícula de massa m desloca-se sobre o eixo Ox sob a ação de uma força elástica $-kx\vec{i}$ $(k > 0)$ e de uma força de amortecimento proporcional à velocidade e dada por $-cx\vec{i}$ $(c > 0)$. Determine a equação que rege o movimento e discuta as soluções.

Solução

Pela segunda Lei de Newton,

$$m\ddot{x} = -kx - c\dot{x},$$

ou seja,

$$m\ddot{x} + c\dot{x} + kx = 0,$$

que é a equação que rege o movimento. Esta equação é equivalente a

① $$\ddot{x} + 2\gamma\dot{x} + \omega^2 x = 0,$$

em que $\gamma = \dfrac{c}{2m}$ e $\omega^2 = \dfrac{k}{m}$. As raízes da equação característica são:

$$\lambda = -\gamma \pm \sqrt{\gamma^2 - \omega^2}.$$

1º Caso. *Movimento oscilatório amortecido ou subcrítico* $(\gamma^2 < \omega^2)$

Sendo $\gamma^2 < \omega^2$, as raízes da equação característica serão complexas:

$$\lambda = -\gamma \pm \omega_1 i,$$

em que $\omega_1 = \sqrt{\omega^2 - \gamma^2}$. A solução geral de ① será

$$x = e^{-\gamma t} (A \cos \omega_1 t + B \operatorname{sen} \omega_1 t)$$

e, portanto,

$$\boxed{x = Ke^{-\gamma t} \cos (\omega_1 t - \varphi)}$$

em que $K = \sqrt{A^2 + B^2}$ e φ é tal que $A = K \cos \varphi$ e $B = K \operatorname{sen} \varphi$.

2º Caso. *Amortecimento crítico* $(\gamma^2 = \omega^2)$

Neste caso, a equação característica admitirá uma única raiz real $\lambda = -\gamma$. A solução geral será

$$x = Ae^{-\gamma t} + Bte^{-\gamma t},$$

ou seja,

$$\boxed{x = e^{-\gamma t} (A + Bt)}$$

3º Caso. *Amortecimento forte ou supercrítico* $(\gamma^2 > \omega^2)$

Sendo $\gamma^2 > \omega^2$, as raízes da equação característica serão reais e distintas:

$$\lambda = -\gamma \pm \Omega,$$

em que $\Omega = \sqrt{\gamma^2 - \omega^2}$. A solução geral será

$$\boxed{x = e^{-\gamma t} (Ae^{\Omega t} + Be^{-\Omega t}).}$$

A figura abaixo mostra o gráfico da solução que satisfaz as condições iniciais $x(0) = x_0$ ($x_0 > 0$) e $\dot{x}(0) = 0$.

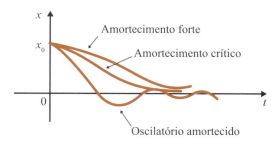

Note que, nos casos 2 e 3, o amortecimento é suficientemente grande de modo a não permitir oscilação da partícula em torno da posição de equilíbrio ($x = 0$). Observe, ainda, que se k e m forem mantidos constantes, a partícula tende para a origem cada vez mais lentamente, à medida que o fator de amortecimento c cresce.

Capítulo 11

Exemplo 9 Uma partícula de massa $m = 1$ desloca sobre o eixo Ox sob a ação da força elástica $-5x\vec{i}$ e de uma força de amortecimento proporcional à velocidade dada por $-4\dot{x}\vec{i}$. Sabe-se que $x(0) = 0$ e $\dot{x}(0) = 1$. Determine a posição da partícula no instante t. Esboce o gráfico da solução encontrada.

Solução

A equação que rege o movimento é

$$\ddot{x} = -5x - 4\dot{x},$$

ou seja,

$$\ddot{x} + 4\dot{x} + 5x = 0.$$

A solução geral é

$$x = e^{-2t}(A \cos t + B \sin t). \quad \text{(Verifique.)}$$

Segue que

$$x = e^{-2t} \sin t$$

é a solução que satisfaz as condições iniciais dadas.

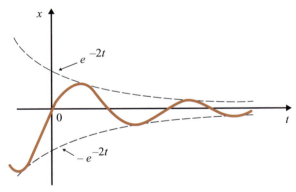

Seja $\lambda = \alpha + i\beta$ um número complexo dado, com α e β reais. No Apêndice A do Vol. 2 definimos $e^{\lambda t}$:

$$\boxed{e^{\lambda t} = e^{(\alpha + i\beta)t} = e^{\alpha t}(\cos \beta t + i \sin \beta t).}$$

A relação acima é conhecida como *relação de Euler*. Fazendo $t = 1$ na relação acima, resulta:

$$\boxed{e^{\alpha + i\beta} = e^{\alpha}(\cos \beta + i \sin \beta).}$$

Se $\alpha = 0$

$$\boxed{e^{i\beta} = \cos \beta + i \sin \beta.}$$

Consideremos novamente a equação

$$\ddot{x} + b\dot{x} + cx = 0,$$

Equações Diferenciais Lineares de Ordem *n*, com Coeficientes Constantes

em que *b* e *c* são reais dados. Sejam $\lambda_1 \neq \lambda_2$ as raízes, *reais* ou *complexas*, da equação característica. No apêndice anteriormente mencionado, provamos que a solução geral da equação dada é

$$x = A_1 e^{\lambda_1 t} + B_1 e^{\lambda_2 t}$$

com A_1 e B_1 complexos. É claro que, agora, estamos olhando as soluções como funções de $\mathbb{R}$ em $\mathbb{C}$, em que $\mathbb{C}$ é o conjunto dos números complexos. (Veja Apêndice A do Vol. 2.)

Exemplo 10 Determine a solução geral da equação

$$\ddot{x} + 2\dot{x} + 2x = 0.$$

Solução

As raízes da equação característica

$$\lambda^2 + 2\lambda + 2 = 0$$

são $\lambda = -1 \pm i$. A solução geral é, então,

$$x = A_1 e^{(-1 + i)t} + B_1 e^{(-1 - i)t},$$

ou seja,

$$x = e^{-t} [A_1 e^{it} + B_1 e^{-it}].$$

Pela relação de Euler

$$e^{it} = \cos t + i \operatorname{sen} t$$

e

$$e^{-it} = \cos(-t) + i \operatorname{sen}(-t) = \cos t - i \operatorname{sen} t.$$

Substituindo na solução geral, vem

$$x = e^{-t} [A_1(\cos t + i \operatorname{sen} t) + B_1(\cos t + i \operatorname{sen} t)]$$

e, portanto,

$$x = e^{-t} (A \cos t + B \operatorname{sen} t),$$

em que $A = A_1 + B_1$ e $B = i(A_1 - B_1)$.

Exercícios 11.2

1. Resolva a equação

a) $\dfrac{d^2 x}{dt^2} - 5\dfrac{dx}{dt} + 4x = 0$

b) $\dfrac{d^2 y}{dx^2} - 9y = 0$

c) $\ddot{x} - 10\dot{x} + 25x = 0$

d) $\ddot{x} + 9x = 0$

e) $\dfrac{d^2 y}{dx^2} + 4\dfrac{dy}{dx} + 5y = 0$

f) $4\ddot{x} + 9x = 0$

g) $\ddot{x} + 12\dot{x} + 36x = 0$

h) $\dfrac{d^2 x}{dt^2} - 4\dfrac{dx}{dt} + 6x = 0$

2. Esboce o gráfico da solução que satisfaz as condições iniciais dadas.

   a) $\ddot{x} + 2\dot{x} + 2x = 0, x(0) = 0$ e $\dot{x}(0) = 1$

   b) $\ddot{x} + 2\dot{x} + x = 0, x(0) = 1$ e $\dot{x}(0) = 0$

   c) $\dot{x} - x = 0, x(0) = 2$ e $\dot{x}(0) = 0$

3. Determine a solução do problema.

   a) $\dfrac{d^2 y}{dx^2} + 2\dfrac{dy}{dx} = 0,\ y(0) = 1$ e $y'(0) = 2$

   b) $\ddot{x} - 5\dot{x} = 0, x(0) = 2$ e $\dot{x}(0) = 0$

   c) $\dfrac{d^2 x}{dt^2} + 9x = 0, x(0) = 1$ e $\dot{x}(0) = -1$

4. Resolva a equação

   a) $m\dfrac{d^2 y}{dx^2} + n\dfrac{dy}{dx} = 0$, em que m e n são constantes não nulas

   b) $\ddot{x} + 2\alpha\dot{x} + \alpha^2 x = 0$, em que α é uma constante não nula

   c) $\ddot{x} + 8\dot{x} = 0$

   d) $\ddot{x} + \dot{x} + x = 0$

5. Uma partícula de massa $m = 1$ desloca-se sobre o eixo Ox sob a ação da força elástica $-x\vec{i}$ e de uma força de amortecimento proporcional à velocidade dada por $-2x\vec{i}$. Determine a posição $x = x(t), t \geq 0$, da partícula no instante t e discuta o movimento, supondo

   a) $x(0) = 1$ e $\dot{x}(0) = 0$
   b) $x(0) = 1$ e $\dot{x}(0) = -2$

6. Uma partícula de massa $m = 1$ desloca-se sobre o eixo Ox sob a ação da força elástica $-2x\vec{i}$ e de uma força de amortecimento proporcional à velocidade dada por $-2\dot{x}\vec{i}$. Suponha $x(0) = 0$ e $\dot{x}(0) = 1$. Determine a posição $x = x(t), t \geq 0$, e discuta o movimento.

7. Uma partícula de massa $m = 1$ desloca-se sobre o eixo Ox sob a ação da força elástica $-4x\vec{i}$. Supondo $x(0) = 1$ e $\dot{x}(0) = 1$, determine a velocidade no instante t.

 8. f é uma função definida em $\mathbb{R}$ tal que sua derivada segunda é igual à diferença entre sua derivada primeira e ela própria. Determine f sabendo, ainda, que $f(0) = 0$ e $f'(0) = 1$.

9. Um móvel desloca-se sobre o eixo Ox com aceleração proporcional à diferença entre a velocidade e a posição. Determine a posição $x = x(t)$ do móvel, supondo $\ddot{x}(0) = 2$, $\dot{x}(0) = 1$ e $x(0) = 0$.

10. Uma partícula de massa $m = 1$ desloca-se sobre o eixo Ox sob a ação de uma força elástica $-x\vec{i}$ e de uma força de amortecimento proporcional à velocidade dada por $-c\dot{x}\vec{i}$ ($c > 0$). Determine c para que o movimento seja:

a) Fortemente amortecido

b) Criticamente amortecido

c) Oscilatório amortecido

11.3 Equações Diferenciais Lineares, com Coeficientes Constantes, de Ordens 3 e 4

Consideremos a equação diferencial linear de 3ª ordem, homogênea, com coeficientes constantes,

① $$\frac{d^3x}{dt^3} + a_1 \frac{d^2x}{dt^2} + a_2 \frac{dx}{dt} + a_3 x = 0,$$

em que a_1, a_2 e a_3 são reais dados. Sejam λ_i, $i = 1, 2, 3$, as raízes, reais ou complexas, da equação característica

② $$\lambda^3 + a_1 \lambda^2 + a_2 \lambda + a_3 = 0.$$

No Apêndice A do Vol. 2, vimos que a solução geral de ① é

$$x = Ae^{\lambda_1 t} + Be^{\lambda_2 t} + Ce^{\lambda_3 t} \text{ se } \lambda_i \neq \lambda_j \text{ para } i \neq j;$$

$$x = Ae^{\lambda_1 t} + Bte^{\lambda_1 t} + Ce^{\lambda_3 t} \text{ se } \lambda_1 = \lambda_2 \neq \lambda_3;$$

$$x = Ae^{\lambda_1 t} + Bte^{\lambda_1 t} + Ct^2 e^{\lambda_1 t} \text{ se } \lambda_1 = \lambda_2 = \lambda_3.$$

Como estamos supondo a_1, a_2 e a_3 reais, segue que se ② admitir a raiz complexa $\alpha + i\beta$, admitirá, também, a complexa conjugada $\alpha - i\beta$ (verifique). Supondo que λ_1 seja uma raiz real, a solução geral ① será, então,

$$x = Ae^{\lambda_1 t} + B_1 e^{(\alpha + i\beta)t} + C_1 e^{(\alpha - i\beta)t}.$$

Pela relação de Euler

$$B_1 e^{(\alpha + i\beta)t} + C_1 e^{(\alpha - i\beta)t} = e^{\alpha t} (B \cos \beta t + C \operatorname{sen} \beta t),$$

em que $B = B_1 + C_1$ e $C = i(B_1 - C_1)$. Portanto, a solução geral será

$$x = Ae^{\lambda_1 t} + e^{\alpha t} (B \cos \beta t + C \operatorname{sen} \beta t).$$

Da mesma forma resolvem-se as equações lineares, homogêneas, com coeficientes constantes, de ordem $n > 3$. (Verifique.)

Capítulo 11

Exemplo 1 Determine a solução geral da equação

$$\ddot{x} - x = 0$$

Solução

A equação característica é

$$\lambda^3 - 1 = 0.$$

Como $\lambda^3 - 1 = (\lambda - 1)(\lambda^2 + \lambda + 1)$, a equação acima é equivalente a

$$\begin{cases} \lambda - 1 = 0 \\ \text{ou} \\ \lambda^2 + \lambda + 1 = 0. \end{cases}$$

A equação característica tem a raiz real 1 e as complexas

$$-\frac{1}{2} + i\frac{\sqrt{3}}{2} \quad \text{e} \quad -\frac{1}{2} - i\frac{\sqrt{3}}{2}.$$

$\left(\alpha = -\dfrac{1}{2} \ \text{e} \ \beta = \dfrac{\sqrt{3}}{2} \right)$. A solução geral será, então,

$$x = Ae^t + e^{-\frac{1}{2}t}\left(B\cos\frac{\sqrt{3}}{2}t + C\operatorname{sen}\frac{\sqrt{3}}{2}t \right).$$

Exemplo 2 Determine a solução geral de

$$y''' - y'' - y' + y = 0. \qquad \left(y' = \frac{dy}{dx} \right)$$

Solução

A equação característica é

$$\lambda^3 - \lambda^2 - \lambda + 1 = 0,$$

cujas raízes são 1 (raiz dupla) e -1. (Por inspeção, verifica-se que 1 é raiz; dividindo o 1º membro por $\lambda - 1$, obtemos:

$$\lambda^3 - \lambda^2 - \lambda + 1 = (\lambda - 1)(\lambda^2 - 1) = (\lambda - 1)^2(\lambda + 1).)$$

A solução geral será, então,

$$y = Ae^x + Bxe^x + Ce^{-x}.$$

Equações Diferenciais Lineares de Ordem *n*, com Coeficientes Constantes

Exemplo 3 Determine a solução geral de

$$\frac{d^3 y}{dx^3} + 2\frac{d^2 y}{dx^2} = 0.$$

Solução

A equação característica é

$$\lambda^3 + 2\lambda^2 = 0,$$

cujas raízes são 0 (raiz dupla) e -2. A solução geral será, então,

$$y = A + Bx + Ce^{-2x}.$$

Exemplo 4 Determine a solução geral de

$$\dddot{x} - 3\ddot{x} + 3\dot{x} - x = 0.$$

Solução

A equação característica

$$\lambda^3 - 3\lambda^2 + 3\lambda - 1 = 0$$

admite a única raiz real 1 (raiz tripla). A solução geral será, então,

$$x = e^t(A + Bt + Ct^2).$$

Consideremos, agora, a equação de 4ª ordem

③
$$\frac{d^4 x}{dt^4} + a_1\frac{d^3 x}{dt^3} + a_2\frac{d^2 x}{dt^2} + a_3\frac{dx}{dt} + a_4 x = 0,$$

em que a_1, a_2, a_3 e a_4 são reais dados. Sejam λ_i, $i = 1, 2, 3, 4$ as raízes, reais ou complexas, da equação característica

$$\lambda^4 + a_1\lambda^3 + a_2\lambda^2 + a_3\lambda + a_4 = 0.$$

Com procedimento análogo aos casos anteriores prova-se que a solução geral de ③ será:

$$x = Ae^{\lambda_1 t} + Be^{\lambda_2 t} + Ce^{\lambda_3 t} + De^{\lambda_4 t}$$

se as raízes forem distintas duas a duas;

$$x = Ae^{\lambda_1 t} + Bte^{\lambda_1 t} + Ce^{\lambda_3 t} + De^{\lambda_4 t}$$

se $\lambda_1 = \lambda_2$, $\lambda_1 \neq \lambda_3$, $\lambda_1 \neq \lambda_4$ e $\lambda_3 \neq \lambda_4$;

$$x = Ae^{\lambda_1 t} + Bte^{\lambda_1 t} + Ct^2 e^{\lambda_1 t} + De^{\lambda_4 t}$$

se $\lambda_1 = \lambda_2 = \lambda_3 \neq \lambda_4$;

$$x = e^{\lambda_1 t}(A + Bt + Ct^2 + Dt^3)$$

Capítulo 11

se $\lambda_1 = \lambda_2 = \lambda_3 = \lambda_4$;

$$x = Ae^{\lambda_1 t} + Bte^{\lambda_1 t} + Ce^{\lambda_3 t} + Dte^{\lambda_3 t}$$

se $\lambda_1 = \lambda_2 \neq \lambda_3 = \lambda_4$.

Utilizando-se a relação de Euler, verifica-se que se a equação característica admitir as raízes reais distintas λ_1, λ_2 e as complexas $\alpha \pm i\beta$, então a solução geral será

$$x = Ae^{\lambda_1 t} + Be^{\lambda_2 t} + e^{\alpha t} (C\cos\beta t + D\,\mathrm{sen}\,\beta t);$$

evidentemente, se $\lambda_1 = \lambda_2$, então

$$x = e^{\lambda_1 t} (A + Bt) + e^{\alpha t} (C\cos\beta t + D\,\mathrm{sen}\,\beta t).$$

Se a equação característica admitir as raízes complexas $\alpha \pm i\beta$ e $\delta \pm i\gamma$, teremos

$$x = e^{\alpha t} (A \cos \beta t + B \,\mathrm{sen}\, \beta t) + e^{\delta t} (C \cos \gamma t + D \,\mathrm{sen}\, \gamma t).$$

Deixamos a seu cargo pensar como será a solução geral no caso em que uma raiz complexa é dupla. (Veja Exemplo 7.)

Exemplo 5 Uma partícula de massa $m = 1$ desloca-se no plano sob a ação da força

$$\vec{F}(x, y) = y\vec{i} + x\vec{j}.$$

Sabe-se que no instante $t = 0$ a partícula encontra-se na posição $(0, 0)$ e que, neste instante, sua velocidade é $\vec{v}_0 = (0, 1)$. Determine a posição da partícula no instante t.

Solução

Pela segunda Lei de Newton $(\vec{F} = m\vec{a})$ devemos ter

①
$$\begin{cases} \ddot{x} = y \\ \ddot{y} = x \end{cases}$$

Derivando a 2ª equação duas vezes em relação ao tempo, obtemos

$$\frac{d^4 y}{dt^4} = \ddot{x}.$$

Tendo em vista a 1ª equação, resulta

②
$$\frac{d^4 y}{dt^4} - y = 0,$$

que é uma equação diferencial linear, homogênea, com coeficientes constantes e de 4ª ordem. A equação característica de ② é

$$\lambda^4 - 1 = 0,$$

que é equivalente a

$$(\lambda^2 - 1)(\lambda^2 + 1) = 0,$$

cujas raízes são: ± 1 e $\pm i$. A solução geral de ② é, então,

$$y = Ae^t + Be^{-t} + C_1 e^{it} + D_1 e^{-it}.$$

Pela relação de Euler

$$e^{it} = \cos t + i \operatorname{sen} t$$

e

$$e^{-it} = \cos t - i \operatorname{sen} t.$$

Segue que

$$y = Ae^t + Be^{-t} + C \cos t + D \operatorname{sen} t,$$

em que $C = C_1 + D_1$ e $D = i(C_1 - D_1)$. Como $x = \ddot{y}$ (2ª equação de ①), resulta

$$x = Ae^t + Be^{-t} - C \cos t - D \operatorname{sen} t,$$

Para que as condições iniciais sejam satisfeitas, devemos ter

$$\begin{cases} 0 = A + B + C \\ 0 = A + B - C \\ 1 = A - B + D \\ 0 = A - B - D. \end{cases}$$

Resolvendo este sistema, obtemos

$$A = \frac{1}{4}, \; B = -\frac{1}{4}, \; C = 0 \; e \; D = \frac{1}{2}.$$

Assim,

$$\begin{cases} x = \dfrac{1}{4}(e^t - e^{-t}) - \dfrac{1}{2}\operatorname{sen} t \\ y = \dfrac{1}{4}(e^t - e^{-t}) + \dfrac{1}{2}\operatorname{sen} t \end{cases}$$

fornece-nos a posição da partícula no instante t. Como

$$\operatorname{sh} t = \frac{e^t - e^{-t}}{2}$$

resulta

$$\begin{cases} x = \dfrac{1}{2}\operatorname{sh} t - \dfrac{1}{2}\operatorname{sen} t \\ y = \dfrac{1}{2}\operatorname{sh} t + \dfrac{1}{2}\operatorname{sen} t \end{cases}$$

em que sh t é o *seno hiperbólico* de t. (Veja Vol. 2.) Sugerimos ao leitor tentar fazer um esboço da trajetória descrita pela partícula!

Antes de passarmos ao próximo exemplo, vejamos como se resolve a equação
$$\lambda^4 + 16 = 0.$$
As raízes desta equação são todas complexas e de módulo $\sqrt[4]{16} = 2$.

(Veja: $|\lambda^4| = |-16| \Leftrightarrow |\lambda| = \sqrt[4]{16}$.) Os números complexos de módulo 2 são da forma
$$2(\cos \theta + i \operatorname{sen} \theta), 0 \leq \theta < 2\pi.$$
Como $e^{i\theta} = \cos \theta + i \operatorname{sen} \theta$, resulta
$$2e^{i\theta} = 2(\cos \theta + i \operatorname{sen} \theta).$$
Vamos, então, determinar θ de modo que $2e^{i\theta}$ seja raiz da equação dada. Devemos ter
$$(2e^{i\theta})^4 = -16,$$
que é equivalente a
$$e^{4i\theta} = -1,$$
ou ainda
$$\cos 4\theta + i \operatorname{sen} 4\theta = -1.$$
Basta, então, determinar θ, $0 \leq \theta < 2\pi$, tal que
$$\cos 4\theta = -1.$$
Temos:
$$\cos 4\theta = -1 \Leftrightarrow 4\theta = 2k\pi + \pi, k \in \mathbb{R}.$$
Como $\theta \in [0, 2\pi[$, resulta
$$\theta = \frac{2k+1}{4}\pi, k = 0, 1, 2, 3.$$

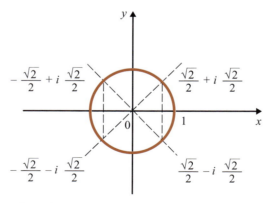

As raízes da equação $\lambda^4 + 16 = 0$ são:
$$2\left(\frac{\sqrt{2}}{2} \pm i\frac{\sqrt{2}}{2}\right) = \sqrt{2} \pm i\sqrt{2} \text{ e } -\sqrt{2} \pm i\sqrt{2}.$$

Equações Diferenciais Lineares de Ordem *n*, com Coeficientes Constantes

Exemplo 6 Determine a solução geral de

$$\frac{d^4y}{dt^4} + 16y = 0.$$

Solução

A equação característica e

$$\lambda^4 + 16 = 0,$$

cujas raízes, como vimos acima, são:

$$\sqrt{2} \pm i\sqrt{2} \ \text{e} \ -\sqrt{2} \pm i\sqrt{2}.$$

Segue que a solução geral da equação dada é

$$y = e^{\sqrt{2}t}(A_1 e^{i\sqrt{2}t} + B_1 e^{-i\sqrt{2}t}) + e^{-\sqrt{2}t}(C_1 e^{i\sqrt{2}t} + D_1 e^{-i\sqrt{2}t})$$

ou

$$y = e^{\sqrt{2}t}(A\cos\sqrt{2}t + B\,\text{sen}\,\sqrt{2}t) + e^{-\sqrt{2}t}(C\cos\sqrt{2}t + D\,\text{sen}\,\sqrt{2}t).$$

Exemplo 7 Determine a solução geral de

$$\frac{d^4x}{dt^4} + 2\frac{d^2x}{dt^2} + x = 0.$$

Solução

A equação característica é

$$\lambda^4 + 2\lambda^2 + 1 = 0.$$

Como

$$\lambda^4 + 2\lambda^2 + 1 = (\lambda^2 + 1)^2 = (\lambda + i)^2(\lambda - i)^2,$$

segue que *i* e −*i* são raízes duplas. A solução geral da equação dada é então

$$x = A_1 e^{it} + B_1 te^{it} + C_1 e^{-it} + D_1 te^{-it},$$

ou seja,

$$x = A_1 e^{it} + C_1 e^{-it} + t(B_1 e^{it} + D_1 e^{-it}).$$

Logo,

$$x = A\cos t + B\,\text{sen}\,t + t(C\cos t + D\,\text{sen}\,t)$$

Exercícios 11.3

1. Determine a solução geral

   a) $y''' + 2\,y'' - y' - 2y = 0$

   b) $y''' - y' = 0$

c) $\ddot{x} - 2\ddot{x} + 4\dot{x} - 8x = 0$

d) $\dfrac{d^3 y}{dx^3} + 2\dfrac{d^2 y}{dx^2} + 2\dfrac{dy}{dx} = 0$

e) $\dfrac{d^4 y}{dx^4} - 16y = 0$

f) $\dfrac{d^4 x}{dt^4} - 2\dfrac{d^2 x}{dt^2} + x = 0$

g) $\dfrac{d^4 y}{dx^4} + 3\dfrac{d^2 y}{dx^2} + 2y = 0$

 h) $\dddot{x} + \ddot{x} - 2x = 0$

i) $\dfrac{d^4 x}{dt^4} + 2\dfrac{d^2 x}{dt^2} + x = 0$

j) $\dfrac{d^4 y}{dx^4} - 3\dfrac{d^3 y}{dx^3} + \dfrac{d^2 y}{dx^2} - 3\dfrac{dy}{dx} = 0$.

2. Considere no plano um campo de forças conservativo $\vec{F}(x, y)$, com energia potencial

$$U(x, y) = xy - \dfrac{15}{8} y^2,$$

isto é, $\vec{F}(x, y) = -\nabla U(x, y)$. Uma partícula de massa $m = 1$ é abandonada na posição (1, 1), com velocidade nula. Determine a posição da partícula no instante t.

3. Uma partícula de massa $m = 1$ desloca-se no plano sob a ação da força

$$\vec{F}(x, y) = y\vec{i} + (-x + 2y)\vec{j}.$$

Sabe-se que no instante $t = 0$ a partícula encontra-se na posição $(-2, 0)$ e que, neste instante, a sua velocidade é $(-1, 1)$. Determine a posição da partícula no instante t.

4. Considere no plano um campo de forças conservativo $\vec{F}(x, y)$, com energia potencial

$$U(x, y) = x^2 + xy + y^2,$$

isto é, $\vec{F}(x, y) = -\nabla U$. Uma partícula é abandonada na posição (1, 1) com velocidade nula. Seja

$$\begin{cases} x = x(t) \\ y = y(t) \end{cases} \quad t \geqslant 0$$

a posição da partícula no instante t.

a) Prove que, para todo $t \geqslant 0$,

$$\dfrac{\dot{x}^2}{2} + \dfrac{\dot{y}^2}{2} + x^2 + xy + y^2 = 3. \qquad \text{(Interprete.)}$$

Conclua que a partícula permanece na região $x^2 + xy + y^2 \leq 3$, para todo $t \geq 0$. Que tipo de região é esta?

b) Determine a posição da partícula no instante $t > 0$.

(*Sugestão para o item a*: Verifique que a derivada, em relação a t, do 1º membro é zero, para todo $t \geq 0$.)

5. Considere no plano um campo de forças conservativo $\vec{F}(x, y)$, com energia potencial

$$U(x, y) = xy.$$

Uma partícula de massa $m = 1$ é abandonada na posição $(1, 1)$, com velocidade nula.

a) Olhando apenas para o campo $\vec{F}$, tente descrever a trajetória descrita pela partícula.

b) Determine a posição da partícula no instante t. Qual é a trajetória descrita pela partícula?

11.4 Equações Diferenciais Lineares, Não Homogêneas, com Coeficientes Constantes

Consideremos a equação linear, de 2ª ordem, com coeficientes constantes

① $$\frac{d^2 x}{dt^2} + b\frac{dx}{dt} + cx = f(t),$$

em que f é suposta definida e contínua num intervalo I. Se f não for identicamente nula em I, diremos que ① é *não homogênea*. Diremos, ainda, que

Ⓗ $$\frac{d^2 x}{dt^2} + b\frac{dx}{dt} + cx = 0$$

é a *equação homogênea associada* a ①.

Mostraremos, a seguir, que se $x_p = x_p(t)$, $t \in I$, for uma *solução particular* de ①, então a *solução geral* de ① será

$$x = x_h + x_p,$$

em que x_h é a solução geral da homogênea associada a ①. De fato, sendo

$$x_p = x_p(t), t \in I$$

solução de ①, para todo $t \in I$,

$$\ddot{x}_p(t) + b\dot{x}_p(t) + cx_p(t) = f(t).$$

Supondo que $x = x(t)$, $t \in I$, seja outra solução qualquer de ①, resulta que

$$x(t) - x_p(t)$$

é solução da homogênea Ⓗ, pois, para todo $t \in I$,

Capítulo 11

$$\frac{d^2}{dt^2}[x(t) - x_p(t)] + b\frac{d}{dt}[x(t) - x_p(t)] + c[x(t) - x_p(t)] =$$
$$= [\ddot{x}(t) + b\dot{x}(t) + cx(t)] - [\ddot{x}_p(t) + b\dot{x}_p(t) + cx_p(t)] = f(t) - f(t) = 0.$$

Por outro lado, se $x = x(t)$, $t \in I$, for tal que $x(t) - x_p(t)$ é solução da homogênea, então $x = x(t)$ será solução de ① (verifique). Segue que a solução geral de ① é

$$x = x_h + x_p,$$

em que x_h é a solução geral da homogênea ⒣ e x_p uma solução particular de ①.

Conclusão

A solução geral de

$$\ddot{x} + b\dot{x} + cx = f(t)$$

é

$$x = x_h + x_p,$$

em que x_p é uma solução particular da equação dada e x_h, a solução geral da homogênea associada.

Observamos que este resultado já foi provado na Seção 5.5 do Vol. 2. (Reveja tal seção.) De forma análoga, prova-se que o resultado acima é válido para qualquer equação linear.

Determinar a solução geral da homogênea associada já sabemos. O problema, agora, é como determinar uma solução particular. Os exemplos que apresentaremos a seguir mostram como determinar, em alguns casos, uma tal solução.

Exemplo 1 Determine a solução geral de

$$\frac{d^2x}{dt^2} + 3\frac{dx}{dt} + 2x = t^2.$$

Solução

A homogênea associada é

$$\frac{d^2x}{dt^2} + 3\frac{dx}{dt} + 2x = 0.$$

Logo, $x_h = Ae^{-2t} + Be^{-t}$ (verifique). Vamos, agora, procurar uma solução particular da equação dada. Observamos, inicialmente, que se x_p for um polinômio do 2º grau, então

$$\ddot{x}_p + 3\dot{x}_p + 2x_p$$

será, também, um polinômio do 2º grau (verifique). É razoável, então, tentar uma solução particular do tipo

$$x_p = m + nt + qt^2,$$

Equações Diferenciais Lineares de Ordem *n*, com Coeficientes Constantes

em que *m*, *n* e *q* são coeficientes a determinar. O que precisamos fazer, agora, é substituir esta função na equação e determinar *m*, *n* e *q* para que se tenha uma identidade.

$$(m + nt + qt^2)'' + 3(m + nt + qt^2)' + 2(m + nt + qt^2) = t^2,$$

ou seja,

$$2m + 3n + 2q + (6q + 2n)t + 2qt^2 = t^2.$$

Devemos ter então

$$\begin{cases} 2m + 3n + 2q = 0 \\ 2n + 6q = 0 \\ 2q = 1. \end{cases}$$

Logo,

$$m = \frac{7}{4}, n = -\frac{3}{2} \text{ e } q = \frac{1}{2}.$$

Deste modo,

$$x_p = \frac{7}{4} - \frac{3}{2}t + \frac{1}{2}t^2$$

é uma solução particular da equação. A solução geral será

$$x = Ae^{-2t} + Be^{-t} + \frac{7}{4} - \frac{3}{2}t + \frac{1}{2}t^2.$$

Exemplo 2 Determine a solução geral de

$$\frac{d^2x}{dt^2} + 3\frac{dx}{dt} = t^2.$$

Solução

A solução geral da homogênea associada é $x_h = A + Be^{-3t}$ (verifique). Se x_p for um polinômio do grau 3, então

$$\ddot{x}_p + 3\dot{x}_p$$

será do grau 2 (verifique). Vamos, então, tentar uma solução particular do tipo

$$x_p = mt + nt^2 + qt^3.$$

Omitimos o termo independente em virtude de ele desaparecer na derivação. (Veja, também, observação abaixo.) Vamos, agora, substituir na equação e determinar *m*, *n* e *q* de modo a ter uma identidade.

$$(mt + nt^2 + qt^3)'' + 3(mt + nt^2 + qt^3)' = t^2,$$

ou seja,

$$3m + 2n + (6n + 6q)t + 9qt^2 = t^2.$$

Capítulo 11

Devemos ter, então,

$$\begin{cases} 3m + 2n = 0 \\ 6n + 6q = 0 \\ 9q = 1. \end{cases}$$

Logo,

$$m = \frac{2}{27}, n = -\frac{1}{9} \text{ e } q = \frac{1}{9}.$$

Assim,

$$x_p = t\left(\frac{2}{27} - \frac{1}{9}t + \frac{1}{9}t^2 \right)$$

é uma solução particular. A solução geral da equação dada é

$$x = A + Be^{-3t} + t\left(\frac{2}{27} - \frac{1}{9}t + \frac{1}{9}t^2 \right).$$

Observação. Consideremos a equação linear de 2º ordem, não homogênea,

$$\ddot{x} + b\dot{x} + cx = f(t).$$

Suponhamos que $x = x_1(t) + x_2(t)$ seja uma solução desta equação. Deixamos a seu cargo verificar que se $x_1(t)$ for solução da homogênea associada, então $x_2(t)$ será solução da equação acima. Como no exemplo anterior a função constante é uma solução da homogênea associada, resulta, do que dissemos acima, que se

$$x = A + mt + nt^2 + qt^3$$

for solução, então

$$x_p = mt + nt^2 + qt^3$$

também será, que é mais uma razão para termos omitido o termo independente naquele exemplo.

Exemplo 3   Resolva a equação

$$\frac{d^2x}{dt^2} = t^2.$$

Solução

A homogênea associada é

$$\frac{d^2x}{dt^2} = 0.$$

$\lambda = 0$ (raiz dupla) é a única raiz da equação característica $\lambda^2 = 0$. Segue que a solução geral da homogênea associada é

$$x_h = Ae^{0t} + Bte^{0t}$$

Equações Diferenciais Lineares de Ordem *n*, com Coeficientes Constantes

ou seja,

$$x_h = A + Bt.$$

Se x_p for do grau 4, então $\ddot{x}_p$ será do grau 2. Tendo em vista a observação anterior e a solução geral da homogênea associada, basta procurar uma solução particular do tipo

$$x_p = mt^2 + nt^3 + qt^4.$$

Deixamos a seu cargo verificar que

$$x_p = \frac{1}{12}t^4.$$

Assim,

$$x = A + Bt + \frac{1}{12}t^4$$

é a solução geral da equação dada. É claro que poderíamos ter chegado a este resultado integrando diretamente a equação dada:

$$\frac{d^2x}{dt^2} = t^2 \Leftrightarrow \frac{dx}{dt} = \frac{t^3}{3} + B \Leftrightarrow x = \frac{t^4}{12} + Bt + A.$$

Exemplo 4 Determine uma solução particular de

$$\frac{d^3x}{dt^3} + 3\frac{d^2x}{dt^2} + \frac{dx}{dt} + 2x = 3.$$

Solução

É de verificação imediata que

$$x_p = \frac{3}{2}$$

é uma solução particular

Exemplo 5 Considere a equação

$$\frac{d^3x}{dt^3} + \frac{dx}{dt} = 3.$$

Determine a solução geral.

Solução

As raízes da equação característica ($\lambda^3 + \lambda = 0$) da homogênea associada são: 0, $\pm i$. Logo, a solução geral da homogênea associada é

$$x_h = A + B\cos t + C\,\text{sen}\,t.$$

Se x_p for um polinômio do grau 1,

Capítulo 11

$$\ddot{x}_p + \dot{x}_p$$

será constante. Como toda função constante é solução da homogênea associada, a equação terá uma solução particular da forma

$$x_p = mt.$$

Fica a cargo do leitor verificar que

$$x_p = 3t.$$

Poderíamos ter chegado a este resultado olhando diretamente para a equação. Concorda? A solução geral da equação dada é

$$x = A + B \cos t + C \operatorname{sen} t + 3t.$$

O próximo exemplo sugere-nos a forma de uma solução particular quando o $2^{\underline{o}}$ membro é do tipo $P(t)e^{\alpha t}$, em que $P(t)$ é um polinômio e α uma constante não nula.

Exemplo 6 Sejam b, c e α reais dados. Seja $Q(t)$ um polinômio. Considere a equação

②
$$\lambda^2 + b\lambda + c = 0.$$

Prove:

a) Se α *não* for raiz de ② e se

$$x = Q(t)e^{\alpha t},$$

então

$$\ddot{x} + b\dot{x} + cx = P(t)e^{\alpha t},$$

em que $P(t)$ é um polinômio de mesmo grau que $Q(t)$.

b) Se α for raiz simples de ②, $n \geqslant 1$ o grau de $Q(t)$ e

$$x = Q(t)e^{\alpha t},$$

então

$$\ddot{x} + b\dot{x} + cx = P(t)e^{\alpha t},$$

sendo $P(t)$ um polinômio de grau $n - 1$.

c) Se α for raiz dupla de ②, $n \geqslant 2$ o grau de $Q(t)$ e

$$x = Q(t)e^{\alpha t},$$

então

$$\ddot{x} + b\dot{x} + cx = P(t)e^{\alpha t},$$

em que $P(t)$ é um polinômio de grau $n - 2$.

Equações Diferenciais Lineares de Ordem _n_, com Coeficientes Constantes

Solução

a) $x = Q(t) e^{\alpha t}$;

$$\dot{x} = Q'(t) e^{\alpha t} + \alpha\, Q(t) e^{\alpha t};$$
$$\ddot{x} = Q''(t) e^{\alpha t} + 2\alpha\, Q'(t) e^{\alpha t} + \alpha^2\, Q(t) e^{\alpha t}.$$

Assim,

$$\ddot{x} + b\dot{x} + cx = P(t)e^{\alpha t},$$

em que

$$P(t) = Q''(t) + (b + 2\alpha)\, Q'(t) + (\alpha^2 + b\alpha + c)\, Q(t),$$

que é um polinômio de mesmo grau que Q, pois $\alpha^2 + b\alpha + c \neq 0$.

b) Procedendo como no item a, obtemos

$$P(t) = Q''(t) + (b + 2\alpha)\, Q'(t) + (\alpha^2 + b\alpha + c)\, Q(t),$$

Como α é a raiz simples da equação

$$\lambda^2 + b\lambda + c = 0,$$

temos $\Delta = b^2 - 4c > 0$ e

$$a = \frac{-b \pm \sqrt{\Delta}}{2}.$$

Logo, $2\alpha + b \neq 0$. Sendo, então, $\alpha^2 + b\alpha + c = 0$, $b + 2\alpha \neq 0$ e $Q'(t)$ de grau $n - 1$, resulta $P(t)$ de grau $n - 1$.

c) Fica a seu cargo.

Exemplo 7 Resolva a equação

$$\ddot{x} - 4x = (1 + t + t^2)e^{2t}.$$

Solução

$$\lambda^2 - 4 = 0$$

é a equação característica da homogênea associada. Assim,

$$x_h = Ae^{2t} + Be^{-2t}$$

é a solução geral da homogênea associada. Como $\alpha = 2$ é uma raiz simples desta equação, segue do item *b* do exemplo anterior que devemos tentar uma solução particular do tipo

$$x_p = Q(t)e^{2t},$$

em que $Q(t)$ é um polinômio de grau 3. Como Ae^{2t} é solução da homogênea associada, podemos omitir o termo independente de $Q(t)$. Vamos procurar, então, uma solução particular do tipo

$$x_p = (mt + nt^2 + qt^3)e^{2t}.$$

Capítulo 11

(Veja observação que vem logo depois do Exemplo 2 desta seção.) Temos:

$$\ddot{x}_p = [4m + 2n + (4m + 8n + 6q)t + (4n + 12q)t^2 + 4qt^3]e^{2t}.$$

Substituindo x_p e $\ddot{x}_p$ na equação dada e fazendo algumas simplificações, obtemos:

$$4m + 2n + (8n + 6q)t + 12\, qt^2 = 1 + t + t^2.$$

Segue que $m = \dfrac{7}{32}$, $n = \dfrac{1}{16}$ e $q = \dfrac{1}{12}$. Assim,

$$x_p = \left(\frac{7t}{32} + \frac{t^2}{16} + \frac{t^3}{12}\right)e^{2t}$$

é uma solução particular. A solução geral será, então,

$$x = Ae^{2t} + Be^{-2t} + \left(\frac{7t}{32} + \frac{t^2}{16} + \frac{t^3}{12}\right)e^{2t}.$$

Exemplo 8 Determine a solução geral de

$$\ddot{x} + 4x = e^{2t}.$$

Solução

A solução geral da homogênea associada é

$$x_h = A\cos 2t + B\,\text{sen}\, 2t.$$

Como $\alpha = 2$ não é raiz da equação característica $\lambda^2 + 4 = 0$, o item *a* do Exemplo 6 sugere-nos uma solução particular do tipo

$$x_p = me^{2t}.$$

Fica a seu cargo verificar que

$$x_p = \frac{1}{8}e^{2t}.$$

A solução geral é, então,

$$x = A\cos t + B\,\text{sen}\, t + \frac{1}{8}e^{2t}.$$

Exemplo 9 Resolva a equação

$$\ddot{x} - 4\dot{x} + 4x = e^{2t}.$$

Solução

A solução geral da homogênea associada é

$$x_h = Ae^{2t} + Bte^{2t}. \qquad \text{(Verifique.)}$$

$\alpha = 2$ é uma raiz dupla da equação característica $\lambda^2 - 4\lambda + 4 = 0$. O item c do Exemplo 6 sugere-nos uma solução particular do tipo

$$x_p = Q(t)e^{2t},$$

em que $Q(t)$ é um polinômio do grau 2. Tendo em vista a solução geral da homogênea associada, devemos procurar uma solução particular do tipo

$$x_p = mt^2\, e^{2t}.$$

Temos:

$$\dot{x}_p = (2mt + 2mt^2)e^{2t}$$

e

$$\ddot{x}_p = (2m + 8mt + 4mt^2)e^{2t}.$$

Substituindo na equação dada e fazendo algumas simplificações, obtemos

$$2m = 1.$$

Assim,

$$x_p = \frac{1}{2}t^2 e^{2t}$$

é uma solução particular. A geral é

$$x = \left(A + Bt + \frac{1}{2}t^2 \right)e^{2t}.$$

Consideremos a equação

③ $$\ddot{x} + b\dot{x} + cx = f(t)$$

e suponhamos que o segundo membro seja da forma

④ $$f(t) = e^{\alpha_1 t}(M \cos \beta_1 t + N \,\text{sen}\, \beta_1 t),$$

em que α_1, β_1, M e N são constantes dadas. Deixamos a seu cargo verificar que se $\alpha_1 + i\beta_1$ *não for raiz da equação característica*

⑤ $$\lambda^2 + b\lambda + c = 0,$$

então ③ admitirá uma solução particular da forma

$$x_p = e^{\alpha_1 t}(m \cos \beta_1 t + n \,\text{sen}\, \beta_1 t)$$

com m e n constantes; se $\alpha_1 + i\beta_1$ for raiz de ⑤, ③ admitirá uma solução particular da forma

$$x_p = e^{\alpha_1 t}(mt \cos \beta_1 t + nt \,\text{sen}\, \beta_1 t).$$

Observação. Para verificar as afirmações acima você irá precisar da seguinte propriedade:

Capítulo 11

$$\alpha_1 + i\beta_1$$

é raiz de ⑤ se e somente se

$$\alpha_1^2 - \beta_1^2 + b\alpha_1 + c = 0 \text{ e } 2\alpha_1\beta_1 + b\beta_1 = 0. \quad \text{(Verifique.)}$$

Exemplo 10 Resolva a equação

$$\ddot{x} + x = e^t \cos t.$$

Solução

As raízes da equação característica

⑥
$$\lambda^2 + 1 = 0$$

são i e $-i$. Assim, a solução geral da homogênea associada é

$$x_h = A \cos t + B \sin t.$$

Como $1 + i$ ($\alpha_1 = 1$ e $\beta_1 = 1$) não é raiz de ⑥, resulta do que vimos anteriormente que a equação dada admite uma solução particular da forma

$$x_p = e^t (m \cos t + n \sin t),$$

em que m e n são constantes a determinar. Substituindo na equação dada e fazendo algumas contas, obtemos

$$m = \frac{1}{5} \text{ e } n = \frac{2}{5}.$$

Logo, a solução geral da equação dada é

$$x = A\cos t + B\sin t + e^t \left(\frac{1}{5}\cos t + \frac{2}{5}\sin t \right).$$

Exemplo 11 Resolva a equação

$$\ddot{x} + x = \cos t.$$

Solução

O 2º membro é da forma

$$e^{\alpha_1 t}(M \cos \beta_1 t + N \sin \beta_1 t),$$

em que $\alpha_1 = 0$, $\beta_1 = 1$, $M = 1$ e $N = 0$. Como $\alpha_1 + i\beta_1 = i$ é raiz da equação característica

$$\lambda^2 + 1 = 0,$$

a equação admite uma solução particular da forma

$$x_p = mt \cos t + nt \sin t.$$

Temos:

Equações Diferenciais Lineares de Ordem *n*, com Coeficientes Constantes

$$\dot{x}_p = (m + nt)\cos t + (n - mt)\operatorname{sen} t$$

e

$$\ddot{x}_p = (2n - mt)\cos t + (-2m - nt)\operatorname{sen} t.$$

Substituindo na equação dada e fazendo algumas simplificações, obtemos:

$$2\,n\cos t - 2\,m\operatorname{sen} t = \cos t.$$

Logo, $n = \dfrac{1}{2}$ e $m = 0$. A solução geral da equação dada é

$$x = A\cos t + B\operatorname{sen} t + \frac{1}{2}\operatorname{sen} t.$$

Vamos, agora, apresentar num quadro os resultados obtidos anteriormente sobre escolha de solução particular nos casos: $f(t) = P(t)$, em que P é um polinômio; $f(t) = P(t)\,e^{\alpha t}$ ou $f(t) = e^{\alpha_1 t}\,(M\cos\beta_1 t + N\operatorname{sen}\beta_1 t)$, em que α, α_1, β_1, M e N são constantes. No quadro a seguir P_1 é um polinômio de mesmo grau que P.

	$\ddot{x} + b\dot{x} + cx = f(t)$
$f(t)$	solução particular
$P(t)$	1. Se $c \ne 0$, $x_p = P_1(t)$ 2. Se $c = 0$ e $b \ne 0$, $x_p = tP_1(t)$
$P(t)e^{\alpha t}$	1. Se α não for raiz da equação característica, $x_p = P_1(t)\,e^{\alpha t}$. 2. Se α for raiz simples, $x_p = tP_1(t)e^{\alpha t}$. 3. Se α for raiz dupla, $x_p = t^2 P_1(t)e^{\alpha t}$.
$e^{\alpha_1 t}(M\cos\beta_1 t + N\operatorname{sen}\beta_1 t)$	1. Se $\alpha_1 + i\beta_1$ não for raiz da equação característica, $$x_p = e^{\alpha_1 t}(m\cos\beta_1 t + n\operatorname{sen}\beta_1 t).$$ 2. Se $\alpha_1 + i\beta_1$ for raiz da equação característica, $$x_p = e^{\alpha_1 t}(mt\cos\beta_1 t + nt\operatorname{sen}\beta_1 t).$$

Fica a cargo do leitor pensar num quadro semelhante para equações lineares, com coeficientes constantes, de ordens 3 e 4.

Exemplo 12 (*Oscilação forçada sem amortecimento.*) Uma partícula de massa m desloca-se sobre o eixo Ox sob a ação da força elástica $-kx\vec{i}$ $(k > 0)$ e de uma força *externa* periódica $(F\operatorname{sen}\omega_0 t)\vec{i}$, em que F e ω_0 são constantes não nulas. Determine a posição da partícula no instante t.

Solução

A equação do movimento é

$$m\ddot{x} = -kx + F\operatorname{sen}\omega_0 t,$$

Capítulo 11

ou seja,

$$m\ddot{x} = kx + F \operatorname{sen} \omega_0 t.$$

Fazendo $\omega^2 = \dfrac{k}{m}$, temos

⑦
$$\ddot{x} + \omega^2 x = F_1 \operatorname{sen} \omega_0 t,$$

em que

$$F_1 = \frac{F}{m}.$$

1º Caso. $\omega \neq \omega_0$.

Como $i\omega_0$ não é raiz da equação característica $\lambda^2 + \omega^2 = 0$ (as raízes desta equação são $\pm i\omega$), segue que a equação admite uma solução particular da forma

$$x_p = m_1 \cos \omega_0 t + n_1 \operatorname{sen} \omega_0 t.$$

Temos

$$\dot{x}_p = -m_1 \omega_0 \operatorname{sen} \omega_0 t + n_1 \omega_0 \cos \omega_0 t$$

e

$$\ddot{x}_p = -m_1 \omega_0^2 \cos \omega_0 t - n_1 \omega_0^2 \operatorname{sen} \omega_0 t.$$

Substituindo em ⑦, vem

$$m_1(\omega^2 - \omega_0^2) \cos \omega_0 t + n_1(\omega^2 - \omega_0^2) \operatorname{sen} \omega_0 t = F_1 \operatorname{sen} \omega_0 t$$

e, portanto, $m_1 = 0$ e $n_1 = \dfrac{F_1}{\omega^2 - \omega_0^2}$. Logo,

$$x_p = \frac{F_1}{\omega^2 - \omega_0^2} \operatorname{sen} \omega_0 t$$

é uma solução particular. A solução geral de ⑦ é

$$x = A \cos \omega t + B \operatorname{sen} \omega t + \frac{F}{m(\omega^2 - \omega_0^2)} \operatorname{sen} \omega_0 t.$$

Observe que a amplitude $\dfrac{F_1}{\omega^2 - \omega_0^2}$ da solução particular x_p é tanto maior, em módulo, quanto mais próximo ω_0 estiver de ω. Quando $\omega = \omega_0$, tem-se o fenômeno conhecido por *ressonância*. Veremos, a seguir, que neste caso a amplitude do movimento tende a $+\infty$ quando t tende a $+\infty$.

2º Caso. $\omega_0 = \omega$.

Agora, $i\omega_0$ é uma raiz da equação característica $\lambda^2 + \omega^2 = 0$. A equação admite, então, uma solução particular do tipo

Equações Diferenciais Lineares de Ordem *n*, com Coeficientes Constantes

$$x_p = m_1 t \cos \omega_0 t + n_1 t \operatorname{sen} \omega_0 t.$$

Temos:

$$\ddot{x}_p = (2n_1\omega_0 - m_1\omega_0^2 t)\cos\omega_0 t + (-2m_1\omega_0 - n_1\omega_0^2 t)\operatorname{sen}\omega_0 t.$$

Substituindo x_p e $\ddot{x}_p$ em ⑦, obtemos

$$2n_1\omega_0 \cos \omega_0 t - 2m_1\omega_0 \operatorname{sen} \omega_0 t = F_1 \operatorname{sen} \omega_0 t.$$

Logo, $n_1 = 0$ e $m_1 = -\dfrac{F}{2\omega_0}$. Assim,

⑧
$$x_p = -\frac{F_1 t}{2\omega_0} \cos \omega_0 t$$

é uma solução particular. Lembrando que $F_1 = \dfrac{F}{m}$ e $\omega_0 = \omega$, segue que a solução geral é

$$x = A\cos\omega t + B\operatorname{sen}\omega t - \frac{Ft}{2m\omega}\cos\omega t.$$

Observe que a partícula descreve um movimento oscilatório em torno da origem e que a amplitude do movimento tende a $+\infty$ quando $t \to +\infty$. A figura abaixo é um esboço do gráfico da solução particular ⑧, no caso $F > 0$ e $\omega > 0$. Temos

$$\left| -\frac{Ft}{2m\omega}\cos\omega t \right| \leq \frac{Ft}{2m\omega}, \text{ para } t \geq 0;$$

ou seja, para todo $t \geq 0$,

$$-\frac{Ft}{2m\omega} \leq -\frac{Ft}{2m\omega}\cos\omega t \leq \frac{Ft}{2m\omega}.$$

O gráfico de x_p está compreendido entre as retas $x = \dfrac{Ft}{2m\omega}$ e $x = -\dfrac{Ft}{2m\omega}$; toca estas retas nos pontos em que $\cos \omega t = \pm 1$.

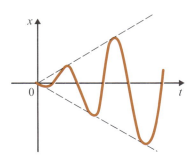

Capítulo 11

Exemplo 13 (*Oscilação forçada com amortecimento.*) Uma partícula de massa m desloca-se sobre o eixo Ox sob a ação de uma força elástica $-kx\vec{i}$ ($k > 0$), de uma força de amortecimento proporcional à velocidade dada por $-cx\vec{i}$ ($c > 0$) e de uma força *externa* periódica dada por (F sen $\omega_0 t)\vec{i}$ com F e ω_0 constantes não nulas. Suponha $c^2 - 4mk < 0$. Determine a posição da partícula no instante t. (Ficam a seu cargo os casos $c^2 - 4mk \geqslant 0$.)

Solução

$$m\ddot{x} = -kx - c\dot{x} + F\,\text{sen}\,\omega_0 t$$

ou

$$m\ddot{x} + c\dot{x} + kx = F\,\text{sen}\,\omega_0 t$$

é a equação do movimento. Fazendo

$$2\gamma = \frac{c}{m},\ w^2 = \frac{k}{m}\ \text{e}\ F_1 = \frac{F}{m},$$

resulta

⑨ $$\ddot{x} + 2\gamma\dot{x} + \omega^2 x = F_1\,\text{sen}\,\omega_0 t.$$

As raízes da equação característica

$$\lambda^2 + 2\gamma\lambda + \omega^2 = 0$$

são $-\gamma + i\omega_1$ e $-\gamma - i\omega_1$, em que

$$\omega_1 = \sqrt{\omega^2 - \gamma^2}.$$

(Observe que

$$\Delta = 4\gamma^2 - 4\omega^2 = \frac{c^2}{m^2} - \frac{4k}{m} = \frac{c^2 - 4km}{m^2} < 0;$$

logo, as raízes são complexas.) A solução geral da homogênea associada é

$$x_h = e^{-\gamma t}(A\cos\omega_1 t + B\,\text{sen}\,\omega_1 t).$$

Como $i\omega_0$ não é raiz da equação característica, a equação admite uma solução particular do tipo

⑩ $$x_p = m_1\cos\omega_0 t + n_1\,\text{sen}\,\omega_0 t.$$

Derivando e substituindo em ⑨, obtemos:

$$[m_1(\omega^2 - \omega_0^2) + 2\gamma n_1\omega_0]\cos\omega_0 t + [n_1(\omega^2 - \omega_0^2) - 2\gamma m_1\omega_0]\text{sen}\,\omega_0 t = F_1\,\text{sen}\,\omega_0 t.$$

Resolvendo o sistema

$$\begin{cases} (\omega^2 - \omega_0^2)m_1 + 2\gamma\omega_0 n_1 = 0 \\ -2\gamma\omega_0 n_1 + (\omega^2 - \omega_0^2)n_1 = F_1 \end{cases}$$

resultam

$$m_1 = \frac{-2\gamma\omega_0 F_1}{(\omega^2 - \omega_0^2)^2 + 4\gamma^2\omega_0^2}$$

e

$$n_1 = \frac{(\omega^2 - \omega_0^2)F_1}{(\omega^2 - \omega_0^2)^2 + 4\gamma^2\omega_0^2}.$$

A solução particular ⑩ pode ser colocada na forma

$$x_p = \sqrt{m_1^2 + n_1^2}\cos(\omega_0 t - \varphi)$$

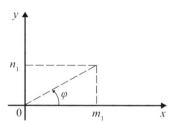

em que $\text{tg }\varphi = \dfrac{n_1}{m_1} = \dfrac{(\omega_0^2 - \omega^2)}{2\gamma\omega_0}$. Tendo em vista os valores de m_1 e n_1 resulta

$$x_p = \frac{F_1}{\sqrt{(\omega^2 - \omega_0^2)^2 + 4\gamma^2\omega_0^2}}\cos(\omega_0 t - \varphi).$$

A solução geral é então

$$x_p = \underbrace{e^{-\gamma t}(A\cos\omega_1 t + B\,\text{sen}\,\omega_1 t)}_{x_h} + \underbrace{\frac{F_1}{\sqrt{(\omega^2 - \omega_0^2)^2 + 4\gamma^2\omega_0^2}}\cos(\omega_0 t - \varphi)}_{x_p}.$$

Temos:

$$\lim_{t \to +\infty} x_h = 0,$$

pois $\gamma > 0$. Assim, após um intervalo de tempo suficientemente grande esta parte da solução torna-se desprezível: por essa razão ela é chamada *transiente*. Após um intervalo de tempo suficientemente grande o movimento se comporta como um movimento harmônico simples de amplitude $\dfrac{F_1}{\sqrt{(\omega^2 - \omega_0^2)^2 + 4\gamma^2\omega_0^2}}$. É comum referir-se a x_p como a solução de *estado permanente*.

Para finalizar, vamos resolver uma equação linear de 1ª ordem com o método desta seção.

Capítulo 11

Exemplo 14 Resolva a equação

$$\dot{x} + 2x = e^t \cos t.$$

Solução

A equação característica da homogênea associada é

$$\lambda + 2 = 0.$$

Logo, a solução da homogênea associada é

$$x_h = Ae^{-2t}.$$

Como $1 + i$ não é raiz da equação característica, a equação dada admite uma solução particular do tipo

$$x_p = e^t \left(m \cos t + n \, \text{sen} \, t \right).$$

Derivando e substituindo na equação dada, obtemos

$$(3m + n) \cos t + (3n - m) \, \text{sen} \, t = \cos t$$

e, portanto,

$$\begin{cases} 3m + n = 1 \\ -m + 3n = 0. \end{cases}$$

Logo, $m = \dfrac{3}{10}$ e $n = \dfrac{1}{10}$. A solução geral é, então,

$$x = Ae^{-2t} + e^t \left(\frac{3}{10} \cos t + \frac{1}{10} \text{sen}\, t \right).$$

(Sugerimos ao leitor resolver a equação dada utilizando a fórmula da Seção 11.1. Compare.)

Exercícios 11.4

1. Determine a solução geral.

a) $\ddot{x} + x = e^{-t}$

b) $\dfrac{d^2 y}{dx^2} - y = \cos x$

c) $\ddot{x} + x = \text{sen}\, t$

d) $\dfrac{d^2 y}{dx^2} - y = 4e^{-x}$

e) $\ddot{x} - 4\dot{x} + 5x = e^{2t} \cos t$

f) $\dfrac{dy}{dx} + y = x + x^2$

Equações Diferenciais Lineares de Ordem n, com Coeficientes Constantes

g) $\ddot{x} - x = 5e^t$

h) $\dfrac{d^2 y}{dx^2} - 4y = xe^{2x}$

i) $\ddot{x} - 4\dot{x} + 4x = te^{2t}$

j) $\ddot{x} - 8x = 4$

l) $\ddot{x} - 8x = 4 + t$

m) $\ddot{x} - 8x = (1 + t)e^{2t}$

n) $\ddot{x} + 2\dot{x} + 2x = e^{-t}\cos t$

o) $\ddot{x} + 4x = t + e^t$

2. Considere a equação

① $$\ddot{x} + b\dot{x} + cx = f_1(t) + f_2(t).$$

Prove que se $g_1(t)$ for solução particular de $\ddot{x} + b\dot{x} + cx = f_1(t)$ e $g_2(t)$ solução particular de $\ddot{x} + b\dot{x} + cx = f_2(t)$ então $g_1(t) + g_2(t)$ será solução particular de ①. (Este resultado é conhecido como princípio da superposição.)

3. Resolva a equação dada.

a) $\ddot{x} + 4x = \cos \beta t$, em que β é um real dado

b) $\ddot{x} + \alpha x = e^{2t}$, em que α é um real dado

c) $\ddot{x} + 9x = 2\cos 3t + 9$

d) $\ddot{x} + 4\dot{x} + 5x = e^{\alpha t}\,\text{sen}\,\beta$, em que α e β são reais dados

4. Determine uma função $x = x(t)$, $t \in \mathbb{R}$, de classe C^1 tal que $x(0) = 0$, $\dot{x}(0) = 1$ e

$$\ddot{x} + x = \begin{cases} 0 \text{ se } t < \pi \\ 1 \text{ se } t > \pi \end{cases}$$

5. Determine uma função $x = x(t)$, $t \in \mathbb{R}$, de classe C^1 tal que $x(0) = 0$, $\dot{x}(0) = 1$ e

$$\ddot{x} + x = \begin{cases} 0 \text{ se } t < \pi \\ 1 \text{ se } \pi < t < 2\pi \\ 0 \text{ se } t > 2\pi \end{cases}$$

6. Considere um circuito LC em série com um gerador de corrente alternada de força eletromotriz $E(t) = E_0\,\text{sen}\,\omega_0 t$, em que E_0 e ω_0 são constantes não nulas. Sabe-se da física que a carga $q = q(t)$ no capacitor é governada pela equação

$$L\dfrac{d^2 q}{dt^2} + \dfrac{1}{C}q = E_0\,\text{sen}\,\omega_0 t,$$

em que L é a indutância, C a capacitância, sendo L e C supostas constantes positivas. Resolva a equação. Qual o valor de ω_0 para o sistema estar em ressonância?

(*Sugestão:* Faça $\omega^2 = \dfrac{1}{LC}$ e $E_1 = \dfrac{E_0}{L}$.)

7. Considere um circuito *LCR* em série com um gerador de corrente alternada de força eletromotriz $E(t) = E_0 \operatorname{sen} \omega_0 t$, com E_0 e ω_0 constantes não nulas. Sabe-se da física que a carga $q = q(t)$ no capacitor é governada pela equação

$$L\frac{d^2q}{dt^2} + R\frac{dq}{dt} + \frac{1}{C}q = E_0 \operatorname{sen} \omega_0 t,$$

em que *L* é a indutância, *R* a resistência e *C* a capacitância, sendo *L*, *R* e *C* supostas constantes positivas. Determine a solução de *estado permanente*.

(*Sugestão:* Veja Exemplo 13.)

8. Determine a solução que satisfaz as condições iniciais dadas.

a) $\dfrac{dy}{dx} - y = xe^x$, $y(0) = 1$

b) $\dfrac{d^4y}{dt^4} - x = t^2$, $x(0) = \dot{x}(0) = \ddot{x}(0) = \dddot{x}(0) = 0$

c) $\dfrac{d^4x}{dt^4} - 16x = -15 \operatorname{sen} t$, $x(0) = 0$, $\dot{x}(0) = 1$, $\ddot{x}(0) = 0$, $\dddot{x}(0) = -1$

d) $\dfrac{dx}{dt} + x = \cos t$, $x(0) = -\dfrac{1}{2}$

e) $\ddot{x} + 4x = \cos 2t$, $x(0) = \dot{x}(0) = 0$

9. Determine a solução geral

a) $\dfrac{d^2x}{dt^2} + 4\dfrac{dx}{dt} + 4x = 6te^{-2t}$

b) $\dfrac{d^2x}{dt^2} + 9x = -6\operatorname{sen} 3t$

c) $\dfrac{dx}{dt} + 2x = (3 + 2t + 3t^2)e^t$

d) $\dfrac{dx}{dt} - x = 2te^t$

e) $\dfrac{d^2x}{dt^2} + 2\dfrac{dx}{dt} - 3x = (2 + 8t)e^t$

f) $\dfrac{d^2x}{dt^2} + 2\dfrac{dx}{dt} + 2x = -2e^{-t}\operatorname{sen} t$

g) $\dfrac{d^2x}{dt^2} + 5x = 5t$

11.5 Determinação de Solução Particular pelo Método da Variação das Constantes

Consideremos a equação diferencial linear de 2ª ordem, não homogênea, com coeficientes constantes,

① $$\ddot{x} + b\dot{x} + cx = f(t).$$

Como sabemos, a solução geral da homogênea associada é

② $$x_h = Ag_1(t) + Bg_2(t),$$

em que $g_1(t) = e^{\alpha_1 t}$ e $g_2(t) = e^{\alpha_2 t}$ se as raízes da equação característica forem reais e distintas; $g_1(t) = e^{\alpha_1 t}$ e $g_2(t) = te^{\alpha_2 t}$ e se a raiz for dupla; $g_1(t) = e^{\alpha t} \cos \beta t$ e $g_2(t) = e^{\alpha t} \sen \beta t$ se $\alpha \pm i\beta$ forem as raízes complexas da equação característica.

A função dada pelo determinante

$$W(t) = \begin{vmatrix} g_1(t) & g_2(t) \\ g_1'(t) & g_2'(t) \end{vmatrix}$$

denomina-se *wronskiano* de g_1 e g_2. Deixamos a seu cargo verificar que se $g_1(t)$, $g_2(t)$ for qualquer um dos pares acima mencionados, então o wronskiano nunca se anulará, isto é, para todo $t \in \mathbb{R}$,

$$W(t) = \begin{vmatrix} g_1(t) & g_2(t) \\ g_1'(t) & g_2'(t) \end{vmatrix} \neq 0.$$

Nosso objetivo a seguir é estabelecer uma fórmula para a determinação de uma solução particular de ①. Vamos mostrar, precisamente, que qualquer solução particular de ① é dada pela fórmula:

$$\boxed{x_p = -g_1(t) \int \frac{g_2(t)f(t)}{W(t)} dt + g_2(t) \int \frac{g_1(t)f(t)}{W(t)} dt.}$$

O método que iremos utilizar para obtenção desta fórmula é conhecido como *método da variação das constantes* e é devido a Lagrange. Este método consiste em substituir, na solução geral ② da homogênea associada, as constantes A e B por funções $A(t)$ e $B(t)$, a serem determinadas, de modo que

③ $$x_p = A(t) g_1(t) + B(t) g_2(t)$$

seja uma solução particular de ①. Temos

④ $$\dot{x}_p = A'(t)g_1(t) + B'(t)g_2(t) + A(t)g_1'(t) + B(t)g_2'(t).$$

Para determinar $A(t)$ e $B(t)$ vamos construir um sistema com duas equações, em que as incógnitas serão as funções $A'(t)$ e $B'(t)$. A primeira equação de tal sistema será

$$A'(t) g_1(t) + B'(t) g_2(t) = 0.$$

Estamos impondo, assim, uma condição sobre $A(t)$ e $B(t)$. Com esta condição a derivada ④ se reduz a

Capítulo 11

$$\dot{x}_p = A(t)g_1'(t) + B(t)g_2'(t).$$

Temos, então,

$$\ddot{x}_p = A(t)g_1''(t) + B(t)g_2''(t) + A'(t)g_1'(t) + B'(t)g_2'(t),$$
$$b\dot{x}_p = bA(t)g_1'(t) + bB(t)g_2'(t)$$

e

$$cx_p = cA(t)\,g_1(t) + cB(t)\,g^2(t).$$

Como g_1 e g_2 são soluções da homogênea associada, resulta

$$\ddot{x}_p + b\dot{x}_p + cx_p = A'(t)g_1'(t) + B'(t)g_2'(t). \text{ (Confira.)}$$

A segunda equação do nosso sistema será

$$A'(t)g_1'(t) + B'(t)g_2'(t) = f(t).$$

Vamos, então, determinar $A(t)$ e $B(t)$ que tornem compatível o sistema

$$\begin{cases} A'(t)g_1(t) + B'(t)g_2(t) = 0 \\ A'(t)g_1'(t) + B'(t)g_2'(t) = f(t). \end{cases}$$

Resolvendo o sistema pela regra de Cramer, obtemos

$$A'(t) = -\frac{g_2(t)f(t)}{W(t)} \text{ e } B'(t) = \frac{g_1(t)f(t)}{W(t)}.$$

Daí

$$A(t) = -\int \frac{g_2(t)f(t)}{W(t)}\,dt \text{ e } B(t) = -\int \frac{g_1(t)f(t)}{W(t)}\,dt.$$

Substituindo em ③, resulta a fórmula desejada. Com procedimento análogo, estende-se esta fórmula para equações lineares de ordens $n > 2$.

Exemplo Determine a solução geral de

$$\ddot{x} + x = \operatorname{tg} t,\ -\frac{\pi}{2} < t < \frac{\pi}{2}.$$

Solução

$$x_h = A \cos t + B \operatorname{sen} t$$

é a solução geral da homogênea associada. O wronskiano de $g_1(t) = \cos t$ e $g_2(t) = \operatorname{sen} t$ é

$$W(t) = \begin{vmatrix} \cos t & \operatorname{sen} t \\ -\operatorname{sen} t & \cos t \end{vmatrix} = 1.$$

Pela fórmula anterior,

⑤
$$x_p = -\cos t \int \sen t \tg t\, dt + \sen t \int \cos t \tg t\, dt.$$

Temos

$$\int \sen t \tg t\, dt = \int \frac{\sen^2 t}{\cos t}\, dt = \int \left(\frac{1}{\cos t} - \cos t\right) dt,$$

ou seja,

$$\int \sen t \tg t\, dt = \ln(\sec t + \tg t) - \sen t + k_1;$$

por outro lado,

$$\int \cos t \tg t\, dt = -\cos t + k_2;$$

Tomando $k_1 = k_2 = 0$, temos a solução particular

$$x_p = -\cos t \ln(\sec t + \tg t).$$

A solução geral da equação dada é, então,

$$x = A \cos t + B \sen t - \cos t \ln(\sec t + \tg t).$$

Observação. Se tivéssemos deixado k_1 e k_2 quaisquer, ⑤ seria a solução geral da equação dada. Em realidade, a fórmula anterior fornece-nos todas as soluções particulares de ①, ou seja, tal fórmula fornece a solução geral de ①.

Exercícios 11.5

Determine uma solução particular.

1. $\ddot{x} + x = \dfrac{1}{\sen t}, 0 < t < \pi$

2. $\ddot{x} + 9x = \sec^2 3t, -\dfrac{\pi}{6} < t < \dfrac{\pi}{6}$

11.6 Determinação de Solução Particular através da Transformada de Laplace

Antes de iniciar a leitura desta seção, sugerimos ao leitor rever o Cap. 3 do Vol. 2, principalmente, os Exercícios 7 e 8 da Seção 3.1.

Seja f definida em $[0, +\infty[$. A função g dada por

$$g(s) = \int_0^{+\infty} e^{-st} f(t)\, dt$$

denomina-se *transformada de Laplace* de f. Evidentemente, o domínio de g é o conjunto de todos os s para os quais a integral imprópria é convergente.

Capítulo 11

Exemplo 1 Determine a transformada de Laplace de $f(t) = t$.

Solução

$$g(s) = \int_0^{+\infty} te^{-st}\, dt.$$

Como sabemos,

$$\int_0^{+\infty} te^{-st}\, dt = \lim_{u \to +\infty} \int_0^u te^{-st}\, dt.$$

Integrando por partes, vem

$$\int_0^u te^{-st}\, dt = -\frac{u}{se^{su}} - \frac{1}{s^2}\left(e^{-su} - 1\right).$$

Para $s > 0$,

$$\lim_{u \to +\infty} \frac{u}{e^{su}} = 0 \text{ e } \lim_{u \to +\infty} e^{-su} = 0.$$

Assim,

$$g(s) = \int_0^{+\infty} te^{-st}\, dt = \frac{1}{s^2}, s > 0.$$

Portanto, a transformada de Laplace de $f(t) = t$ é a função

$$g(s) = \frac{1}{s^2}, s > 0.$$

Exemplo 2 Determine a transformada de Laplace de

$$f(t) = \begin{cases} 1 \text{ se } t > a \\ 0 \text{ se } 0 < t < a \end{cases} \quad (a > 0)$$

Solução

$$g(s) = \int_0^{+\infty} f(t)e^{-st}\, dt.$$

Como $f(t) = 0$ em $]0, a[$, resulta

$$g(s) = \int_0^{+\infty} f(t)e^{-st}\, dt = \int_a^{+\infty} e^{-st}\, dt.$$

$$\int_0^{+\infty} e^{-st}\, dt = \lim_{u \to +\infty} \int_a^u e^{-st}\, dt.$$

Como

$$\int_a^{+\infty} e^{-st}\, dt = -\frac{1}{s}\left(e^{-su} - e^{-sa}\right),$$

resulta, para $s > 0$,

$$g(s) = \frac{e^{-sa}}{s}.$$

Logo, a transformada de Laplace da função dada é

$$g(s) = \frac{e^{-sa}}{s}, \ s > 0.$$

Vamos apresentar, a seguir, uma pequena tabela de transformadas de Laplace, cuja verificação deixamos a seu cargo.

$f(t)$	$\int_0^{+\infty} e^{-st} f(t)\, dt$
1	$\dfrac{1}{s}$
$e^{\alpha t}$	$\dfrac{1}{s - \alpha}$
t^n	$\dfrac{n!}{s^n + 1}$
$\text{sen } \alpha t$	$\dfrac{\alpha}{s^2 + \alpha^2}$
$\cos \alpha t$	$\dfrac{s}{s^2 + \alpha^2}$
$e^{\alpha t} \cos \beta t$	$\dfrac{s - \alpha}{(s - \alpha)^2 + \beta^2}$
$e^{\alpha t} \text{ sen } \beta t$	$\dfrac{\alpha}{(s - \alpha)^2 + \beta^2}$
$t^n e^{\alpha t}$	$\dfrac{n!}{(s - \alpha)^{n+1}}$
$t \text{ sen } \beta t$	$\dfrac{2\beta s}{(s^2 + \beta^2)^2}$
$t \cos \beta t$	$\dfrac{s^2 - \beta^2}{(s^2 + \beta^2)^2}$

Seja f uma função definida em $[0, +\infty[$. Dizemos que f é de *ordem exponencial* γ, se existirem constantes $M > 0$ e $\gamma > 0$ tais que, para todo $t \geq 0$.

$$\left| f(t) \right| \leq M e^{\gamma t}.$$

Capítulo 11

Exemplo 3 Seja f definida em $[0, +\infty[$. Suponha que f seja limitada em $[0, \alpha]$, para todo $\alpha > 0$, e que existe $\gamma > 0$ tal que

① $$\lim_{t \to +\infty} \frac{f(t)}{e^{\gamma t}} = 0.$$

Prove que f é de ordem exponencial γ.

Solução

Segue de ① que, tomando-se $\varepsilon = 1$, existe $r > 0$ tal que

$$t \geq r \Rightarrow \left| \frac{f(t)}{e^{\gamma t}} \right| < 1.$$

Portanto,

② $$\left| f(t) \right| \leq e^{\gamma t}, t \geq r.$$

Por outro lado, como f é, por hipótese, limitada no intervalo $[0, r[$, existe uma constante $M \geq 1$ tal que

$$\left| f(t) \right| \leq M, 0 \leq t \leq r.$$

Como $e^{\gamma t} \geq 1$ para $t \geq 0$, resulta

③ $$\left| f(t) \right| \leq M e^{\gamma t}, 0 \leq t \leq r.$$

Tendo em vista ② e pelo fato de M ≥ 1, resulta

④ $$\left| f(t) \right| \leq M e^{\gamma t}, t \geq r.$$

Segue de ③ e ④ que

$$\left| f(t) \right| \leq M e^{\gamma t}, t \geq 0.$$

Logo, f é de ordem exponencial γ.

Segue, do Exemplo 3, que as funções constante, sen t, cos t, $e^{\alpha t}$, $t^n e^{\alpha t}$ cos t são de ordem exponencial. Seja $f(t) = P(t) e^{\alpha t} (\cos \beta t + \text{sen } \beta t)$, em que P é um polinômio e α e β, reais dados. Do que vimos nas seções anteriores, resulta que as soluções da equação linear de 2ª ordem com coeficientes constantes

$$\frac{d^2 x}{dt^2} + b \frac{dx}{dt} + cx = f(t)$$

são de ordens exponenciais.

O próximo teorema nos conta que a transformada de Laplace *destrói* derivadas.

Equações Diferenciais Lineares de Ordem *n*, com Coeficientes Constantes

Teorema 1

a) Se *f* for de classe C^1 em $[0, +\infty[$ e de ordem exponencial γ, então

$$\int_0^{+\infty} e^{-st} f'(t)\,dt = s \int_0^{+\infty} e^{-st} f(t)\,dt - f(0),\ s > \gamma.$$

b) Se *f* for de classe C^2 em $[0, +\infty[$ e se *f* e *f'* forem de ordem exponencial γ, então

$$\int_0^{+\infty} e^{-st} f''(t)\,dt = s^2 \int_0^{+\infty} e^{-st} f(t)\,dt - sf(0) - f'(0),\ s > \gamma.$$

Demonstração

a) Suponhamos que *f* seja de ordem exponencial γ; assim, existe $M > 0$ tal que

$$|f(t)| \leq M e^{\gamma t},\ \text{para } t \geq 0.$$

Segue que

① $$\left| e^{-st} f(t) \right| \leq M e^{(\gamma - s)t},\ t \geq 0.$$

Logo, para $s > \gamma$, a integral imprópria

$$\int_0^{+\infty} e^{-st} f(t)\,dt$$

é absolutamente convergente e, portanto, convergente. (Utilizamos aqui o critério de comparação: para $s > \gamma$,

$$\int_0^{+\infty} e^{(\gamma - s)t}\,dt$$

é convergente.) Integrando por partes,

$$\int_0^u e^{-st} f'(t)\,dt = e^{-su} f(u) - f(0) + s \int_0^u e^{-st} f(t)\,dt.$$

Como, para $s > \gamma$,

$$\lim_{t \to +\infty} e^{(\gamma - s)t} = 0,$$

resulta de ① que

$$\lim_{t \to +\infty} e^{-su} f(u) = 0.$$

Logo, para $s > \gamma$,

$$\int_0^{+\infty} e^{-su} f'(t)\,dt = s \int_0^{+\infty} e^{-st} f(t)\,dt - f(0).$$

b) Fica a seu cargo ∎

O próximo teorema, cuja demonstração é deixada para o final da seção, conta-nos que se duas funções definidas em $[0, +\infty[$, contínuas e de ordens exponenciais, tiverem transformadas de Laplace iguais, então serão iguais.

Capítulo 11

Teorema de Lerch. Sejam f_1 e f_2 contínuas em $[0, +\infty[$ e de ordens exponenciais. Se existe s_0 tal que

$$\int_0^{+\infty} e^{-st} f_1(t)\, dt = \int_0^{+\infty} e^{-st} f_2(t)\, dt, \quad s > s_0,$$

então

$$f_1(t) = f_2(t) \text{ em } [0, +\infty[.$$

Antes de passarmos aos exemplos, observamos que

$$\int_0^{+\infty} e^{-st}[f_1(t) + f_2(t)]\, dt = \int_0^{+\infty} e^{-st} f_1(t)\, dt + \int_0^{+\infty} e^{-st} f_2(t)\, dt$$

e

$$\int_0^{+\infty} e^{-st}(kf(t))\, dt = k \int_0^{+\infty} e^{-st} f(t)\, dt,$$

em que k é uma constante.

Exemplo 4 Determine uma solução particular da equação

$$\ddot{x} + x = \cos t, \ t \geqslant 0.$$

Solução

Vamos procurar a solução particular que satisfaz as condições iniciais $x(0) = 0$ e $\dot{x}(0) = 0$. Sabemos que esta solução é de ordem exponencial. Vamos então calcular sua transformada de Laplace. Aplicando a transformada de Laplace aos dois membros, vem:

$$\int_0^{+\infty} e^{-st} \left(\ddot{x} + x\right) dt = \int_0^{+\infty} e^{-st} \cos t\, dt,$$

ou seja,

③
$$\int_0^{+\infty} e^{-st} \ddot{x}\, dt + \int_0^{+\infty} e^{-st} x\, dt = \int_0^{+\infty} e^{-st} \cos t\, dt.$$

Pelo teorema 1, parte *b*,

$$\int_0^{+\infty} e^{-st} \ddot{x}\, dt = s^2 \int_0^{+\infty} e^{-st} x\, dt - sx(0) - \dot{x}(0) = s^2 \int_0^{+\infty} e^{-st} x\, dt,$$

pois $x(0) = 0$ e $\dot{x}(0) = 0$. Temos, também,

$$\int_0^{+\infty} e^{-st} \cos t\, dt = \frac{s}{s^2 + 1} \quad \text{(veja tabela)}.$$

Substituindo em ③, obtemos

$$(s^2 + 1)\int_0^{+\infty} e^{-st} x\, dt = \frac{s}{s^2 + 1},$$

ou seja,

$$\int_0^{+\infty} e^{-st} x\, dt = \frac{s}{(s^2 + 1)^2}.$$

Vemos, pela tabela, que a função que admite $\dfrac{s}{(s^2+1)^2}$ como transformada de Laplace é $\dfrac{1}{2}t\,\mathrm{sen}\,t$. (Confira!) Logo,

$$x_p = \frac{1}{2}t\,\mathrm{sen}\,t,\ t \geq 0$$

é uma solução particular. (*Observe.* $\dfrac{s}{(s^2+1)^2}$ é a transformada de Laplace da solução procurada. Pelo Teorema de Lerch, $\dfrac{1}{2}t\,\mathrm{sen}\,t$, $t \geq 0$, é a única função contínua de ordem exponencial cuja transformada de Laplace é a função acima. Todas as soluções da equação dada são contínuas e de ordens exponenciais. *Conclusão:* $\dfrac{1}{2}t\,\mathrm{sen}\,t$, $t \geq 0$, é a solução que satisfaz as condições iniciais $x(0) = 0$ e $\dot{x}(0) = 0$.)

Fica a cargo do leitor verificar, por substituição direta na equação, que $x_p = \dfrac{1}{2}t\,\mathrm{sen}\,t$, $t \in \mathbb{R}$, é uma solução particular da equação $\ddot{x} + x = \cos t$, $t \in \mathbb{R}$.

Exemplo 5 Calcule a função contínua, de ordem exponencial, $x = x(t)$, $t \geq 0$, tal que

$$\int_0^{+\infty} e^{-st} x\, dt = \frac{1}{s(s+1)}.$$

Solução

A expressão $\dfrac{1}{s(s+1)}$ não aparece na tabela, mas expressões da forma $\dfrac{A}{s} + \dfrac{B}{s+1}$ sim. Vamos, então, decompor $\dfrac{1}{s(s+1)}$ em expressões destes tipos:

$$\frac{1}{s(s+1)} = \frac{A}{s} + \frac{B}{s+1};$$
$$1 = A(s+1) + Bs.$$

Segue que $A = 1$ e $B = -1$. Então

$$\frac{1}{s(s+1)} = \frac{1}{s} - \frac{1}{s+1}.$$

Pela tabela, $\dfrac{1}{s}$ é a transformada de Laplace da função constante 1 e $\dfrac{1}{s(s+1)}$ da função e^{-t}. Assim,

$$x = 1 - e^{-t}.$$

Exemplo 6 Determine a solução do problema

$$\ddot{x} - x = 1,\ x(0) = 0 \text{ e } \dot{x}(0) = 1,\ \text{com } t \geq 0.$$

Solução

Temos:

Capítulo 11

$$\int_0^{+\infty} e^{-st}\left(\ddot{x} - x\right)dt = \int_0^{+\infty} e^{-st}\,dt,$$

ou seja,

④
$$\int_0^{+\infty} e^{-st}\ddot{x}\,dt - \int_0^{+\infty} e^{-st}x\,dt = \frac{1}{s}.$$

(Pela tabela, a transformada de Laplace da função constante 1 é $\frac{1}{s}$.) Temos:

$$\int_0^{+\infty} e^{-st}\ddot{x}\,dt = s^2\int_0^{+\infty} e^{-st}x\,dt - sx(0) - \dot{x}(0).$$

Substituindo em ④ e levando em conta as condições iniciais, resulta:

$$s^2\int_0^{+\infty} e^{-st}x\,dt - 1 - \int_0^{+\infty} e^{-st}x\,dt = \frac{1}{s},$$

ou seja,

$$(s^2 - 1)\int_0^{+\infty} e^{-st}x\,dt = \frac{s + 1}{s}$$

e, portanto,

$$\int_0^{+\infty} e^{-st}x\,dt = \frac{1}{s(s - 1)}.$$

Como

$$\frac{1}{s(s - 1)} = -\frac{1}{s} + \frac{1}{s - 1},$$

resulta

$$x = -1 + e^t,$$

que é a solução procurada. (Verifique.)

Para demonstrar o teorema de Lerch vamos precisar do seguinte

Lema. Seja $G: [0, 1] \to \mathbb{R}$ contínua. Se, para todo polinômio $P(t)$,

$$\int_0^1 G(t)P(t)\,dt = 0,$$

então

$$G(t) = 0 \text{ em } [0, 1].$$

Demonstração

Suponhamos que exista c em $[0, 1]$, com $G(c) \neq 0$. Podemos supor $G(c) > 0$. Pelo teorema da conservação do sinal, existe um intervalo $[a, b]$ contido em $[0, 1]$, com $c \in [a, b]$, tal que

①
$$G(t) > 0 \text{ em } [a, b].$$

Para todo natural $n \geqslant 1$, seja $P_n(t)$ o polinômio dado por

$$P_n(t) = [1 + (t - a)(b - t)]^n.$$

Observe que, para $t \in [0, a] \cup [b, 1]$,

$$0 \leqslant P_n(t) \leqslant 1.$$

Segue que

$$\left| \int_0^a G(t)P_n(t)\,dt \right| \leqslant \int_0^a |G(t)|\,dt \leqslant \int_0^1 |G(t)|\,dt$$

e

$$\left| \int_b^1 G(t)P_n(t)\,dt \right| \leqslant \int_b^1 |G(t)|\,dt \leqslant \int_0^1 |G(t)|\,dt.$$

Por outro lado, tendo em vista que

$$(t - a)(b - t) \geqslant 0 \text{ em } [a, b],$$

resulta, para todo $t \in [a, b]$ e todo natural $n \geqslant 1$,

② $$P_n(t) \geqslant 1 + n\,(t - a)\,(b - t). \text{ (Verifique.)}$$

De ① e ② resulta, para todo natural $n \geqslant 1$,

$$\int_a^b G(t)P_n(t)\,dt \geqslant \int_a^b G(t)\,dt + n\int_a^b G(t)(t - a)(b - t)\,dt.$$

Como

$$\int_a^b G(t)(t - a)(b - t)\,dt > 0,$$

obtemos

$$\lim_{n \to +\infty} \int_a^b G(t)P_n(t)\,dt = +\infty.$$

Portanto, existirá um natural n_1 tal que

$$\int_a^b G(t)P_{n_1}(t)\,dt > 0 \quad \text{(por quê?)},$$

que está em contradição com a hipótese. (Seja $H_n(t) = G(t)\,P_n(t)$; veja:

$$\int_0^1 H_n(t)\,dt = \int_0^a H_n(t)\,dt + \int_a^b H_n(t)\,dt + \int_b^1 H_n(t)\,dt,$$

em que $\int_0^a H_n(t)\,dt$ e $\int_b^1 H_n(t)\,dt$ são limitadas e $\lim_{n \to +\infty} \int_a^b H_n(t)\,dt = +\infty$.) Portanto,

$$G(t) = 0 \text{ em } [0, 1]. \qquad \blacksquare$$

Vamos, agora, demonstrar o teorema de Lerch.

Demonstração do teorema de Lerch

Façamos $h(t) = f_1(t) - f_2(t)$, $t \geqslant 0$. Segue da hipótese que

③ $$\int_0^{+\infty} e^{-st}h(t)\,dt = 0, \quad s > s_0.$$

Vamos provar, então, que

Capítulo 11

$$h(t) = 0 \text{ em } [0, +\infty[.$$

Segue de ③ que, para todo natural k,

④ $$\int_0^{+\infty} e^{-(s+k)t} h(t)\, dt = 0, \quad s > s_0.$$

Fazendo a mudança de variável $x = e^{-t}$, obtemos

$$\int_0^u e^{-(s+k)t} h(t)\, dt = \int_1^{e^{-u}} x^{s+k} h(-\ln x) \left(-\frac{dx}{x} \right),$$

ou seja,

⑤ $$\int_0^u e^{-(s+k)t} h(t)\, dt = \int_{e^{-u}}^1 x^{s+k-1} h(-\ln x)\, dx.$$

(Observe que, para $u \to +\infty$, $e^{-u} \to 0$.)

Consideremos a função $G: [0, 1] \to \mathbb{R}$ dada por

$$G(x) = \begin{cases} x^{s-1} h(-\ln x), & 0 < x \leqslant 1 \\ 0 & , x = 0 \end{cases}$$

Vamos mostrar que, para um s suficientemente grande (com $s > s_0$), G é contínua em $x = 0$.

Como as funções f_1 e f_2 são de ordens exponenciais, a função h também será. Logo, existem constantes $M > 0$ e $\gamma > 0$ tais que

$$\left| h(t) \right| \leqslant M e^{\gamma t}, \, t \geqslant 0.$$

Segue que, para todo $0 < x \leqslant 1$,

$$\left| G(x) \right| = \left| x^{s-1} h(-\ln x) \right| \leqslant M x^{s-\gamma-1}.$$

Seja $s_1 = \max \{s_0, 1 + \gamma\}$. Tomemos $s > s_1$. Para este s, G é contínua em $x = 0$. De fato, para $s > s_1$,

$$\lim_{x \to 0^+} x^{s-\gamma-1} = 0;$$

logo, pelo teorema do confronto,

$$\lim_{x \to 0^+} G(x) = 0.$$

Segue que G é contínua em $x = 0$. Como G é contínua em $]0, 1]$ (por quê?), resulta que G é contínua em $[0, 1]$.

Seja $s > s_1$ como acima. De ④ e ⑤ resulta, para todo natural k,

$$\int_0^1 G(x) x^k\, dx = 0.$$

Portanto, para todo polinômio $P(x)$,

$$\int_0^1 G(x) P(x)\, dx = 0.$$

Pelo Lema,

Equações Diferenciais Lineares de Ordem *n*, com Coeficientes Constantes

$$G(x) = 0 \text{ em } [0, 1].$$

Logo,

$$h(t) = 0 \text{ em } [0, +\infty[.$$ ■

Para mais informações sobre transformada de Laplace, veja referências bibliográficas 9 e 17.

Exercícios 11.6

Utilizando a transformada de Laplace, determine a solução do problema dado. Verifique sua resposta por substituição na equação. (Suponha $t \geqslant 0$.)

1. $\ddot{x} + 4x = \text{sen}\, t$, $x(0) = 0$ e $\dot{x}(0) = 0$

2. $\dot{x} + 4x = \cos t$, $x(0) = 0$

3. $\dot{x} - 3x = t + e^t$, $x(0) = 0$

4. $\ddot{x} + 2\dot{x} + x = t + e^t$, $x(0) = 0$ e $\dot{x}(0) = 0$

5. $\ddot{x} + 4x = \cos 2t$, $x(0) = 0$ e $\dot{x}(0) = 0$

6. $\ddot{x} + 4x = e^t \text{sen}\, t$, $x(0) = 0$ e $\dot{x}(0) = 0$

12

Sistemas de Duas e Três Equações Diferenciais Lineares de 1ª Ordem e com Coeficientes Constantes

Videoaulas
vídeos 7.1, 7.2 e 7.3

12.1 Sistema Homogêneo de Duas Equações Diferenciais Lineares de 1ª Ordem, com Coeficientes Constantes

Um *sistema de duas equações diferenciais lineares de 1ª ordem, homogêneo, com coeficientes constantes*, é um sistema do tipo

①
$$\begin{cases} \dot{x} = a_{11}x + a_{12}y \\ \dot{y} = a_{21}x + a_{22}y \end{cases}$$

em que os a_{ij} são reais dados. Uma *solução* de ① é um par de funções

$$\begin{cases} x = x(t) \\ y = y(t) \end{cases} \quad t \in I \ (I \text{ intervalo})$$

tal que, para todo $t \in I$,

$$\begin{cases} \dot{x}(t) = a_{11}x(t) + a_{12}y(t) \\ \dot{y}(t) = a_{21}x(t) + a_{22}y(t). \end{cases}$$

Exemplo 1 O par de funções $x = \cos t$ e $y = \operatorname{sen} t$, $t \in \mathbb{R}$, é uma solução do sistema

$$\begin{cases} \dot{x} = -y \\ \dot{y} = x, \end{cases}$$

pois, para todo $t \in \mathbb{R}$,

$$\begin{cases} (\cos t)' = -\operatorname{sen} t \\ (\operatorname{sen} t)' = \cos t. \end{cases}$$

Sejam

$$\begin{cases} x = x_1(t) \\ y = y_1(t) \end{cases} \quad e \quad \begin{cases} x = x_2(t) \\ y = y_2(t) \end{cases}$$

soluções de ①. Deixamos a seu cargo verificar que, quaisquer que sejam os números reais k_1 e k_2,

②
$$\begin{cases} x = k_1\, x_1(t) + k_2\, x_2(t) \\ y = k_1\, y_1(t) + k_2\, y_2(t) \end{cases}$$

também será solução de ①. Utilizando *vetores-colunas*, ② pode ser reescrita na forma vetorial

③
$$\begin{bmatrix} x \\ y \end{bmatrix} = k_1 \begin{bmatrix} x_1(t) \\ y_1(t) \end{bmatrix} + k_2 \begin{bmatrix} x_2(t) \\ y_2(t) \end{bmatrix}.$$

A expressão acima nos diz que se

④
$$\begin{bmatrix} x_1(t) \\ y_1(t) \end{bmatrix} \quad e \quad \begin{bmatrix} x_2(t) \\ y_2(t) \end{bmatrix}$$

são soluções de ①, então qualquer *combinação linear* delas também será solução. Os dois exemplos que apresentaremos a seguir mostram que existem soluções ④ tais que qualquer outra solução de ① é da forma ③. Primeiro estudaremos o caso em que $a_{12} \neq 0$ ou $a_{21} \neq 0$ e, em seguida, o caso $a_{12} = a_{21} = 0$.

Exemplo 2 Resolva o sistema

$$\begin{cases} \dot{x} = a_{11}x + a_{12}y \\ \dot{y} = a_{21}x + a_{22}y \end{cases}$$

supondo $a_{12} \neq 0$ ou $a_{21} \neq 0$.

Solução

Vamos mostrar que resolver este sistema é equivalente a resolver uma equação diferencial linear de 2ª ordem, homogênea e com coeficientes constantes. Para fixar o raciocínio, vamos supor $a_{12} \neq 0$. Façamos a mudança de variável

⑤ $\qquad\qquad c_{11}x + a_{12}y = u$, ou seja, $a_{12}y = u - a_{11}x$.

Daí

⑥ $\qquad\qquad a_{12}\dot{y} = \dot{u} - a_{11}\dot{x}.$

Agora, multiplicando a 2ª equação do sistema dado por a_{12} e substituindo ⑤ e ⑥ no sistema obtido, resulta

$$\begin{cases} \dot{x} = u \\ \dot{u} - a_{11}u = a_{12}a_{21}x + a_{22}(u - a_{11}x) \end{cases}$$

Capítulo 12

e, portanto,

⑦
$$\begin{cases} \dot{x} = u \\ \dot{u} = (a_{12}a_{21} - a_{11}a_{22})\,x + (a_{11} + a_{22})\,u. \end{cases}$$

Da 1ª equação, segue

$$\ddot{x} = \dot{u}.$$

Substituindo na 2ª, obtemos

$$\ddot{x} = (a_{12}a_{21} - a_{11}a_{22})\,x + (a_{11} + a_{22})\,\dot{u}.$$

Assim, se $x = x(t)$ e $u = u(t)$ for solução de ⑦, então $x = x(t)$ será solução da equação diferencial linear de 2ª ordem, homogênea e com coeficientes constantes

⑧ $\quad \ddot{x} - (a_{11} + a_{22})\,\dot{x} + (a_{11}\,a_{12} - a_{12}\,a_{21})\,x = 0.$

Por outro lado, se $x = x(t)$ for solução de ⑧, então $x = x(t)$ e $u = \dot{x}(t)$ será solução de ⑦. Observamos que a equação característica de ⑧ é

$$\begin{vmatrix} a_{11} - \lambda & a_{12} \\ a_{21} & a_{22} - \lambda \end{vmatrix} = 0$$

em que o 1º membro é o determinante da matriz

$$\begin{bmatrix} a_{11} - \lambda & a_{12} \\ a_{21} & a_{22} - \lambda \end{bmatrix}. \quad \text{(Verifique.)}$$

Sejam λ_1 e λ_2 as raízes (reais ou complexas) da equação acima. Então, a solução geral de ⑧ será

$$x = c_1\,e^{\lambda_1 t} + c_2\,e^{\lambda_2 t} \text{ se } \lambda_1 \neq \lambda_2 \text{ e reais}$$

ou

$$x = e^{\alpha t}\,(c_1 \cos \beta t + c_2 \,\text{sen}\, \beta t) \text{ se } \lambda = a \pm i\beta,\, \beta \neq 0,$$

ou

$$x = c_1\,e^{\lambda_1 t} + c_2\,t\,e^{\lambda_1 t} \text{ se } \lambda_1 = \lambda_2.$$

Se $\lambda_1 \neq \lambda_2$ e reais, teremos

$$u = \dot{x} = c_1\lambda_1\,e^{\lambda_1 t} + c_2\lambda_2\,e^{\lambda_2 t}.$$

De $a_{12}y = u - a_{11}x$, resulta

$$y = c_1\,\frac{\lambda_1 - a_{11}}{a_{12}}\,e^{\lambda_1 t} + c_2\,\frac{\lambda_2 - a_{11}}{a_{12}}\,e^{\lambda_2 t}.$$

Sistemas de Duas e Três Equações Diferenciais Lineares de 1ª Ordem e com Coeficientes Constantes

Por outro lado, se $\lambda_1 = \lambda_2$, teremos

$$y = c_1 \frac{\lambda_1 - a_{11}}{a_{12}} e^{\lambda_1 t} + c_2 \left[\frac{1}{a_{12}} + \frac{\lambda_1 - a_{11}}{a_{12}} t \right] e^{\lambda_1 t},$$

Fazendo $c_1 = a_{12}k_1$ e $c_2 = a_{12}k_2$, resulta

Se $\lambda_1 \neq \lambda_2$ e reais, a solução geral será

$$\begin{bmatrix} x \\ y \end{bmatrix} = k_1 \begin{bmatrix} a_{12} \\ \lambda_1 - a_{11} \end{bmatrix} e^{\lambda_1 t} + k_2 \begin{bmatrix} a_{12} \\ \lambda_2 - a_{11} \end{bmatrix} e^{\lambda_2 t}.$$

Se $\lambda_1 = \lambda_2$, a solução geral será

$$\begin{bmatrix} x \\ y \end{bmatrix} = k_1 \begin{bmatrix} a_{12} \\ \lambda_1 - a_{11} \end{bmatrix} e^{\lambda_1 t} + k_2 \left\{ \begin{bmatrix} 0 \\ 1 \end{bmatrix} + t \begin{bmatrix} a_{12} \\ \lambda_1 - a_{11} \end{bmatrix} \right\} e^{\lambda_1 t}.$$

Deixamos a seu cargo verificar que, se $\lambda = \alpha \pm i\beta, \beta \neq 0$, a solução geral será

$$\begin{bmatrix} x \\ y \end{bmatrix} = \left\{ k_1 \begin{bmatrix} a_{12} \cos \beta t \\ m \cos \beta t - \beta \,\text{sen}\, \beta t \end{bmatrix} + k_2 \begin{bmatrix} a_{12}\,\text{sen}\, \beta t \\ m\,\text{sen}\, \beta t + \beta \cos \beta t \end{bmatrix} \right\} e^{\alpha t},$$

em que $m = \alpha - a_{11}$.

Observação. Como sabemos, dados os números reais t_0, x_0 e y_0, a equação ⑧ admite uma, e somente uma, solução $x = x(t), t \in \mathbb{R}$, satisfazendo as condições iniciais $x(t_0) = x_0$ e $\dot{x}(t_0) = y_0$. (Confira.) Segue que o sistema dado admite uma, e somente uma, solução $x = x(t)$ e $y = y(t), t \in \mathbb{R}$, satisfazendo as condições iniciais $x(t_0) = x_0$ e $y(t_0) = y_0$.

Exemplo 3 Resolva

$$\begin{cases} \dot{x} = a_{11}x \\ \dot{y} = a_{22}y. \end{cases}$$

Solução

$$\dot{x} = a_{11}x \Leftrightarrow x = k_1 e^{a_{11}t}$$

e

$$\dot{y} = a_{22}y \Leftrightarrow y = k_2 e^{a_{22}t}.$$

A solução geral é então

$$\begin{bmatrix} x \\ y \end{bmatrix} = k_1 \begin{bmatrix} 1 \\ 0 \end{bmatrix} e^{a_{11}t} + k_2 \begin{bmatrix} 0 \\ 1 \end{bmatrix} e^{a_{22}t}.$$

Observe que $\lambda_1 = a_{11}$ e $\lambda_2 = a_{22}$ são as raízes da equação

Capítulo 12

$$\begin{vmatrix} a_{11} - \lambda & 0 \\ 0 & a_{22} - \lambda \end{vmatrix} = 0$$

A solução geral pode então ser colocada na forma

⑨
$$\begin{bmatrix} x \\ y \end{bmatrix} = k_1 \begin{bmatrix} 1 \\ 0 \end{bmatrix} e^{\lambda_1 t} + k_2 \begin{bmatrix} 0 \\ 1 \end{bmatrix} e^{\lambda_2 t}.$$

Observação. Fazendo, em ⑨, $k_1 = x_0 e^{-\lambda_1 t_0}$ e $k_2 = y_0 e^{-\lambda_1 t_0}$, obtemos a única solução do sistema que satisfaz as condições iniciais $x(t_0) = x_0$ e $y(t_0) = y_0$.

O importante teorema que destacaremos a seguir é consequência dos Exemplos 2 e 3 e das observações que seguem estes exemplos. (Verifique.)

Teorema (de existência e unicidade). Dados os números reais t_0, x_0 e y_0, o sistema ① admite uma solução

$$\begin{cases} x = x(t) \\ y = y(t) \end{cases} t \in \mathbb{R}$$

satisfazendo as condições iniciais

$$x(t_0) = x_0 \quad \text{e} \quad y(t_0) = y_0.$$

Além disso, se

$$\begin{cases} x = x_1(t) \\ y = y_1(t) \end{cases} t \in I \, (I \text{ intervalo e } t_0 \in I)$$

for outra solução tal que

$$x_1(t_0) = x_0 \quad \text{e} \quad y_1(t_0) = y_0,$$

então, para todo $t \in I$,

$$x(t) = x_1(t) \quad \text{e} \quad y(t) = y_1(t).$$

Uma pergunta que surge naturalmente é a seguinte: sabendo que

$$\begin{cases} x = x_1(t) \\ y = y_1(t) \end{cases} \text{e} \quad \begin{cases} x = x_2(t) \\ y = y_2(t) \end{cases} t \in \mathbb{R}$$

são duas soluções de ①, que condições elas devem satisfazer para que

$$\begin{bmatrix} x \\ y \end{bmatrix} = k_1 \begin{bmatrix} x_1(t) \\ y_1(t) \end{bmatrix} + k_2 \begin{bmatrix} x_2(t) \\ y_2(t) \end{bmatrix}$$

Sistemas de Duas e Três Equações Diferenciais Lineares de 1ª Ordem e com Coeficientes Constantes

seja a solução geral de ①? Tendo em vista o teorema anterior, para que a expressão citada seja a solução geral basta que, para quaisquer reais t_0, x_0 e y_0 dados, existam k_1 e k_2 tais que para estes k_1 e k_2 a solução satisfaça as condições iniciais

$$x(t_0) = x_0 \quad \text{e} \quad y(t_0) = y_0.$$

Basta, então, como se verifica facilmente, que, para todo t_0,

$$\begin{vmatrix} x_1(t_0) & x_2(t_0) \\ y_1(t_0) & y_2(t_0) \end{vmatrix} \neq 0.$$

Conclusão

Sendo

$$\begin{bmatrix} x_1(t) \\ y_1(t) \end{bmatrix} \quad \text{e} \quad \begin{bmatrix} x_2(t) \\ y_2(t) \end{bmatrix}$$

duas soluções de ① tais que, para todo t real,

$$\begin{vmatrix} x_1(t) & x_2(t) \\ y_1(t) & y_2(t) \end{vmatrix} \neq 0$$

então

$$\begin{bmatrix} x \\ y \end{bmatrix} = k_1 \begin{bmatrix} x_1(t) \\ y_1(t) \end{bmatrix} + k_2 \begin{bmatrix} x_2(t) \\ y_2(t) \end{bmatrix}$$

é a solução geral de ①.

Sendo

$$\begin{bmatrix} x_1(t) \\ y_1(t) \end{bmatrix} \quad \text{e} \quad \begin{bmatrix} x_2(t) \\ y_2(t) \end{bmatrix} \quad t \in \mathbb{R}$$

soluções de ①, a função $W = W(t)$, $t \in \mathbb{R}$, dada pelo determinante

$$W(t) = \begin{vmatrix} x_1(t) & x_2(t) \\ y_1(t) & y_2(t) \end{vmatrix}$$

denomina-se *wronskiano* de tais soluções. O resultado acima nos diz simplesmente que se o wronskiano $W(t)$ for diferente de zero para todo t, então

$$\begin{bmatrix} x \\ y \end{bmatrix} = k_1 \begin{bmatrix} x_1(t) \\ y_1(t) \end{bmatrix} + k_2 \begin{bmatrix} x_2(t) \\ y_2(t) \end{bmatrix}$$

será a solução geral de ①. Abel e Liouville descobriram que, para se ter $W(t) \neq 0$, para todo t, basta que se tenha $W(0) \neq 0$, como mostra o próximo teorema.

Capítulo 12

Teorema (de Abel-Liouville). Seja $W(t)$ o wronskiano das soluções

⑩
$$\begin{bmatrix} x_1(t) \\ y_1(t) \end{bmatrix} \quad e \quad \begin{bmatrix} x_2(t) \\ y_2(t) \end{bmatrix}$$

do sistema ①. Então, para todo t real,

$$W(t) = W(0)\, e^{(a_{11}+a_{22})t}.$$

Em particular, se $W(0) \neq 0$, então, para todo t real, $W(t) \neq 0$.

Demonstração

$$W(t) = \begin{vmatrix} x_1(t) & x_2(t) \\ y_1(t) & y_2(t) \end{vmatrix}.$$

Derivando em relação a t, obtemos

$$\dot{W}(t) = \begin{vmatrix} \dot{x}_1(t) & \dot{x}_2(t) \\ y_1(t) & y_2(t) \end{vmatrix} + \begin{vmatrix} x_1(t) & x_2(t) \\ \dot{y}_1(t) & \dot{y}_2(t) \end{vmatrix}. \quad \text{(Confira.)}$$

Como ⑩ são soluções de ①, resulta

$$\dot{W}(t) = \begin{vmatrix} a_{11}x_1(t) + a_{12}y_1(t) & a_{11}x_2(t) + a_{12}y_2(t) \\ y_1(t) & y_2(t) \end{vmatrix} +$$

$$+ \begin{vmatrix} x_1(t) & x_2(t) \\ a_{21}x_1(t) + a_{22}y_1(t) & a_{21}x_2(t) + a_{22}y_2(t) \end{vmatrix}.$$

Segue que

$$\dot{W}(t) = \begin{vmatrix} a_{11}x_1(t) & a_{11}x_2(t) \\ y_1(t) & y_2(t) \end{vmatrix} + \begin{vmatrix} x_1(t) & x_2(t) \\ a_{22}y_1(t) & a_{22}y_2(t) \end{vmatrix}$$

e, portanto,

$$\dot{W}(t) = (a_{11} + a_{22})\, W(t).$$

Assim, $W = W(t)$ é uma solução da equação diferencial linear de 1ª ordem

$$\frac{dW}{dt} = (a_{11} + a_{22})W.$$

Logo, existe uma constante k tal que

$$W(t) = k\, e^{(a_{11}+a_{22})t}, \qquad\qquad t \in \mathbb{R}.$$

Como $k = W(0)$, resulta

$$W(t) = W(0)\, e^{(a_{11}+a_{22})t}, \qquad\qquad t \in \mathbb{R}. \qquad \blacksquare$$

Sistemas de Duas e Três Equações Diferenciais Lineares de 1ª Ordem e com Coeficientes Constantes

Na Seção 12.3, estabeleceremos um *método prático* para determinar duas soluções de ① com $W(0) \neq 0$. Na próxima seção, vamos preparar o terreno para o estabelecimento de tal método.

Para finalizar a seção, vamos mostrar que a definição de wronskiano, apresentada nesta seção, engloba aquela que aparece na Seção 11.5. Consideremos, então, a equação

⑪
$$\ddot{x} + b\dot{x} + cx = 0.$$

Como vimos no Exemplo 3, esta equação é equivalente ao sistema

⑫
$$\begin{cases} \dot{x} = y \\ \dot{y} = -cx - by. \end{cases}$$

Sendo $x_1(t)$ e $x_2(t)$ soluções de ⑪, então

$$\begin{bmatrix} x_1(t) \\ \dot{x}_1(t) \end{bmatrix} \text{ e } \begin{bmatrix} x_2(t) \\ \dot{x}_2(t) \end{bmatrix}$$

serão soluções de ⑫ e o wronskiano destas soluções é

$$W(t) = \begin{vmatrix} x_1(t) & x_2(t) \\ \dot{x}_1(t) & \dot{x}_2(t) \end{vmatrix}$$

que concorda com aquela definição de wronskiano que aparece na Seção 11.5.

12.2 Método Prático: Preliminares

O objetivo desta seção é introduzir algumas notações e alguns resultados sobre matrizes. Consideremos então o sistema

①
$$\begin{cases} \dot{x} = a_{11}x + a_{12}y \\ \dot{y} = a_{21}x + a_{22}y. \end{cases}$$

A matriz deste sistema será indicada por A:

$$A = \begin{bmatrix} a_{11} & a_{12} \\ a_{21} & a_{22} \end{bmatrix}.$$

Um vetor-coluna será indicado por uma letra em negrito:

$$\mathbf{x} = \begin{bmatrix} x \\ y \end{bmatrix}, \mathbf{a} = \begin{bmatrix} m \\ n \end{bmatrix}, \boldsymbol{v} = \begin{bmatrix} p \\ q \end{bmatrix} \text{etc.}$$

Com estas notações, o sistema ① se escreve

$$\dot{\mathbf{x}} = A\mathbf{x} \quad \text{em que } \dot{\mathbf{x}} = \begin{bmatrix} \dot{x} \\ \dot{y} \end{bmatrix}.$$

Como se aprende no estudo de matrizes, se α e β são números reais e $\mathbf{u}$ e $\boldsymbol{v}$ dois vetores-colunas, então tem-se

Capítulo 12

$$A(\alpha \mathbf{u} + \beta \mathbf{v}) = \alpha\, A\mathbf{u} + \beta\, A\mathbf{v}. \quad \text{(Confira.)}$$

Indicando por I a matriz unitária de ordem 2

$$I = \begin{bmatrix} 1 & 0 \\ 0 & 1 \end{bmatrix},$$

temos

$$A - \lambda I = \begin{bmatrix} a_{11} & a_{12} \\ a_{21} & a_{22} \end{bmatrix} - \begin{bmatrix} \lambda & 0 \\ 0 & \lambda \end{bmatrix}$$

e, portanto,

$$A - \lambda I = \begin{bmatrix} a_{11} - \lambda & a_{12} \\ a_{21} & a_{22} - \lambda \end{bmatrix}$$

em que λ é um número real. O determinante da matriz $A - \lambda I$ será indicado por $\det (A - \lambda I)$. Assim,

$$\det (A - \lambda I) = \begin{vmatrix} a_{11} - \lambda & a_{12} \\ a_{21} & a_{22} - \lambda \end{vmatrix}.$$

As raízes da equação característica

$$\det (A - \lambda I) = \mathbf{0}$$

denominam-se *autovalores* da matriz A. Seja λ_1 um autovalor da matriz A. Um vetor-coluna não nulo $\mathbf{v}$ denomina-se *autovetor* associado ao autovalor λ_1 se, e somente se,

$$A\mathbf{v} = \lambda_1\, \mathbf{v}.$$

A equação acima é equivalente a

$$(A - \lambda_1 I)\, \mathbf{v} = \mathbf{0},$$

em que $\mathbf{0} = \begin{bmatrix} 0 \\ 0 \end{bmatrix}$ é o vetor-coluna *nulo*.

Tudo o que dissemos acima aplica-se quando A é uma matriz quadrada de ordem n e I, a matriz unitária de ordem n.

Exemplo 1 Considere a matriz

$$A = \begin{bmatrix} 2 & 1 \\ 6 & 1 \end{bmatrix}.$$

a) Determine os autovalores de A.

b) Determine os autovetores associados aos autovalores de A.

Solução

a) Os autovalores são as raízes da equação característica

$$\begin{vmatrix} 2 - \lambda & 1 \\ 6 & 2 - \lambda \end{vmatrix} = 0.$$

Esta equação é equivalente a

$$\lambda^2 - 3\lambda - 4 = 0.$$

Assim, os autovalores são: $\lambda_1 = -1$ e $\lambda_2 = 4$.

b) Primeiro vamos determinar os autovetores associados ao autovalor λ_1. Tais vetores são as soluções não nulas do sistema

$$(A - \lambda_1 I)\, \mathbf{v} = \mathbf{0},$$

que é equivalente a

$$\begin{bmatrix} 2 - \lambda_1 & 1 \\ 6 & 1 - \lambda_1 \end{bmatrix} \begin{bmatrix} m \\ n \end{bmatrix} = \begin{bmatrix} 0 \\ 0 \end{bmatrix},$$

em que $\mathbf{v} = \begin{bmatrix} m \\ n \end{bmatrix}$. Como $\lambda_1 = -1$, resulta

$$\begin{bmatrix} 3 & 1 \\ 6 & 2 \end{bmatrix} \begin{bmatrix} m \\ n \end{bmatrix} = \begin{bmatrix} 0 \\ 0 \end{bmatrix},$$

que é equivalente a

$$\begin{cases} 3m + n = 0 \\ 6m + 2n = 0. \end{cases}$$

Por sua vez, este sistema é equivalente a

$$3m + n = 0.$$

Daí, $n = -3m$. Os autovetores associados ao autovalor $\lambda_1 = -1$ são:

$$\begin{bmatrix} m \\ n \end{bmatrix} = \begin{bmatrix} m \\ -3m \end{bmatrix} = m \begin{bmatrix} 1 \\ -3 \end{bmatrix}, \quad m \neq 0.$$

Os autovetores associados ao autovalor $\lambda_2 = 4$ são as soluções não nulas do sistema

$$\begin{bmatrix} 2 - \lambda_2 & 1 \\ 6 & 1 - \lambda_2 \end{bmatrix} \begin{bmatrix} m \\ n \end{bmatrix} = \begin{bmatrix} 0 \\ 0 \end{bmatrix}.$$

Como $\lambda_2 = 4$, resulta

$$\begin{cases} -2m + n = 0 \\ 6m - 3n = 0, \end{cases}$$

que é equivalente a

$$-2m + n = 0.$$

Daí, $n = 2m$. Os autovetores associados ao autovalor $\lambda_2 = 4$ são

$$\begin{bmatrix} m \\ n \end{bmatrix} = \begin{bmatrix} m \\ 2m \end{bmatrix} = m \begin{bmatrix} 1 \\ 2 \end{bmatrix}, \quad m \neq 0.$$

Consideremos, novamente, o sistema ① e seja λ um autovalor da matriz A deste sistema. Conforme aprendemos na seção anterior, o sistema admite uma solução do tipo $\begin{bmatrix} m \\ n \end{bmatrix} e^{\lambda t}$. A pergunta que se coloca naturalmente é a seguinte: que relação existe entre o vetor $\boldsymbol{v} = \begin{bmatrix} m \\ n \end{bmatrix}$ e o autovalor λ? O próximo exemplo nos diz que $\boldsymbol{v}e^{\lambda t}$ será solução de ① se, e somente se, $\boldsymbol{v}$ for um autovetor associado ao autovalor λ.

Exemplo 2 Considere o sistema

$$\dot{\mathbf{x}} = A\mathbf{x}$$

e seja λ um autovalor da matriz A. Prove que $\mathbf{x}(t) = \boldsymbol{v}e^{\lambda t}$, em que $\boldsymbol{v}$ é um vetor-coluna constante, será solução do sistema acima se, e somente se, $\boldsymbol{v}$ for um autovetor associado ao autovalor λ.

Solução

$$\mathbf{x}(t) = \boldsymbol{v}e^{\lambda t} \Rightarrow \dot{\mathbf{x}}(t) = \lambda \boldsymbol{v}e^{\lambda t},$$

pois $\boldsymbol{v}$ é constante. Supondo então que $\mathbf{x}(t) = \boldsymbol{v}e^{\lambda t}$ é solução e substituindo no sistema, devemos ter, para todo t real,

$$\lambda \boldsymbol{v}e^{\lambda t} = A(\boldsymbol{v}e^{\lambda t}).$$

Como $A(\boldsymbol{v}e^{\lambda t}) = e^{\lambda t} A\boldsymbol{v}$, pois $e^{\lambda t}$ é escalar, resulta

$$\lambda \boldsymbol{v}e^{\lambda t} = e^{\lambda t} A\boldsymbol{v}$$

e, portanto, $A\boldsymbol{v} = \lambda \boldsymbol{v}$. Por outro lado, se $A\boldsymbol{v} = \lambda \boldsymbol{v}$, então $\boldsymbol{v}e^{\lambda t}$ será solução. (Verifique.) Logo $\boldsymbol{v}e^{\lambda t}$ será solução se, e somente se, $\boldsymbol{v}$ for autovetor associado ao autovalor λ. (Observe que esta prova é válida mesmo se supusermos λ complexo e permitirmos que as soluções assumam valores complexos.)

Vimos na seção anterior que se a matriz A do sistema ① admite autovalores iguais, $\lambda_1 = \lambda_2$, e se $a_{12} \neq 0$ ou $a_{21} \neq 0$, então o sistema admite, também, solução do tipo

$$\left\{ \begin{bmatrix} m_2 \\ n_2 \end{bmatrix} + t \begin{bmatrix} m_3 \\ n_3 \end{bmatrix} \right\} e^{\lambda_1 t},$$

com $\begin{bmatrix} m_3 \\ n_3 \end{bmatrix} \neq \begin{bmatrix} 0 \\ 0 \end{bmatrix}$. (Veja exemplo 2 da seção anterior.) O próximo exemplo nos diz que

$$\mathbf{x}(t) = (\boldsymbol{v} + t\,\mathbf{u})\,e^{\lambda_1 t},$$

em que $\boldsymbol{v} = \begin{bmatrix} m_2 \\ n_2 \end{bmatrix}$ e $\mathbf{u} = \begin{bmatrix} m_3 \\ n_3 \end{bmatrix}$, será solução do sistema ① se, e somente se, $\mathbf{u}$ e $\boldsymbol{v}$ satisfizerem as condições

Sistemas de Duas e Três Equações Diferenciais Lineares de 1ª Ordem e com Coeficientes Constantes

$$(A - \lambda_1 I)\,\mathbf{v} = \mathbf{u}$$

e

$$(A - \lambda_1 I)\,\mathbf{u} = \mathbf{0}.$$

Observe que a 2ª condição nos diz que $\mathbf{u}$ deve ser um autovetor associado ao autovalor λ_1. Observe, ainda, que as condições acima são equivalentes a

$$\begin{bmatrix} a_{11} - \lambda_1 & a_{12} \\ a_{21} & a_{22} - \lambda_1 \end{bmatrix}\begin{bmatrix} m_2 \\ n_2 \end{bmatrix} = \begin{bmatrix} m_3 \\ n_3 \end{bmatrix},$$

e

$$\begin{bmatrix} a_{11} - \lambda_1 & a_{12} \\ a_{21} & a_{22} - \lambda_1 \end{bmatrix}\begin{bmatrix} m_3 \\ n_3 \end{bmatrix} = \begin{bmatrix} 0 \\ 0 \end{bmatrix}.$$

Exemplo 3 Considere o sistema

$$\dot{\mathbf{x}} = A\mathbf{x}$$

e seja λ um autovalor da matriz A. Prove que $\mathbf{x}\,(t) = (\mathbf{v} + t\mathbf{u})\,e^{\lambda t}$, em que $\mathbf{u}$ e $\mathbf{v}$ são vetores-colunas constantes, será solução do sistema acima se e somente se $\mathbf{u}$ e $\mathbf{v}$ satisfizerem as condições

$$(A - \lambda I)\,\mathbf{v} = \mathbf{u}$$

e

$$(A - \lambda I)\,\mathbf{u} = \mathbf{0}.$$

Solução

$$\mathbf{x}(t) = (\mathbf{v} + t\mathbf{u})\,e^{\lambda t} \Rightarrow \dot{\mathbf{x}}(t) = \mathbf{u}\,e^{\lambda t} + \lambda(\mathbf{v} + t\mathbf{u})\,e^{\lambda t}.$$

Supondo, então, que $\mathbf{x}\,(t) = (\mathbf{v} + t\mathbf{u})\,e^{\lambda t}$ é solução e substituindo no sistema $\dot{\mathbf{x}} = A\mathbf{x}$, devemos ter, para todo t,

$$\mathbf{u}\,e^{\lambda t} + \lambda\,(\mathbf{v} + t\mathbf{u})\,e^{\lambda t} = A\,[(\mathbf{v} + t\mathbf{u})\,e^{\lambda t}]$$

e, portanto,

$$(\mathbf{u} + \lambda\mathbf{v})\,e^{\lambda t} + \lambda\mathbf{u}t\,e^{\lambda t} = e^{\lambda t}\,A\mathbf{v} + t\,e^{\lambda t}\,A\mathbf{u}.$$

Logo, devemos ter, para todo t real,

$$\mathbf{u} + \lambda\mathbf{v} + \lambda\mathbf{u}t = A\mathbf{v} + tA\mathbf{u}.$$

Daí resultam

$$A\mathbf{v} = \mathbf{u} + \lambda\mathbf{v}$$

e

$$A\mathbf{u} = \lambda\mathbf{u},$$

ou seja,

$$(A - \lambda I)\,\mathbf{v} = \mathbf{u}$$

e

$$(A - \lambda I)\, \mathbf{u} = \mathbf{0}.$$

Fica a seu cargo verificar que se estas duas últimas condições se cumprem, então $\mathbf{x}\,(t) = (\mathbf{v} + t\mathbf{u})\, e^{\lambda t}$ será solução.

Quando estivermos trabalhando com um sistema com três equações

②
$$\begin{cases} \dot{x} = a_{11}x + a_{12}y + a_{13}z \\ \dot{y} = a_{21}x + a_{22}y + a_{23}z \\ \dot{z} = a_{31}x + a_{32}y + a_{33}z, \end{cases}$$

poderão ocorrer soluções do tipo

$$\mathbf{x}(t) = \left(\mathbf{w} + t\mathbf{v} + \frac{t^2}{2!}\, \mathbf{u} \right) e^{\lambda t},$$

em que λ é um autovalor da matriz do sistema, ou seja, λ é uma raiz da equação característica

$$\begin{vmatrix} a_{11^{-\lambda}} & a_{12} & a_{13} \\ a_{21} & a_{22^{-\lambda}} & a_{23} \\ a_{31} & a_{32} & a_{33^{-\lambda}} \end{vmatrix} = 0.$$

e $\mathbf{u}$, $\mathbf{v}$ e $\mathbf{w}$ são vetores-colunas constantes:

$$\mathbf{u} = \begin{bmatrix} m_1 \\ n_1 \\ p_1 \end{bmatrix}, \qquad \mathbf{v} = \begin{bmatrix} m_2 \\ n_2 \\ p_2 \end{bmatrix} \quad \text{e} \quad \mathbf{w} = \begin{bmatrix} m_3 \\ n_3 \\ p_3 \end{bmatrix}.$$

Deixamos a seu cargo provar que a função acima será solução de $\dot{\mathbf{x}} = A\mathbf{x}$ se, e somente se,

$$(A - \lambda I)\, \mathbf{w} = \mathbf{v},$$
$$(A - \lambda I)\, \mathbf{v} = \mathbf{u}$$

e

$$(A - \lambda I)\, \mathbf{u} = \mathbf{0},$$

em que I é a matriz unitária de ordem 3. É claro que os Exemplos 2 e 3 aplicam-se, também, a sistemas com três ou mais equações.

Voltemos ao sistema ① de duas equações. Sejam λ_1 e λ_2 autovalores reais e distintos da matriz A e sejam $\mathbf{u} = \begin{bmatrix} m_1 \\ n_1 \end{bmatrix}$ e $\mathbf{v} = \begin{bmatrix} m_2 \\ n_2 \end{bmatrix}$ autovetores associados, respectivamente, a λ_1 e λ_2. Conforme vimos acima, $\mathbf{u}e^{\lambda_1 t}$ e $\mathbf{v}e^{\lambda_2 t}$ são duas soluções de ①. O exemplo que apresentaremos a seguir mostra que o wronskiano, em $t = 0$, destas duas soluções é diferente de zero.

Sistemas de Duas e Três Equações Diferenciais Lineares de 1ª Ordem e com Coeficientes Constantes

Exemplo 4 Sejam λ_1 e λ_2 autovalores reais e distintos da matriz A do sistema ①, e sejam $\mathbf{u} = \begin{bmatrix} m_1 \\ n_1 \end{bmatrix}$ e $\mathbf{v} = \begin{bmatrix} m_2 \\ n_2 \end{bmatrix}$ autovetores associados, respectivamente, a λ_1 e λ_2. Prove que o wronskiano das duas soluções $\mathbf{u}e^{\lambda_1 t}$ e $\mathbf{v}e^{\lambda_2 t}$ é diferente de zero em $t = 0$, isto é,

$$W(0) = \begin{vmatrix} m_1 & m_2 \\ n_1 & n_2 \end{vmatrix} \neq 0.$$

Solução

Provar que o determinante acima é diferente de zero equivale a provar que a *única* solução do sistema homogêneo

$$\begin{cases} m_1\alpha + m_2\beta = 0 \\ n_1\alpha + n_2\beta = 0 \end{cases}$$

é a solução trivial $\alpha = \beta = 0$. Este sistema, na forma vetorial, se escreve

$$\alpha \begin{bmatrix} m_1 \\ n_1 \end{bmatrix} + \beta \begin{bmatrix} m_2 \\ n_2 \end{bmatrix} = \begin{bmatrix} 0 \\ 0 \end{bmatrix}.$$

Precisamos provar, então, que

$$\alpha\mathbf{u} + \beta\mathbf{v} = \mathbf{0} \Rightarrow \alpha = \beta = 0.$$

Consideremos, então, a equação

③ $$\alpha\mathbf{u} + \beta\mathbf{v} = \mathbf{0}.$$

multiplicando os dois membros de ③ pela matriz A, resulta

$$A(\alpha\mathbf{u} + \beta\mathbf{v}) = A\mathbf{0}$$

e, portanto,

$$\alpha A\mathbf{u} + \beta A\mathbf{v} = \mathbf{0}.$$

Lembrando que $\mathbf{u}$ e $\mathbf{v}$ são autovetores associados a λ_1 e λ_2, respectivamente, vem

④ $$\alpha\lambda_1 \mathbf{u} + \beta\lambda_2 \mathbf{v} = \mathbf{0}.$$

Multiplicando, agora, os dois membros de ③ por $-\lambda_1$ e somando com ④, resulta

$$\beta(\lambda_2 - \lambda_1)\mathbf{v} = \mathbf{0}.$$

De $\lambda_2 \neq \lambda_1$ e $\mathbf{v} \neq \mathbf{0}$ resulta $\beta = 0$. Substituindo em ③, obtemos $\alpha\mathbf{u} = \mathbf{0}$ e, portanto, $\alpha = 0$. (O que acabamos de provar é que $\mathbf{u}$ e $\mathbf{v}$ são linearmente independentes, conforme você aprendeu em vetores.)

Capítulo 12

No próximo exemplo, mostraremos que se $\mathbf{u} = \begin{bmatrix} m_1 \\ n_1 \end{bmatrix}$ é um autovetor associado ao autovalor λ_1 da matriz A e se $\mathbf{v} = \begin{bmatrix} m_2 \\ n_2 \end{bmatrix}$ é tal que $(A - \lambda_1 I)\,\mathbf{v} = \mathbf{u}$, então

$$\begin{vmatrix} m_1 & m_2 \\ n_1 & n_2 \end{vmatrix} \neq 0,$$

o que significa que o wronskiano, em $t = 0$, das soluções $\mathbf{u}\,e^{\lambda_1 t}$ e $(\mathbf{v} + t\mathbf{u})\,e^{\lambda_1 t}$ é diferente de zero.

Exemplo 5 Suponha que $\mathbf{u} = \begin{bmatrix} m_1 \\ n_1 \end{bmatrix}$ é um autovetor associado ao autovalor λ_1 da matriz A do sistema ① e seja $\mathbf{v} = \begin{bmatrix} m_2 \\ n_2 \end{bmatrix}$ tal que $(A - \lambda_1 I)\,\mathbf{v} = \mathbf{u}$. Mostre que

$$\begin{vmatrix} m_1 & m_2 \\ n_1 & n_2 \end{vmatrix} \neq 0.$$

Solução

Precisamos mostrar que

$$\alpha\mathbf{u} + \beta\mathbf{v} = \mathbf{0} \Rightarrow \alpha = \beta = 0.$$

Consideremos então a equação

⑤ $$\alpha\mathbf{u} + \beta\mathbf{v} = \mathbf{0}.$$

Multiplicando os dois membros pela matriz $A - \lambda_1 I$, obtemos

$$\alpha\,(A - \lambda_1 I)\,\mathbf{u} + \beta\,(A - \lambda_1 I)\,\mathbf{v} = \mathbf{0}.$$

Segue da hipótese que

$$\beta\mathbf{u} = \mathbf{0}$$

e, portanto, $\beta = 0$. (Lembre-se de que $\mathbf{u} \neq \mathbf{0}$, pois $\mathbf{u}$ é autovetor.) Substituindo em ⑤, obtemos $\alpha\mathbf{u} = \mathbf{0}$ e, portanto, $\alpha = 0$.

Os próximos exemplos referem-se a um sistema com três equações diferenciais lineares de 1ª ordem e com coeficientes constantes.

Exemplo 6 Sejam λ_1 e λ_2 dois autovalores reais e distintos da matriz

$$A = \begin{bmatrix} a_{11} & a_{12} & a_{13} \\ a_{21} & a_{22} & a_{23} \\ a_{31} & a_{32} & a_{33} \end{bmatrix}$$

e sejam

Sistemas de Duas e Três Equações Diferenciais Lineares de 1ª Ordem e com Coeficientes Constantes

$$\mathbf{u} = \begin{bmatrix} m_1 \\ n_1 \\ p_1 \end{bmatrix} \quad \text{e} \quad \mathbf{v} = \begin{bmatrix} m_2 \\ n_2 \\ p_2 \end{bmatrix}$$

autovetores associados, respectivamente, a λ_1 e λ_2. Mostre que, quaisquer que sejam α_1 e β_1 reais, tem-se

$$\alpha_1 \mathbf{u} + \beta_1 \mathbf{v} = \mathbf{0} \Rightarrow \alpha_1 = \beta_1 = 0.$$

Solução

Fica para o leitor. (*Sugestão*: Proceda como no Exemplo 4.)

Exemplo 7 Sejam λ_1, λ_2 e λ_3 três autovalores reais e distintos da matriz A do exemplo anterior. Sejam

$$\mathbf{u} = \begin{bmatrix} m_1 \\ n_1 \\ p_1 \end{bmatrix}, \quad \mathbf{v} = \begin{bmatrix} m_2 \\ n_2 \\ p_2 \end{bmatrix} \quad \text{e} \quad \mathbf{w} = \begin{bmatrix} m_3 \\ n_3 \\ p_3 \end{bmatrix}.$$

autovetores associados, respectivamente, a λ_1, λ_2 e λ_3. Prove que, quaiquer que sejam α, β e λ reais, tem-se

$$\alpha \mathbf{u} + \beta \mathbf{v} + \gamma \mathbf{w} = \mathbf{0} \Rightarrow \alpha = \beta = \gamma = 0.$$

Conclua que

$$\begin{vmatrix} m_1 & m_2 & m_3 \\ n_1 & n_2 & n_3 \\ p_1 & p_2 & p_3 \end{vmatrix} \neq 0.$$

Solução

Consideremos a equação

⑥ $$\alpha \mathbf{u} + \beta \mathbf{v} + \gamma \mathbf{w} = \mathbf{0}.$$

Multiplicando os dois membros de ⑥ pela matriz A, obtemos

$$\alpha \lambda_1 \mathbf{u} + \beta \lambda_2 \mathbf{v} + \gamma \lambda_3 \mathbf{w} = 0. \text{ (Confira.)}$$

Multiplicando os dois membros de ⑥ por $-\lambda_3$ e somando com a equação acima, resulta

$$\alpha (\lambda_1 - \lambda_3) \mathbf{u} + \beta (\lambda_2 - \lambda_3) \mathbf{v} = 0.$$

Pelo exemplo anterior,

$$\alpha (\lambda_1 - \lambda_3) = 0 \text{ e } \beta (\lambda_2 - \lambda_3) = 0.$$

De $\lambda_1 \neq \lambda_3$ e $\lambda_2 \neq \lambda_3$, resulta $\alpha = \beta = 0$. Substituindo em ⑥, temos $\gamma = 0$. Fica provado, assim, que a única solução do sistema homogêneo

Capítulo 12

$$\begin{cases} m_1\alpha + m_2\beta + m_3\gamma = 0 \\ n_1\alpha + n_2\beta + n_3\gamma = 0 \\ p_1\alpha + p_2\beta + p_3\gamma = 0 \end{cases}$$

é a solução trivial $\alpha = \beta = \gamma = 0$. Logo,

$$\begin{vmatrix} m_1 & m_2 & m_3 \\ n_1 & n_2 & n_3 \\ p_1 & p_2 & p_3 \end{vmatrix} \neq 0.$$

Exemplo 8   Sejam λ_1 e λ_2 autovalores reais e distintos de uma matriz A, quadrada e de ordem 3, e sejam **u** e **v** autovetores associados, respectivamente, aos autovalores λ_1 e λ_2. Seja **w** um terceiro vetor tal que $(A - \lambda_2 I)\,\mathbf{w} = \mathbf{v}$. Prove que, quaisquer que sejam os reais α, β e γ, tem-se

$$\alpha\mathbf{u} + \beta\mathbf{v} + \gamma\mathbf{w} = \mathbf{0} \Rightarrow \alpha = \beta = \gamma = 0.$$

Solução

Multiplicando os dois membros da equação

$$\alpha\mathbf{u} + \beta\mathbf{v} + \gamma\mathbf{w} = \mathbf{0}$$

pela matriz $(A - \lambda_2 I)$, obtemos

⑦ $\alpha\,(A - \lambda_2 I)\,\mathbf{u} + \gamma\mathbf{v} = \mathbf{0}$,

pois $(A - \lambda_2 I)\,\mathbf{v} = \mathbf{0}$ e $(A - \lambda_2 I)\,\mathbf{w} = \mathbf{v}$. Como $(A - \lambda_2 I)\,\mathbf{u} = A\mathbf{u} - \lambda_2\mathbf{u} = (\lambda_1 - \lambda_2)\,\mathbf{u}$, substituindo em ⑦, obtemos

$$\alpha\,(\lambda_1 - \lambda_2)\,\mathbf{u} + \gamma\mathbf{v} = \mathbf{0}.$$

Do Exemplo 6, resulta $\alpha = \gamma = 0$. E, portanto, $\beta = 0$.

Exemplo 9   Seja **u** um autovetor associado ao autovalor λ da matriz A. Sejam **v** e **w** vetores tais que

$$(A - \lambda I)\,\mathbf{w} = \mathbf{v}$$

e

$$(A - \lambda I)\,\mathbf{v} = \mathbf{u}.$$

Prove que, quaisquer que sejam os reais α, β e γ, tem-se

$$\alpha\mathbf{u} + \beta\mathbf{v} + \gamma\mathbf{w} = \mathbf{0} \Rightarrow \alpha = \beta = \gamma = 0.$$

Solução

Multiplicando os dois membros da equação

$$\alpha\mathbf{u} + \beta\mathbf{v} + \gamma\mathbf{w} = \mathbf{0}$$

pela matriz $A - \lambda I$, resulta

$$\beta \mathbf{u} + \gamma \mathbf{v} = \mathbf{0}. \text{ (Confira.)}$$

Multiplicando, agora, os dois membros desta equação por $A - \lambda I$, resulta

$$\gamma \mathbf{u} = \mathbf{0}.$$

Daí, $\gamma = \beta = \alpha = 0$.

Estamos, agora, em condições de estabelecer o *método prático* para resolução de um sistema com duas ou três equações. O método se estende, *sem problema algum*, a sistemas com mais de três equações. (Pensando bem, poderá haver alguns pequenos problemas!)

12.3 Método Prático para Resolução de um Sistema Homogêneo, com Duas Equações Diferenciais Lineares de 1ª Ordem e com Coeficientes Constantes

Consideremos o sistema

①
$$\begin{cases} \dot{x} = a_{11}x + a_{12}y \\ \dot{y} = a_{21}x + a_{22}y \end{cases}$$

e sejam λ_1 e λ_2 as raízes da equação característica

$$\begin{vmatrix} a_{11} - \lambda & a_{12} \\ a_{21} & a_{22} - \lambda \end{vmatrix} = 0,$$

isto é, λ_1 e λ_2 são os autovalores da matriz A do sistema ①. Do que aprendemos nas duas seções anteriores, resulta o seguinte método prático para se determinar a solução geral de ① no caso em que λ_1 e λ_2 são reais. O caso em que λ_1 e λ_2 são complexos será visto mais adiante.

1º Caso: $a_{12} = a_{21} = 0$. O sistema ① se reduz a

$$\begin{cases} \dot{x} = a_{11}x \\ \dot{y} = \phantom{a_{11}x} a_{22}y \end{cases}$$

e a solução geral é

$$\begin{bmatrix} x \\ y \end{bmatrix} = k_1 \begin{bmatrix} 1 \\ 0 \end{bmatrix} e^{\lambda_1 t} + k_2 \begin{bmatrix} 0 \\ 1 \end{bmatrix} e^{\lambda_2 t},$$

em que $\lambda_1 = a_{11}$ e $\lambda_2 = a_{22}$.

2º Caso: $a_{12} \neq 0$ ou $a_{21} \neq 0$ e $\lambda_1 \neq \lambda_2$. A solução geral é

Capítulo 12

$$\begin{bmatrix} x \\ y \end{bmatrix} = k_1 \begin{bmatrix} m_1 \\ n_1 \end{bmatrix} e^{\lambda_1 t} + k_2 \begin{bmatrix} m_2 \\ n_2 \end{bmatrix} e^{\lambda_2 t},$$

em que $\begin{bmatrix} m_1 \\ n_1 \end{bmatrix}$ e $\begin{bmatrix} m_2 \\ n_2 \end{bmatrix}$ são autovetores associados, respectivamente, a λ_1 e λ_2.

3º Caso: $a_{12} \neq 0$ ou $a_{21} \neq 0$ e $\lambda_1 = \lambda_2$. A solução geral é

$$\begin{bmatrix} x \\ y \end{bmatrix} = k_1 \begin{bmatrix} m_1 \\ n_1 \end{bmatrix} e^{\lambda_1 t} + k_2 \left\{ \begin{bmatrix} m_2 \\ n_2 \end{bmatrix} + t \begin{bmatrix} m_1 \\ n_1 \end{bmatrix} \right\} e^{\lambda_1 t},$$

em que $\begin{bmatrix} m_1 \\ n_1 \end{bmatrix}$ é autovetor associado a λ_1 e

$$\begin{bmatrix} a_{11} - \lambda_1 & a_{12} \\ a_{21} & a_{22} - \lambda_1 \end{bmatrix} \begin{bmatrix} m_2 \\ n_2 \end{bmatrix} = \begin{bmatrix} m_1 \\ n_1 \end{bmatrix}.$$

Exemplo 1 Resolva

$$\begin{cases} \dot{x} = 2x \\ \dot{y} = \quad -3y, \end{cases}$$

Solução

$$\dot{x} = 2x \Leftrightarrow x = k_1 e^{2t}$$

e

$$\dot{y} = -3y \Leftrightarrow y = k_2 e^{-3t}.$$

A solução geral é

$$\begin{bmatrix} x \\ y \end{bmatrix} = k_1 \begin{bmatrix} 1 \\ 0 \end{bmatrix} e^{2t} + k_2 \begin{bmatrix} 0 \\ 1 \end{bmatrix} e^{-3t}.$$

Exemplo 2 Resolva

$$\begin{cases} \dot{x} = x \\ \dot{y} = 2x + 3y. \end{cases}$$

Solução

A equação característica é

$$\begin{vmatrix} 1 - \lambda & 0 \\ 2 & 3 - \lambda \end{vmatrix} = 0 \Leftrightarrow (1 - \lambda)(3 - \lambda) = 0.$$

Os autovalores são: $\lambda_1 = 1$ e $\lambda_2 = 3$. Vamos, agora, determinar os autovetores associados a estes autovalores. Primeiro, os autovetores associados a $\lambda_1 = 1$.

$$\begin{bmatrix} 1 - \lambda_1 & 0 \\ 2 & 3 - \lambda_1 \end{bmatrix} \begin{bmatrix} m \\ n \end{bmatrix} = \begin{bmatrix} 0 \\ 0 \end{bmatrix}$$

este sistema é equivalente a ($\lambda_1 = 1$)

$$2\,m + 2\,n = 0$$

e, portanto, $m = -n$. Os autovetores associados a $\lambda_1 = 1$ são:

$$\begin{bmatrix} m \\ n \end{bmatrix} = \begin{bmatrix} -n \\ n \end{bmatrix} = n \begin{bmatrix} -1 \\ 1 \end{bmatrix}, \quad n \neq 0.$$

O autovalor $\lambda_1 = 1$ fornece, então, a solução

$$\begin{bmatrix} -1 \\ 1 \end{bmatrix} e^t.$$

Agora, os autovetores associados a $\lambda_2 = 3$.

$$\begin{bmatrix} 1 - \lambda_2 & 0 \\ 2 & 3 - \lambda_2 \end{bmatrix} \begin{bmatrix} m \\ n \end{bmatrix} = \begin{bmatrix} 0 \\ 0 \end{bmatrix}.$$

é equivalente a

$$\begin{cases} -2m = 0 \\ 2m = 0 \end{cases}$$

e portanto, $m = 0$. Os autovetores associados a $\lambda_2 = 3$ são

$$\begin{bmatrix} m \\ n \end{bmatrix} = \begin{bmatrix} 0 \\ n \end{bmatrix} = n \begin{bmatrix} 0 \\ 1 \end{bmatrix}, \quad n \neq 0.$$

O autovalor $\lambda_2 = 3$ fornece a solução

$$\begin{bmatrix} 0 \\ 1 \end{bmatrix} e^{3t}.$$

A solução geral é

$$\begin{bmatrix} x \\ y \end{bmatrix} = k_1 \begin{bmatrix} -1 \\ 1 \end{bmatrix} e^t + k_2 \begin{bmatrix} 0 \\ 1 \end{bmatrix} e^{3t}.$$

Outro modo de resolver este sistema é o seguinte: da 1ª equação $\dot{x} = x$ segue $x = k_1 e^t$. Substituindo na 2ª equação, vem

$$\dot{y} = 2k_1 e^t + 3y,$$

cuja solução geral é

$$y = k_2 e^{3t} + e^{3t} \int 2k_1 e^t \cdot e^{-3t}\, dt$$

Capítulo 12

e, portanto,

$$y = k_2 e^{3t} - k_1 e^t. \qquad \text{(Confira.)}$$

A solução é, então,

$$\begin{bmatrix} x \\ y \end{bmatrix} = k_1 \begin{bmatrix} 1 \\ -1 \end{bmatrix} e^t + k_2 \begin{bmatrix} 0 \\ 1 \end{bmatrix} e^{3t}.$$

Fazendo $k_1 = -c_1$ e $k_1 = c_2$, resulta

$$\begin{bmatrix} x \\ y \end{bmatrix} = c_1 \begin{bmatrix} -1 \\ 1 \end{bmatrix} e^t + c_2 \begin{bmatrix} 0 \\ 1 \end{bmatrix} e^{3t},$$

que é a solução encontrada anteriormente.

Exemplo 3   Resolva

$$\begin{cases} \dot{x} = 2y \\ \dot{y} = x + y. \end{cases}$$

Solução

$$\begin{vmatrix} -\lambda & 2 \\ 1 & 1-\lambda \end{vmatrix} = 0 \Leftrightarrow \lambda^2 - \lambda - 2 = 0.$$

Os autovalores são: $\lambda_1 = -1$ e $\lambda_2 = 2$. Autovetores associados a $\lambda_1 = -1$:

$$\begin{bmatrix} -\lambda_1 & 2 \\ 1 & 1-\lambda_1 \end{bmatrix} \begin{bmatrix} m \\ n \end{bmatrix} = \begin{bmatrix} 0 \\ 0 \end{bmatrix}$$

e como $\lambda_1 = -1$, resulta

$$\begin{cases} m + 2n = 0 \\ m + 2n = 0. \end{cases}$$

Logo, $m = -2n$ e os autovetores associados a $\lambda_1 = -1$ são:

$$\begin{bmatrix} m \\ n \end{bmatrix} = \begin{bmatrix} -2n \\ n \end{bmatrix} = n \begin{bmatrix} -2 \\ 1 \end{bmatrix}, \; n \neq 0.$$

Assim, o autovalor $\lambda_1 = -1$ fornece a solução $\begin{bmatrix} -2 \\ 1 \end{bmatrix} e^{-t}$. Determinemos, agora, os autovetores de $\lambda_2 = 2$.

$$\begin{bmatrix} -\lambda_2 & 2 \\ 1 & 1-\lambda_2 \end{bmatrix} \begin{bmatrix} m \\ n \end{bmatrix} = \begin{bmatrix} 0 \\ 0 \end{bmatrix}$$

é equivalente à equação

$$-m + n = 0$$

Sistemas de Duas e Três Equações Diferenciais Lineares de 1ª Ordem e com Coeficientes Constantes

e, portanto, $m = n$. Os autovetores de $\lambda_2 = 2$ são

$$\begin{bmatrix} m \\ n \end{bmatrix} = \begin{bmatrix} n \\ n \end{bmatrix} = n \begin{bmatrix} 1 \\ 1 \end{bmatrix}, \ n \neq 0.$$

Assim, o autovalor $\lambda_2 = 2$ fornece a solução $\begin{bmatrix} 1 \\ 1 \end{bmatrix} e^{2t}$. A solução geral é, então,

$$\begin{bmatrix} x \\ y \end{bmatrix} = k_1 \begin{bmatrix} -2 \\ 1 \end{bmatrix} e^{-t} + k_2 \begin{bmatrix} 1 \\ 1 \end{bmatrix} e^{2t}.$$

Outro modo de resolver o sistema dado é o seguinte. Da 1ª equação, vem

$$\ddot{x} = 2\dot{y}.$$

Multiplicando a 2ª equação por 2 e lembrando que $2y = \dot{x}$, resulta

$$\ddot{x} = 2x + \dot{x}$$

e, portanto,

$$\ddot{x} - \dot{x} - 2x = 0.$$

Daí

$$x = k_1 e^{-t} + k_2 e^{2t}. \qquad \text{(Confira.)}$$

Segue que $\dot{x} = -k_1 e^{-t} + 2k_2 e^{2t}$. Substituindo na 1ª equação do sistema dado, obtemos

$$y = -\frac{k_1}{2} e^{-t} + k_2 e^{2t}.$$

Fazendo $k_1 = -2c_1$ e $k_2 = c_2$, resulta

$$\begin{bmatrix} x \\ y \end{bmatrix} = c_1 \begin{bmatrix} -2 \\ +1 \end{bmatrix} e^{-t} + c_2 \begin{bmatrix} 1 \\ 1 \end{bmatrix} e^{2t},$$

que é a solução encontrada anteriormente.

Exemplo 4 Resolva

$$\begin{cases} \dot{x} = -x + 4y \\ \dot{y} = -x + 3y. \end{cases}$$

Solução

$$\begin{vmatrix} -1-\lambda & 4 \\ -1 & 3-\lambda \end{vmatrix} = 0 \Leftrightarrow \lambda^2 - 2\lambda + 1 = 0.$$

$\lambda = 1$ é o único autovalor. Determinemos os autovetores deste autovalor.

Capítulo 12

$$\begin{bmatrix} -1-\lambda & 4 \\ -1 & 3-\lambda \end{bmatrix}\begin{bmatrix} m \\ n \end{bmatrix} = \begin{bmatrix} 0 \\ 0 \end{bmatrix}.$$

De $\lambda = 1$, resulta

$$-m + 2n = 0.$$

Os autovetores são:

$$\begin{bmatrix} m \\ n \end{bmatrix} = \begin{bmatrix} 2n \\ n \end{bmatrix} = n\begin{bmatrix} 2 \\ 1 \end{bmatrix}, \ n \neq 0.$$

O autovalor $\lambda = 1$ fornece então a solução $\begin{bmatrix} 2 \\ 1 \end{bmatrix}e^t$. Este autovalor fornece, também, outra solução da forma

$$\left\{\begin{bmatrix} m_2 \\ n_2 \end{bmatrix} + t\begin{bmatrix} 2 \\ 1 \end{bmatrix}\right\}e^t,$$

em que $\begin{bmatrix} m_2 \\ n_2 \end{bmatrix}$ é uma solução do sistema

$$\begin{bmatrix} -1-\lambda & 4 \\ -1 & 3-\lambda \end{bmatrix}\begin{bmatrix} m \\ n \end{bmatrix} = \begin{bmatrix} 2 \\ 1 \end{bmatrix}.$$

Este sistema é equivalente a ($\lambda = 1$)

$$\begin{cases} -2m + 4n = 2 \\ -m + 2n = 1. \end{cases}$$

que, por sua vez, é equivalente a

$$-m + 2n = 1.$$

Tomando-se $m = 1$, temos $n = 1$. Assim,

$$\left\{\begin{bmatrix} 1 \\ 1 \end{bmatrix} + t\begin{bmatrix} 2 \\ 1 \end{bmatrix}\right\}e^t$$

é outra solução fornecida pelo autovalor $\lambda = 1$. A solução geral é então

$$\begin{bmatrix} x \\ y \end{bmatrix} = k_1\begin{bmatrix} 2 \\ 1 \end{bmatrix}e^t + k_2\left\{\begin{bmatrix} 1 \\ 1 \end{bmatrix} + t\begin{bmatrix} 2 \\ 1 \end{bmatrix}\right\}e^t.$$

(Sugerimos ao leitor resolver o sistema dado pelo método do Exemplo 2 da Seção 12.1.)

O próximo exemplo facilitará as coisas no caso em que os autovalores são complexos. Observamos que, tendo em vista o Apêndice A do vol. 2, tudo o que aprendemos nas duas seções anteriores aplica-se se supusermos as funções definidas em $\mathbb{R}$ e com valores em $\mathbb{C}$. Reveja tal apêndice!

Sistemas de Duas e Três Equações Diferenciais Lineares de 1ª Ordem e com Coeficientes Constantes

Exemplo 5 Sejam $x_1 = x_1(t)$, $y_1 = y_1(t)$, $x_2 = x_2(t)$ e $y_2 = y_2(t)$ funções a valores reais definidas em $\mathbb{R}$. Suponha que

②
$$\begin{cases} x = x_1(t) + ix_2(t) \\ y = y_1(t) + iy_2(t) \end{cases}$$

(i é a unidade imaginária) seja solução do sistema ①. Prove que

③
$$\begin{bmatrix} x_1(t) \\ y_1(t) \end{bmatrix} \text{e} \begin{bmatrix} x_2(t) \\ y_2(t) \end{bmatrix}$$

são, também, soluções.

Solução

Sendo ② solução de ①, temos

$$\begin{cases} \dot{x}_1 + i\dot{x}_2 = a_{11}(x_1 + ix_2) + a_{12}(y_1 + iy_2) \\ \dot{y}_1 + i\dot{y}_2 = a_{21}(x_1 + ix_2) + a_{22}(y_1 + iy_2) \end{cases}$$

e, portanto,

$$\begin{cases} \dot{x}_1 = a_{11}x_1 + a_{12}y_1 \\ \dot{y}_1 = a_{21}x_1 + a_{22}y_1 \end{cases} \text{e} \begin{cases} \dot{x}_2 = a_{11}x_2 + a_{12}y_2 \\ \dot{y}_2 = a_{21}x_2 + a_{22}y_2. \end{cases}$$

Logo, ③ são soluções do sistema ①.

Exemplo 6 Resolva

$$\begin{cases} \dot{x} = x + 2y \\ \dot{y} = -2x + y. \end{cases}$$

Solução

$$\begin{vmatrix} 1-\lambda & 2 \\ -2 & 1-\lambda \end{vmatrix} = 0 \Leftrightarrow \lambda = 1 \pm 2i.$$

Vamos, agora, determinar um autovetor associado ao autovalor $\lambda = 1 + 2i$.

$$\begin{bmatrix} 1-\lambda & 2 \\ -2 & 1-\lambda \end{bmatrix} \begin{bmatrix} m \\ n \end{bmatrix} = \begin{bmatrix} 0 \\ 0 \end{bmatrix}.$$

De $\lambda = 1 + 2i$, resulta

$$\begin{cases} -2im + 2n = 0 \\ -2m - 2in = 0. \end{cases}$$

Multiplicando a 2ª equação por i, obtemos a 1ª equação. Logo, o sistema acima é equivalente a

$$-im + n = 0.$$

Capítulo 12

Para $m = 1$, temos $n = i$. Assim,

$$\begin{bmatrix} x \\ y \end{bmatrix} = \begin{bmatrix} 1 \\ i \end{bmatrix} e^{(1+2i)t}$$

é uma solução do sistema. Como

$$e^{(1+2i)t} = e^t (\cos 2t + i \operatorname{sen} 2t),$$

resulta

$$\begin{cases} x = e^t (\cos 2t + i \operatorname{sen} 2t) \\ y = e^t (-\operatorname{sen} 2t + i \cos 2t). \end{cases}$$

Pelo exemplo anterior,

$$\begin{bmatrix} \cos 2t \\ -\operatorname{sen} 2t \end{bmatrix} e^t \quad e \quad \begin{bmatrix} \operatorname{sen} 2t \\ \cos 2t \end{bmatrix} e^t$$

são, também, soluções do sistema. O wronskiano, em $t = 0$, destas soluções é

$$W(0) = \begin{vmatrix} 1 & 0 \\ 0 & 1 \end{vmatrix} \neq 0.$$

Assim,

$$\begin{bmatrix} x \\ y \end{bmatrix} = k_1 \begin{bmatrix} \cos 2t \\ -\operatorname{sen} 2t \end{bmatrix} e^t + k_2 \begin{bmatrix} \operatorname{sen} 2t \\ \cos 2t \end{bmatrix} e^t$$

é a solução geral do sistema dado. Gostou?!

Exercícios 12.3

1. Resolva

a) $\begin{cases} \dot{x} = x - y \\ \dot{y} = -x + y \end{cases}$

b) $\begin{cases} \dot{x} = 3x - y \\ \dot{y} = x + y \end{cases}$

c) $\begin{cases} \dot{x} = x - y \\ \dot{y} = x + y \end{cases}$

d) $\begin{cases} \dot{x} = y \\ \dot{y} = -4x + 4y \end{cases}$

e) $\begin{cases} \dot{x} = 2x \\ \dot{y} = x - y \end{cases}$

Sistemas de Duas e Três Equações Diferenciais Lineares de 1ª Ordem e com Coeficientes Constantes

303

f) $\begin{cases} \dot{x} = x - 2y \\ \dot{y} = 2x + y \end{cases}$

g) $\begin{cases} \dot{x} = 2y \\ \dot{y} = -x \end{cases}$

h) $\begin{cases} \dot{x} = -9x + 4y \\ \dot{y} = -9x + 3y \end{cases}$

2. Determine a solução que satisfaz as condições iniciais dadas. Desenhe a trajetória da solução encontrada.

a) $\begin{cases} \dot{x} = -2y \\ \dot{y} = 3x \end{cases}$ e $\begin{cases} x(0) = 1 \\ y(0) = 1 \end{cases}$

b) $\begin{cases} \dot{x} = y \\ \dot{y} = x \end{cases}$ e $\begin{cases} x(0) = 2 \\ y(0) = 2 \end{cases}$

c) $\begin{cases} \dot{x} = x \\ \dot{y} = -y \end{cases}$ e $\begin{cases} x(0) = 1 \\ y(0) = 1 \end{cases}$

d) $\begin{cases} \dot{x} = -x \\ \dot{y} = -3y \end{cases}$ e $\begin{cases} x(0) = 1 \\ y(0) = 1 \end{cases}$

e) $\begin{cases} \dot{x} = -2x - y \\ \dot{y} = x - 2y \end{cases}$ e $\begin{cases} x(0) = 1 \\ y(0) = 0 \end{cases}$

3. Uma partícula é abandonada na posição $(1,0)$. Sabe-se que na posição (x, y) sua velocidade é

$$\vec{v}(x, y) = (-x - y)\vec{i} + (x - y)\vec{j}.$$

Desenhe a trajetória descrita pela partícula.

4. Considere o sistema

$$\begin{cases} \dot{x} = x + y \\ \dot{y} = 2x + 2y. \end{cases}$$

a) Prove que se

$$\begin{cases} x = x(t) \\ y = y(t) \end{cases} \quad t \in \mathbb{R}$$

for uma solução deste sistema, então será, também, solução da equação

$$2\,dx - dy = 0.$$

Conclua que a trajetória desta solução está contida na reta $y - 2x = k$, para alguma constante k.

b) Determine a solução geral do sistema.

c) Seja c um real dado, desenhe a trajetória da solução que satisfaz as condições iniciais $x(0) = 0$ e $y(0) = c$.

Capítulo 12

d) Seja $c \neq 0$ um real dado. Desenhe a trajetória da solução que satisfaz as condições iniciais $x(0) = -c$ e $y(0) = c$.

5. Considere o sistema

$$\begin{cases} \dot{x} = a_{11}x + a_{12}y \\ \dot{y} = a_{21}x + a_{22}y. \end{cases}$$

Sejam λ_1 e λ_2 as raízes da equação característica

$$\begin{vmatrix} a_{11} - \lambda & a_{12} \\ a_{21} & a_{22} - \lambda \end{vmatrix} = 0.$$

Seja

$$\begin{cases} x = x(t) \\ y = y(t) \end{cases} t \in \mathbb{R}$$

uma solução qualquer do sistema. Prove.

a) Se $\lambda_1 < 0$ e $\lambda_2 < 0$, então

$$\lim_{t \to +\infty} (x(t), y(t)) = (0, 0). \quad \text{(Dê exemplos.)}$$

b) Se $\lambda_1 = \alpha + i\beta$ e $\lambda_2 = \alpha - i\beta$, com $\alpha < 0$ e $\beta \neq 0$, então

$$\lim_{t \to +\infty} (x(t), y(t)) = (0, 0). \quad \text{(Dê exemplos.)}$$

c) Se $\lambda_1 = i\beta$ e $\lambda_2 = -i\beta$, $\beta \neq 0$, então a trajetória da solução que passa pelo ponto (x_0, y_0) $\neq (0, 0)$ é uma elipse.

d) Suponha $\lambda_1 > 0$ ou $\lambda_2 > 0$. Prove que existe uma solução

$$\begin{cases} x = x(t) \\ y = y(t) \end{cases}$$

tal que

$$\lim_{t \to +\infty} \left\| (x(t), y(t)) \right\| = +\infty. \quad \text{(Dê exemplos.)}$$

6. Considere o sistema

$$\begin{cases} \dot{x} = -x - y \\ \dot{y} = 2x - 3y. \end{cases}$$

a) Determine a solução geral.

b) Desenhe a trajetória da solução $\gamma(t) = (x(t), y(t))$ que satisfaz a condição inicial

$$\gamma(0) = \left(\frac{1}{2}, 1 \right).$$

Sistemas de Duas e Três Equações Diferenciais Lineares de 1ª Ordem e com Coeficientes Constantes

c) Calcule $\lim\limits_{t \to +\infty} \gamma(t)$, em que $\gamma(t)$ é a solução do item *b*.

7. Considere o sistema

$$\begin{cases} \dot{x} = a_{11}x + a_{12}y \\ \dot{y} = a_{21}x + a_{22}y \end{cases}$$

Prove que $a_{11} + a_{22} = 0$ é uma condição necessária para que as trajetórias das soluções sejam elipses. Tal condição é suficiente?

8. Seja $\vec{v}(x, y) = P(x, y)\,\vec{i} + Q(x, y)\,\vec{j}$ de classe C^1 em $\mathbb{R}^2$ tal que, para todo (x, y) em $\mathbb{R}^2$, $div\ \vec{v}(x, y) > 0$. Prove que *não* existe curva $\gamma: [a, b] \to \mathbb{R}^2$ de classe C^1, simples, fechada, orientada no sentido anti-horário (ou horário) cuja imagem seja a fronteira de um compacto K, com interior não vazio, tal que, para todo $t \in [a, b]$, $y'(t) = \vec{v}(\gamma(t))$.

(*Sugestão:* Calcule $\int_{\gamma} Q\ dx - P dy$ diretamente e utilizando o teorema de Green.)

9. Resolva o Exercício 8 utilizando o Exercício 7.

10. As trajetórias são elipses? Justifique.

a) $\begin{cases} \dot{x} = x + 2y \\ \dot{y} = -x - y \end{cases}$

b) $\begin{cases} \dot{x} = x \\ \dot{y} = -y \end{cases}$

11. Determine a para que as soluções do sistema

$$\begin{cases} \dot{x} = x + ay \\ \dot{y} = -x - y \end{cases}$$

sejam periódicas. Qual o período?

12. Dois tanques 1 e 2, contendo soluções de água e sal, estão interligados por dois tubos que permitem que a solução de um tanque escoe para o outro e vice-versa. Sabe-se que as quantidades de sal $S_1 = S_1(t)$ e $S_2 = S_2(t)$ nos tanques estão variando nas seguintes taxas

$$\begin{cases} \dfrac{dS_1}{dt} = -S_1 + S_2 \\ \dfrac{dS_2}{dt} = S_1 - S_2 \end{cases}$$

Sabe-se, ainda, que no instante $t = 0$ a quantidade de sal (em kg) no tanque 1 era de $S_1(0) = 15$ e no tanque 2 de $S_2(0) = 5$.

a) Determine as quantidades de sal existentes nos tanques no instante $t \geqslant 0$.

b) Calcule $\lim\limits_{t \to +\infty} s_1(t)$ e $\lim\limits_{t \to +\infty} s_2(t)$. Interprete.

Capítulo 12

13. Considere o sistema

$$\begin{cases} \dot{x} = a_{11}x + a_{12}y \\ \dot{y} = a_{21}x + a_{22}y. \end{cases}$$

a) Determine condições para que

$$\lim_{t \to +\infty} x(t) = 0 \text{ e } \lim_{t \to +\infty} y(t) = 0.$$

b) Determine condições para que a solução $(x(t), y(t))$ tenda para a origem quando $t \to +\infty$, e em espiral.

14. Os lados $x = x(t)$ e $y = y(t)$ de um retângulo estão variando com o tempo nas seguintes taxas

$$\begin{cases} \dfrac{dx}{dt} = 3x - 2y \\ \dfrac{dy}{dt} = 4x - 3y. \end{cases}$$

Sabe-se que, no instante $t = 0$, $x(0) = 2$ e $y(0) = 3$. Determine o instante em que a área do retângulo é mínima.

15. Suponha que entre dois ambientes 1 e 2 haja troca de calor. Sejam $T_1 = T_1(t)$ e $T_2 = T_2(t)$ as temperaturas, no instante t, nos ambientes 1 e 2, respectivamente. Admita que as temperaturas estejam variando nas seguintes taxas

$$\begin{cases} \dfrac{dT_1}{dt} = 4T_1 - 4T_2 \\ \dfrac{dT_2}{dt} = 5T_1 - 4T_2. \end{cases}$$

Suponha que $T_1(0) = 20$ e $T_2(0) = 20$. (As temperaturas são dadas em graus centígrados e o tempo em segundos.)

a) Mostre que as temperaturas estão variando periodicamente com o tempo.

b) Determine $T_1 = T_1(t)$ e $T_2 = T_2(t)$.

c) Determine as temperaturas máxima e mínima no ambiente 2.

d) Desenhe a trajetória descrita pelo ponto $(T_1(t), T_2(t))$.

16. Sejam $T_1 = T_1(t)$ e $T_2 = T_2(t)$ as temperaturas, no instante t, nos ambientes 1 e 2, respectivamente. Admita que as temperaturas estejam variando nas seguintes taxas

$$\begin{cases} \dfrac{dT_1}{dt} = T_1 - 4T_2 \\ \dfrac{dT_2}{dt} = 2T_1 - 3T_2. \end{cases}$$

Suponha que $T_1(0) = 20$ e $T_2(0) = 10$.

a) Determine as temperaturas, no instante t, nos ambientes 1 e 2.

Sistemas de Duas e Três Equações Diferenciais Lineares de 1ª Ordem e com Coeficientes Constantes

b) Esboce os gráficos de $T_1 = T_1(t)$, $t \geq 0$ e $T_2 = T_2(t)$, $t \geq 0$. Interprete.

c) Desenhe a trajetória descrita pelo ponto $(T_1(t), T_2(t))$, $t \geq 0$.

17. Suponha que $x = x(t)$ e $y = y(t)$, $t \in \mathbb{R}$, seja solução do sistema

$$\begin{cases} \dot{x} = y \\ \dot{y} = -x \end{cases}$$

Prove que o quadrado da distância do ponto $(x(t), y(t))$, $t \in \mathbb{R}$, à origem é constante. (*Sugestão:* Calcule a derivada, em relação a t, da função $C(t) = [x(t)]^2 + [y(t)]^2$.) Interprete.

18. Suponha que $x = x(t)$ e $y = y(t)$, $t \geq 0$, seja solução do sistema

$$\begin{cases} \dot{x} = -3x + y \\ \dot{y} = -x - 5y \end{cases}$$

Calcule a derivada da função dada por $C(t) = [x(t)]^2 + [y(t)]^2$, $t \geq 0$. O que se pode concluir a respeito da distância do ponto $(x(t), y(t))$ à origem? Interprete.

19. Suponha que $x = x(t)$ e $y = y(t)$, $t \geq 0$, seja solução do sistema

$$\begin{cases} \dot{x} = 3x + y \\ \dot{y} = -x + 5y \end{cases}$$

Calcule a derivada da função dada por $C(t) = [x(t)]^2 + [y(t)]^2$, $t \geq 0$. O que se pode concluir a respeito da distância do ponto $(x(t), y(t))$, $t \geq 0$, à origem? Interprete.

12.4 Sistemas com Três Equações Diferenciais Lineares de 1ª Ordem, Homogêneas e com Coeficientes Constantes

Consideremos o sistema

①
$$\begin{cases} \dot{x} = a_{11}x + a_{12}y + a_{13}z \\ \dot{y} = a_{21}x + a_{22}y + a_{23}z \\ \dot{z} = a_{31}x + a_{32}y + a_{33}z \end{cases}$$

em que os a_{ij} são números reais dados. Pode ser provado que o teorema de existência e unicidade enunciado e provado na Seção 12.1 se estende a sistemas com três ou mais equações diferenciais lineares de 1ª ordem, homogêneas e com coeficientes constantes. Procedendo-se, então, como na Seção 12.1, prova-se que se

$$\begin{bmatrix} x_1(t) \\ y_1(t) \\ z_1(t) \end{bmatrix}, \begin{bmatrix} x_2(t) \\ y_2(t) \\ z_2(t) \end{bmatrix} \text{e} \begin{bmatrix} x_3(t) \\ y_3(t) \\ z_3(t) \end{bmatrix} \ t \in \mathbb{R}$$

Capítulo 12

são três soluções de ① com *wronskiano*

$$W(t) = \begin{vmatrix} x_1(t) & x_2(t) & x_3(t) \\ y_1(t) & y_2(t) & y_3(t) \\ z_1(t) & z_2(t) & z_3(t) \end{vmatrix}$$

diferente de zero, em $t = 0$, $(W(0) \neq 0)$, então a solução geral de ① será

$$\begin{bmatrix} x \\ y \\ z \end{bmatrix} = k_1 \begin{bmatrix} x_1(t) \\ y_1(t) \\ z_1(t) \end{bmatrix} + k_2 \begin{bmatrix} x_2(t) \\ y_2(t) \\ z_2(t) \end{bmatrix} + k_3 \begin{bmatrix} x_3(t) \\ y_3(t) \\ z_3(t) \end{bmatrix}.$$

Sejam λ_1, λ_2 e λ_3 os autovalores da matriz A do sistema ①, isto é, raízes da equação característica

$$\begin{vmatrix} a_{11} - \lambda & a_{12} & a_{13} \\ a_{21} & a_{22} - \lambda & a_{23} \\ a_{31} & a_{32} & a_{33} - \lambda \end{vmatrix} = 0.$$

Suponhamos λ_1, λ_2 e λ_3 reais. Pode ser provado que existem vetores

$$\mathbf{u} = \begin{bmatrix} m_1 \\ n_1 \\ p_1 \end{bmatrix}, \mathbf{v} = \begin{bmatrix} m_2 \\ n_2 \\ p_2 \end{bmatrix} \text{ e } \mathbf{w} = \begin{bmatrix} m_3 \\ n_3 \\ p_3 \end{bmatrix}$$

linearmente independentes, tais que a solução geral de ① pode ser expressa em uma das formas abaixo:

$$\begin{bmatrix} x \\ y \\ z \end{bmatrix} = k_1 \, \mathbf{u} e^{\lambda_1 t} + k_2 \, \mathbf{v} e^{\lambda_2 t} + k_3 \, \mathbf{w} e^{\lambda_3 t}$$

ou

$$\begin{bmatrix} x \\ y \\ z \end{bmatrix} = k_1 \, \mathbf{u} e^{\lambda_1 t} + k_2 \, \mathbf{v} e^{\lambda_2 t} + k_3 \, [\mathbf{w} + t \, \mathbf{v}] \, e^{\lambda_2 t}$$

ou

$$\begin{bmatrix} x \\ y \\ z \end{bmatrix} = k_1 \, \mathbf{u} e^{\lambda_1 t} + k_2 \, [\mathbf{v} + t \mathbf{u}] \, e^{\lambda_1 t} + k_3 \left[\mathbf{w} + t \mathbf{v} + \frac{t^2}{2!} \mathbf{u} \right] e^{\lambda_1 t}.$$

A segunda forma acima só poderá ocorrer se $\lambda_1 \neq \lambda_2 = \lambda_3$ ou $\lambda_1 = \lambda_2 = \lambda_3$. A terceira forma só poderá ocorrer quando $\lambda_1 = \lambda_2 = \lambda_3$. A seguir, estabeleceremos um método prático para se determinar $\mathbf{u}$, $\mathbf{v}$ e $\mathbf{w}$.

Sistemas de Duas e Três Equações Diferenciais Lineares de 1ª Ordem e com Coeficientes Constantes

1º Caso: $a_{ij} = 0$ para $i \neq j$. O sistema se reduz a

$$\begin{cases} \dot{x} = a_{11}x \\ \dot{y} = a_{22}y \\ \dot{z} = a_{33}z \end{cases}$$

e a solução geral é

$$\begin{bmatrix} x \\ y \\ z \end{bmatrix} = k_1 \begin{bmatrix} 1 \\ 0 \\ 0 \end{bmatrix} e^{\lambda_1 t} + k_2 \begin{bmatrix} 0 \\ 1 \\ 0 \end{bmatrix} e^{\lambda_2 t} + k_3 \begin{bmatrix} 0 \\ 0 \\ 1 \end{bmatrix} e^{\lambda_3 t},$$

em que $\lambda_1 = a_{11}$, $\lambda_2 = a_{22}$ e $\lambda_3 = a_{33}$.

2º Caso: λ_1, λ_2 e λ_3 são reais e distintos. A solução geral é

$$\begin{bmatrix} x \\ y \\ z \end{bmatrix} = k_1 \begin{bmatrix} m_1 \\ n_1 \\ p_1 \end{bmatrix} e^{\lambda_1 t} + k_2 \begin{bmatrix} m_2 \\ n_2 \\ p_2 \end{bmatrix} e^{\lambda_2 t} + k_3 \begin{bmatrix} m_3 \\ n_3 \\ p_3 \end{bmatrix} e^{\lambda_3 t},$$

em que $\begin{bmatrix} m_i \\ n_i \\ p_i \end{bmatrix}$ é um autovetor associado a λ_i, $i = 1, 2, 3$.

3º Caso: $\lambda_1 \neq \lambda_2 = \lambda_3$ e λ_2 admite dois autovetores linearmente independentes. A solução geral é

$$\begin{bmatrix} x \\ y \\ z \end{bmatrix} = k_1 \begin{bmatrix} m_1 \\ n_1 \\ p_1 \end{bmatrix} e^{\lambda_1 t} + k_2 \begin{bmatrix} m_2 \\ n_2 \\ p_2 \end{bmatrix} e^{\lambda_2 t} + k_3 \begin{bmatrix} m_3 \\ n_3 \\ p_3 \end{bmatrix} e^{\lambda_2 t},$$

em que $\begin{bmatrix} m_i \\ n_i \\ p_i \end{bmatrix}$ é autovetor associado a λ_1 e $\begin{bmatrix} m_2 \\ n_2 \\ p_2 \end{bmatrix}$, $\begin{bmatrix} m_3 \\ n_3 \\ p_3 \end{bmatrix}$ autovetores associados a λ_2.

O 3º caso ocorrerá quando o sistema homogêneo

$$\begin{bmatrix} a_{11} - \lambda_2 & a_{12} & a_{13} \\ a_{21} & a_{22} - \lambda_2 & a_{23} \\ a_{31} & a_{32} & a_{33} - \lambda_2 \end{bmatrix} \begin{bmatrix} m \\ n \\ p \end{bmatrix} = \begin{bmatrix} 0 \\ 0 \\ 0 \end{bmatrix}$$

for equivalente a uma única equação

$$am + bn + cp = 0,$$

com a, b e c não simultaneamente nulos. Supondo, para fixar o raciocínio, $a \neq 0$ e fazendo $B = -\dfrac{b}{a}$ e $C = -\dfrac{c}{a}$, resulta que os autovetores associados a λ_2 são

Capítulo 12

$$\begin{bmatrix} m \\ n \\ p \end{bmatrix} = \begin{bmatrix} Bn + Cp \\ n \\ p \end{bmatrix} = n\begin{bmatrix} B \\ 1 \\ 0 \end{bmatrix} + p\begin{bmatrix} C \\ 0 \\ 1 \end{bmatrix},$$

com n e p não simultaneamente nulos. Os autovetores $\begin{bmatrix} B \\ 1 \\ 0 \end{bmatrix}$ e $\begin{bmatrix} C \\ 0 \\ 1 \end{bmatrix}$ são linearmente independentes, pois

$$n\begin{bmatrix} B \\ 1 \\ 0 \end{bmatrix} + p\begin{bmatrix} C \\ 0 \\ 1 \end{bmatrix} = \begin{bmatrix} 0 \\ 0 \\ 0 \end{bmatrix} \Rightarrow n = p = 0. \qquad \text{(Confira.)}$$

4º Caso: $\lambda_1 \neq \lambda_2 = \lambda_3$ e o número máximo de autovetores linearmente independentes associados a λ_2 é 1. A solução geral é

$$\begin{bmatrix} x \\ y \\ z \end{bmatrix} = k_1\begin{bmatrix} m_1 \\ n_1 \\ p_1 \end{bmatrix}e^{\lambda_1 t} + k_2\begin{bmatrix} m_2 \\ n_2 \\ p_2 \end{bmatrix}e^{\lambda_2 t} + k_3\left\{ \begin{bmatrix} m_3 \\ n_3 \\ p_3 \end{bmatrix} + t\begin{bmatrix} m_2 \\ n_2 \\ p_2 \end{bmatrix} \right\}e^{\lambda_2 t},$$

em que $\begin{bmatrix} m_i \\ n_i \\ p_i \end{bmatrix}$ é autovetor associado a λ_i, $i = 1, 2$, e

$$\begin{bmatrix} a_{11} - \lambda_2 & a_{12} & a_{13} \\ a_{21} & a_{22} - \lambda_2 & a_{23} \\ a_{31} & a_{32} & a_{33} - \lambda_2 \end{bmatrix}\begin{bmatrix} m_3 \\ n_3 \\ p_3 \end{bmatrix} = \begin{bmatrix} m_2 \\ n_2 \\ p_2 \end{bmatrix}.$$

O 4º caso ocorrerá quando o sistema

$$\begin{bmatrix} a_{11} - \lambda_2 & a_{12} & a_{13} \\ a_{21} & a_{22} - \lambda_2 & a_{23} \\ a_{31} & a_{32} & a_{33} - \lambda_2 \end{bmatrix}\begin{bmatrix} m \\ n \\ p \end{bmatrix} = \begin{bmatrix} 0 \\ 0 \\ 0 \end{bmatrix}$$

for equivalente a

$$\begin{cases} a_1 m + b_1 n + c_1 p = 0 \\ a_2 m + b_2 n + c_2 p = 0, \end{cases}$$

com

$$\begin{vmatrix} a_1 & b_1 \\ a_2 & b_2 \end{vmatrix} \neq 0 \ \text{ou} \ \begin{vmatrix} a_1 & c_1 \\ a_2 & c_2 \end{vmatrix} \neq 0 \ \text{ou} \ \begin{vmatrix} b_1 & c_1 \\ b_2 & c_2 \end{vmatrix} \neq 0.$$

Neste caso, os autovetores associados a λ_2 serão da forma

$$\begin{bmatrix} m \\ n \\ p \end{bmatrix} = \alpha \begin{bmatrix} m_2 \\ n_2 \\ p_2 \end{bmatrix}, \ \alpha \neq 0,$$

em que $\begin{bmatrix} m_2 \\ n_2 \\ p_2 \end{bmatrix}$ é um autovetor de λ_2.

5º Caso: $\lambda_1 = \lambda_2 = \lambda_3$ e λ_1 admite três autovetores linearmente independentes. Neste caso, o sistema ① será da forma

$$\begin{cases} \dot{x} = a_{11}x \\ \dot{y} = \qquad a_{22}y \\ \dot{z} = \qquad\qquad a_{33}z \end{cases}$$

com $a_{11} = a_{22} = a_{33}$. É do tipo estudado no 1º caso.

Observe que se λ_1 admite três autovetores linearmente independentes, então, quaisquer que sejam os reais m, n e p não simultaneamente nulos, o vetor $\begin{bmatrix} m \\ n \\ p \end{bmatrix}$ será autovetor de λ_1. (Verifique.)

Segue que, quaisquer que sejam os reais m, n e p, teremos

$$\begin{bmatrix} a_{11} - \lambda_1 & a_{12} & a_{13} \\ a_{21} & a_{22} - \lambda_1 & a_{23} \\ a_{31} & a_{32} & a_{33} - \lambda_1 \end{bmatrix} \begin{bmatrix} m \\ n \\ p \end{bmatrix} = \begin{bmatrix} 0 \\ 0 \\ 0 \end{bmatrix},$$

e isto só será possível se

$$\begin{bmatrix} a_{11} - \lambda_1 & a_{12} & a_{13} \\ a_{21} & a_{22} - \lambda_1 & a_{23} \\ a_{31} & a_{32} & a_{33} - \lambda_1 \end{bmatrix} = \begin{bmatrix} 0 & 0 & 0 \\ 0 & 0 & 0 \\ 0 & 0 & 0 \end{bmatrix}. \text{ (Confira.)}$$

Daí, $a_{ij} = 0$ para $i \neq j$ e $\lambda_1 = a_{11} = a_{22} = a_{33}$.

6º Caso: $\lambda_1 = \lambda_2 = \lambda_3$ e o número máximo de autovetores linearmente independentes associados a λ_1 é 2. A solução geral é

$$\begin{bmatrix} x \\ y \\ z \end{bmatrix} = k_1 \begin{bmatrix} m_1 \\ n_1 \\ p_1 \end{bmatrix} e^{\lambda_1 t} + k_2 \begin{bmatrix} m_2 \\ n_2 \\ p_2 \end{bmatrix} e^{\lambda_1 t} + k_3 \left\{ \begin{bmatrix} m_3 \\ n_3 \\ p_3 \end{bmatrix} + t \begin{bmatrix} m_4 \\ n_4 \\ p_4 \end{bmatrix} \right\} e^{\lambda_1 t},$$

em que $\begin{bmatrix} m_1 \\ n_1 \\ p_1 \end{bmatrix}$ e $\begin{bmatrix} m_2 \\ n_2 \\ p_2 \end{bmatrix}$ são dois autovetores linearmente independentes associados a λ_1 e

Capítulo 12

②
$$\begin{bmatrix} a_{11} - \lambda_1 & a_{12} & a_{13} \\ a_{21} & a_{22} - \lambda_1 & a_{23} \\ a_{31} & a_{32} & a_{33} - \lambda_1 \end{bmatrix} = \begin{bmatrix} m_3 \\ n_3 \\ p_3 \end{bmatrix} = \begin{bmatrix} m_4 \\ n_4 \\ p_4 \end{bmatrix},$$

em que $\begin{bmatrix} m_4 \\ n_4 \\ p_4 \end{bmatrix}$ é um autovetor de λ_1.

Vejamos um modo prático de se determinar $\mathbf{u} = \begin{bmatrix} m_4 \\ n_4 \\ p_4 \end{bmatrix}$ e $\mathbf{v} = \begin{bmatrix} m_3 \\ n_3 \\ p_3 \end{bmatrix}$. É claro que basta determinar $\mathbf{v}$. O sistema ② pode ser escrito assim:

$$(A - \lambda_1 I)\,\mathbf{v} = \mathbf{u}.$$

Multiplicando-se os dois membros da equação acima por $A - \lambda_1 I$ e lembrando que o produto de matrizes é associativo, resulta

$$(A - \lambda_1 I)^2\,\mathbf{v} = (A - \lambda_1 I)\,\mathbf{u}.$$

Como $\mathbf{u}$ deve ser autovetor e, portanto, $(A - \lambda_1 I)\,\mathbf{u} = \mathbf{0}$ e $\mathbf{u} \neq \mathbf{0}$, resulta que $\mathbf{v}$ deve satisfazer as condições

③
$$(A - \lambda_1 I)^2\,\mathbf{v} = \mathbf{0}$$

e

④
$$(A - \lambda_1 I)\,\mathbf{v} \neq \mathbf{0}.$$

Observe que $(A - \lambda_1 I)^2$ é o produto da matriz $A - \lambda_1 I$ por ela mesma. A condição ④ nos diz que $\mathbf{v}$ não pode ser autovetor de λ_1. Assim, $\mathbf{v}$ *é uma solução de* ③ *que não é autovetor de* λ_1. Determinado $\mathbf{v}$, calcula-se $\mathbf{u}$ através da relação ②. Então, para se determinar $\mathbf{u}$ e $\mathbf{v}$ proceda da seguinte forma.

Primeiro calcula-se o quadrado da matriz $A - \lambda_1 I$. Em seguida, resolve-se o sistema

$$(A - \lambda_1 I)^2\,\mathbf{v} = \mathbf{0}.$$

O $\mathbf{v}$ procurado é aquela solução da equação acima que não é autovetor de λ_1, ou seja,

$$(A - \lambda_1 I)\,\mathbf{v} \neq \mathbf{0}.$$

Determinado $\mathbf{v}$, calcula-se $\mathbf{u}$ através da relação

$$(A - \lambda_1 I)\,\mathbf{v} = \mathbf{u}.$$

Observação. O autovetor $\mathbf{u}$ acima não tem obrigação alguma de ser igual a $\mathbf{u}_1 = \begin{bmatrix} m_1 \\ n_1 \\ p_1 \end{bmatrix}$ ou a $\mathbf{u}_2 = \begin{bmatrix} m_2 \\ n_2 \\ p_2 \end{bmatrix}$. Tal $\mathbf{u}$ deverá ser, com certeza, uma combinação linear de $\mathbf{u}_1$ e $\mathbf{u}_2$. (Confira.)

7º Caso: $\lambda_1 = \lambda_2 = \lambda_3$ e o número máximo de autovetores linearmente independentes associados a λ_1 é 1. A solução geral é

Sistemas de Duas e Três Equações Diferenciais Lineares de 1ª Ordem e com Coeficientes Constantes

$$\mathbf{x} = \left\{ k_1 \mathbf{u} + k_2 [\mathbf{v} + t\mathbf{u}] + k_3 \left[\mathbf{w} + t\mathbf{v} + \frac{t^2}{2!} \mathbf{u} \right] \right\} e^{\lambda_1 t},$$

em que $\mathbf{u}$ é autovetor associado a λ_1 e $\mathbf{v}$ e $\mathbf{w}$ são dados por

⑤
$$(A - \lambda_1 I)\, \mathbf{w} = \mathbf{v}$$

e

⑥
$$(A - \lambda_1 I)\, \mathbf{v} = \mathbf{u}$$

No caso acima, pode-se primeiro determinar um autovetor $\mathbf{u}$ e, em seguida, através de ⑤ e ⑥ determinam-se $\mathbf{v}$ e $\mathbf{w}$. Ou, então, determina-se primeiro $\mathbf{w}$ procedendo-se da seguinte forma. Multiplicando-se os dois membros de ⑤ pela matriz $A - \lambda_1 I$, vem

$$(A - \lambda_1 I)^2\, \mathbf{w} = (A - \lambda_1 I)\, \mathbf{v} = \mathbf{u}.$$

Daí, como $\mathbf{u}$ deve ser autovetor, devemos ter

⑦
$$(A - \lambda_1 I)^3\, \mathbf{w} = \mathbf{0}$$

e

⑧
$$(A - \lambda_1 I)^2\, \mathbf{w} \neq \mathbf{0}.$$

Então, determina-se $\mathbf{w}$ satisfazendo ⑦ e ⑧ e, através das relações ⑤ e ⑥, determinam-se $\mathbf{v}$ e $\mathbf{u}$.

O 7º caso ocorrerá quando o sistema

$$\begin{bmatrix} a_{11} - \lambda_1 & a_{12} & a_{13} \\ a_{21} & a_{22} - \lambda_1 & a_{23} \\ a_{31} & a_{32} & a_{33} - \lambda_1 \end{bmatrix} \begin{bmatrix} m \\ n \\ p \end{bmatrix} = \begin{bmatrix} 0 \\ 0 \\ 0 \end{bmatrix},$$

for equivalente a

$$\begin{cases} a_1 m + b_1 n + c_1 p = 0 \\ a_2 m + b_2 n + c_2 p = 0, \end{cases}$$

em que

$$\begin{vmatrix} a_1 & b_1 \\ a_2 & b_2 \end{vmatrix} \neq 0 \ \text{ou}\ \begin{vmatrix} a_1 & c_1 \\ a_2 & c_2 \end{vmatrix} \neq 0 \ \text{ou}\ \begin{vmatrix} b_1 & c_1 \\ b_2 & c_2 \end{vmatrix} \neq 0.$$

Exemplo 1 Resolva

$$\begin{cases} \dot{x} = x \\ \dot{y} = \ -y \\ \dot{z} = \qquad -z. \end{cases}$$

Solução

$$\dot{x} = x \Leftrightarrow x = k_1 e^t$$
$$\dot{y} = -y \Leftrightarrow y = k_2 e^{-t}$$
$$\dot{z} = -z \Leftrightarrow z = k_3 e^{-t}.$$

Capítulo 12

A solução geral é

$$\begin{bmatrix} x \\ y \\ z \end{bmatrix} = k_1 \begin{bmatrix} 1 \\ 0 \\ 0 \end{bmatrix} e^t + k_2 \begin{bmatrix} 0 \\ 1 \\ 0 \end{bmatrix} e^{-t} + k_3 \begin{bmatrix} 0 \\ 0 \\ 1 \end{bmatrix} e^{-t}.$$

Exemplo 2 Resolva

$$\begin{cases} \dot{x} = y + 2z \\ \dot{y} = 2x - 3y - 4z \\ \dot{z} = -2x + 3y + 5z. \end{cases}$$

Solução

$$\begin{vmatrix} -\lambda & 1 & 2 \\ 2 & -3-\lambda & -4 \\ -2 & 3 & 5-\lambda \end{vmatrix} = 0 \Leftrightarrow \lambda^3 - 2\lambda^2 - \lambda + 2 = 0.$$

Os autovalores são: $\lambda_1 = -1$, $\lambda_2 = 1$ e $\lambda_3 = 2$. Determinemos os autovetores associados a $\lambda_1 = -1$.

$$\begin{bmatrix} -\lambda_1 & 1 & 2 \\ 2 & -3-\lambda_1 & -4 \\ -2 & 3 & 5-\lambda_1 \end{bmatrix} \begin{bmatrix} m \\ n \\ p \end{bmatrix} = \begin{bmatrix} 0 \\ 0 \\ 0 \end{bmatrix}$$

é equivalente a ($\lambda_1 = -1$)

$$\begin{cases} m + n + 2p = 0 \\ 2m - 2n - 4p = 0 \\ -2m + 3n + 6p = 0. \end{cases}$$

Este é equivalente a

$$\begin{cases} m + n + 2p = 0 \\ -4n - 8p = 0 \\ 5n + 10p = 0. \end{cases}$$

Assim, o sistema acima é equivalente a

$$\begin{cases} m + n + 2p = 0 \\ n + 2p = 0. \end{cases}$$

Daí, $n = -2p$ e $m = 0$. Os autovetores associados a $\lambda_1 = -1$ são:

$$\begin{bmatrix} m \\ n \\ p \end{bmatrix} = \begin{bmatrix} 0 \\ -2p \\ p \end{bmatrix} = p \begin{bmatrix} 0 \\ -2 \\ 1 \end{bmatrix}, \; p \neq 0.$$

Sistemas de Duas e Três Equações Diferenciais Lineares de 1ª Ordem e com Coeficientes Constantes

315

O autovalor $\lambda_1 = -1$ fornece então a solução

$$\begin{bmatrix} 0 \\ -2 \\ 1 \end{bmatrix} e^{-t}.$$

Fica a seu cargo verificar que

$$\begin{bmatrix} 2 \\ 0 \\ 1 \end{bmatrix} \quad e \quad \begin{bmatrix} -3 \\ 2 \\ -4 \end{bmatrix}$$

são autovetores associados, respectivamente, aos autovalores $\lambda_2 = 1$ e $\lambda_3 = 2$. A solução geral é então

$$\begin{bmatrix} x \\ y \\ z \end{bmatrix} = k_1 \begin{bmatrix} 0 \\ -2 \\ 1 \end{bmatrix} e^{-t} + k_2 \begin{bmatrix} 2 \\ 0 \\ 1 \end{bmatrix} e^{t} + k_3 \begin{bmatrix} -3 \\ 2 \\ -4 \end{bmatrix} e^{2t}.$$

Se A admite autovalores complexos, o procedimento é similar ao da seção anterior. Veja exemplo abaixo.

Exemplo 3 Resolva

$$\begin{cases} \dot{x} = -x + 2y - 4z \\ \dot{y} = x - y + 4z \\ \dot{z} = x - y + 3z. \end{cases}$$

Solução

$$\begin{vmatrix} -1-\lambda & 2 & -4 \\ 1 & -1-\lambda & 4 \\ 1 & -1 & 3-\lambda \end{vmatrix} = 0 \Leftrightarrow (\lambda-1)(\lambda^2+1) = 0.$$

Os autovalores são: $\lambda_1 = 1$, $\lambda_2 = i$ e $\lambda_3 = -i$. Fica a seu cargo verificar que

$$\begin{bmatrix} 0 \\ 2 \\ 1 \end{bmatrix} \quad e \quad \begin{bmatrix} -2 \\ 1-i \\ 1 \end{bmatrix}$$

são autovetores associados, respectivamente, a $\lambda_1 = 1$ e $\lambda_2 = i$. Temos

$$\begin{bmatrix} -2 \\ 1-i \\ 1 \end{bmatrix} e^{it} = \begin{bmatrix} -2\cos t \\ \cos t + \sin t \\ \cos t \end{bmatrix} + i \begin{bmatrix} -2\sin t \\ \sin t - \cos t \\ \sin t \end{bmatrix}. \qquad \text{(Verifique.)}$$

Capítulo 12

A solução geral é

$$\begin{bmatrix} x \\ y \\ z \end{bmatrix} = k_1 \begin{bmatrix} 0 \\ 2 \\ 1 \end{bmatrix} e^t + k_2 \begin{bmatrix} -2\cos t \\ \cos t + \operatorname{sen} t \\ \cos t \end{bmatrix} + k_3 \begin{bmatrix} -2\operatorname{sen} t \\ \operatorname{sen} t - \cos t \\ \operatorname{sen} t \end{bmatrix}.$$

Só para conferir, verifique que o wronskiano das três soluções que entram na solução geral acima é diferente de zero em $t = 0$.

Exemplo 4 Resolva

$$\begin{cases} \dot{x} = -x + 2y + 2z \\ \dot{y} = -2x + 3y + 2z \\ \dot{z} = -x + y + 2z. \end{cases}$$

Solução

$$\begin{vmatrix} -1-\lambda & 2 & 2 \\ -2 & 3-\lambda & 2 \\ -1 & 1 & 2-\lambda \end{vmatrix} = 0 \Leftrightarrow (\lambda-1)^2(\lambda-2) = 0.$$

Os autovalores são: $\lambda_1 = 2$ e $\lambda_2 = \lambda_3 = 1$. Um autovetor associado a $\lambda_1 = 2$ é

$$\begin{bmatrix} 2 \\ 2 \\ 1 \end{bmatrix}. \quad \text{(Verifique.)}$$

Vamos, agora, determinar autovetores associados a $\lambda_2 = 1$.

$$\begin{bmatrix} -1-\lambda & 2 & 2 \\ -2 & 3-\lambda_2 & 2 \\ -1 & 1 & 2-\lambda_2 \end{bmatrix} \begin{bmatrix} m \\ n \\ p \end{bmatrix} = \begin{bmatrix} 0 \\ 0 \\ 0 \end{bmatrix}$$

é equivalente a ($\lambda_2 = 1$)

$$-m + n + p = 0. \quad \text{(Confira.)}$$

Daí, os autovetores associados a $\lambda_2 = 1$ são

$$\begin{bmatrix} m \\ n \\ p \end{bmatrix} = \begin{bmatrix} n+p \\ n \\ p \end{bmatrix} = n \begin{bmatrix} 1 \\ 1 \\ 0 \end{bmatrix} + p \begin{bmatrix} 1 \\ 0 \\ 1 \end{bmatrix}$$

com n e p não simultaneamente nulos. Assim,

$$\begin{bmatrix} 1 \\ 1 \\ 0 \end{bmatrix} \text{ e } \begin{bmatrix} 1 \\ 0 \\ 1 \end{bmatrix}$$

Sistemas de Duas e Três Equações Diferenciais Lineares de 1ª Ordem e com Coeficientes Constantes

são autovetores linearmente independentes associados a $\lambda_2 = 1$. A solução geral é

$$\begin{bmatrix} x \\ y \\ z \end{bmatrix} = k_1 \begin{bmatrix} 2 \\ 2 \\ 1 \end{bmatrix} e^{2t} + k_2 \begin{bmatrix} 1 \\ 1 \\ 0 \end{bmatrix} e^t + k_3 \begin{bmatrix} 1 \\ 0 \\ 1 \end{bmatrix} e^t.$$

Exemplo 5 Resolva

$$\begin{cases} \dot{x} = \qquad\quad -y + 2z \\ \dot{y} = -x + y + z \\ \dot{z} = -x - y + 3z. \end{cases}$$

Solução

$$\begin{vmatrix} -\lambda & -1 & 2 \\ -1 & 1-\lambda & 1 \\ -1 & -1 & 3-\lambda \end{vmatrix} = 0 \Leftrightarrow (\lambda - 2)(\lambda^2 - 2\lambda + 1) = 0.$$

Os autovalores são: $\lambda_1 = 2$ e $\lambda_2 = \lambda_3 = 1$. Um autovetor associado a $\lambda_1 = 2$ é $\begin{bmatrix} 1 \\ 0 \\ 1 \end{bmatrix}$. (Verifique.)
Determinemos, então, os autovetores associados a $\lambda_2 = 1$.

$$\begin{bmatrix} -\lambda_2 & -1 & 2 \\ -1 & 1-\lambda_2 & 1 \\ -1 & -1 & 3-\lambda_2 \end{bmatrix} \begin{bmatrix} m \\ n \\ p \end{bmatrix} = \begin{bmatrix} 0 \\ 0 \\ 0 \end{bmatrix}$$

é equivalente a

$$\begin{cases} -m - n + 2p = 0 \\ -m \qquad + p = 0. \end{cases}$$

Resolvendo nas incógnitas m e n, obtemos $m = p$ e $n = p$. Os autovetores associados a $\lambda_2 = 1$ são

$$\begin{bmatrix} m \\ n \\ p \end{bmatrix} = \begin{bmatrix} p \\ p \\ p \end{bmatrix} = p \begin{bmatrix} 1 \\ 1 \\ 1 \end{bmatrix}, \; p \neq 0.$$

Assim, o autovalor $\lambda_2 = 1$ fornece a solução

$$\begin{bmatrix} 1 \\ 1 \\ 1 \end{bmatrix} e^t.$$

Este autovalor fornece outra solução da forma

$$\left\{ \begin{bmatrix} m_3 \\ n_3 \\ p_3 \end{bmatrix} + t \begin{bmatrix} 1 \\ 1 \\ 1 \end{bmatrix} \right\} e^t,$$

Capítulo 12

em que o 1º vetor é uma solução de

$$
\begin{bmatrix} -\lambda_2 & -1 & 2 \\ -1 & 1-\lambda_2 & 1 \\ -1 & -1 & 3-\lambda_2 \end{bmatrix} \begin{bmatrix} m \\ n \\ p \end{bmatrix} = \begin{bmatrix} 1 \\ 1 \\ 1 \end{bmatrix}
$$

Este sistema é equivalente a ($\lambda_2 = 1$)

$$
\begin{cases} -m-n+2p=1 \\ -m \quad\;\; +p=1. \end{cases}
$$

Tomando $p = 1$, teremos $m = 0$ e $n = 1$. A solução geral é

$$
\begin{bmatrix} x \\ y \\ z \end{bmatrix} = k_1 \begin{bmatrix} 1 \\ 0 \\ 1 \end{bmatrix} e^{2t} + k_2 \begin{bmatrix} 1 \\ 1 \\ 1 \end{bmatrix} e^t + k_3 \left\{ \begin{bmatrix} 0 \\ 1 \\ 1 \end{bmatrix} + t \begin{bmatrix} 1 \\ 1 \\ 1 \end{bmatrix} \right\} e^t.
$$

Exemplo 6 Resolva

$$
\begin{cases} \dot{x} = -x + y + z \\ \dot{y} = -2x + 2y + z \\ \dot{z} = -2x + y + 2z. \end{cases}
$$

Solução

$$
\begin{vmatrix} -1-\lambda & 1 & 1 \\ -2 & 2-\lambda & 1 \\ -2 & 1 & 2-\lambda \end{vmatrix} = 0 \Leftrightarrow (\lambda-1)^3 = 0.
$$

Os autovalores são: $\lambda_1 = \lambda_2 = \lambda_3 = 1$. Determinemos os autovetores associados a $\lambda_1 = 1$.

$$
\begin{bmatrix} -1-\lambda_1 & 1 & 1 \\ -2 & 2-\lambda_1 & 1 \\ -1 & 1 & 2-\lambda_1 \end{bmatrix} \begin{bmatrix} m \\ n \\ p \end{bmatrix} = \begin{bmatrix} 0 \\ 0 \\ 0 \end{bmatrix}
$$

é equivalente à única equação

⑨
$$
-2m + n + p = 0.
$$

Então, os autovetores de λ_1 são

$$
\begin{bmatrix} m \\ n \\ p \end{bmatrix} = \begin{bmatrix} m \\ 2m-p \\ p \end{bmatrix} = m \begin{bmatrix} 1 \\ 2 \\ 0 \end{bmatrix} + p \begin{bmatrix} 0 \\ -1 \\ 1 \end{bmatrix}.
$$

com m e p não simultaneamente nulos. Temos, então, as soluções

Sistemas de Duas e Três Equações Diferenciais Lineares de 1ª Ordem e com Coeficientes Constantes

$$\begin{bmatrix} 1 \\ 2 \\ 0 \end{bmatrix} e^t \quad \text{e} \quad \begin{bmatrix} 0 \\ -1 \\ 1 \end{bmatrix} e^t.$$

Como vimos (6º caso), há outra solução da forma $(\mathbf{w} + t\mathbf{w}_1)\, e^t$, em que

⑩
$$(A - \lambda_1 I)^2 \, \mathbf{w} = \mathbf{0}$$

e
$$(A - \lambda_1 I)\, \mathbf{w} \neq \mathbf{0}.$$

Devemos então determinar $\mathbf{w}$ que satisfaça a 1ª equação acima e que não seja autovetor de λ_1. Primeiro, calculemos $(A - \lambda_1 I)^2$:

$$(A - \lambda_1 I)^2 = \begin{bmatrix} -2 & 1 & 1 \\ -2 & 1 & 1 \\ -2 & 1 & 1 \end{bmatrix}\begin{bmatrix} -2 & 1 & 1 \\ -2 & 1 & 1 \\ -2 & 1 & 1 \end{bmatrix}$$

e, portanto,

$$(A - \lambda_1 I)^2 = \begin{bmatrix} 0 & 0 & 0 \\ 0 & 0 & 0 \\ 0 & 0 & 0 \end{bmatrix}. \quad \text{(Confira.)}$$

Segue que, quaisquer que sejam os reais m, n e p, $\mathbf{w} = \begin{bmatrix} m \\ n \\ p \end{bmatrix}$ satisfaz ⑩. Agora, é só escolher

m, n e p de modo que $\mathbf{w}$ não satisfaça ⑪, ou seja, de modo que $\mathbf{w}$ não seja autovetor. Basta, então, escolher m, n e p que *não* satisfaça ⑨. A escolha $m = 0$, $n = 0$ e $p = 1$ resolve o problema. Logo,

$$\mathbf{w} = \begin{bmatrix} 0 \\ 0 \\ 1 \end{bmatrix} \text{ e } \mathbf{w}_1 = \begin{bmatrix} -2 & 1 & 1 \\ -2 & 1 & 1 \\ -2 & 1 & 1 \end{bmatrix}\begin{bmatrix} 0 \\ 0 \\ 0 \end{bmatrix} = \begin{bmatrix} 1 \\ 1 \\ 1 \end{bmatrix}.$$

A solução geral é

$$\begin{bmatrix} x \\ y \\ z \end{bmatrix} = k\begin{bmatrix} 1 \\ 2 \\ 0 \end{bmatrix}e^t + k_2\begin{bmatrix} 0 \\ -1 \\ 1 \end{bmatrix}e^t + k_3\left\{ \begin{bmatrix} 0 \\ 0 \\ 1 \end{bmatrix} + t\begin{bmatrix} 1 \\ 1 \\ 1 \end{bmatrix} \right\}e^t.$$

Como $\begin{bmatrix} 1 \\ 1 \\ 1 \end{bmatrix}$ é autovetor de $\lambda_1 = 1$ e é linearmente independente com $\begin{bmatrix} 1 \\ 2 \\ 0 \end{bmatrix}$, a solução geral

pode, também, ser dada na forma

$$\begin{bmatrix} x \\ y \\ z \end{bmatrix} = k_1\begin{bmatrix} 1 \\ 2 \\ 0 \end{bmatrix}e^t + k_2\begin{bmatrix} 1 \\ 1 \\ 1 \end{bmatrix}e^t + k_3\left\{ \begin{bmatrix} 0 \\ 0 \\ 1 \end{bmatrix} + t\begin{bmatrix} 1 \\ 1 \\ 1 \end{bmatrix} \right\}e^t.$$

Capítulo 12

Exemplo 7 Resolva

$$\begin{cases} \dot{x} = -x + y \\ \dot{y} = -x + y + z \\ \dot{z} = 4x - 3y + 3z. \end{cases}$$

Solução

$$\begin{vmatrix} -1-\lambda & 1 & 0 \\ -1 & 1-\lambda & 1 \\ 4 & -3 & 3-\lambda \end{vmatrix} = 0 \Leftrightarrow (\lambda - 1)^3 = 0.$$

Os autovalores são: $\lambda_1 = \lambda_2 = \lambda_3 = 1$. Determinemos os autovetores associados a $\lambda_1 = 1$.

$$\begin{bmatrix} -1-\lambda_1 & 1 & 0 \\ -1 & 1-\lambda_1 & 1 \\ 4 & -3 & 3-\lambda_1 \end{bmatrix} \begin{bmatrix} m \\ n \\ p \end{bmatrix} = \begin{bmatrix} 0 \\ 0 \\ 0 \end{bmatrix}$$

é equivalente a

$$\begin{cases} -2m + n & = 0 \\ -m & + p = 0 \\ 4m - 3n + 2p = 0. \end{cases}$$

Este é equivalente a

$$\begin{cases} n - 2p & = 0 \\ -m + p & = 0 \\ -3n + 6p = 0. \end{cases}$$

Segue que o nosso sistema é equivalente a

$$\begin{cases} n - 2p = 0 \\ -m + p = 0. \end{cases}$$

Daí, $m = p$ e $n = 2p$ e os autovetores de $\lambda_1 = 1$ são

$$\begin{bmatrix} m \\ n \\ p \end{bmatrix} = \begin{bmatrix} p \\ 2p \\ p \end{bmatrix} = p \begin{bmatrix} 1 \\ 2 \\ 1 \end{bmatrix}, \ p \neq 0.$$

Estamos, então, no 7º caso. Tomando $\mathbf{u} = \begin{bmatrix} 1 \\ 2 \\ 1 \end{bmatrix}$, vamos determinar $\mathbf{v}$ e $\mathbf{w}$ satisfazendo as condições

$$(A - \lambda_1 I)\,\mathbf{v} = \mathbf{u}$$

Sistemas de Duas e Três Equações Diferenciais Lineares de 1ª Ordem e com Coeficientes Constantes

e

$$(A - \lambda_1 I)\,\mathbf{w} = \mathbf{v}.$$

Assim, $\mathbf{v}$ é solução do sistema

$$\begin{bmatrix} -1-\lambda_1 & 1 & 0 \\ -1 & 1-\lambda_1 & 1 \\ 4 & -3 & 3-\lambda_1 \end{bmatrix} \begin{bmatrix} m \\ n \\ p \end{bmatrix} = \begin{bmatrix} 1 \\ 2 \\ 1 \end{bmatrix},$$

que é equivalente a

$$\begin{cases} n - 2p = -3 \\ -m + p = 2. \end{cases} \qquad \text{(Verifique.)}$$

Tomando-se $p = 0$, resultam $m = -2$ e $n = -3$. Com $\mathbf{v} = \begin{bmatrix} -2 \\ -3 \\ 0 \end{bmatrix}$, determinemos $\mathbf{w}$. Este $\mathbf{w}$ é uma solução qualquer do sistema

$$\begin{bmatrix} -1-\lambda_1 & 1 & 0 \\ -1 & 1-\lambda_1 & 1 \\ 4 & -3 & 3-\lambda_1 \end{bmatrix} \begin{bmatrix} m \\ n \\ p \end{bmatrix} = \begin{bmatrix} -2 \\ -3 \\ 0 \end{bmatrix},$$

que é equivalente a

$$\begin{cases} n - 2p = 4 \\ -m + p = -3. \end{cases} \qquad \text{(Confira.)}$$

Tomando-se $p = 0$, resultam $m = 3$ e $n = 4$. Assim, $\mathbf{w} = \begin{bmatrix} 3 \\ 4 \\ 0 \end{bmatrix}$. A solução geral é

$$\begin{bmatrix} x \\ y \\ z \end{bmatrix} = k_1 \begin{bmatrix} 1 \\ 2 \\ 1 \end{bmatrix} e^t + k_2 \left\{ \begin{bmatrix} -2 \\ -3 \\ 0 \end{bmatrix} + t \begin{bmatrix} 1 \\ 2 \\ 1 \end{bmatrix} \right\} e^t + k_3 \left\{ \begin{bmatrix} 3 \\ 4 \\ 0 \end{bmatrix} + t \begin{bmatrix} -2 \\ -3 \\ 0 \end{bmatrix} + \frac{t^2}{2!} \begin{bmatrix} 1 \\ 2 \\ 1 \end{bmatrix} \right\} e^t.$$

Sugerimos ao leitor determinar $\mathbf{u}$, $\mathbf{v}$ e $\mathbf{w}$ pelo outro processo.

Em algumas situações poderá ser mais rápido resolver o sistema *diretamente*. Vejamos alguns exemplos.

Exemplo 8 Resolva

$$\begin{cases} \dot{x} = y \\ \dot{y} = -x + 2y \\ \dot{z} = z. \end{cases}$$

Solução

Capítulo 12

Das duas primeiras equações segue

$$\ddot{x} = -x + 2\dot{x} \quad \text{ou} \quad \ddot{x} - 2\dot{x} + x = 0$$

A solução geral desta equação é

$$x = c_1 e^t + c_2 t e^t. \qquad \text{(Confira.)}$$

Daí,

$$y = \dot{x} = c_1 e^t + c_2 (1 + t) e^t.$$

Da 3ª equação, obtemos

$$\dot{z} = z \iff z = c_3 e^t.$$

A solução geral é, então,

$$\begin{bmatrix} x \\ y \\ z \end{bmatrix} = c_3 \begin{bmatrix} 0 \\ 0 \\ 1 \end{bmatrix} e^t + c_1 \begin{bmatrix} 1 \\ 1 \\ 0 \end{bmatrix} e^t + c_2 \left\{ \begin{bmatrix} 0 \\ 1 \\ 0 \end{bmatrix} + t \begin{bmatrix} 1 \\ 1 \\ 0 \end{bmatrix} \right\} e^t.$$

Exemplo 9 Resolva

$$\begin{cases} \dot{x} = & y \\ \dot{y} = & z \\ \dot{z} = x - 3y + 3z. \end{cases}$$

Solução

$$\dddot{x} = \ddot{y} = \dot{z} = x - 3\dot{x} + 3\ddot{x}.$$

Assim,

$$\dddot{x} - 3\ddot{x} + 3\dot{x} - x = 0.$$

A equação característica desta equação é

$$\lambda^3 - 3\lambda^2 + 3\lambda - 1 = 0.$$

Como $\lambda^3 - 3\lambda^2 + 3\lambda - 1 = (\lambda - 1)^3$, resulta que as três raízes são iguais: $\lambda_1 = \lambda_2 = \lambda_3 = 1$. A solução da equação acima é

$$x = c_1 e^t + c_2 t e^t + c_3 t^2 e^t.$$

Temos, então,

$$y = \dot{x} = c_1 e^t + c_2 (1 + t) e^t + c_3 (2t + t^2) e^t$$

e

$$z = \dot{y} = c_1 e^t + c_2 (2 + t) e^t + c_3 (2 + 4t + t^2) e^t.$$

Sistemas de Duas e Três Equações Diferenciais Lineares de 1ª Ordem e com Coeficientes Constantes

A solução geral do sistema dado é

$$\begin{bmatrix} x \\ y \\ z \end{bmatrix} = c_1 \begin{bmatrix} 1 \\ 1 \\ 1 \end{bmatrix} e^t + c_2 \left\{ \begin{bmatrix} 0 \\ 1 \\ 2 \end{bmatrix} + t \begin{bmatrix} 1 \\ 1 \\ 1 \end{bmatrix} \right\} e^t + c_3 \left\{ \begin{bmatrix} 0 \\ 0 \\ 2 \end{bmatrix} + t \begin{bmatrix} 0 \\ 2 \\ 4 \end{bmatrix} + t^2 \begin{bmatrix} 1 \\ 1 \\ 1 \end{bmatrix} \right\} e^t$$

Fazendo-se $c_1 = 2k_1$, $c_2 = 2k_2$ e $c_3 = k_3$, resulta

$$\begin{bmatrix} x \\ y \\ z \end{bmatrix} = k_1 \begin{bmatrix} 2 \\ 2 \\ 2 \end{bmatrix} e^t + k_2 \left\{ \begin{bmatrix} 0 \\ 2 \\ 4 \end{bmatrix} + t \begin{bmatrix} 2 \\ 2 \\ 2 \end{bmatrix} \right\} e^t + k_3 \left\{ \begin{bmatrix} 0 \\ 0 \\ 2 \end{bmatrix} + t \begin{bmatrix} 0 \\ 2 \\ 4 \end{bmatrix} + \frac{t^2}{2} \begin{bmatrix} 2 \\ 2 \\ 2 \end{bmatrix} \right\} e^t .$$

Prova-se que o sistema ① poderá ser transformado em um sistema com uma das formas abaixo:

$$\begin{cases} \dot{X} = \alpha_{11} X \\ \dot{Y} = \qquad \alpha_{22} Y \\ \dot{Z} = \qquad\qquad \alpha_{33} Z \end{cases}$$

ou

$$\begin{cases} \dot{X} = \qquad\qquad Y \\ \dot{Y} = \alpha_{21} X + \alpha_{22} Y \\ \dot{Z} = \qquad\qquad \alpha_{33} Z \end{cases}$$

ou

$$\begin{cases} \dot{X} = \qquad\qquad Y \\ \dot{Y} = \qquad\qquad\qquad Z \\ \dot{Z} = \alpha_{31} X + \alpha_{32} Y + \alpha_{33} Z . \end{cases}$$

(A prova é um *belo* exercício que fica para o leitor!) Todo sistema de equações diferenciais lineares de 1ª ordem, com coeficientes constantes, pode ser transformado em um outro equivalente que conta tudo sobre o sistema: é o sistema na *forma canônica de Jordan*. Para uma demonstração bastante elementar da forma canônica de Jordan, veja referência bibliográfica 20.

Exercícios 12.4

1. Resolva

a) $\begin{cases} \dot{x} = -2x + y + z \\ \dot{y} = \quad x - 2y + z \\ \dot{z} = \quad x + y - 2z \end{cases}$

b) $\begin{cases} \dot{x} = \quad y \\ \dot{y} = x \\ \dot{z} = x + y + 3z \end{cases}$

Capítulo 12

c) $\begin{cases} \dot{x} = \quad\quad y - z \\ \dot{y} = \quad -2y + 3z \\ \dot{z} = x - 2y + 3z \end{cases}$

d) $\begin{cases} \dot{x} = x + y \\ \dot{y} = x + y - z \\ \dot{z} = \quad\quad y + z \end{cases}$

e) $\begin{cases} \dot{x} = -2x - 2y + 3z \\ \dot{y} = -3x - y + 3z \\ \dot{z} = -4x - 2y + 5z \end{cases}$

f) $\begin{cases} \dot{x} = -4x - y + 2z \\ \dot{y} = -4x - 4y + 4z \\ \dot{z} = -4x - 2y + 2z \end{cases}$

g) $\begin{cases} \dot{x} = 5x \\ \dot{y} = \quad\quad\quad z \\ \dot{z} = \quad -3y + 4z \end{cases}$

h) $\begin{cases} \dot{x} = \quad\quad y \\ \dot{y} = x - 2y \\ \dot{z} = \quad\quad w \\ \dot{w} = \quad z - 2w \end{cases}$

2. O movimento de uma partícula no espaço é regido pela equação

$$\begin{cases} \dot{x} = \quad -y \\ \dot{y} = x \\ \dot{z} = \quad\quad -z. \end{cases}$$

Desenhe a trajetória da partícula sabendo que no instante $t = 0$ ela se encontra na posição $(1, 0, 1)$.

3. Considere o sistema

$$\begin{cases} \dot{x} = -6x + 2y + 3z \\ \dot{y} = -7x + 3y + 3z \\ \dot{z} = -8x + 2y + 5z. \end{cases}$$

Seja $x = x(t)$, $y = y(t)$ e $z = z(t)$ a solução que satisfaz as condições iniciais $x(0) = x_0$, $y(0) = y_0$ e $z(0) = z_0$. Mostre que

a) $x_0 = y_0 = z_0 \Rightarrow \lim\limits_{t \to +\infty} (x(t), y(t), z(t)) = (0, 0, 0)$

b) se $(x_0, y_0, z_0) \notin \{(a, a, a) \mid a \in \mathbb{R}\}$, então $\lim\limits_{t \to +\infty} \|(x(t), y(t), z(t))\| = +\infty.$

4. O movimento de uma partícula no espaço é regido pelo sistema

$$\begin{cases} \dot{x} = -y \\ \dot{y} = x \\ \dot{z} = x + y + z \end{cases}$$

Seja $(x(t), y(t), z(t))$ a posição da partícula no instante t. Mostre que, se $z(0) = -x(0)$, então o movimento é periódico.

5. Suponha que três tanques A, B e C contendo, cada um, uma solução de água e sal estão interligados de modo que do tanque A escoe solução para os tanques B e C, do B escoe solução para A e C e de C escoe solução para A e B. Sejam $x(t)$, $y(t)$ e $z(t)$ as quantidades (em kg) de sal nos tanques A, B e C, respectivamente. Sabendo que

$$\begin{cases} \dot{x} = -2x + y + z \\ \dot{y} = x - 2y + z \\ \dot{z} = x + y - 2z. \end{cases}$$

e que $x(0) = 2$, $y(0) = 5$ e $z(0) = 8$, calcule $\lim_{t \to +\infty} (x(t), y(t), z(t))$. Interprete.

6. Seja $W(t)$, $t \in \mathbb{R}$, o wronskiano de três soluções do sistema ①:

$$W(t) = \begin{vmatrix} x_1(t) & x_2(t) & x_3(t) \\ y_1(t) & y_2(t) & y_3(t) \\ z_1(t) & z_2(t) & z_3(t) \end{vmatrix}$$

mostre que

a) $\dot{W} = \begin{vmatrix} \dot{x}_1 & \dot{x}_2 & \dot{x}_3 \\ y_1 & y_2 & y_3 \\ z_1 & z_2 & z_3 \end{vmatrix} + \begin{vmatrix} x_1 & x_2 & x_3 \\ \dot{y}_1 & \dot{y}_2 & \dot{y}_3 \\ z_1 & z_2 & z_3 \end{vmatrix} + \begin{vmatrix} x_1 & x_2 & x_3 \\ y_1 & y_2 & y_3 \\ \dot{z}_1 & \dot{z}_2 & \dot{z}_3 \end{vmatrix}$

b) $\dot{W} = (a_{11} + a_{22} + a_{33})W$

c) $W(t) = W(0) e^{(a_{11} + a_{22} + a_{33})t}$, $t \in \mathbb{R}$

(*Observação*. Este resultado é o teorema de Abel-Liouville para sistemas com três equações. Generalize.)

7. Estabeleça um método prático para se determinar a solução geral de um sistema com quatro equações diferenciais lineares, de 1ª ordem, homogêneas e com coeficientes constantes. (*Observação:* Quando $\lambda_1 = \lambda_2 = \lambda_3 = \lambda_4$, poderá ocorrer solução do tipo

$$\left[\mathbf{u}_1 + t\,\mathbf{u}_2 + \frac{t^2}{2!}\mathbf{u}_3 + \frac{t^3}{3!}\mathbf{u}_4 \right] e^{\lambda_1 t} \Big).$$

Capítulo 12

12.5 Sistemas não Homogêneos: Determinação de Solução Particular pelo Método das Variações das Constantes

Videoaulas
vídeo 7.39

Nesta seção, vamos estabelecer um método para resolver um sistema com duas equações diferenciais lineares, de 1ª ordem, com coeficientes constantes e não homogêneas. Tal método se estende sem nenhuma mudança a sistemas com três ou mais equações.

Consideremos o sistema não homogêneo

① $$\begin{cases} \dot{x} = a_{11}x + a_{12}y + f(t) \\ \dot{y} = a_{21}x + a_{22}y + g(t), \end{cases}$$

em que $f(t)$ e $g(t)$ são duas funções dadas, definidas e contínuas num mesmo intervalo I. Deixamos a seu cargo verificar que a solução geral de ① é

$$\begin{bmatrix} x \\ y \end{bmatrix} = k_1 \begin{bmatrix} x_1(t) \\ y_1(t) \end{bmatrix} + k_2 \begin{bmatrix} x_2(t) \\ y_2(t) \end{bmatrix} + \begin{bmatrix} x_p(t) \\ y_p(t) \end{bmatrix},$$

em que

$$\begin{bmatrix} x_h \\ y_h \end{bmatrix} = k_1 \begin{bmatrix} x_1(t) \\ y_1(t) \end{bmatrix} + k_2 \begin{bmatrix} x_2(t) \\ y_2(t) \end{bmatrix}$$

é a solução geral da homogênea associada

② $$\begin{cases} \dot{x} = a_{11}x + a_{12}y \\ \dot{y} = a_{21}x + a_{22}y \end{cases}$$

e $\begin{bmatrix} x_p(t) \\ y_p(t) \end{bmatrix}$ uma solução particular de ①.

Determinar a solução geral da homogênea associada já sabemos. Vamos, agora, aprender a determinar uma solução particular pelo *método das variações das constantes ou de Lagrange*.

Sejam, então,

$$\begin{bmatrix} x_1(t) \\ y_1(t) \end{bmatrix} e \begin{bmatrix} x_2(t) \\ y_2(t) \end{bmatrix}$$

duas soluções do sistema homogêneo associado ② e tais que, para todo t real,

$$W(t) = \begin{vmatrix} x_1(t) & x_2(t) \\ y_1(t) & y_2(t) \end{vmatrix} \neq 0.$$

Como o determinante acima é diferente de zero, para todo t real, a matriz

$$\begin{bmatrix} x_1(t) & x_2(t) \\ y_1(t) & y_2(t) \end{bmatrix}$$

Sistemas de Duas e Três Equações Diferenciais Lineares de 1ª Ordem e com Coeficientes Constantes

é inversível. Uma tal matriz denomina-se *uma matriz fundamental para o sistema* ②. Provaremos, no final da seção, o seguinte resultado.

Uma solução particular de ① é dada por

$$\begin{bmatrix} x_p \\ y_p \end{bmatrix} = c_1(t) \begin{bmatrix} x_1(t) \\ y_1(t) \end{bmatrix} + c_2(t) \begin{bmatrix} x_2(t) \\ y_2(t) \end{bmatrix},$$

em que as funções $c_1(t)$ e $c_2(t)$ são dadas por

$$\begin{bmatrix} c_1(t) \\ c_2(t) \end{bmatrix} = \int \begin{bmatrix} x_1(t) & x_2(t) \\ y_1(t) & y_2(t) \end{bmatrix}^{-1} \begin{bmatrix} f(t) \\ g(t) \end{bmatrix} dt.$$

Exemplo 1 Resolva

$$\begin{cases} \dot{x} = y + t \\ \dot{y} = 2x + y + e^t. \end{cases}$$

Solução

$$\begin{bmatrix} x_h \\ y_h \end{bmatrix} = k_1 \begin{bmatrix} 1 \\ -1 \end{bmatrix} e^{-t} + k_2 \begin{bmatrix} 1 \\ 2 \end{bmatrix} e^{2t}$$

é a solução geral do sistema homogêneo associado. (Verifique.) Uma solução particular é dada por

$$\begin{bmatrix} x_p \\ y_p \end{bmatrix} = c_1(t) \begin{bmatrix} e^{-t} \\ -e^{-t} \end{bmatrix} + c_2(t) \begin{bmatrix} e^{2t} \\ 2e^{2t} \end{bmatrix},$$

em que $c_1(t)$ e $c_2(t)$ são dadas por

$$\begin{bmatrix} c_1(t) \\ c_2(t) \end{bmatrix} = \int \begin{bmatrix} e^{-t} & e^{2t} \\ -e^{-t} & 2e^{2t} \end{bmatrix}^{-1} \begin{bmatrix} t \\ e^t \end{bmatrix} dt.$$

Temos

$$\begin{bmatrix} e^{-t} & e^{2t} \\ -e^{-t} & 2e^{2t} \end{bmatrix}^{-1} = \frac{1}{3} e^{-t} \begin{bmatrix} 2e^{2t} & -e^{2t} \\ e^{-t} & e^{-t} \end{bmatrix}.$$

Daí,

$$\begin{bmatrix} -e^t & e^{2t} \\ -e^t & 2e^{2t} \end{bmatrix}^{-1} \begin{bmatrix} t \\ e^t \end{bmatrix} = \frac{1}{3} \begin{bmatrix} 2e^t & -e^t \\ e^{-2t} & e^{-2t} \end{bmatrix} \begin{bmatrix} t \\ e^t \end{bmatrix} \begin{bmatrix} 2e^t & -e^{-2t} \\ te^{-2t} & +e^{-t} \end{bmatrix}.$$

Segue que

$$c_1(t) = \frac{1}{3} \int \left(2te^t - e^{2t} \right) dt = \frac{1}{2} \left(2te^t - 2e^t - \frac{e^{2t}}{2} \right)$$

Capítulo 12

e

$$c_2(t) = \frac{1}{3}\int\left(te^{2t} + e^{-t}\right)dt = -\frac{1}{12}\left(4te^{-t} + 2te^{-2t} + e^{-2t}\right). \quad \text{(Confira.)}$$

Assim,

$$\begin{cases} x_p = \dfrac{2t - 3 - 2e^t}{4} \\ y_p = \dfrac{-2t + 1 - e^t}{2}. \end{cases}$$

A solução geral é

$$\begin{bmatrix} x \\ y \end{bmatrix} = k_1 \begin{bmatrix} 1 \\ -1 \end{bmatrix} e^{-t} + k_2 \begin{bmatrix} 1 \\ 2 \end{bmatrix} e^{2t} + \frac{1}{4}\left\{ \begin{bmatrix} 3 \\ 2 \end{bmatrix} + \begin{bmatrix} 2 \\ -4 \end{bmatrix} t + \begin{bmatrix} -2 \\ -2 \end{bmatrix} e^t \right\}.$$

Exemplo 2   Resolva

$$\ddot{x} - 3\dot{x} + 2x = te^t.$$

Solução

Vamos transformar em um sistema.

$$\begin{cases} \dot{x} = y \\ \dot{y} = -2x + 3y + te^t. \end{cases}$$

A solução geral do sistema homogêneo associado é

$$\begin{bmatrix} x \\ y \end{bmatrix} = k_1 \begin{bmatrix} 1 \\ 1 \end{bmatrix} e^t + k_2 \begin{bmatrix} 1 \\ 2 \end{bmatrix} e^{2t}. \quad \text{(Confira.)}$$

Uma solução particular é dada por

$$\begin{bmatrix} x_p \\ y_p \end{bmatrix} = c_1(t) \begin{bmatrix} e^t \\ e^t \end{bmatrix} + c_2(t) \begin{bmatrix} e^{2t} \\ 2e^{2t} \end{bmatrix},$$

em que $c_1(t)$ e $c_2(t)$ são dadas por

$$\begin{bmatrix} c_1(t) \\ c_2(t) \end{bmatrix} = \int \begin{bmatrix} e^t & e^{2t} \\ e^t & 2e^{2t} \end{bmatrix}^{-1} \begin{bmatrix} 0 \\ te^t \end{bmatrix} dt.$$

Temos

$$\begin{bmatrix} e^t & e^{2t} \\ e^t & 2e^{2t} \end{bmatrix}^{-1} = e^{-3t} \begin{bmatrix} 2e^{2t} & -e^{2t} \\ -e^t & e^t \end{bmatrix}.$$

Segue que

$$c_1(t) = \int (-t)\, dt = -\frac{t^2}{2}$$

e

$$c_2(t) = \int te^{-t}\, dt = -te^{-t} - e^{-t}.$$

Daí,

$$\begin{cases} x_p = -\dfrac{t^2}{2}e^t - te^t - e^t \\[2mm] y_p = -\dfrac{t^2}{2}e^t - 2te^t - 2e^t. \end{cases}$$

Portanto,

$$x = k_1 e^t + k_2 e^{2t} - \frac{t^2}{2}e^t - te^t - e^t.$$

Exemplo 3 Determine a solução geral de

$$\begin{cases} \dot{x} = x - 2y + \operatorname{sen} t - \cos t \\ \dot{y} = 3x - 4y + 4\operatorname{sen} t - 2\cos t \end{cases}$$

e faça um esboço das trajetórias das soluções para $t \to +\infty$.

Solução

A solução do sistema homogêneo associado é

$$\begin{bmatrix} x_h \\ y_h \end{bmatrix} = k1 \begin{bmatrix} 1 \\ 1 \end{bmatrix} e^{-t} + k_2 \begin{bmatrix} 2 \\ 3 \end{bmatrix} e^{-2t}. \quad \text{(Confira.)}$$

Uma solução particular é dada por

$$\begin{bmatrix} x_p \\ y_p \end{bmatrix} = c_1(t) \begin{bmatrix} e^{-t} \\ e^{-t} \end{bmatrix} + c_2(t) \begin{bmatrix} 2e^{-2t} \\ 3e^{-2t} \end{bmatrix},$$

em que

$$\begin{bmatrix} c_1(t) \\ c_2(t) \end{bmatrix} = \int \begin{bmatrix} e^{-t} & 2e^{-2t} \\ e^{-t} & 3e^{-2t} \end{bmatrix}^{-1} \begin{bmatrix} \operatorname{sen} t - \cos t \\ 4\operatorname{sen} t - 2\cos t \end{bmatrix} dt.$$

Temos

$$\begin{bmatrix} e^{-t} & 2e^{-2t} \\ e^{-t} & 3e^{-2t} \end{bmatrix}^{-1} = e^{3t} \begin{bmatrix} 3e^{-2t} & -2e^{-2t} \\ -e^{-t} & e^{-t} \end{bmatrix} = \begin{bmatrix} 3e^t & -2e^t \\ -e^{2t} & e^{2t} \end{bmatrix}.$$

Segue que

$$c_1(t) = \int (-5e^t \operatorname{sen} t + e^t \cos t)\, dt = -2e^t \operatorname{sen} t + 3e^t \cos t$$

e

$$c_2(t) = \int (3e^{2t} \operatorname{sen} t - e^{2t} \cos t)\, dt = e^{2t} \operatorname{sen} t - e^{2t} \cos t.$$

Assim,

$$\begin{bmatrix} x_p \\ y_p \end{bmatrix} = c_1(t) \begin{bmatrix} e^{-t} \\ e^{-t} \end{bmatrix} + c_2(t) \begin{bmatrix} 2e^{-2t} \\ 3e^{-2t} \end{bmatrix} = \begin{bmatrix} \cos t \\ \operatorname{sen} t \end{bmatrix}$$

é uma solução particular. A solução geral do sistema dado é

③

$$\begin{bmatrix} x \\ y \end{bmatrix} = k_1 \begin{bmatrix} 1 \\ 1 \end{bmatrix} e^{-t} + k_2 \begin{bmatrix} 2 \\ 3 \end{bmatrix} e^{-2t} + \begin{bmatrix} \cos t \\ \operatorname{sen} t \end{bmatrix}.$$

Observe que

$$\begin{cases} x - \cos t = k_1 e^{-t} + 2k_2 e^{-2t} \\ y - \operatorname{sen} t = k_1 e^{-t} + 3k_2 e^{-2t}. \end{cases}$$

Daí, para toda solução

$$\begin{cases} x = x(t) \\ y = y(t) \end{cases}$$

do sistema, tem-se

$$\lim_{t \to +\infty} (x(t) - \cos t,\, y(t) - \operatorname{sen} t) = (0, 0),$$

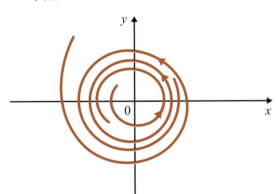

o que significa que, quando $t \to +\infty$, o ponto $(x(t), y(t))$ vai aproximando-se cada vez mais da imagem da solução particular $(\cos t, \operatorname{sen} t)$.

Em virtude de $\lim_{t \to +\infty} (x_h, y_h) = (0, 0)$, a parte

$$\begin{pmatrix} x_h \\ y_h \end{pmatrix} = k_1 \begin{pmatrix} 1 \\ 1 \end{pmatrix} e^{-t} + k_2 \begin{pmatrix} 2 \\ 3 \end{pmatrix} e^{-2t}$$

Sistemas de Duas e Três Equações Diferenciais Lineares de 1ª Ordem e com Coeficientes Constantes

da solução ③ denomina-se *transiente*. Neste caso, é comum referir-se a

$$\begin{cases} x_p = \cos t \\ y_p = \operatorname{sen} t \end{cases}$$

como a *solução de estado permanente*.

Para finalizar a seção, vamos provar o *método das variações das constantes ou de Lagrange*. Para facilitar as coisas, escreveremos o sistema ① na forma

④ $$\dot{\mathbf{x}} = A\mathbf{x} + \boldsymbol{F}(t),$$

em que

$$\dot{\mathbf{x}} = \begin{bmatrix} \dot{x} \\ \dot{y} \end{bmatrix}, \quad \mathbf{x} = \begin{bmatrix} x \\ y \end{bmatrix} \quad \text{e} \quad \boldsymbol{F}(t) = \begin{bmatrix} f(t) \\ g(t) \end{bmatrix}.$$

Sejam

$$\mathbf{x}_1 = \begin{bmatrix} x_1(t) \\ y_1(t) \end{bmatrix} \quad \text{e} \quad \mathbf{x}_2 = \begin{bmatrix} x_2(t) \\ y_2(t) \end{bmatrix}$$

duas soluções do sistema homogêneo associado com wronskiano diferente de zero em $t = 0$. Assim,

⑤ $$\dot{\mathbf{x}}_1 = A\mathbf{x}_1 \quad \text{e} \quad \dot{\mathbf{x}}_2 = A\mathbf{x}_2.$$

Vamos, então, procurar uma solução particular de ④ da forma

⑥ $$\begin{bmatrix} x_p \\ y_p \end{bmatrix} = c_1(t) \begin{bmatrix} x_1(t) \\ y_1(t) \end{bmatrix} + c_2(t) \begin{bmatrix} x_2(t) \\ y_2(t) \end{bmatrix},$$

em que $c_1(t)$ e $c_2(t)$ são duas funções a valores reais a serem determinadas. Podemos escrever ⑥ na forma

⑦ $$\mathbf{x}_p = c_1(t)\,\mathbf{x}_1(t) + c_2(t)\,\mathbf{x}_2(t).$$

Temos

⑧ $$\dot{\mathbf{x}}_p = \dot{c}_1(t)\,\mathbf{x}_1(t) + c_1(t)\,\dot{\mathbf{x}}_1(t) + \dot{c}_2(t)\,\mathbf{x}_2(t) + c_2(t)\,\dot{\mathbf{x}}_2(t).$$

Substituindo ⑦ e ⑧ em ④ e tendo em vista ⑤, resulta

$$\dot{c}_1(t)\,\mathbf{x}_1(t) + \dot{c}_2(t)\,\mathbf{x}_2(t) = \boldsymbol{F}(t). \qquad \text{(Confira.)}$$

Esta expressão é equivalente a

$$\begin{bmatrix} x_1(t) & x_2(t) \\ y_1(t) & y_2(t) \end{bmatrix} \begin{bmatrix} \dot{c}_1(t) \\ \dot{c}_2(t) \end{bmatrix} = \begin{bmatrix} f(t) \\ g(t) \end{bmatrix},$$

como se verifica facilmente. Segue daí que

Capítulo 12

$$\begin{bmatrix} c_1(t) \\ c_2(t) \end{bmatrix} = \int \begin{bmatrix} x_1(t) & x_2(t) \\ y_1(t) & y_2(t) \end{bmatrix}^{-1} \begin{bmatrix} f(t) \\ g(t) \end{bmatrix} dt,$$

que é o que queríamos provar.

De forma inteiramente análoga prova-se que, sendo

$$\begin{bmatrix} x_1(t) \\ y_1(t) \\ z_1(t) \end{bmatrix}, \quad \begin{bmatrix} x_2(t) \\ y_2(t) \\ z_2(t) \end{bmatrix} \quad \text{e} \quad \begin{bmatrix} x_3(t) \\ y_3(t) \\ z_3(t) \end{bmatrix}$$

três soluções do sistema homogêneo associado a

⑨
$$\begin{cases} \dot{x} = a_{11}x + a_{12}y + a_{13}z + f(t) \\ \dot{y} = a_{21}x + a_{22}y + a_{23}z + g(t) \\ \dot{z} = a_{31}x + a_{32}y + a_{33}z + h(t) \end{cases}$$

e com wronskiano diferente de zero em $t = 0$, então uma solução particular de ⑨ é dada por

$$\begin{bmatrix} x_p \\ y_p \\ z_p \end{bmatrix} = c_1(t) \begin{bmatrix} x_1(t) \\ y_1(t) \\ z_1(t) \end{bmatrix} + c_2(t) \begin{bmatrix} x_2(t) \\ y_2(t) \\ z_2(t) \end{bmatrix} + c_3(t) \begin{bmatrix} x_3(t) \\ y_3(t) \\ z_3(t) \end{bmatrix},$$

em que

$$\begin{bmatrix} c_1(t) \\ c_2(t) \\ c_3(t) \end{bmatrix} = \int \begin{bmatrix} x_1(t) & x_2(t) & x_3(t) \\ y_1(t) & y_2(t) & y_3(t) \\ z_1(t) & z_2(t) & z_3(t) \end{bmatrix}^{-1} \begin{bmatrix} f(t) \\ g(t) \\ h(t) \end{bmatrix} dt.$$

Generalize.

Exemplo 4 Considere a equação diferencial linear, não homogênea, com coeficientes constantes e de 3ª ordem

⑩
$$\dddot{x} + a_1\ddot{x} + a_2\dot{x} + a_3x = f(t)$$

e sejam $x = x_1(t)$, $x = x_2(t)$ e $x = x_3(t)$, $t \in \mathbb{R}$, três soluções da homogênea associada e com wronskiano

$$W = \begin{vmatrix} x_1(t) & x_2(t) & x_3(t) \\ \dot{x}_1(t) & \dot{x}_2(t) & \dot{x}_3(t) \\ \ddot{x}_1(t) & \ddot{x}_2(t) & \ddot{x}_3(t) \end{vmatrix} \neq 0$$

para todo $t \in \mathbb{R}$. Mostre que

$$x_p = c_1(t)x_1(t) + c_2(t)x_2(t) + c_3(t)x_3(t)$$

Sistemas de Duas e Três Equações Diferenciais Lineares de 1ª Ordem e com Coeficientes Constantes

é uma solução particular da equação dada, em que $c_1(t)$, $c_2(t)$ e $c_3(t)$ são dadas por

$$\begin{bmatrix} c_1(t) \\ c_2(t) \\ c_3(t) \end{bmatrix} = \int \begin{bmatrix} x_1(t) & x_2(t) & x_3(t) \\ \dot{x}_1(t) & \dot{x}_2(t) & \dot{x}_3(t) \\ \ddot{x}_1(t) & \ddot{x}_2(t) & \ddot{x}_3(t) \end{bmatrix}^{-1} \begin{bmatrix} 0 \\ 0 \\ f(t) \end{bmatrix} dt.$$

Solução

Fazendo $\dot{x} = y$, $\ddot{x} = \dot{y} = z$ e, portanto, $\dddot{x} = \dot{z}$, nossa equação é equivalente ao sistema não homogêneo

⑪
$$\begin{cases} \dot{x} = \quad\quad y \\ \dot{y} = \quad\quad\quad\quad z \\ \dot{z} = -a_3 x - a_2 y - a_1 z + f(t). \end{cases}$$

Sendo $x = x_1(t)$, $x = x_2(t)$ e $x = x_3(t)$ soluções da equação homogênea associada ⑩, então

$$\begin{bmatrix} x_1(t) \\ \dot{x}_1(t) \\ \ddot{x}_1(t) \end{bmatrix}, \begin{bmatrix} x_2(t) \\ \dot{x}_2(t) \\ \ddot{x}_2(t) \end{bmatrix} \text{ e } \begin{bmatrix} x_3(t) \\ \dot{x}_3(t) \\ \ddot{x}_3(t) \end{bmatrix}$$

são três soluções de ⑪ com wronskiano diferente de zero. Sendo

$$\begin{bmatrix} c_1(t) \\ c_2(t) \\ c_3(t) \end{bmatrix} = \int \begin{bmatrix} x_1(t) & x_2(t) & x_3(t) \\ \dot{x}_1(t) & \dot{x}_2(t) & \dot{x}_3(t) \\ \ddot{x}_1(t) & \ddot{x}_2(t) & \ddot{x}_3(t) \end{bmatrix}^{-1} \begin{bmatrix} 0 \\ 0 \\ f(t) \end{bmatrix} dt.$$

segue que

$$\begin{bmatrix} x_p \\ y_p \\ z_p \end{bmatrix} = c_1(t) \begin{bmatrix} x_1(t) \\ \dot{x}_1(t) \\ \ddot{x}_1(t) \end{bmatrix} + c_2(t) \begin{bmatrix} x_2(t) \\ \dot{x}_2(t) \\ \ddot{x}_2(t) \end{bmatrix} + c_3(t) \begin{bmatrix} x_3(t) \\ \dot{x}_3(t) \\ \ddot{x}_3(t) \end{bmatrix}$$

é uma solução particular de ⑪ e, portanto,

$$x_p = c_1(t)x_1(t) + c_2(t)x_2(t) + c_3(t)x_3(t)$$

é uma solução particular de ⑩.

Exercícios 12.5

1. Determine uma solução particular

a) $\begin{cases} \dot{x} = -y + 2 \\ \dot{y} = x + 1 \end{cases}$

Capítulo 12

b) $\begin{cases} \dot{x} = x - 2y + e^{2t} \\ \dot{y} = x + y - 3e^{2t} \end{cases}$

c) $\begin{cases} \dot{x} = y + t \\ \dot{y} = x - 2 \end{cases}$

d) $\begin{cases} \dot{x} = -2y \\ \dot{y} = -x + 3\cos t \end{cases}$

2. Determine a solução geral de cada um dos sistemas do exercício anterior.

3. Considere o sistema

$$\begin{cases} \dot{x} = -3x - 2y + 6\cos t \\ \dot{y} = x - \cos t \end{cases}$$

Faça um esboço das trajetórias das soluções para $t > 0$ suficientemente grande. Interprete.

4. Faça um esboço das trajetórias das soluções para $t > 0$ suficientemente grande.

a) $\begin{cases} \dot{x} = -x + 1 \\ \dot{y} = -y + 1 \end{cases}$

b) $\begin{cases} \dot{x} = -x + 1 + t \\ \dot{y} = -y + 1 \end{cases}$

c) $\begin{cases} \dot{x} = -x + 1 + t \\ \dot{y} = -y + 1 + t \end{cases}$

d) $\begin{cases} \dot{x} = -x + \cos t - \operatorname{sen} t \\ \dot{y} = -y + \cos t + \operatorname{sen} t \end{cases}$

13

Equações Diferenciais Lineares de 2ª Ordem, com Coeficientes Variáveis

13.1 Equações Diferenciais Lineares de 2ª Ordem, com Coeficientes Variáveis e Homogêneas

Sejam $a(x)$, $b(x)$ e $c(x)$ funções dadas, definidas e contínuas num mesmo intervalo I. Uma equação diferencial linear de 2ª ordem, homogênea, com coeficientes variáveis é uma equação do tipo

$$a(x)y'' + b(x)y' + c(x)y = 0.$$

As funções $a(x)$, $b(x)$ e $c(x)$ são denominadas coeficientes da equação. Se tais funções forem constantes, a equação acima será, então, uma equação diferencial linear de 2ª ordem, homogênea, com coeficientes constantes, já estudadas anteriormente. No que segue, suporemos $a(x) \neq 0$ em I; deste modo a equação acima poderá ser colocada na forma

① $$y'' + p(x)y' + q(x)y = 0.$$

As equações $y'' + xy' + y = 0$ e $y'' + e^x y = 0$ são exemplos de equações diferenciais lineares de 2ª ordem, homogêneas, com coeficientes variáveis. Por outro lado, a equação $y'' = yy'$ é de 2ª ordem, mas não linear.

Sejam $y = f(x)$ e $y = g(x)$, $x \in I$, duas soluções de ①. Deixamos a seu cargo verificar que a função dada por

② $$y = Af(x) + Bg(x)$$

será, também, solução de ①, quaisquer que forem os reais A e B dados. Isto significa que qualquer *combinação linear* de duas soluções de ① é, também, solução de ①. Provaremos mais adiante que se f e g satisfizerem determinadas condições, então ② será a solução geral de ①, isto é, a família de soluções ② conterá todas as soluções de ①.

A seguir, vamos resolver ① no caso em que a função $q(x)$ seja identicamente nula em I. Neste caso, a equação ① se reduz a

$$y'' + p(x)y' = 0.$$

Fazendo $y' = u$, a equação se transforma na linear de 1ª ordem

Capítulo 13

$$u' + p(x)u = 0,$$

cuja solução geral é

$$u = A\,e^{-\int p(x)dx},$$

em que $\int p(x)\,dx$ está representando uma particular primitiva de $p(x)$.

Segue que

$$y' = A\,e^{-\int p(x)dx}$$

daí

$$\boxed{y = A\int e^{-\int p(x)dx}\,dx + B.}$$

Exemplo 1 Resolva a equação

$$y'' + \frac{1}{x}y' = 0,\ x > 0.$$

Solução

Façamos $y' = u$, onde $u = u(x)$. Segue que

$$u' + \frac{1}{x}u = 0,\ x > 0,$$

cuja solução geral é

$$u = A\,e^{\int \frac{1}{x}dx}.$$

Como

$$e^{-\int \frac{1}{x}dx} = e^{\ln x^{-1}} = \frac{1}{x},$$

resulta

$$u = \frac{A}{x}$$

e, portanto,

$$y' = \frac{A}{x}.$$

A solução geral da equação dada é, então,

$$y = A\ln x + B.$$

Se tivéssemos feito a restrição $x < 0$, a solução geral seria

$$y = A\ln(-x) + B.$$

Equações Diferenciais Lineares de 2ª Ordem, com Coeficientes Variáveis

Vamos agora enunciar, sem demonstração, o seguinte importante teorema. (Para demonstração, veja referências bibliográficas 26 e 29.)

> **Teorema (de existência e unicidade para equação do tipo $y'' + p(x)y' + q(x)y = 0$).**
> Sejam $p(x)$ e $q(x)$ definidas e contínuas no intervalo I. Sejam x_0, x_0 e y_1 números reais quaisquer dados, com $x_0 \in I$. Nestas condições, a equação
>
> $$y'' + p(x)y' + q(x)y = 0$$
>
> admite uma solução $y = y(x)$ definida em I e satisfazendo as condições iniciais
>
> $$y(x_0) = y_0 \text{ e } y'(x_0) = y_1.$$
>
> Além disso, se $y = \varphi(x)$ for outra solução definida num intervalo J, com $x_0 \in J \subset I$, e satisfazendo as mesmas condições iniciais
>
> $$\varphi(x_0) = y_0 \text{ e } \varphi'(x_0) = y_1,$$
>
> então
>
> $$\varphi(x) = y(x)$$
>
> para todo $x \in J$.

Exemplo 2 Considere a equação

$$y'' + p(x)y' + q(x)y = 0$$

com p e q contínuas no intervalo I. Seja $y = f(x)$, $x \in I$, uma solução desta equação satisfazendo as condições iniciais

$$f(x_0) = 0 \text{ e } f'(x_0) = 0$$

para algum $x_0 \in I$. Prove que, para todo $x \in I$, $f(x) = 0$.

Solução

A função constante $g(x) = 0$, $x \in I$, é solução da equação e satisfaz as condições iniciais

$$g(x_0) = 0 \text{ e } g'(x_0) = 0.$$

Segue do teorema anterior que, para todo $x \in I$, $f(x) = g(x)$, ou seja,

$$f(x) = 0 \text{ em } I.$$

Exercícios 13.1

1. Resolva.

a) $y'' + (\operatorname{tg} x)y' = 0$, $-\dfrac{\pi}{2} < x < \dfrac{\pi}{2}$

b) $y'' - (\sec x)y' = 0$, $-\dfrac{\pi}{2} < x < \dfrac{\pi}{2}$

Capítulo 13

c) $(x^2 - 1)y'' + y' = 0, -1 < x < 1$

d) $(1 + x^2)y'' + 2xy' = 0$

e) $y'' + \dfrac{x-2}{x^2-x}y' = 0, 0 < x < 1$

2. Determine a solução da equação

$$(1 + x^2)y'' + 2xy' = 0$$

que satisfaz as condições iniciais $y(0) = 1$ e $y'(0) = 1$.

3. Determine a solução da equação

$$y'' + \frac{x-2}{x^2-x}y' = 0$$

que satisfaz as condições iniciais $y(2) = 0$ e $y'(2) = 1$.

4. Uma partícula de massa $m = 1$ desloca-se sobre o eixo Ox sob a ação de uma força $\vec{F}$ que depende do tempo t e da velocidade v dada por $\vec{F}(t, v) = \dfrac{v}{1+t}\vec{i}$. Sabe-se que no instante $t = 0$ a partícula encontra-se na posição $x = x_0$ e, neste instante, sua velocidade é $v = v_0$, com $v_0 \neq 0$. Verifique que a partícula descreve um movimento uniformemente acelerado, com aceleração v_0.

5. Sejam $y = f(x)$ e $y = g(x), x \in I$, soluções da equação

$$y'' + p(x)y' + q(x)y = 0,$$

em que p e q são supostas contínuas em I. Suponha que $f'(x_0) = g'(x_0) = 0$ e $g(x_0) \neq 0$ para algum $x_0 \in I$. Prove que existe um real α tal que, para todo $x \in I, f(x) = \alpha g(x)$.

(*Sugestão*: Tome α tal que $f(x_0) = \alpha g(x_0)$. Aplique o Exemplo 2 à solução $h(x) = f(x) - \alpha g(x)$.)

6. Suponha que $y = \varphi(x), x \in I$, seja uma solução da equação do exercício anterior. Sejam x_0 e x_1 no intervalo I tais que $\varphi(x_0) \neq 0$ e $\varphi(x_1) = 0$. Prove que $\varphi'(x_1) \neq 0$.

7. Considere a equação

$$y'' - (x^2 + 1)y = 0.$$

Seja $y = f(x), x \in \mathbb{R}$, uma solução. Suponha que existam números reais x_0 e x_1 tais que $f(x_0) = 0$ e $f(x_1) \neq 0$. Prove que x_0 é ponto de inflexão.

8. Considere a equação

$$y'' + xy' + \frac{1}{x^2-x}y = 0, \ 0 < x < 1.$$

Uma função $y = f(x), 0 < x < 1$, cujo gráfico tenha o aspecto abaixo, pode ser solução? Por quê?

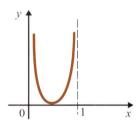

9. Considere a equação

① $$y'' + p(x)y' + q(x)y = 0,$$

em que p e q são supostas definidas e contínuas no intervalo I.

a) Os gráficos de duas soluções distintas podem interceptar-se? Dê exemplos.

b) Sejam $y = f(x)$ e $y = g(x)$, $x \in I$, duas soluções *distintas* de ①. Suponha que os gráficos de f e g interceptem-se num ponto de abscissa x_0. Neste ponto, os gráficos de f e g podem admitir a mesma reta tangente? Por quê?

10. Suponha que $y = f(x)$, $x \in I$, seja uma solução, diferente da solução nula, da equação

$$y'' + q(x)y = 0,$$

em que $q(x)$ é suposta contínua em I e, para todo $x \in I$, $q(x) < 0$. Prove que $f(x)$ poderá anular-se no máximo uma vez no intervalo I.

11. $y = \operatorname{sen} x$, $x \in \mathbb{R}$, pode ser solução de alguma equação do tipo

$$y'' + q(x)y = 0,$$

em que $q(x)$ é suposta contínua e estritamente menor que zero em $\mathbb{R}$? Por quê?

(*Sugestão*: Veja Exercício 10.)

12. Seja $y = f(x)$, $x \in I$, uma solução da equação

$$y'' + p(x)y' + q(x)y = 0,$$

em que $p(x)$ e $q(x)$ são supostas contínuas no intervalo I. Prove que se $f(x)$ se anular um número infinito de vezes num intervalo $[a, b]$ contido em I, então f será identicamente nula em I.

(*Sugestão:* Verifique que existe x_0 em $[a, b]$ tal que $f(x_0) = f'(x_0) = 0$. Para obter x_0, construa uma sequência $[a_n, b_n]$, $n \geq 1$, de intervalos satisfazendo a propriedade dos intervalos encaixantes (veja Vol. 1) e tal que, para todo n, existem s_n e t_n em $[a_n, b_n]$, com $f(s_n) = 0$ e $f(t_n) = 0$.)

13. A função $f: \mathbb{R} \to \mathbb{R}$ dada por

$$f(x) = \begin{cases} x^{10} \operatorname{sen} \dfrac{1}{x} & \text{se } x \neq 0 \\ 0 & \text{se } x = 0 \end{cases}$$

pode ser solução de alguma equação do tipo

Capítulo 13

$$y'' + p(x)y' + q(x)y = 0$$

com p e q contínuas em $\mathbb{R}$? Por quê?

(*Sugestão*: Veja Exercício 12.)

14. Existe equação do tipo $y'' + p(x)y' + q(x)y = 0$, com p e q contínuas em $\mathbb{R}$, que admita $y = x^2$, $x \in \mathbb{R}$, como solução? Explique.

15. Determine uma equação do tipo $y'' + p(x)y' + q(x)y = 0$ que admita $y = x^2$, $x > 0$ e $y = \dfrac{1}{x}$, $x > 0$, como soluções.

13.2 Wronskiano. Fórmula de Abel-Liouville

Sejam f e g duas funções quaisquer, a valores reais, definidas e deriváveis no intervalo I. A função $W: I \rightarrow \mathbb{R}$ dada por

$$W(x) = \begin{vmatrix} f(x) & g(x) \\ f'(x) & g'(x) \end{vmatrix} = f(x)g'(x) - f'(x)g(x)$$

denomina-se *wronskiano* de f e g.

Consideremos a equação linear de $2^{\underline{a}}$ ordem, homogênea e de coeficientes variáveis

① $$y'' + p(x)y' + q(x)y = 0,$$

em que p e q são supostas definidas e contínuas no intervalo I. O próximo teorema nos diz que se $f(x)$ e $g(x)$, $x \in I$ forem soluções de ①, então o wronskiano de f e g será solução da equação linear de $1^{\underline{a}}$ ordem

$$W' + p(x)W = 0.$$

Como consequência, existirá uma constante c tal que o wronskiano de f e g será dado por

$$\boxed{W = c\, e^{-\int p(x)dx}}$$

em que $\int p(x)dx$ está indicando uma particular primitiva de p. A fórmula acima é conhecida como *fórmula de Abel-Liouville*.

> **Teorema.** Sejam $f(x)$ e $g(x)$, $x \in I$, duas soluções de ①. Então o wronskiano de f e g é solução da equação
>
> $$W' + p(x)W = 0.$$

Demonstração

Precisamos provar que, para todo $x \in I$,

$$W'(x) + p(x)W(x) = 0.$$

Temos:

$$W'(x) = [f(x)g'(x) - f'(x)g(x)]',$$

Equações Diferenciais Lineares de 2ª Ordem, com Coeficientes Variáveis

ou seja,

② $$W'(x) = f(x) g''(x) - f''(x) g(x). \quad \text{(Verifique.)}$$

Como f e g são soluções de ①, para todo $x \in I$,

$$f''(x) = -p(x) f'(x) - q(x) f(x)$$

e

$$g''(x) = -p(x) g'(x) - q(x) g(x).$$

Substituindo em ② e simplificando, resulta

$$W'(x) = -p(x) [f(x) g'(x) - f'(x) g(x)],$$

ou seja,

$$W'(x) + p(x) W(x) = 0. \qquad \blacksquare$$

Como consequência deste teorema temos o seguinte importante

Corolário. Sejam f e g como no teorema anterior e seja W o wronskiano de f e g. Nestas condições, se $W(x_0) \neq 0$ para algum $x_0 \in I$, então, para todo $x \in I$, $W(x) \neq 0$.

Demonstração

Seja $\varphi(x) = \int_{x_0}^{x} p(t)\, dt, x \in I$, a primitiva de p que se anula em $x = x_0$. Pela fórmula de Abel-Liouville, existe c tal que, para todo $x \in I$,

$$W(x) = ce^{-\varphi(x)}.$$

Como $\varphi(x_0) = 0$, segue $c = W(x_0)$. Logo,

$$W(x) = W(x_0) e^{-\varphi(x)}$$

para todo $x \in I$. Como, por hipótese, $W(x_0) \neq 0$, resulta, para todo $x \in I$, $W(x) \neq 0$. $\blacksquare$

O corolário acima nos diz que se o *wronskiano de duas soluções de* 1 *for diferente de zero para algum* $x_0 \in I$*, então será diferente de zero para todo* $x \in I$.

Exercícios 13.2

1. Calcule o wronskiano das funções dadas.

a) $f(x) = x^2$ e $g(x) = x$

b) $f(x) = 2$ e $g(x) = \dfrac{1}{x}, \ x > 0$

c) $f(x) = \operatorname{sen} x$ e $g(x) = \cos x$

2. Sejam $f(x) = \operatorname{sen} x$ e $g(x) = 1$.

a) Calcule o wronskiano de f e g

b) Seja $W = W(x)$ o wronskiano de f e g. Para todo $x \in \mathbb{R}$, $W(x) \neq 0$?

c) Existe equação do tipo $y'' + p(x)y' + q(x)y = 0$, com p e q contínuas em $\mathbb{R}$, que admite f e g como soluções? Explique.

3. Sejam $f(x) = \operatorname{sen} x$, $-\dfrac{\pi}{2} < x < \dfrac{\pi}{2}$, e $g(x) = 1$, $-\dfrac{\pi}{2} < x < \dfrac{\pi}{2}$. Determine uma equação do tipo

$$y'' + p(x)y' + q(x)y = 0$$

com p e q contínuas em $\left]-\dfrac{\pi}{2}, \dfrac{\pi}{2}\right[$, que admita f e g como soluções.

4. Suponha que $y = f(x)$ e $y = g(x)$, $x \in I$, sejam soluções da equação

$$y'' + p(x)y' + q(x)y = 0,$$

em que p e q são supostas contínuas em I. Suponha que o wronskiano de f e g não se anule em I. Sejam $a < b$, com a e b no intervalo I, dois zeros consecutivos de $g(x)$, isto é, $g(a) = 0$, $g(b) = 0$ e, para todo x em $]a, b[$, $g(x) \neq 0$. Prove que existe c em $]a, b[$ tal que $f(c) = 0$. Interprete.

(*Sugestão*: $W(x) = f(x)g'(x) - f'(x)g(x)$; segue $W(a) = f(a)g'(a)$ e $W(b) = f(b)g'(b)$. Verifique que $g'(a) \cdot g'(b) < 0$ e conclua que $f(a)$ e $f(b)$ têm sinais contrários.)

5. Sejam f e g duas funções definidas em $\mathbb{R}$ e deriváveis até a 2ª ordem, cujos gráficos têm os seguintes aspectos.

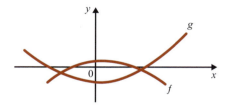

Existe equação do tipo

$$y'' + p(x)y' + q(x)y = 0,$$

com p e q contínuas em $\mathbb{R}$, que admita ambas as funções f e g como soluções? Explique.

(*Sugestão*: Veja Exercício 4.)

13.3 Funções Linearmente Independentes e Funções Linearmente Dependentes

Sejam $f(x)$ e $g(x)$, $x \in I$, duas funções e sejam α e β dois números reais quaisquer. Dizemos que f e g são *linearmente independentes* se, e somente se, a seguinte condição estiver verificada: se, para todo $x \in I$,

$$\alpha f(x) + \beta g(x) = 0,$$

então $\alpha = \beta = 0$.

Equações Diferenciais Lineares de 2ª Ordem, com Coeficientes Variáveis

Dizemos que f e g são *linearmente dependentes* se não forem linearmente independentes. Dizer, então, que f e g são *linearmente dependentes* significa que existem números reais α e β, *com pelo menos um deles diferente de zero*, tal que, para todo $x \in I$,

$$\alpha f(x) + \beta g(x) = 0.$$

Exemplo 1 Verifique que as funções $f(x) = x^2, x > 0$, e $g(x) = \dfrac{1}{x}$, $x > 0$, são linearmente independentes.

Solução

Sejam α e β números reais quaisquer. Precisamos provar que se, para todo $x > 0$,

①
$$\alpha x^2 + \frac{\beta}{x} = 0,$$

então $\alpha = 0$ e $\beta = 0$. Se, para todo $x > 0$, ① se verifica, em particular, ① se verificará para $x = 1$ e $x = 2$. Assim,

$$\begin{cases} \alpha + \beta = 0 \\ 4\alpha + \dfrac{\beta}{2} = 0 \end{cases}$$

Daí, $\alpha = 0$ e $\beta = 0$. (Verifique.)

Exemplo 2 Sejam $f(x)$ e $g(x)$ duas funções definidas no intervalo I, com $g(x_0) \neq 0$ para algum $x_0 \in I$. Prove que f e g serão linearmente dependentes se, e somente se, existir um número real k tal que, para todo $x \in I$,

$$f(x) = kg(x).$$

Solução

Suponhamos que f e g sejam linearmente dependentes. Segue que existem números reais α e β, com pelo menos um deles diferente de zero, tal que, para todo $x \in I$,

$$\alpha f(x) + \beta g(x) = 0.$$

Em particular, $\alpha f(x_0) + \beta g(x_0) = 0$. Como estamos supondo $g(x_0) \neq 0$, segue que se $\alpha = 0$, então $\beta = 0$. Mas, α e β foram escolhidos de modo que pelo menos um deles seja diferente de zero; logo, teremos que ter necessariamente $\alpha \neq 0$. Então, para todo $x \in I$,

$$f(x) = -\frac{\beta}{\alpha} g(x).$$

Basta tomar $k = -\dfrac{\beta}{\alpha}$. Deixamos a seu cargo provar a recíproca.

Sejam $f(x)$ e $g(x)$ definidas e deriváveis no intervalo I. O próximo exemplo nos diz que se f e g forem linearmente dependentes, então o wronskiano de f e g será identicamente nulo em I.

Capítulo 13

Exemplo 3 Sejam $f, g: I \rightarrow \mathbb{R}$ deriváveis no intervalo I. Prove que se f e g forem linearmente dependentes, então o wronskiano de f e g será identicamente nulo em I.

Solução

Seja

$$W(x) = \begin{vmatrix} f(x) & g(x) \\ f'(x) & g'(x) \end{vmatrix}$$

Se, para todo $x \in I$, $g(x) = 0$, então

$$W(x) = \begin{vmatrix} f(x) & 0 \\ f'(x) & 0 \end{vmatrix} = 0$$

para todo $x \in I$. Suponhamos, então, que exista $x_0 \in I$, com $g(x_0) \neq 0$. Pelo exemplo anterior, existe um número real k tal que, para todo $x \in I$,

$$f(x) = kg(x).$$

Daí, para todo $x \in I$,

$$W(x) = \begin{vmatrix} kg(x) & g(x) \\ kg'(x) & g'(x) \end{vmatrix} = 0.$$

Logo, o wronskiano de f e g é identicamente nulo em I. (Tal condição não é *suficiente* para f e g serem *linearmente dependentes*, como mostra o Exercício 2 desta Seção.)

Sejam $f, g: I \rightarrow \mathbb{R}$. O próximo teorema nos diz que se f e g forem *soluções* da equação

$$y'' + p(x)y' + q(x)y = 0,$$

com p e q contínuas em I, então f e g serão *linearmente independentes* se e somente se o wronskiano de f e g for diferente de zero em todo $x \in I$.

Teorema. Sejam $f, g: I \rightarrow \mathbb{R}$ duas soluções da equação

$$y'' + p(x)y' + q(x)y = 0$$

com p e q contínuas em I. Nestas condições, f e g serão linearmente independentes se, e somente se, o wronskiano de f e g for diferente de zero para todo $x \in I$.

Demonstração

Seja

$$W(x) = \begin{vmatrix} f(x) & g(x) \\ f'(x) & g'(x) \end{vmatrix}$$

Vamos provar em primeiro lugar que se $W(x) \neq 0$, para todo $x \in I$, então f e g serão linearmente independentes. Ora, se $W(x) \neq 0$ para todo $x \in I$, pelo Exemplo 3, as funções f e g não serão linearmente dependentes. Logo, f e g serão linearmente independentes. Suponhamos, agora, que f e g sejam linearmente independentes e que, para algum $x_0 \in I$, $W(x_0) = 0$. Existirão, então, reais α e β, com pelo menos um deles diferente de zero, tal que

$$\begin{cases} \alpha f(x_0) + \beta g(x_0) = 0 \\ \alpha f'(x_0) + \beta g'(x_0) = 0. \end{cases} \qquad \text{(Por quê?)}$$

Segue que $h(x) = \alpha f(x) + \beta g(x)$. $x \in I$, será uma solução da equação satisfazendo as condições iniciais

$$h(x_0) = 0 \text{ e } h'(x_0) = 0.$$

Logo, $h(x) = 0$, para todo $x \in I$. Assim, para todo $x \in I$,

$$\alpha f(x) + \beta g(x) = 0$$

com α e β não simultaneamente nulos, que está em contradição com o fato de f e g serem linearmente independentes. ■

Exercícios 13.3

1. Sejam f e g duas funções definidas em $\mathbb{R}$ e dadas por $f(x) = \operatorname{sen} x$ e $g(x) = 1$.

   a) Verifique que f e g são linearmente independentes.

   b) Seja $W = W(x), x \in \mathbb{R}$, o wronskiano de f e g. Verifique que existe x_0 real tal que $W(x_0) = 0$. Este resultado está em contradição com o teorema desta seção? Explique.

2. Sejam $f(x) = x^5$ e $g(x) = x|^5$ duas funções definidas em $\mathbb{R}$.

   a) Seja W o wronskiano de f e g. Verifique que $W(x) = 0$, para todo $x \in \mathbb{R}$.

   b) Prove que f e g são linearmente independentes.

   c) Existe equação do tipo $y'' + p(x)y' + q(x)y = 0$, com p e q contínuas em $\mathbb{R}$, que admita f e g como soluções? Explique.

   (*Sugestão*: Veja teorema desta seção.)

3. Sejam $f, g: I \to \mathbb{R}$ duas funções, com f e g deriváveis no intervalo I. Seja $W = W(x), x \in I$, o wronskiano de f e g. Prove que se $W(x_0) \neq 0$ para algum $x_0 \in I$, então f e g serão linearmente independentes.

4. Sejam $f, g: I \to \mathbb{R}$ deriváveis no intervalo I. Provamos no Exemplo 2 que uma condição necessária para que f e g sejam linearmente dependentes é que o wronskiano de f e g seja identicamente nulo em I. Tal condição é suficiente? Explique.

   (*Sugestão*: Veja Exercício 2.)

5. Seja $f, g: I \to \mathbb{R}$ deriváveis até a 2ª ordem no intervalo I. Seja $W = W(x), x \in I$, o wronskiano de f e g. Suponha que f e g sejam linearmente independentes e que existam x_0 e x_1 em I tais que $W(x_0) = 0$ e $W(x_1) \neq 0$. Existe equação $y'' + p(x)y' + q(x)y = 0$, com p e q contínuas em I, que admita f e g como soluções? Explique.

6. Sejam $f, g: I \to \mathbb{R}$ deriváveis até a 2ª ordem no intervalo I. Suponha que f'' e g'' sejam contínuas em I. Prove que se o wronskiano de f e g for diferente de zero em todo $x \in I$, então existirá uma equação

Capítulo 13

$$y'' + p(x)y' + q(x)y = 0,$$

com p e q contínuas em I, que admitirá f e g como soluções. Determine tal equação.

7. As funções f e g dadas são linearmente dependentes ou linearmente independentes? Justifique.

   a) $f(x) = \text{sen } x, x \in \mathbb{R}$ e $g(x) = \cos x, x \in \mathbb{R}$

   b) f e g são definidas em $\mathbb{R}$ e dadas por $f(x) = x^3$ e $g(x) = |x|^3$

   c) $f(x) = \ln x, x > 0$ e $g(x) = \ln x^2, x > 0$

   d) $f, g : \mathbb{R} \to \mathbb{R}$ dadas por $f(x) = \text{sen } 3x$ e $g(x) = 3 \text{ sen } x \cos^2 x - \text{sen}^3 x$

   e) $f(x) = x, x > 0$ e $g(x) = \ln x, x > 0$

13.4 Solução Geral de uma Equação Diferencial Linear de 2ª Ordem Homogênea e de Coeficientes Variáveis

Teorema. Sejam $f, g : I \to \mathbb{R}$ soluções linearmente independentes da equação

① $$y'' + p(x)y' + q(x)y = 0,$$

em que p e q são supostas contínuas no intervalo I. Então

$$y = Af(x) + Bg(x) \quad (A, B \in \mathbb{R})$$

é a *solução geral* de ①.

Demonstração

Já vimos que se f e g forem soluções, então

② $$y = Af(x) + Bg(x)$$

será, também, solução para quaisquer reais A e B. Vamos provar a seguir que qualquer solução de ① é da forma ②. Seja $y = h(x), x \in I$, solução de ①. Seja $x_0 \in I$. Como f e g são soluções linearmente independentes de ①, pelo teorema da seção anterior, o wronskiano de f e g será diferente de zero em todo $x \in I$, em particular, será diferente de zero para $x = x_0$. Segue que existem reais α e β tais que

e
$$\begin{cases} \alpha f(x_0) + \beta g(x_0) = h(x_0) \\ \alpha f'(x_0) + \beta g'(x_0) = h'(x_0). \end{cases} \quad \text{(Por quê?)}$$

Como $h(x)$ e $\alpha f(x) + \beta g(x)$ são soluções de ① que satisfazem as mesmas condições iniciais

$$y(x_0) = h(x_0) \text{ e } y'(x_0) = h'(x_0),$$

resulta do teorema da Seção 13.1 que, para todo $x \in I$,

$$h(x) = \alpha f(x) + \beta g(x). \quad \blacksquare$$

Equações Diferenciais Lineares de 2ª Ordem, com Coeficientes Variáveis

Exemplo 1 Sejam f e g definidas no intervalo $]1, +\infty[$ e dadas por $f(x) = e^x$ e $g(x) = x$.

a) Determine uma equação $y'' + p(x)y' + q(x)y + = 0$ que admita f e g como soluções.

b) Ache a solução geral da equação encontrada no item *a*.

Solução

a) Devemos determinar p e q de modo que, para todo $x > 1$,

$$\begin{cases} f''(x) + p(x)f'(x) + q(x)f(x) = 0 \\ g''(x) + p(x)g'(x) + q(x)g(x) = 0 \end{cases},$$

ou seja,

$$\begin{cases} 1 + p(x) + q(x) = 0 \\ p(x) + xq(x) = 0 \end{cases}$$

Segue que $p(x) = \dfrac{x}{1-x}$ e $q(x) = \dfrac{1}{x-1}$, $x > 1$. A equação

$$y'' + \frac{1}{1-x}y' + \frac{1}{x-1}y = 0, \ x > 1$$

admite as funções dadas como soluções.

b) Temos

$$W(x) = \begin{vmatrix} f(x) & g(x) \\ f'(x) & g'(x) \end{vmatrix} = \begin{vmatrix} e^x & x \\ e^x & 1 \end{vmatrix},$$

ou seja,

$$W(x) = e^x(1-x).$$

Logo, $W(x) \neq 0$ para $x > 1$. As funções dadas são linearmente independentes.

$$y = Ae^x + Bx, x > 1$$

é a solução geral da equação do item *a*.

Exemplo 2 Determine a solução geral de $y'' + y = 0$.

Solução

$y = \cos x$ e $y = \operatorname{sen} x$ são soluções. (Verifique.)

$$W(x) = \begin{vmatrix} \cos x & \operatorname{sen} x \\ -\operatorname{sen} x & \cos x \end{vmatrix} = 1.$$

Segue que as soluções acima são linearmente independentes. A solução geral é

$$y = A\cos x + B\operatorname{sen} x,$$

resultado este que já conhecemos há muito tempo!

Capítulo 13

Exemplo 3 Resolva a equação

$$x^2 y'' + xy' - 4y = 0, \quad x > 0.$$

Solução

A forma da equação sugere-nos procurar solução da forma $y = x^\alpha$, $x > 0$. Temos

$$y' = \alpha x^{\alpha - 1} \text{ e } y'' = \alpha(\alpha - 1)\, x^{\alpha - 2}.$$

Substituindo na equação e simplificando, obtemos

$$\alpha(\alpha - 1)\, x^\alpha + \alpha\, x^\alpha - 4\, x^\alpha = 0, x > 0;$$

daí

$$\alpha^2 - 4 = 0$$

e, portanto, $\alpha = \pm 2$. As funções $y = x^2$ e $y = x^{-2}$, $x > 0$, são soluções. Como o wronskiano de tais soluções é diferente de zero para $x > 0$, segue que elas são linearmente independentes. A solução geral da equação dada é

$$y = Ax^2 + \frac{B}{x^2}, \quad x > 0.$$

Exercícios 13.4

1. Identifique as equações lineares de 2ª ordem.

a) $y'' + (\operatorname{tg} x)\, y' + e^x y = 0$

b) $y'' + x \operatorname{tg} y' + xy = 0$

c) $y'' + 3 \operatorname{sen} y = 0$

d) $y'' + x^2 y' + x^3 y = 0$

e) $x^2 y'' = yy'$

f) $x^2 y'' = (\operatorname{sen} x)\, y' + 2y, x > 0$

2. Determine a solução geral

a) $xy'' + y' = 0, x > 0$

b) $y'' + \dfrac{1}{x} y' - \dfrac{1}{x^2} y = 0, x > 0$

c) $x^2 y'' - 2xy' + 2y = 0, x > 0$

3. Determine uma equação $y'' + p(x)\, y' + q(x)\, y = 0$ que admita como soluções as funções $y = x, x > 0$ e $y = xe^x, x > 0$. Determine a solução geral da equação encontrada.

4. Suponha que $y = f(x), x \in I$, seja solução da equação

⑤ $$y'' + p(x)\, y' + q(x)\, y = 0,$$

em que p e q são supostas contínuas no intervalo I. Suponha que, para todo $x \in I, f(x) \neq 0$. Prove que toda solução $y = g(x), x \in I$, da equação linear de 1ª ordem

Equações Diferenciais Lineares de 2ª Ordem, com Coeficientes Variáveis

$$\begin{vmatrix} f(x) & y \\ f'(x) & y' \end{vmatrix} = e^{-\int p(x)dx}$$

é também solução de ⑤. (Na equação anterior, $\int p(x)\,dx$ está representando uma particular primitiva de $p(x)$.)

5. Considere a equação $(x^2 \ln x)\, y'' - xy' + y = 0, x > 1$.

   a) Verifique que $y = x, x > 0$, é solução.

   b) Utilizando o exercício anterior, determine outras soluções.

   c) Determine a solução geral.

6. Considere a equação $y'' - xy = 0$. Determine a solução que satisfaz as condições iniciais $y(0) = 1$ e $y'(0) = 0$.

   (*Sugestão*: Procure solução da forma $y = \sum_{n=0}^{+\infty} a_n x^n$. Veja Exemplo 3 da Seção 8.3.)

7. Determine a solução geral da equação

$$\left(x^2 \, \text{tg}\, \frac{1}{x}\right) y'' - xy' + y = 0, \; 0 < x < \frac{2}{\pi}.$$

   (*Sugestão*: Proceda como no Exercício 5.)

8. Considere a equação $\ddot{x} = tx$. Seja $x = x(t), t \in \mathbb{R}$, a solução que satisfaz as condições iniciais $x(1) = 1$ e $\dot{x}(1) = 1$. Prove que $\lim_{t \to +\infty} x(t) = +\infty$.

9. Determine a solução geral da equação $x^3 y'' - xy' + y = 0, x > 0$.

10. Esboce o gráfico da solução da equação do exercício anterior que satisfaz as condições iniciais $y(1) = e^{-1}$ e $y'(1) = 2e^{-1}$.

13.5 Redução de uma Equação Diferencial Linear de 2ª Ordem, com Coeficientes Variáveis, a uma Linear de 1ª Ordem

Seja a equação

① $$y'' + p(x)\, y' + q(x)\, y = 0,$$

em que $p(x)$ e $q(x)$ são supostas definidas e contínuas num mesmo intervalo I. Suponhamos que seja conhecida uma solução $y = \varphi_1(x), x \in I$, de ①; suponhamos, ainda, que, para todo $x \in I$, $\varphi_1(x) \neq 0$. A seguir, vamos utilizar a fórmula de Abel-Liouville para determinar outra solução $y = \varphi_2(x), x \in I$, de ① e linearmente independente com φ_1.

Conforme Exercício 4 da Seção 13.4, toda solução $y = \varphi_2(x), x \in I$, da equação

Capítulo 13

$$\begin{vmatrix} \varphi_1(x) & y \\ \varphi_1' & y' \end{vmatrix} = e^{-\int p(x)\,dx}$$

é, também, solução de ①. (Observamos que $\int p(x)\,dx$ está indicando uma particular primitiva de $p(x)$.) Evidentemente, φ_1 e φ_2 são linearmente independentes. Assim, a solução geral de ① é

$$y = k_1\,\varphi_1(x) + k_2\,\varphi_2(x).$$

Exemplo 1 Determine a solução geral da equação

$$x^2 y'' + 3xy' + y = 0, \quad x > 0.$$

Solução

Vamos procurar solução do tipo $y = x^\alpha$. Temos

$$y' = \alpha x^{\alpha-1} \text{ e } y'' = \alpha(\alpha-1)x^{\alpha-2}.$$

Substituindo na equação e simplificando, obtemos

$$\alpha^2 + 2\alpha + 1 = 0$$

e, portanto, $\alpha = -1$. Assim,

$$y = \frac{1}{x}, \quad x > 0$$

é uma solução da equação dada.

Vamos, agora, utilizar a fórmula de Abel-Liouville para obtermos outra solução. A equação dada é equivalente a

$$y'' + \frac{3}{x}y' + \frac{1}{x^2}y = 0.$$

Temos

②
$$\begin{vmatrix} x^{-1} & y \\ -x^{-2} & y' \end{vmatrix} = e^{-\int \frac{3}{x}\,dx}$$

Aqui, $\varphi_1(x) = x^{-1}$ e $p(x) = \dfrac{3}{x}$. A equação ② é equivalente a

$$y' + \frac{1}{x}y = \frac{1}{x^2},$$

que é uma equação linear de 1ª ordem cuja solução geral é

$$y = k\,e^{-\int \frac{1}{x}\,dx} + e^{-\int \frac{1}{x}\,dx} \int e^{\int \frac{1}{x}\,dx} \cdot \frac{1}{x^2}\,dx,$$

ou seja,

Equações Diferenciais Lineares de 2ª Ordem, com Coeficientes Variáveis

$$y = kx^{-1} + x^{-1} \ln x.$$

Fazendo $k = 0$, temos a outra solução

$$\varphi_2(x) = x^{-1} \ln x, \quad x > 0.$$

A solução geral da equação dada é

$$y = x^{-1}(k_1 + k_2 \ln x), \quad x > 0.$$

Exemplo 2   Resolva

$$xy'' + y = 0, \quad x > 0.$$

Solução

Vamos tentar uma solução dada por uma série de potências:

$$y = \sum_{k=0}^{+\infty} a_k x^k.$$

Temos

$$y'' = \sum_{k=2}^{+\infty} a_k \, k \, (k-1) \, x^{k-2}.$$

Substituindo na equação, resulta

$$\sum_{k=2}^{+\infty} k \, (k-1) \, a_k \, x^{k-1} + \sum_{k=0}^{+\infty} a_k x^k = 0.$$

e, portanto,

$$\sum_{k=1}^{+\infty} k \, (k+1) \, a_{k+1} \, x^k + a_0 + \sum_{k=1}^{+\infty} a_k x^k = 0.$$

Devemos ter, então,

$$\begin{cases} a_0 = 0 \\ (k+1) \, k \, a_{k+1} + a_k = 0, \quad k \geqslant 1. \end{cases}$$

Daí

$$a_{k+1} = -\frac{1}{k(k+1)} a_k, \quad k \geqslant 1,$$

ou seja,

$$a_k = -\frac{1}{k(k-1)} a_{k-1}, \quad k \geqslant 2.$$

Segue que

$$a_k = (-1)^{k-1} \frac{1}{k[(k-1)!]^2} a_1, \quad k \geqslant 1.$$

Capítulo 13

(Confira.) Assim, tomando-se $a_1 = 1$,

$$\varphi_1(x) = \sum_{k=1}^{+\infty} (-1)^{k-1} \frac{1}{k\,[(k-1)!]^2} x^k$$

é uma solução da equação dada. Como

$$\lim_{k \to +\infty} \left| \frac{a_{k+1}}{a_k} \right| = \lim_{k \to +\infty} \frac{1}{k\,(k+1)} = 0,$$

resulta que a série dada converge para todo x. (Só para treinar, sugerimos ao leitor verificar, por substituição direta na equação, que $\varphi_1(x)$ é realmente solução da equação dada.) Vamos, agora, procurar outra solução que seja linearmente independente com φ_1. A pergunta que surge naturalmente é a seguinte: como deve ser a forma desta outra solução? Pela fórmula de Abel-Liouville, existe outra solução $\varphi_2(x)$ tal que

$$\begin{vmatrix} \varphi_1(x) & \varphi_2(x) \\ \varphi_1'(x) & \varphi_2'(x) \end{vmatrix} = 1 \qquad \text{(aqui } p(x) = 0\text{)}.$$

Daí

$$\varphi_1(x)\varphi_2'(x) - \varphi_1'(x)\varphi_2(x) = 1.$$

Para $x > 0$ e próximo de zero temos

$$\left[\frac{\varphi_2(x)}{\varphi_1(x)} \right]' = \frac{1}{\varphi_1^2(x)}$$

e, portanto,

$$\varphi_2(x) = \varphi_1(x) \int \frac{1}{\varphi_1^2(x)}\, dx.$$

Por outro lado, $\varphi_1^2(x)$ deve ser da forma

$$\varphi_1^2(x) = x^2 \left(1 - x + b_2 x^2 + b_3 x^3 + \ldots\right).$$

e

$$\frac{1}{1 - x + b_2 x^2 + b_3 x^3 + \ldots} = 1 + x + c_2 x^2 + \ldots$$

É razoável então esperar que

$$\frac{1}{\varphi_1^2(x)} = \frac{1}{x^2} \left(1 + x + c_2 x^2 + c_3 x^3 + \ldots\right)$$

e

$$\int \frac{1}{\varphi_1^2(x)}\, dx = -\frac{1}{x} + \ln x + c_2 x + \ldots$$

Multiplicando-se os dois membros por $\varphi_1(x)$, resulta

$$\varphi_2(x) = \varphi_1(x) \ln x - \frac{1}{x}\varphi_1(x) + \varphi_1(x)[c_2 x + \ldots].$$

É razoável, então, tentar-se uma outra solução da forma

$$\varphi_2(x) = \varphi_1(x) \ln x + \sum_{k=0}^{+\infty} \alpha_k x^k.$$

É o que faremos a seguir. Calculemos $\varphi_2''(x)$. Temos

$$\varphi_2''(x) = \varphi_1''(x) \ln x + \frac{2\varphi_1'(x)}{x} - \frac{\varphi_1(x)}{x^2} + \sum_{k=2}^{+\infty} k(k-1)\alpha_k x^{k-2}.$$

Substituindo na equação e lembrando que φ_1 é solução, resulta

$$2\varphi'_1(x) - \frac{\varphi_1(x)}{x} + \sum_{k=0}^{+\infty} k(k-1)\alpha_k x^{k-1} + \sum_{k=0}^{+\infty} \alpha_k x^k = 0.$$

Daí

$$\sum_{k=1}^{+\infty} (-1)^{k-1} \frac{2k-1}{k\,[(k-1)!]^2} x^{k-1} + \sum_{k=1}^{+\infty} k(k+1)\alpha_{k+1} x^k + \alpha_0 + \sum_{k=1}^{+\infty} \alpha_k x^k = 0$$

e, portanto,

$$1 + \alpha_0 + \sum_{k=1}^{+\infty} (-1)^k \frac{2k+1}{(k+1)[k!]^2} x^k + \sum_{k=1}^{+\infty} [k(k+1)\alpha_{k+1} + \alpha_k] x^k = 0$$

Daí

$$\alpha_0 = -1$$

e

$$(-1)^k \frac{2k+1}{(k+1)[k!]^2} + k(k+1)\alpha_{k+1} + \alpha_k = 0, \ k \geqslant 1.$$

Daí

$$\alpha_{k+1} = (-1)^{k-1} \frac{2k+1}{k\,[(k+1)!]^2} - \frac{\alpha_k}{k(k+1)}, \ k \geqslant 1,$$

ou seja,

③ $$\alpha_k = (-1)^k \frac{2k-1}{(k-1)[k!]^2} - \frac{\alpha_{k-1}}{(k-1)k}, \ k \geqslant 2.$$

Capítulo 13

Para $k \geqslant 3$,

$$\alpha_{k-1} = (-1)^{k-1} \frac{2k-3}{(k-2)\left[(k-1)!\right]^2} - \frac{\alpha_{k-2}}{(k-2)(k-1)}.$$

Substituindo em ③, resulta

$$\alpha_k = (-1)^k \frac{2k-1}{(k-1)[k!]^2} + (-1)^k \frac{2k-3}{k(k-1)(k-2)\left[(k-1)!\right]^2} + \frac{\alpha_{k-2}}{k(k-1)^2(k-2)}.$$

Fica a seu cargo concluir que, tomando-se $\alpha_1 = 0$, teremos para todo $k \geqslant 2$

$$\alpha_k = (-1)^k \frac{1}{k\left[(k-1)!\right]^2} \left[\frac{2k-1}{k(k-1)} + \frac{2k-3}{(k-1)(k-2)} + \dots + \frac{3}{2 \cdot 1} \right].$$

Assim,

$$\varphi_2(x) = \varphi_1(x) \ln x + \sum_{k=2}^{+\infty} \left[(-1)^k \frac{1}{k\left[(k-1)!\right]^2} \sum_{p=2}^{k} \frac{2p-1}{p(p-1)} \right] x^k - 1$$

é outra solução da equação dada e linearmente independente com φ_1. A solução geral da equação dada é

$$y = k_1 \varphi_1(x) + k_2 \varphi_2(x).$$

(Observe que a série

$$\sum_{k=2}^{+\infty} \left[(-1)^k \frac{1}{k\left[(k-1)!\right]^2} \sum_{p=2}^{k} \frac{2p-1}{p(p-1)} \right] x^k$$

converge para todo x. Verifique.)

O próximo exemplo mostra um outro modo de reduzir uma equação diferencial linear de 2ª ordem a uma de 1ª ordem quando se conhece uma solução.

Exemplo 3 Suponha que $y = \varphi(x)$, $x \in I$, seja uma solução de

$$y'' + p(x) y' + q(x) y = 0.$$

Mostre que a mudança de variável

$$y = \varphi(x) u, \quad u = u(x),$$

reduz a equação dada a uma de 1ª ordem na função incógnita $v = u'(x)$.

Solução

De $y = \varphi(x) u$ resultam

$$y' = \varphi'(x) u + \varphi(x) u'$$

Equações Diferenciais Lineares de 2ª Ordem, com Coeficientes Variáveis

e

$$y''' = \varphi''(x)\, u + 2\, \varphi'(x)\, u' + \varphi(x)\, u''.$$

Substituindo na equação dada e lembrando que $\varphi(x)$ é solução, resulta

$$\varphi(x)\, u'' + (p(x)\, \varphi(x) + 2\, \varphi'(x))\, u' = 0.$$

Fazendo $v = u'$, obtemos

$$\varphi(x)\, v' + (p(x)\, \varphi(x) + 2\, \varphi'(x))\, v = 0,$$

que é uma equação diferencial linear de 1ª ordem.

13.6 Equação de Euler de 2ª Ordem

Uma equação do tipo

$$\text{(E)} \qquad x^2 y'' + bxy' + cy = 0, \quad x > 0 \quad (\text{ou } x < 0),$$

em que b e c são constantes reais dadas, denomina-se *equação de Euler*. Como se trata de uma equação diferencial linear, homogênea e de 2ª ordem, a solução geral é a família das combinações lineares de duas soluções linearmente independentes. Vamos, então, procurar duas soluções linearmente independentes. O jeito da equação nos sugere tentar solução do tipo

$$y = x^\alpha,$$

em que α é um real ou complexo a determinar. Quando α é complexo, definimos

$$x^\alpha = e^{\alpha \ln x}, \quad x > 0.$$

Do Apêndice A do Vol. 2 resulta

$$\frac{d}{dx}(x^\alpha) = \alpha x^{\alpha - 1} \qquad \text{(Confira.)}$$

Temos

$$y' = \alpha x^{\alpha - 1} \quad \text{e} \quad y'' = \alpha(\alpha - 1)\, x^{\alpha - 2}.$$

Substituindo em (E) e simplificando, obtemos

$$\text{①} \qquad \alpha^2 + (b - 1)\, \alpha + c = 0,$$

que é uma equação polinomial do 2º grau. Tal equação denomina-se *equação indicial* de (E). Sejam α_1 e α_2 as raízes de 1.

1º Caso. α_1 e α_2 *são reais e distintas.*

A solução geral de (E) é

$$\boxed{y = k_1\, x^{\alpha_1} + k_2\, x^{\alpha_2}.}$$

2º Caso. $\alpha_1 = \alpha_2$

$$\varphi_1(x) = x^{\alpha_1}$$

Capítulo 13

é uma solução. Procedendo-se como no Exemplo 1 da seção anterior, obtém-se a solução

$$\varphi_2(x) = x^{\alpha_1} \ln x$$

A solução geral de Ⓔ é

$$\boxed{y = x^{\alpha_1} (k_1 + k_2 \ln x).}$$

Antes de passarmos ao $3^{\underline{o}}$ caso, observamos que se $y = \varphi_1(x) = i \, \varphi_2(x)$ for solução de Ⓔ, então $\varphi_1(x)$ e $\varphi_2(x)$ também serão. (Verifique.)

$3^{\underline{o}}$ *Caso.* α_1 e α_2 são complexas
   Seja

$$\alpha_1 = \alpha + i\beta.$$

Assim,

$$y = x^{\alpha + i\beta} = e^{(\alpha + i\beta) \ln x} = x^{\alpha} e^{i\beta \ln x}$$

é solução. De

$$e^{i\beta \ln x} = \cos(\beta \ln x) + i \, \text{sen}(\beta \ln x)$$

e da observação acima, resulta que

$$\varphi_1(x) = x^{\alpha} \cos(\beta \ln x)$$

e

$$\varphi_2(x) = x^{\alpha} \, \text{sen}(\beta \ln x)$$

são soluções. É de imediata verificação que são linearmente independentes. A solução geral é

$$y = x^{\alpha} [k_1 \cos(\beta \ln x) + k_2 \, \text{sen}(\beta \ln x)].$$

Para finalizar a seção, observamos que se $z = g(u)$ for solução da equação diferencial linear de $2^{\underline{a}}$ ordem, com coeficientes constantes e homogênea

② $$z'' + (b - 1) z' + cz = 0, \quad z = z(u),$$

então $y = g(\ln x)$, $x > 0$, será solução de Ⓔ. (Confira.) Observe que a equação característica de ② é exatamente a equação indicial de Ⓔ.

13.7 Equação Diferencial Linear de $2^{\underline{a}}$ Ordem e Não Homogênea. Método da Variação das Constantes

Consideremos a equação diferencial linear de $2^{\underline{a}}$ ordem, não homogênea, de coeficientes variáveis,

① $$y'' + p(x) y' + q(x) y = r(x),$$

em que $p(x)$, $q(x)$ e $r(x)$ são supostas definidas e contínuas num intervalo I. Deixamos a cargo do leitor provar que a solução geral de ① é

Equações Diferenciais Lineares de 2ª Ordem, com Coeficientes Variáveis

$$y = y_h + y_p,$$

em que y_h é a solução geral da homogênea associada

(H)
$$y'' + p(x)y' + q(x)y = 0$$

e y_p é uma solução particular de ①.

Exemplo 1 Determine a solução geral da equação

$$y'' - \frac{1}{x}y' = 3x, \; x > 0.$$

Solução

A solução geral da homogênea associada

$$y'' - \frac{1}{x}y' = 0$$

é

$$y_h = Ax^2 + B. \qquad \text{(Verifique.)}$$

Vamos tentar uma solução particular do tipo $y_p = mx^\alpha$. Temos

$$y'_p = m\alpha x^{\alpha-1} \text{ e } y''_p = m\alpha(\alpha-1)x^{\alpha-2}.$$

Substituindo na equação, resulta

$$m\alpha(\alpha-1)x^{\alpha-2} - m\alpha x^{\alpha-2} = 3x.$$

Para $\alpha = 3$ e $m = 1$ temos uma identidade. Assim, $y_p = x^3$ é uma solução particular. A solução geral da equação dada é, então,

$$y = Ax^2 + B + x^3.$$

Com procedimento análogo àquele da Seção 11.5 prova-se que a fórmula estabelecida naquela seção para as soluções de uma equação diferencial linear de 2ª ordem, não homogênea, com coeficientes constantes, continua válida quando os coeficientes forem variáveis. Vamos destacá-la a seguir.

Sejam $f(x)$ e $g(x)$, $x \in I$, soluções linearmente independentes da equação homogênea
$$y'' + p(x)y' + q(x)y = 0.$$

Então, as soluções da equação
$$y'' + p(x)y' + q(x)y = r(x)$$

são dadas pela fórmula

②
$$y = -f(x)\int \frac{g(x)r(x)}{W(x)}dx + g(x)\int \frac{f(x)r(x)}{W(x)}dx,$$

em que $W(x)$ é o *wronskiano* de $f(x)$ e $g(x)$.

Capítulo 13

Exemplo 2 Determine a solução geral da equação

$$x^2 y'' + xy' - 4y = x^3 \ln x, \ x > 0.$$

Solução

Para podermos utilizar a fórmula anterior, vamos trabalhar com a equação dada na forma

$$y'' + \frac{1}{x} y' - \frac{4}{x^2} y = x \ln x, \ x > 0.$$

A homogênea associada é

$$y'' + \frac{1}{x} y' - \frac{4}{x^2} y = 0,$$

que é equivalente a

$$x^2 y'' + xy' - 4y = 0,$$

cuja solução geral é

$$y_h = Ax^2 + \frac{B}{x^2}.$$

(Veja Exemplo 3 da seção anterior.) Sejam $f(x) = x^2$, $g(x) = \frac{1}{x^2}$ e $r(x) = x \ln x$. Pela fórmula ②,

$$y_p = -x^2 \int \frac{\frac{1}{x} \ln x}{W(x)} dx + \frac{1}{x^2} \int \frac{x^3 \ln x}{W(x)} dx.$$

Como

$$W(x) = \begin{vmatrix} x^2 & x^{-2} \\ 2x & 2x^{-3} \end{vmatrix} = -\frac{4}{x},$$

resulta

$$y_p = \frac{x^2}{4} \int \ln x \, dx - \frac{1}{4x^2} \int x^4 \ln x \, dx.$$

Temos, então, a solução particular

$$y_p = \frac{x^3 \ln x}{5} - \frac{6x^3}{25}. \qquad \text{(Verifique.)}$$

A solução geral da equação dada é

$$y = Ax^2 + \frac{B}{x^2} + \frac{x^3 \ln x}{5} - \frac{6x^3}{25}.$$

Exercício 13.7

Determine a solução geral. Verifique sua resposta por derivação.

1. $xy'' + y' = 2x, \; x > 0$
2. $x^2 y'' + xy' - y = x^2, \; x > 0$.

Exercícios do Capítulo

(Verifique a resposta encontrada por substituição direta na equação dada.)

1. Resolva a equação dada.

   a) $x^2 y'' - 2y = 0, \; x > 0$

   b) $x^2 y'' + 3xy' + 2y = 0, \; x > 0$

   c) $y'' = -\dfrac{6}{x^2} y, \; x > 0$.

2. Considere a equação $xy'' + xy' + y = 0, \; x > 0$.

   a) Tente uma solução da forma $\varphi_1(x) = \sum_{k=0}^{+\infty} a_k x^k$.

   b) Olhando para as soluções encontradas em a), conclua que $\varphi_1(x) = x\,e^{-x}$ é uma solução.

   c) Mostre que é razoável tentar-se outra solução da forma $\varphi_2(x) = x\,e^{-x} \ln x + \sum_{k=0}^{+\infty} b_k x^k$.

   d) Determine a solução geral da equação dada.

3. Considere a equação $xy'' + xy' - y = 0, \; x > 0$.

   a) Verifique que $\varphi_1(x) = x, \; x > 0$, é solução.

   b) Tente outra solução da forma $\varphi_2(x) = x \ln x + \sum_{k=0}^{+\infty} b_k x^k$. Por que é razoável tentar-se outra solução desta forma? Explique.

   c) Determine a solução geral da equação dada.

4. (*Equação de Bessel de ordem zero.*) Por uma *equação de Bessel de ordem* α, com α real dado, entendemos uma equação do tipo $x^2 y'' + xy' + (x^2 + \alpha^2) y = 0$. Considere a equação de Bessel de ordem zero $xy'' + y' + xy = 0$ e suponha $x > 0$.

   a) Mostre que a equação de Bessel de ordem zero admite uma solução da forma $J_0(x) = \sum_{k=0}^{+\infty} a_k a^k$, com $a_0 = 1$, e conclua que $J_0(x) = \sum_{k=0}^{+\infty} (-1)^k \dfrac{1}{(k!)^2} \left(\dfrac{x}{2}\right)^{2k}$. (Tal $J_0(x)$ denomina-se *função de Bessel de ordem zero e 1ª espécie*.)

   b) Mostre que é razoável tentar-se outra solução da forma $K_0(x) = J_0(x) \ln x + \sum_{k=0}^{+\infty} b_k x^k$ e conclua que

   $$K_0(x) = J_0(x) \ln x + \sum_{k=1}^{+\infty} \left[\dfrac{(-1)^{k-1}}{(k!)^2} \sum_{p=1}^{k} \dfrac{1}{p} \right] \left(\dfrac{x}{2}\right)^{2k}.$$

   (Tal $K_0(x)$ denomina-se *função de Bessel de ordem zero e segunda espécie*.)

Capítulo 13

5. (*Equação de Bessel de ordem p > 0, com p inteiro.*) Considere a equação de Bessel de ordem p, $x^2 y'' + xy' + (x^2 - p^2) y = 0$, com $p > 0$ e inteiro.

a) Tente uma solução da forma $\varphi_1(x) = \sum\limits_{k=0}^{+\infty} a_k x^k$ e conclua que

$$\varphi_1(x) = x^p \left[a_0 + \sum_{k=0}^{+\infty} (-1)^k \frac{a_0}{k!(p+1)(p+2)...(p+k)} \left(\frac{x}{2} \right)^{2k} \right].$$

(*Observação.* Escolhendo-se $a_0 = \dfrac{1}{2^p\, p!}$, tem-se a solução

$$J_p(x) = \left(\frac{x}{2} \right)^p \sum_{k=0}^{+\infty} (-1)^k \frac{1}{k!(p+k)!} \left(\frac{x}{2} \right)^{2k}.$$

Tal solução $J_p(x)$ denomina-se *função de Bessel de ordem p e de 1ª espécie.*)

b) Mostre que é razoável tentar-se outra solução da forma

$$\varphi_2(x) = J_p(x) \ln x + \sum_{k=0}^{+\infty} b_k x^{k-p}.$$

(Se tiver paciência e tempo, você chegará à seguinte solução:

$$K_p(x) = J_p(x) \ln x - \frac{1}{2} \left(\frac{x}{2} \right)^{-p} \sum_{j=0}^{p-1} \frac{(p-j-1)!}{j!} \left(\frac{x}{2} \right)^{2j} -$$

$$- \left[\frac{1}{2} \frac{1}{p!} \sum_{j=1}^{p} \frac{1}{j} \right] \left(\frac{x}{2} \right)^p -$$

$$- \frac{1}{2} \left(\frac{x}{2} \right)^p \sum_{k=1}^{+\infty} \left[\frac{(-1)^k}{k!(k+p)!} \sum_{j=1}^{k} \frac{1}{j} \sum_{j=1}^{k+p} \frac{1}{j} \right] \left(\frac{x}{2} \right)^{2k}.$$

Tal solução $K_p(x)$ denomina-se *função de Bessel de ordem p e de 2ª espécie.*)

6. (*Equação de Bessel de ordem α, com α não inteiro.*) Considere a equação de Bessel de ordem α, $x^2 y'' + xy' + (x^2 - \alpha^2) y = 0$, com α não inteiro. Mostre que esta equação admite duas soluções linearmente independentes, com as seguintes formas

$$\varphi_1(x) = x^\alpha \sum_{k=0}^{+\infty} a_k x^k \quad \text{e} \quad \varphi_2(x) = x^{-\alpha} \sum_{k=0}^{+\infty} b_k x^k.$$

7. Considere a equação $y'' + x^2 y = 0$. Mostre que a solução geral é $y = k_1 \varphi_1(x) + k_2 \varphi_2(x)$ em que $\varphi_1(x)$ e $\varphi_2(x)$ são dadas por séries de potências: $\varphi_1(x) = \sum\limits_{k=0}^{+\infty} a_k x^k$ e $\varphi_2(x) = \sum\limits_{k=0}^{+\infty} b_k x^k$.

8. Considere a equação $x^4 y'' + y = 0$, $x \neq 0$. Tente soluções da forma $\alpha + \beta x + \sum\limits_{k=0}^{+\infty} a_k x^{-k}$ e conclua que a solução geral é

$$y = x \left[k_1\ \text{sen}\ \frac{1}{x} + k_2\ \cos \frac{1}{x} \right].$$

Equações Diferenciais Lineares de 2ª Ordem, com Coeficientes Variáveis

9. Considere a equação $x^4 y'' - y = 0$. Tente soluções da forma $\alpha + \beta x + \sum\limits_{k=0}^{+\infty} a_k x^{-k}$ e conclua que a solução geral é

$$y = x \left[k_1 \, e^{\frac{1}{x}} + k_2 \, e^{-\frac{1}{x}} \right]. \qquad\qquad (x \neq 0)$$

10. Mostre que a solução geral de $x^4 y'' + x^2 y = 0$, em que $k > 0$ é uma constante real, é

$$y = x \left[k_1 \, \operatorname{sen} \frac{k}{x} + k_2 \, \cos \frac{k}{x} \right] \qquad\qquad (x \neq 0).$$

11. Mostre que a solução geral de $x^4 y'' - k^2 y = 0$, em que $k > 0$ é uma constante real, é

$$y = x \left[k_1 \, e^{\frac{k}{x}} + k_2 \, e^{-\frac{k}{x}} \right] \qquad\qquad (x \neq 0).$$

12. Seja $h: I \to \mathbb{R}$ uma função dada e de classe C^2 no intervalo aberto I, com $h(x) \neq 0$ para todo $x \in I$. Considere a equação $y'' = \dfrac{h''(x)}{h(x)} y$.

a) Verifique que $\varphi_1(x) = h(x)$ é uma solução.

b) Determine a solução geral.

13. Olhando para o exercício anterior, resolva a equação.

a) $y'' = \dfrac{2}{x^2} y, \ x \neq 0$

b) $(x^2 \ln x) y'' + y = 0, \ \ x > 0$

c) $xy'' + (2 - x) y = 0, \ \ x > 0$ (*Sugestão*: $h(x) = x\, e^{-x}$)

d) $x(1 - x) y'' + 2y = 0, \ \ 0 < x < 1$.

e) $y'' = (1 + 2 \operatorname{tg}^2 x) y, \ \ 0 < x < \dfrac{\pi}{2}$ (*Sugestão*: $h(x) = \sec x$)

14. Seja $h: I \to \mathbb{R}$ de classe C^2, com $h(x) \neq 0$ em I, uma função dada. Considere a equação $y'' = g(x) y$, com $g(x) = \dfrac{h''(x)}{h(x)} - \dfrac{k^2}{(h(x))^4}$ e sendo $k > 0$ uma constante. Verifique que a solução geral da equação é

$$y = h(x) [k_1 \, \operatorname{sen} p(x) + k_2 \, \cos p(x)],$$

em que $p(x)$ é tal que $p'(x) = \dfrac{k}{(h(x))^2}, \ x \in I$.

15. Resolva o Exercício 10 com auxílio do Exercício 14.

16. Olhando para o Exercício 14, resolva a equação dada.

a) $x^6 y'' + \left(k^2 - \dfrac{3}{4} x^4 \right) y = 0, \ x \neq 0$

Capítulo 13

b) $e^{4x}\, y'' + (k^2 - e^{4x})\, y = 0$

c) $x^2 y'' + \left(k^2 x^3 - \dfrac{15}{16} \right) y = 0, \ x > 0$

17. Sejam $h: I \to \mathbb{R}$ e $p: I \to \mathbb{R}$ como no Exercício 14. Seja $g(x) = \dfrac{h''(x)}{h(x)} + \dfrac{k^2}{(h(x))^4}, x \in I$ em

que $k > 0$ é uma constante real dada. Verifique que a solução geral da equação $y'' = g(x)\,y$

é $y = h(x)\,[k_1\, e^{p(x)} + k_2\, e^{-p(x)}]$.

18. Resolva o Exercício 11 com auxílio do Exercício 17.

19. Com auxílio do Exercício 17, resolva a equação dada.

a) $x^6 y'' - \left(k^2 - \dfrac{3}{4}\, x^4 \right) y = 0, \ x \neq 0$

b) $e^{4x}\, y'' - (k^2 + e^{4x})\, y = 0$

c) $x^2 y'' + \left(k^2 x^3 + \dfrac{5}{16} \right) y = 0, \ x > 0$

20. Considere a equação $y'' + p(x)\,y' + q(x)\,y = 0$, em que $p(x)$ e $q(x)$ são definidas e contínuas no mesmo intervalo I. Determine $h(x)$ e $g(x)$, definidas em I, de modo que a mudança de variável $y = h(x)\,u$ transforme a equação dada em $u'' + g(x)\,u = 0$.

21. Mostre que a mudança de variável $y = x^{-\frac{1}{2}}\, u$, $x > 0$, transforma a equação de Bessel

$x^2 y'' + xy' + (x^2 - \alpha^2)\, y = 0$ em $x^2 u'' + \left(x^2 + \dfrac{1}{4} - \alpha^2 \right) u = 0$.

22. Mostre que se $y = \varphi(x)$, com $\varphi(x) \neq 0$ no intervalo aberto I, for uma solução de $y'' = g(x)$

y, então $u = \dfrac{\varphi'(x)}{\varphi(x)}$, $x \in I$, será solução da equação de Riccati $u' = g(x) - u^2$.

23. a) Verifique que $u = x^{-2}, x > 0$, é solução da equação de Riccati $u' = x^{-4} - 2x^{-3} - u^2$.

b) Resolva a equação $x^4 y'' = (1 - 2x)\, y$. (*Sugestão:* Veja exercício anterior.)

24. Considere a equação $x^4 y'' = (1 + x)\, y$. Olhando para o exercício anterior, conclua que é razoável tentar-se soluções da forma

$$y = \alpha x + \beta + a_1\, x^{-1} + a_2\, x^{-2} + a_3\, x^{-3} + \dots$$

ou seja, $y = \alpha x + \beta + \displaystyle\sum_{k=1}^{+\infty} a_k x^{-k}$. Resolva então a equação dada.

14

CAPÍTULO

Teoremas de Existência e Unicidade de Soluções para Equações Diferenciais de 1ª e 2ª Ordens

Videoaulas
vídeo 3.30

14.1 Teoremas de Existência e Unicidade de Soluções para Equações Diferenciais de 1ª e 2ª Ordens

Teorema (de existência e unicidade para equação diferencial de 1ª ordem do tipo $y' = f(x, y)$). Seja Ω um subconjunto aberto do $\mathbb{R}^2$ e seja $f(x, y)$ definida em Ω. Suponhamos que f e $\dfrac{\partial f}{\partial y}$ sejam contínuas em Ω. Seja (x_0, y_0) um ponto qualquer de Ω.

Nestas condições, a equação

① $$y' = f(x, y)$$

admite uma solução $y = y(x)$, $x \in I$, que satisfaz a condição inicial

$$y(x_0) = y_0,$$

em que I é um intervalo aberto contendo x_0.

Além disso, se $y = \varphi_1(x)$ e $y = \varphi_2(x)$ forem soluções de ①, definidas em intervalos abertos I_1 e I_2 contendo x_0, tais que

$$\varphi_1(x_0) = \varphi_2(x_0),$$

então, para todo $x \in I_1 \cap I_2$,

$$\varphi_1(x) = \varphi_2(x).$$

O teorema acima, cuja demonstração se encontra no Apêndice A, conta-nos que se f e $\dfrac{\partial f}{\partial y}$ forem *contínuas* em Ω, então, para cada $(x_0, y_0) \in \Omega$, a equação ① admitirá uma solução cujo gráfico passa por (x_0, y_0). O teorema conta-nos, ainda, se os gráficos de duas soluções φ_1 e φ_2, definidas em intervalos abertos I_1 e I_2, interceptam-se em algum ponto, então $\varphi_1(x) = \varphi_2(x)$ em $I_1 \cap I_2$.

Capítulo 14

Exemplo 1 Resolva a equação de Bernoulli

$$y' + y = xy^2.$$

Solução

$$y' + y = xy^2 \Leftrightarrow y' = -y + xy^2.$$

Seja $f(x, y) = -y + xy^2$. Temos

$$\frac{\partial f}{\partial y} = -1 + 2xy.$$

Assim, f e $\dfrac{\partial f}{\partial y}$ são contínuas em $\Omega = \mathbb{R}^2$. Segue que o teorema anterior se aplica. A função constante

$$y = 0$$

é solução da equação dada. (Verifique.) Pelo teorema anterior, se $y = y(x)$, $x \in I$, for solução e se, para algum $x_0 \in I$, tivermos $y(x_0) = 0$, então teremos também

$$y(x) = 0$$

para todo $x \in I$. Assim, se $y = y(x)$, $x \in I$, for solução da equação, teremos:

$$y(x) = 0 \text{ para todo } x \in I$$

ou

$$y(x) \neq 0 \text{ para todo } x \in I.$$

Vamos, então, determinar as soluções $y = y(x)$, com $y(x) \neq 0$. Para $y \neq 0$, a equação é equivalente a

② $$(y^{-1} - x)dx + y^{-2}\, dy = 0. \text{ (Verifique.)}$$

Fazendo $P(x, y) = y^{-1} - x$ e $Q(x, y) = y^{-2}$, vem:

$$\frac{\dfrac{\partial Q}{\partial x} - \dfrac{\partial P}{\partial y}}{Q(x, y)} = 1.$$

Logo, e^{-x} é um fator integrante para ②. Como $e^{-x} \neq 0$, para todo x, ② é equivalente a

$$(y^{-1} e^{-x} - x\, e^{-x})dx + e^{-x} y^{-2}\, dy = 0,$$

que é uma equação diferencial exata. As soluções $y = y(x)$ desta equação são dadas implicitamente pelas equações

$$y^{-1} e^{-x} - xe^{-x} - e^{-x} = c,$$

ou seja,

③ $$y = \frac{1}{1 + x + ce^x} \quad (c \in \mathbb{R}).$$

Portanto,

$$y = 0$$

e

$$y = \frac{1}{1 + x + ce^x} \quad (c \in \mathbb{R}).$$

é a família das soluções da equação dada.

(Para outro modo de resolução, veja Seção 10.5).
   Nosso objetivo, a seguir, é esboçar os gráficos das soluções acima.

$$\boxed{c = 0}$$

Temos as soluções

$$y = \frac{1}{1 + x}, x > -1$$

e

$$y = \frac{1}{1 + x}, x < -1.$$

(Lembre-se de que o domínio de uma solução é sempre um intervalo.)

$$\boxed{c > 0}$$

$$1 + x + ce^x = 0 \Leftrightarrow 1 + x = -ce^x.$$

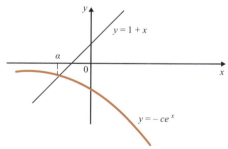

Logo,
$$1 + x + ce^x > 0 \text{ para } x > \alpha$$

e
$$1 + x + ce^x < 0 \text{ para } x < \alpha.$$

Observe que

$$\lim_{x \to \alpha^+} \frac{1}{1 + x + ce^x} = +\infty$$

e

$$\lim_{x \to \alpha^-} \frac{1}{1 + x + ce^x} = +\infty.$$

Temos as soluções

$$y = \frac{1}{1 + x - ce^x}, x > \alpha$$

e

$$y = \frac{1}{1 + x + ce^x}, x < \alpha.$$

Observe que, para todo $c < 0$, $\alpha < -1$.

$$1 + x + ce^x = 0 \Leftrightarrow 1 + x = -ce^x.$$

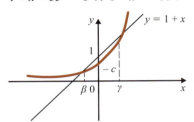

Temos
$1 + x + ce^x < 0$ para $x < \beta$;
$1 + x + ce^x > 0$ para $\beta < x < \gamma$;
$1 + x + ce^x < 0$ para $x > \gamma$.

Temos as soluções

$$y = \frac{1}{1 + x + ce^x}, x < \beta;$$

$$y = \frac{1}{1 + x + ce^x}, \beta < x < \gamma$$

e

$$y = \frac{1}{1 + x + ce^x}, x > \gamma.$$

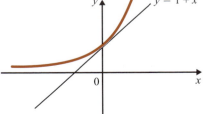

$$1 + x - e^x < 0 \text{ para } x \neq 0.$$

Temos as soluções

$$y = \frac{1}{1 + x - e^x}, \, x > 0$$

e

$$y = \frac{1}{1 + x - e^x}, \, x < 0.$$

$$\boxed{c < -1}$$

$$1 + x + ce^x < 0 \text{ para todo } x.$$

Temos as soluções

$$y = \frac{1}{1 + x + ce^x}, \, x \in \mathbb{R}.$$

Observe que

$$\lim_{x \to +\infty} \frac{1}{1 + x + ce^x} = 0$$

e

$$\lim_{x \to -\infty} \frac{1}{1 + x + ce^x} = 0$$

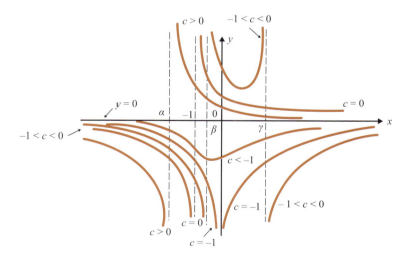

Exemplo 2
Mostre que a equação

④ $$y' = 3y^{2/3}$$

admite soluções distintas cujos gráficos se interceptam. Este fato contradiz o teorema de existência e unicidade? Explique.

Solução

A função constante $y = 0$ é solução. Separando as variáveis, obtemos as soluções

$$y = (x + c)^3 \quad (c \in \mathbb{R})$$

(Verifique.) É claro que os gráficos de

$$y = 0 \text{ e } y = (x + c)^3$$

interceptam-se no ponto $(-c, 0)$.

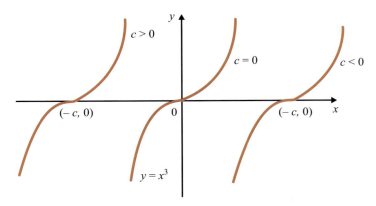

Este fato não contradiz o teorema anterior, pois

$$\frac{\partial f}{\partial y} = 2y^{-(1/3)}$$

não é contínua em $\mathbb{R}^2$: $\frac{\partial f}{\partial y}$ é descontínua nos pontos $(x, 0)$, com $x \in \mathbb{R}$. (Neste exemplo, $f(x, y) = 3y^{2/3}$.) Observamos finalmente que

$$y = 0$$

e

$$y = (x + c)^3 \quad (c \in \mathbb{R})$$

é *uma* família de soluções da equação dada. Entretanto, esta família *não* inclui todas as soluções de ④! Por exemplo, a função $y = \varphi(x)$, $x \in \mathbb{R}$, dada por

$$\varphi(x) = \begin{cases} x^3 & \text{se } x \geq 0 \\ 0 & \text{se } x < 0 \end{cases}$$

é solução da equação dada (verifique) e não está incluída na família acima. Fica a seu cargo determinar outras soluções que não estão incluídas em tal família.

Exemplo 3

Resolva a equação

$$y' = 3y^{2/3}, y > 0.$$

Solução

Agora, $\Omega = \{(x, y) \in \mathbb{R}^2, y > 0\}$.

$$f(x, y) = 3y^{2/3} \text{ e } \frac{\partial f}{\partial y} = 2y^{-(1/3)}$$

são contínuas em Ω. A equação dada é equivalente a

$$y^{-(2/3)} dy = 3 \, dx,$$

cuja solução geral é

$$y = (x + c)^3, x > -c \quad (c \in \mathbb{R}).$$

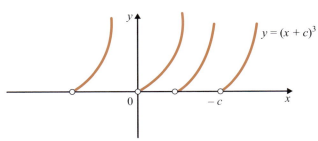

Consideremos a equação

$$y' = x^2 + y^2.$$

Como $f(x, y) = x^2 + y^2$ e $\frac{\partial f}{\partial y} = 2y$ são contínuas em $\mathbb{R}^2$, para cada ponto $(x_0, y_0) \in \mathbb{R}^2$ existe uma solução satisfazendo a condição inicial $y(x_0) = y_0$. Entretanto, como *não sabemos resolver* tal equação, qualquer informação numérica sobre tais soluções deve ser obtida utilizando métodos de Cálculo Numérico. O que faremos nos próximos exemplos é obter algumas informações *qualitativas* sobre a solução que satisfaz a condição inicial $y(0) = 0$.

Exemplo 4

Considere a equação

$$y' = x^2 + y^2.$$

Seja $y = \varphi(x), x \in]-r, r[, r > 0$, uma solução que satisfaz a condição inicial $\varphi(0) = 0$. Determine o polinômio de Taylor de ordem 3 de φ, em volta de $x_0 = 0$.

Solução

O polinômio pedido é

$$P(x) = \varphi(0) + \varphi'(0)x + \frac{\varphi''(0)}{2}x^2 + \frac{\varphi'''(0)}{3!}x^3.$$

Capítulo 14

Vamos, então, calcular $\varphi'(0)$, $\varphi''(0)$ e $\varphi'''(0)$. Para todo x no domínio de φ,

$$\varphi'(x) = x^2 + \varphi^2(x).$$

Logo, $\varphi'(0) = 0$, pois $\varphi(0) = 0$.

$$\varphi''(x) = 2x + 2\varphi(x)\, \varphi'(x)$$

e

$$\varphi'''(x) = 2 + 2\varphi'(x)\, \varphi'(x) + 2\varphi(x)\, \varphi''(x).$$

Segue que $\varphi''(0) = 0$ e $\varphi'''(0) = 2$. Então

$$P(x) = \frac{1}{3}x^3.$$

Assim, para $\left| x \right|$ suficientemente pequeno,

$$\varphi(x) \cong \frac{1}{3}x^3.$$

Exemplo 5   Seja $y = \varphi(x)$, $x \in\,]-r, r[$, a solução do exemplo anterior. Prove que, para todo $x \in\,]0, r[$,

$$\varphi(x) > \frac{1}{3}x^3.$$

Solução

Seja

$$g(x) = \varphi(x) - \frac{1}{3}x^3.$$

Temos $g(0) = 0$. Basta provarmos, então, que

$$g'(x) > 0 \text{ em }]0, r[.$$

Temos

$$g'(x) = \varphi'(x) - x^2$$

e

$$\varphi'(x) = x^2 + \varphi^2(x).$$

Logo,

$$g'(x) = \varphi^2(x) > 0 \text{ em }]0, r[.$$

Observação. Como $\varphi'(x) > 0$ em $]0, r[$ e $\varphi(0) = 0$, resulta $\varphi(x) > \varphi(0) = 0$ em $]0, r[$.

Teoremas de Existência e Unicidade de Soluções para Equações Diferenciais de 1ª e 2ª Ordens

Exemplo 6 Seja $y = \varphi(x)$, $x \in]-r, r[$, a solução do Exemplo 4. Prove que φ é uma função ímpar, isto é,

$$\varphi(-x) = -\varphi(x)$$

para todo $x \in]-r, r[$.

Solução

Como φ é solução, para todo $x \in]-r, r[$,

$$\varphi'(x) = x^2 + \varphi^2(x).$$

Segue que, para todo $x \in]-r, r[$,

$$\varphi'(-x) = (-x)^2 + [\varphi(-x)]^2.$$

Consideremos a função φ_1 definida em $]-r, r[$ e dada por $\varphi_1(x) = -\varphi(-x)$. Temos

$$\varphi_1'(x) = \varphi'(-x). \quad \text{(Verifique.)}$$

Como

$$[\varphi(-x)]^2 = [-\varphi(-x)]^2 = [\varphi_1(x)]^2$$

e

$$(-x)^2 = x^2,$$

resulta que, para todo $x \in]-r, r[$,

$$\varphi_1'(x) = x^2 + \varphi_1^2(x).$$

Temos, ainda, $\varphi_1(0) = -\varphi(-0) = 0$. Segue que $y = \varphi_1(x)$ é solução de

$$y' = x^2 + y^2,$$

satisfazendo a condição inicial $\varphi_1(0) = 0$. Segue do teorema de existência a unicidade que, para todo $x \in]-r, r[$,

$$\varphi_1(x) = \varphi(x),$$

ou seja,

$$\varphi(x) = -\varphi(-x).$$

Logo, φ é uma função ímpar.

Exemplo 7 Seja $y = \varphi(x)$, $x \in]-r, r[$, a solução do Exemplo 4.

a) Prove que φ é estritamente crescente em $]-r, r[$.

b) Prove que φ tem a concavidade para baixo em $]-r, 0[$ e para cima em $]0, r[$.

Capítulo 14

Solução

$$\varphi'(x) = x^2 + \varphi^2(x) \text{ em }]-r, r[.$$

a) φ é contínua em $]-r, r[$ e $\varphi''(x) > 0$ em $]-r, 0[$ e em $]0, r[$. Logo, φ é estritamente crescente em $]-r, r[$.

b)
$$\varphi''(x) = 2x + 2\varphi(x)\,\varphi'(x).$$

Segue que

$$\varphi''(x) < 0 \text{ em }]-r, 0[$$

e

$$\varphi''(x) > 0 \text{ em }]0, r[.$$

(Observe que $\varphi(x) < 0$ em $]-r, 0[$ e $\varphi(x) > 0$ em $]0, r[$.) Logo, φ tem a concavidade para baixo em $]-r, 0[$ e para cima em $]0, r[$.

Exemplo 8 Seja $y = \varphi(x)$, $x \in]-r, r[$, a solução do Exemplo 4. Seja $x_0 \in]0, r[$, com x_0 fixo. Prove que

$$r < x_0 + \frac{1}{\varphi(x_0)}.$$

Solução

$$\varphi'(x) = x^2 + \varphi^2(x) \text{ em }]-r, r[.$$

Daí

$$\varphi'(x) \geqslant \varphi^2(x) \text{ em }]-r, r[.$$

Segue que, para todo $x \in [x_0, r[$,

$$\frac{\varphi'(x)}{\varphi^2(x)} \geqslant 1.$$

Daí

$$\int_{x_0}^{x} \frac{\varphi'(t)}{\varphi^2(t)}\,dt \geqslant \int_{x_0}^{x} 1\,dt$$

para $x_0 \leqslant x < r$. Logo, para $x_0 \leqslant x < r$,

$$-\frac{1}{\varphi(x)} + \frac{1}{\varphi(x_0)} \geqslant x - x_0,$$

ou seja,

$$\varphi(x) \geqslant \frac{1}{x_0 + \dfrac{1}{\varphi(x_0)} - x}.$$

Observe que o gráfico de

$$h(x) = \frac{1}{x_0 + \dfrac{1}{\varphi(x_0)} - x}, \quad 0 \leqslant x < x_0 + \frac{1}{\varphi(x_0)}$$

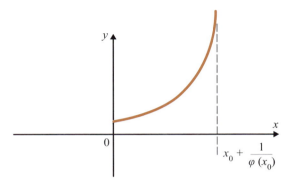

Portanto, $r < x_0 + \dfrac{1}{\varphi(x_0)}$. Concorda?

Observação. O exemplo anterior nos diz que se $y = \varphi(x)$, $x \in]-r, r[$, for solução de
$$y' = x^2 + y^2,$$
satisfazendo a condição inicial $\varphi(0) = 0$, então r não pode ser igual a $+\infty$.

Segue dos exemplos anteriores que o gráfico da solução do Exemplo 4 tem o seguinte aspecto.

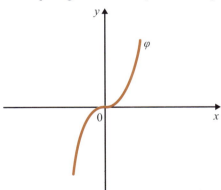

Exemplo 9 Resolva a equação
$$y'' = 2yy'.$$

Solução

Observamos, inicialmente, que se trata de uma equação diferencial de 2ª ordem e não linear. Como
$$(y^2)' = 2yy',$$

Capítulo 14

a equação dada é equivalente a

$$y'' = (y^2)'$$

e, portanto, equivalente à família de equações diferenciais de 1ª ordem

⑥ $$y' = y^2 + c \quad (c \in \mathbb{R}).$$

Seja $f(x, y) = y^2 + c$. Temos: $\dfrac{\partial f}{\partial y} = 2y$. Assim, para cada $c \in \mathbb{R}$, f e $\dfrac{\partial f}{\partial y}$ são contínuas em $\Omega = \mathbb{R}^2$. Logo, o teorema anterior se aplica às equações ⑥.

$$\boxed{c = 0}$$

$$y' = y^2.$$

A função constante $y = 0$ é solução. Para $y \neq 0$, a equação é equivalente a

$$\frac{dy}{y^2} = dx$$

e, portanto, $-\dfrac{1}{y} = x + B$, ou seja,

$$y = \frac{-1}{x + B}.$$

$$y = 0$$

e

$$y = \frac{-1}{x + B} \quad (B \in \mathbb{R})$$

é a família das soluções de $y' = y^2$. (Por quê?)

$$\boxed{c > 0}$$

A equação ⑥ é equivalente a

$$\frac{dy}{y^2 + c} = dx$$

e, portanto,

$$\frac{1}{\sqrt{c}} \operatorname{arctg} \frac{y}{\sqrt{c}} = x + B,$$

ou seja,

$$y = \sqrt{c} \operatorname{tg} \sqrt{c}\,(x + B) \quad (c > 0, B \in \mathbb{R}).$$

Teoremas de Existência e Unicidade de Soluções para Equações Diferenciais de 1ª e 2ª Ordens

$$\boxed{c < 0}$$

As funções constantes

$$y = \sqrt{-c} \ \text{ e } \ y = -\sqrt{-c}$$

são soluções. Para $y^2 + c \neq 0$, ⑥ é equivalente a

$$\frac{dy}{y^2 + c} = dx$$

e, portanto,

$$\frac{1}{2\sqrt{-c}} \ln \frac{y - \sqrt{-c}}{y + \sqrt{-c}} = x + B \ \text{ (verifique)}$$

ou seja,

$$\frac{y - \alpha}{y + \alpha} = e^{2\alpha(x + B)} \ \ (\alpha = \sqrt{-c})$$

e, portanto,

$$\boxed{y = \frac{\alpha[1 + e^{2\alpha(x + B)}]}{1 - e^{2\alpha(x + B)}} \ \ (\alpha > 0, B \in \mathbb{R}).}$$

Conclusão

$$
\boxed{
\begin{array}{ll}
y = A & (A \in \mathbb{R}) \\[2mm]
y = \dfrac{-1}{x + B} & (B \in \mathbb{R}) \\[4mm]
y = A \, \text{tg} \, A \, (x + B) & (A > 0, B \in \mathbb{R}) \\[2mm]
y = \dfrac{A[1 + e^{2A(x + B)}]}{1 - e^{2A(x + B)}} & (A > 0, B \in \mathbb{R})
\end{array}
}
$$

é a família das soluções da equação

$$y'' = 2yy'.$$

Sejam φ_1 e φ_2 duas soluções da equação do exemplo anterior e definidas em intervalos abertos I_1 e I_2 contendo x_0. Observe que $\varphi_1(x_0) = \varphi_2(x_0)$ *não* implica $\varphi_1(x) = \varphi_2(x)$ em $I_1 \cap I_2$. Por exemplo, as funções

$$\varphi_1(x) = 1, x \in \mathbb{R}, \ \text{ e } \ \varphi_2(x) = \text{tg} \, x, -\frac{\pi}{2} < x < \frac{\pi}{2},$$

são soluções de $y'' = 2yy'$ tais que

Capítulo 14

$$\varphi_1\left(\frac{\pi}{4}\right) = \varphi_2\left(\frac{\pi}{4}\right).$$

Entretanto, $\varphi_1(x) \neq \varphi_2(x)$ para todo x em $\left]-\dfrac{\pi}{2}, \dfrac{\pi}{2}\right[$, com $x \neq \dfrac{\pi}{4}$. Contudo, se além da condição

$$\varphi_1(x_0) = \varphi_2(x_0),$$

tivéssemos, também,

$$\varphi_1'(x_0) = \varphi_2'(x_0),$$

então teríamos $\varphi_1(x) = \varphi_2(x)$ em $I_1 \cap I_2$, como nos conta o próximo teorema, cuja demonstração omitiremos. (Para demonstração veja referências bibliográficas 26 e 29.)

Teorema (de existência e unicidade para equação diferencial do tipo y″ 5 f(x, y, y′)).

Seja $f(x, y, z)$ definida no aberto $\Omega \subset \mathbb{R}^3$ tal que f, $\dfrac{\partial f}{\partial y}$ e $\dfrac{\partial f}{\partial z}$ sejam contínuas em Ω. Seja (x_0, y_0, y_1) um ponto qualquer de Ω. Nestas condições, a equação

⑦ $$y'' = f(x, y, y')$$

admite uma solução $y = y(x)$, $x \in I$, satisfazendo as condições iniciais

$$y(x_0) = y_0 \text{ e } y'(x_0) = y_1,$$

em que I é um intervalo aberto contendo x_0.

Além disso, se $y = \varphi_1(x)$ e $y = \varphi_2(x)$ forem soluções de ⑦, definidas em intervalos abertos I_1 e I_2 contendo x_0 e tais que

$$\varphi_1(x_0) = \varphi_2(x_0) \text{ e } \varphi_1'(x_0) = \varphi_2'(x_0),$$

então $\varphi_1(x) = \varphi_2(x)$ em $I_1 \cap I_2$.

Exercícios 14.1

1. Resolva a equação de Bernoulli dada. Esboce os gráficos das soluções.

a) $y' + y = xy^3$

b) $y' + y = xy^{-1}$, $y > 0$

2. Seja $y = \varphi(x)$, $x \in \,]-r, r[$ uma solução da equação

$$y' = x^2 + \cos y$$

satisfazendo a condição inicial $\varphi(0) = 0$. Prove que φ é uma função ímpar.

3. Seja $y = \varphi(x)$, $x \in \,]-r, r[$, uma solução da equação

Teoremas de Existência e Unicidade de Soluções para Equações Diferenciais de 1ª e 2ª Ordens

$$y' = xe^{y^2}$$

satisfazendo a condição inicial $\varphi(0) = y_0$, em que y_0 é um real dado. Prove que φ é uma função par.

4. Seja $y = \varphi(x)$ uma solução da equação

$$y' = x^2 + \cos y$$

satisfazendo a condição inicial $\varphi(0) = 0$. Determine o polinômio de Taylor de ordem 5 de φ, em volta de $x_0 = 0$.

5. Pode ser provado que a equação

$$y' = x^2 + \cos y$$

admite uma solução $y = \varphi(x)$ definida no intervalo $\left[-\dfrac{1}{2}, \dfrac{1}{2}\right]$ e satisfazendo a condição inicial $\varphi(0) = 0$. Utilizando a fórmula de Taylor com resto de Lagrange, mostre que, para todo x em $\left[-\dfrac{1}{2}, \dfrac{1}{2}\right]$,

$$\left|\varphi(x) - x\right| \leqslant \frac{9}{8}\left|x\right|^2.$$

Avalie $\varphi(x)$ para $x = 0,01$. Estime o erro.

Observação. Suponha que f e $\dfrac{\partial f}{\partial y}$ sejam contínuas no aberto $\Omega \subset \mathbb{R}^2$ e seja (x_0, y_0) um ponto de Ω. Sejam $a > 0$ e $b > 0$ tais que o retângulo

$$R = \left\{(x, y) \in \mathbb{R}^2 \Big| x_0 - a \leqslant x \leqslant x_0 + a, \, y_0 - b \leqslant y \leqslant y_0 + b\right\}$$

esteja contido em Ω. Seja $M > 0$ tal que, para todo (x, y) em $\mathbb{R}^2$,

$$\left|f(x, y)\right| \leqslant M.$$

Seja $r > 0$ tal que

$$r \leqslant a, \, Mr \leqslant b.$$

Pode ser provado (veja Apêndice A) que a equação

$$y' = f(x, y)$$

admite uma solução definida no intervalo $[x_0 - r, x_0 + r]$ e satisfazendo a condição inicial $y(x_0) = y_0$.

6. Seja $y = \varphi(x)$, $x \in \,]-r, r[$, uma solução da equação

$$y' = x^2 + y^2$$

satisfazendo a condição inicial $y(0) = y_0$, com $y_0 > 0$. Prove que $r < \dfrac{1}{y_0}$.

Capítulo 14

7. Suponha $f: \Omega \to \mathbb{R}$ contínua no aberto Ω contido em $\mathbb{R}^2$. Seja $y = \varphi(x)$ definida no intervalo I e com gráfico contido em Ω. Seja $(x_0, y_0) \in \Omega$, com $x_0 \in I$. Prove que $y = \varphi(x)$, $x \in I$, será solução da equação

$$y' = f(x, y)$$

e satisfazendo a condição inicial $\varphi(x_0) = y_0$ se e somente se

$$\varphi(x) = y_0 + \int_{x_0}^{x} f(t, \varphi(t))\, dt, \; x \in I.$$

8. Determine φ.

a) $\varphi(x) = 1 + \int_0^x t\varphi(t)\, dt$

b) $\varphi(x) = \int_0^x [t + 2\varphi(t)]\, dt$

c) $\varphi(x) = 1 + \int_0^x [1 - (\varphi(t))^2]\, dt$

d) $\varphi(x) = 1 + \int_0^x [1 + (\varphi(t))^2]\, dt$

9. (*Sequência de Picard.*) Considere a equação diferencial

$$y' = f(x, y)$$

com a condição inicial $y(x_0) = y_0$. Seja φ_0 uma função constante definida no intervalo I, com $x_0 \in I$, e dada por $\varphi_0(x) = y_0$. Consideremos a sequência de funções

① $\qquad\qquad \varphi_0, \varphi_1, \varphi_2, \ldots, \varphi_n, \ldots$

definidas em I. Suponhamos que tais funções sejam obtidas pelo seguinte processo de recorrência:

$$\varphi_{n+1}(x) = y_0 + \int_{x_0}^{x} f(t, \varphi_n(t))\, dt, \; n \geqslant 0.$$

Uma tal sequência denomina-se, então, *sequência de Picard* para o problema

$$\begin{cases} y' = f(x, y) \\ y(x_0) = y_0. \end{cases}$$

a) Determine a sequência de Picard para o problema $y' = y$, $y(0) = 1$.

b) Verifique que tal sequência converge para a solução $y = e^x$.

10. Seja $\varphi_0, \varphi_1, \varphi_2, \ldots, \varphi_n, \ldots$ a sequência de Picard para o problema

$$y' = x^2 + y^2, \, y(0) = 0.$$

Determine $\varphi_0, \varphi_1, \varphi_2$ e φ_3.

Observação. Suponha que f e $\dfrac{\partial f}{\partial y}$ sejam contínuas no aberto Ω e veja $(x_0, y_0) \in \Omega$. Sejam $a > 0$ e $b > 0$ dois reais tais que o retângulo

$$x_0 - a \leqslant x \leqslant x_0 + a \text{ e } y_0 - b \leqslant y \leqslant y_0 + b$$

esteja contido em Ω. Seja $M > 0$ tal que

$$|f(x, y)| \leq M$$

no retângulo citado. Seja $r > 0$ tal que

$$r \leq a, \; Mr \leq b.$$

Pode ser provado (veja Apêndice A) que a sequência de Picard

$$\varphi_0(x) = y_0$$

$$\varphi_{n+1}(x) = y_0 + \int_{x_0}^{x} f(t, \varphi_n(t))\,dt, \; x \in [x_0 - r, x_0 + r]$$

converge uniformemente em $[x_0 - r, x_0 + r]$. Pode ser provado, ainda, que a função $y = \varphi(x)$, $x \in [x_0 - r, x_0 + r]$, dada por

$$\varphi(x) = \lim_{n \to +\infty} \varphi_n(x)$$

é solução da equação

$$y' = f(x, y)$$

satisfazendo a condição inicial $\varphi(x_0) = y_0$.

15

Tipos Especiais de Equações

O objetivo deste capítulo é destacar alguns tipos de equações, de 1ª e 2ª ordens, e as técnicas usualmente utilizadas para obter suas soluções. Sugerimos ao leitor ver, também, referência bibliográfica 23.

15.1 Equação Diferencial de 1ª Ordem e de Variáveis Separáveis

$$\frac{dy}{dx} = f(x)g(y).$$

Soluções constantes

Seja a uma constante real.

$$y = a \text{ é solução} \Leftrightarrow a \text{ é raiz de } g(y) = 0.$$

Soluções não constantes

Separam-se as variáveis e integra-se.

$$\frac{dy}{g(y)} = f(x)dx;$$

$$\int \frac{dy}{g(y)} = \int f(x)dx.$$

(Veja Vol. 1.)

Tipos Especiais de Equações

Exemplo 1 $\dfrac{dy}{dx} = x^2 + 1$.

Solução

A equação não admite solução constante. Para obter as soluções não constantes, separam-se as variáveis e integra-se.

$$dy = (x^2 + 1)\, dx;$$
$$\int dy = \int (x^2 + 1)\, dx;$$

$$y = \frac{x^3}{3} + x + c.$$

Exemplo 2 $y' = x(y^2 - 1)$.

Solução

Soluções constantes

$$y^2 - 1 = 0 \Leftrightarrow y = \pm 1.$$

Assim, $y = 1$ e $y = -1$ são soluções.

Soluções não constantes

$$\frac{dy}{dx} = x(y^2 - 1);$$

$$\frac{dy}{y^2 - 1} = x\, dx;$$

$$\int \frac{dy}{y^2 - 1} = \int x\, dx.$$

Como

$$\frac{1}{y^2 - 1} = \frac{\frac{1}{2}}{y - 1} - \frac{\frac{1}{2}}{y + 1},$$

resulta

$$\int \frac{dy}{y^2 - 1} = \frac{1}{2} \ln\left|\frac{y - 1}{y + 1}\right|.$$

Assim,

$$\ln\left|\frac{y - 1}{y + 1}\right| = x^2 + c.$$

Logo,

$$y = \frac{1 + ke^{x^2}}{1 - ke^{x^2}} \ (k \neq 0). \ \text{(Confira.)}$$

Capítulo 15

Se $k = 0$, a expressão anterior fornece a solução $y = 1$.

$$\begin{cases} y = -1 \\ \text{e} \\ y = \dfrac{1 + ke^{x^2}}{1 - ke^{x^2}} \quad (k \in \mathbb{R}) \end{cases}$$

é a família das soluções.

15.2 Equação Diferencial Linear de 1ª Ordem

①
$$\frac{dy}{dx} = g(x)y + f(x).$$

Esta equação é equivalente a

$$[g(x)y + f(x)]\, dx - dy = 0.$$

Temos

$$\frac{\dfrac{\partial Q}{\partial x} - \dfrac{\partial P}{\partial y}}{Q(x, y)} = g(x).$$

Logo,

②
$$e^{-\int g(x)\,dx}$$

é um fator integrante para ①. (Veja Seção 10.9.) Multiplicando ambos os membros de ① por ②, obtemos

$$\frac{d}{dx}\left[e^{-\int g(x)\,dx}\, y\right] = e^{-\int g(x)\,dx}\, f(x).$$

(Observe que

$$\frac{d}{dx}\left[e^{-\int g(x)\,dx}\, y\right] = \left[\frac{dy}{dx} - g(x)y\right]e^{-\int g(x)\,dx}.)$$

Logo,

$$\boxed{\, y = ke^{\int g(x)\,dx} + e^{\int g(x)\,dx} \int e^{-\int g(x)\,dx}\, f(x)\,dx. \,}$$

Para outro modo de resolução, veja Seção 10.4.

Exemplo $\dfrac{dy}{dx} = 2xy + x.$

Solução

$$y = ke^{x^2} + e^{x^2} \int e^{-x^2} x\, dx,$$

Tipos Especiais de Equações

ou seja,

$$y = ke^{x^2} - \frac{1}{2}.$$

15.3 Equação Generalizada de Bernoulli

Por uma equação *generalizada de Bernoulli* entendemos uma equação do tipo

①
$$h'(y)\frac{dy}{dx} = g(x)h(y) + f(x).$$

A mudança de variável $u = h(y)$, $y = y(x)$, transforma ① na equação linear de 1ª ordem

$$\frac{du}{dx} = g(x)u + f(x).$$

Exemplo 1 Mostre que a equação de Bernoulli

$$\frac{dy}{dx} = g(x)y + f(x)y^\alpha,$$

em que α é um real dado, com $\alpha \neq 0$ e $\alpha \neq 1$, é do tipo ①.

Solução

Se $\alpha > 0$, a equação admite a solução constante $y = 0$. Para $y \neq 0$, a equação é equivalente a

$$(1 - \alpha)y^{-\alpha}\frac{dy}{dx} = (1 - \alpha)g(x)y^{1-\alpha} + (1 - \alpha)f(x),$$

que é do tipo ① com $h(y) = y^{1-\alpha}$. A mudança de variável $u = y^{1-\alpha}$ transforma a equação dada na equação linear de 1ª ordem

$$\frac{du}{dx} = (1 - \alpha)g(x)u + (1 - \alpha)f(x).$$

Exemplo 2 Resolva $\dfrac{dy}{dx} = y + e^{-3x}y^4$.

Solução

A função constante $y(x) = 0$, $x \in \mathbb{R}$, é solução. Para $y \neq 0$, a equação é equivalente a

$$-3y^{-4}\frac{dy}{dx} = -3y^{-3} - 3e^{-3x},$$

que é do tipo ① com $h(y) = y^{-3}$. Fazendo a mudança de variável $u = y^{-3}$, obtemos

Capítulo 15

$$\frac{du}{dx} = -3u - 3e^{-3x},$$

cuja solução geral é $u = (k - 3x)e^{-3x}$. Daí,

$$y^3 = \frac{e^{3x}}{k - 3x}.$$

Assim,

$$y(x) = 0$$

e

$$y(x) = \frac{e^x}{\sqrt[3]{k - 3x}}$$

é a família das soluções.

Exemplo 3 Resolva

$$\frac{dy}{dx} = \frac{1}{2}\operatorname{tg} y + x^3 \sec y, \, x > 0 \text{ e } -\frac{\pi}{2} < y < \frac{\pi}{2}.$$

Solução

A equação dada é equivalente a

$$\cos y \frac{dy}{dx} = \frac{1}{x}\operatorname{sen} y + x^3,$$

que é do tipo ① com $h(y) = \operatorname{sen} y$. A mudança de variável $u = \operatorname{sen} y$ a transforma na linear

$$\frac{du}{dx} = \frac{u}{x} + x^3, \, x > 0 \text{ e } -1 < u < 1,$$

cuja solução geral é $u = kx + \dfrac{x^4}{3}$. A solução geral da equação dada é então

$$y = \operatorname{arcsen}\left(kx + \frac{x^4}{3}\right).$$

Observe que o domínio de cada solução é um intervalo aberto I, contido no semieixo positivo dos x, tal que $-1 < kx + \dfrac{x^4}{3} < 1$, para todo $x \in I$.

Exemplo 4 Seja

$$(\cos y)\frac{dy}{dx} = \frac{\operatorname{sen} y}{x} + x^3.$$

Determine a solução que satisfaz a condição inicial $y(1) = \dfrac{5\pi}{6}$.

Solução

Como o gráfico da solução pedida deve passar pelo ponto $(1, \dfrac{5\pi}{6})$, podemos, então, supor $x > 0$ e $\dfrac{\pi}{2} < y < \dfrac{3\pi}{2}$. A condição $\dfrac{\pi}{2} < y < \dfrac{3\pi}{2}$ é equivalente a $-\dfrac{\pi}{2} < y - \pi < \dfrac{\pi}{2}$. Fazendo $y - \pi = v$, a equação se transforma em

$$\frac{dv}{dx}\cos(v + \pi) = \frac{\operatorname{sen}(v + \pi)}{x} + x^3,$$

que é equivalente a

$$\frac{dv}{dx}\cos v = \frac{\operatorname{sen} v}{x} - x^3, x > 0 \text{ e } -\frac{\pi}{2} < v < \frac{\pi}{2}.$$

Procedendo como no exemplo anterior, obtemos

$$y = \pi + \operatorname{arcsen}\left(kx - \frac{x^4}{3}\right).$$

Fica a seu cargo verificar que

$$y = \pi - \operatorname{arcsen}\left(\frac{x + 2x^4}{6}\right)$$

satisfaz a condição inicial $y(1) = \dfrac{5\pi}{6}$.

Para encerrar a seção, damos a seguinte. **DICA:** Considere a equação

$$\frac{dy}{dx} = a(x)h_1(y) + b(x)h_2(y).$$

Divida por $h_2(y)$ e verifique se é do tipo ①. Se for, resolva. Caso contrário, divida por $h_1(y)$. Se for do tipo ①, resolva. Caso contrário, use a sua criatividade!

15.4 Equação de Riccati

①
$$\frac{dy}{dx} = f(x)y + g(x)y^2 + h(x).$$

Se $h(x)$ for identicamente nula, então ① será de Bernoulli. Suponhamos que seja conhecida uma solução $y_1 = y_1(x)$ de ①. Então

②
$$\frac{dy_1}{dx} = f(x)y_1 + g(x)y_1^2 + h(x).$$

Capítulo 15

Subtraindo ② de ①, vem

$$\frac{d}{dx}(y - y_1) = f(x)(y - y_1) + g(x)(y - y_1)(y + y_1),$$

ou seja,

$$\frac{d}{dx}(y - y_1) = f(x)(y - y_1) + g(x)(y - y_1)(y - y_1 + 2y_1).$$

Logo, $y - y_1$ é solução da equação de Bernoulli

③ $$\frac{dz}{dx} = [f(x) + 2y_1 g(x)]z + g(x)z^2.$$

Logo, a solução geral de ① é

$$y = y_1 + z,$$

em que z é a solução geral de ③.

> **Observação.** Outro processo para se chegar em ③ é o seguinte. Fazendo em ① a mudança de variável
>
> $$y = y_1 + z,$$
>
> resulta
>
> $$\frac{dy_1}{dx} + \frac{dz}{dx} = f(x)y_1 + f(x)z + g(x)(y_1^2 + 2y_1 z + z^2) + h(x)$$
>
> e, portanto, tendo em vista ②,
>
> $$\frac{dz}{dx} = [f(x) + 2y_1 g(x)]z + g(x)z^2.$$

Conclusão. Se for conhecida uma solução particular $y_1 = y_1(x)$ de ①, a mudança de variável

$$y = y_1 + z$$

transforma ① numa equação de Bernoulli.

Exemplo $\dfrac{dy}{dx} = y + xy^2 - 1 - x.$

Solução

Por inspeção!! verifica-se que $y_1 = 1$ é uma solução. A mudança de variável

$$y = 1 + z$$

transforma a equação dada na equação de Bernoulli

$$\frac{dz}{dx} = \left(1 + 2x\right)z + xz^2,$$

cuja solução geral é

$$z^{-1} = e^{-\int (1+2x)dx} \left[k - \int e^{\int (1+2x)dx} x\, dx \right],$$

ou seja,

$$z^{-1} = e^{(-x-x^2)} \left[k - \int x e^{(x+x^2)} dx \right].$$

Portanto,

$$y = 1 + \frac{e^{(x+x^2)}}{k - \int x e^{(x+x^2)} dx}$$

e

$$y = 1$$

é a família de soluções da equação dada. (O cálculo da integral que ocorre na família acima fica para o leitor.)

15.5 Equação do Tipo $y' = f(ax + by)$

① $$\frac{dy}{dx} = f(ax + by),$$

em que a e b são constantes não nulas. A mudança de variável

$$u = ax + by \text{ ou } y = \frac{1}{b}(u - ax), \text{ com } u = u(x),$$

transforma ① na equação de variáveis separáveis

$$\frac{1}{b}(u' - a) = f(u).$$

Exemplo $y' = x^2 + 2xy + y^2.$

Solução

Observe que se trata de uma equação de Riccati. Tal equação é equivalente a

$$y' = (x + y)^2.$$

Fazendo

$$u = x + y \text{ ou } y = u - x,$$

resulta

$$u' - 1 = u^2,$$

ou seja,

Capítulo 15

$$\frac{du}{dx} = 1 + u^2.$$

Separando as variáveis e integrando, obtemos

$$\text{arctg } u = x + c$$

e, portanto,

$$u = \text{tg}(x + c), \text{ com } -\frac{\pi}{2} < x + c < \frac{\pi}{2}.$$

Assim,

$$y = -x + \text{tg } (x + c)$$

é a família das soluções da equação dada.

15.6 Equação do Tipo $y' = f(ax + by + c)$

A mudança de variável

$$u = ax + by + c \text{ ou } y = \frac{1}{b}(u - ax - c),$$

com $u = u(x)$, transforma a equação dada em uma de variáveis separáveis. Se $c = 0$, estamos na equação da seção anterior.

15.7 Equação do Tipo $y' = f\left(\dfrac{y}{x}\right)$

①
$$y' = f\left(\frac{y}{x}\right).$$

Façamos a mudança de variável

$$\frac{y}{x} = u, \text{ ou seja, } y = xu$$

com $u = u(x)$. Temos $y' = u + xu'$. Substituindo em ①, resulta

$$x\frac{du}{dx} = f(u) - u,$$

que é de variáveis separáveis. Fica a seu cargo verificar que toda equação do tipo

$$\frac{dy}{dx} = \frac{M(x, y)}{N(x, y)},$$

em que $M(x, y)$ e $N(x, y)$ são homogêneas do mesmo grau, pode ser colocada na forma ①.

Tipos Especiais de Equações

> **Exemplo**   Resolva

$$y' = \frac{y^2}{xy + x^2}, \ x \neq 0 \ \text{e} \ x + y \neq 0.$$

Solução

Temos

$$\frac{dy}{dx} = \frac{\left(\dfrac{y}{x}\right)^2}{\dfrac{y}{x} + 1}.$$

A mudança de variável $y = xu$ transforma a equação dada na de variáveis separáveis

$$x = \frac{du}{dx} = \frac{u^2}{u + 1} - u.$$

Separando as variáveis, obtemos

$$\left(1 + \frac{1}{u}\right)du = -\frac{1}{x}dx.$$

Daí, $u + \ln|u| = -\ln|x| + k$. Segue que as soluções $y = y(x)$, com $y(x) \neq 0$, são dadas implicitamente pelas equações

$$y = x\ln|y| = kx.$$

Da expressão acima, podemos expressar x como função de y : $x = \dfrac{y}{k - \ln|y|}$. Observamos que a equação admite, também, as soluções constantes $y(x) = 0, x > 0$, e $y(x) = 0, x < 0$.

15.8 Equação do Tipo $y' = f\left(\dfrac{ax + by + c}{mx + ny + c}\right)$

①
$$y' = f\left(\frac{ax + by + c}{mx + ny + p}\right).$$

1º Caso

Existe λ real tal que

$$m = \lambda a \ \text{e} \ n = \lambda b.$$

(Esta condição é equivalente a

$$\begin{vmatrix} a & b \\ m & n \end{vmatrix} = 0.)$$

Neste caso, a mudança de variável

Capítulo 15

$$u = ax + by \quad \text{ou} \quad y = \frac{1}{b}(u - ax),$$

com $u = u(x)$, transforma ① na equação de variáveis separáveis

$$\frac{du}{dx} - a = bf\left(\frac{u + c}{\lambda u + p}\right).$$

2º Caso

$$\begin{vmatrix} a & b \\ m & n \end{vmatrix} \neq 0.$$

A equação ① é equivalente a

②
$$dy = f\left(\frac{ax + by + c}{mx + ny + p}\right)dx.$$

Façamos a mudança de variáveis

$$\begin{cases} u = ax + by + c \\ v = mx + ny + p. \end{cases}$$

Segue que existem constantes A, B, C, M, N e P tais que

$$\begin{cases} x = Au + Bv + C \\ y = Mu + Nv + P \end{cases}$$

e, portanto,

$$\begin{cases} dx = A\,du + B\,dv \\ dy = M\,du + N\,dv. \end{cases}$$

Substituindo em ②, vem

$$M\,du + N\,dv = f\left(\frac{u}{v}\right)(A\,du + B\,dv),$$

que é equivalente a

③
$$\frac{dv}{du} = \frac{M - Af\left(\dfrac{u}{v}\right)}{Bf\left(\dfrac{u}{v}\right) - N} = F\left(\frac{u}{v}\right).$$

A mudança de variável

$$\frac{u}{v} = s, \text{ com } s = s(u),$$

transforma ③ em uma equação de variáveis separáveis.

Tipos Especiais de Equações

391

15.9 Equação do Tipo $xy' = yf(xy)$

①
$$xy' = yf(xy), x \neq 0.$$

Façamos a mudança de variável

$$u = xy.$$

Temos

②
$$u' = y + xy'.$$

Multiplicando ambos os membros de ① e ambos os membros de ② por x, resulta

$$x^2y' = xy\,f(xy)$$

e

$$x^2y' = xu' - xy.$$

A equação ① transforma-se na de variáveis separáveis

$$xu' - u = u\,f(u).$$

Exemplo $(\sqrt{xy} - 1)xy' - (\sqrt{xy} + 1)y = 0$, com $xy \neq 1$ e $xy > 0$.

Solução

③
$$xy' = y\frac{\sqrt{xy} + 1}{\sqrt{xy} - 1}.$$

A mudança de variável $u = xy$ transforma ③ em

$$xu' = u + u\frac{\sqrt{u} + 1}{\sqrt{u} - 1},$$

ou seja,

$$x\frac{du}{dx} = u\frac{2\sqrt{u}}{\sqrt{u} - 1}.$$

Separando as variáveis e integrando, resulta

$$\ln\frac{y}{x} + \frac{2}{\sqrt{xy}} = c.$$

15.10 Equação do Tipo $\ddot{x} = f(x)$ (ou $y' = f(y)$)

①
$$\ddot{x} = f(x).$$

Seja $x = x(t)$, $t \in I$, uma solução de ①. Multiplicando os dois membros de ① por $\dot{x}$, obtemos

Capítulo 15

$$\ddot{x}\dot{x} - f(x)\dot{x} = 0.$$

Seja $U(x)$ uma primitiva de $-f(x)$. Temos, então,

$$\frac{d}{dt}\left[\frac{\dot{x}^2}{2} + U(x)\right] = \ddot{x}\dot{x} - f(x)\dot{x}.$$

Portanto, para todo $t \in I$,

$$\frac{d}{dt}\left[\frac{\dot{x}^2}{2} + U(x)\right] = 0.$$

Logo, existe uma constante c tal que, para todo $t \in I$,

② $$\frac{\dot{x}^2}{2} + U(x) = c,$$

que é uma equação de variáveis separáveis.

Algumas informações *qualitativas* sobre a solução $x = x(t)$ podem ser obtidas através de ②.

Exemplo Uma partícula de massa $m = 1$ desloca-se sobre o eixo x sob a ação da força resultante $-6x^5\vec{i}$. Sabe-se que $x(0) = 0$ e $\dot{x}(0) = \sqrt{2}$.

a) Determine o valor máximo de $|x|$.

b) Determine os valores máximos e mínimos de $|\dot{x}|$.

c) Descreva o movimento.

d) Estabeleça uma fórmula para o cálculo do tempo gasto pela partícula para ir da posição $x(0)$ = 0 até a posição que a velocidade se anule pela 1ª vez.

Solução

Pela 2ª lei de Newton,

$$\ddot{x} = -6x^5.$$

Sendo $f(x) = -6x^5$, teremos $-f(x) = 6x^5$. Assim,

$$U(x) = x^6.$$

Segue que

$$\frac{\dot{x}^2}{2} + x^6 = c.$$

Como $\dot{x}(0) = \sqrt{2}$ e $x(0) = 0$, resulta $c = 1$. Assim, para todo t,

$$\frac{\dot{x}^2}{2} + x^6 = 1,$$

ou seja,

③ $$\dot{x}^2 + 2x^6 = 2.$$

Tipos Especiais de Equações

393

a) O valor máximo de $|x|$ ocorre quando $\dot{x}(0) = 0$. Logo, o valor máximo de $|x|$ é 1.

b) O valor máximo de $|\dot{x}|$ ocorre na posição $x = 0$. Logo, o valor máximo é $\sqrt{2}$. O valor mínimo ocorre quando $|x|$ for máximo. Logo, o valor mínimo de $|\dot{x}|$ é zero e ocorre nas posições 1 e -1.

c) A partícula descreve um movimento oscilatório entre as posições 1 e -1.

d) Segue de ③ que

④
$$\dot{x}^2 = 2 - 2x^6.$$

Seja $t_1 > 0$ o instante em que a partícula atinge pela 1ª vez a posição $x = 1$. Então,

$$x(t) \geqslant 0 \text{ tem } [0, t_1].$$

Segue de ④ que

$$\frac{dx}{dt} = \sqrt{2 - 2x^6}.$$

A função $x = x(t)$ é estritamente crescente em $[0, t_1]$; logo, inversível. A derivada da inversa $t = t(x)$ é:

$$\frac{dx}{dt} = \frac{1}{\sqrt{2 - 2x^6}}, \, 0 \leqslant x < 1.$$

Assim,

$$t_1 = \int_0^1 \frac{1}{\sqrt{2 - 2x^6}} \, dx.$$

(Observe que se trata de uma integral imprópria convergente:

$$\int_0^1 \frac{1}{\sqrt{1 - x^6}} \, dx \leqslant \int_0^1 \frac{1}{\sqrt{1 - x^2}} \, dx = \frac{\pi}{2}.)$$

Sugerimos ao leitor rever os Exemplos 6, 7 e 8 da Seção 10.10.

15.11 Equação Diferencial de 2ª Ordem do Tipo $F(x, y', y'') = 0$

①
$$F(x, y', y'') = 0.$$

A mudança de variável

$$y' = u \, (u = u(x))$$

transforma a equação em uma de 1ª ordem.

Capítulo 15

394

Exemplo $xy'' + y' = 4$. A mudança de variável $y' = u$ transforma a equação na de 1ª ordem

$$xu' + u = 4.$$

Achada $u = u(x)$, por integração obtém-se $y = y(x)$:

$$y = \int u(x)\,dx.$$

Logo, $u(x) = 4 + \dfrac{c}{x}$ e $y = 4x + c \ln x$.

15.12 Equação Diferencial de 2ª Ordem do Tipo $y'' = f(y)\, y'$

①
$$y'' = f(y)\, y'$$

em que f é suposta definida e contínua num intervalo J. Seja $F: J \to \mathbb{R}$ uma primitiva de f, isto é, $F' = f$ em J. A equação ① é, então, equivalente à equação

②
$$y'' = [F(y)]',$$

pois

$$[F(y)]' = F'(y)y' = f(y)y'.$$

A equação ② é equivalente à família de equações

$$y' = F(y) + A(A \in \mathbb{R}),$$

que são de 1ª ordem e de variáveis separáveis.

Exemplo Determine uma solução da equação

$$y'' = y^2 y'$$

que satisfaça as condições iniciais

$$y(0) = 1 \text{ e } y'(0) = \frac{1}{3}.$$

Solução

$$y'' = \left(\frac{y^3}{3}\right)'$$

que é equivalente a

$$y' = \frac{y^3}{3} + A.$$

Tendo em vista as condições iniciais, resulta $A = 0$. Assim,

$$\frac{dy}{dx} = \frac{y^3}{3}.$$

Tipos Especiais de Equações

Separando as variáveis e integrando, obtemos

$$-\frac{1}{2y^2} = \frac{1}{3}x + B.$$

Tendo em vista a condição inicial $y(0) = 1$, resulta $B = -\frac{1}{2}$. Assim,

$$y = \sqrt{\frac{3}{3 - 2x}}, \; x < \frac{3}{2}$$

é uma solução do problema.

Observação. Se em lugar de ① tivéssemos

③ $$\ddot{x} = f(x)\dot{x},$$

o procedimento seria evidentemente o mesmo: ③ é equivalente a

$$\ddot{x} = \frac{d}{dt}[F(x)],$$

em que $F' = f$; daí

$$\dot{x} = F(x) + A,$$

ou seja,

$$\frac{dx}{dt} = F(x) + A,$$

que é uma equação de 1ª ordem de variáveis separáveis.

15.13 Equação Diferencial de 2ª Ordem do Tipo $y'' = f(y, y')$

Observe que

① $$y'' = f(y, y')$$

é uma equação diferencial de 2ª ordem em que a variável x não aparece explicitamente. As equações tratadas nas Seções 10.7, 15.10 e 15.12 são deste tipo.

Para estudar esta equação será conveniente transformá-la em um sistema de duas equações de 1ª ordem. A equação ① é equivalente ao sistema

② $$\begin{cases} y' = p \\ p' = f(y, p). \end{cases}$$

Observe que se $y = y(x)$, $x \in I$, for solução de ①, então

③ $$\begin{cases} y = y(x) \\ p = y'(x) \end{cases} \quad x \in I$$

Capítulo 15

será solução de ②. Por outro lado, se ③ for solução de ②, então $y = y(x)$, $x \in I$ será solução de ①. Vamos, agora, reescrever ② na forma

④
$$\begin{cases} \dfrac{dy}{dx} = p \\[2mm] \dfrac{dp}{dx} = f(y, p). \end{cases}$$

Multiplicando a 1ª equação por $f(y, p)$ e a 2ª por p e comparando, obtemos

⑤
$$p\frac{dp}{dx} = f(y, p)\frac{dy}{dx}.$$

Segue que toda solução

$$\begin{cases} y = y(x) \\ p = p(x) \end{cases} \quad x \in I$$

de ④ será, também, solução da equação

$$p\, dp = f(y, p)\, dy.$$

A importância deste resultado reside no fato de nos permitir abaixar a ordem da equação. Vamos, então, destacá-lo.

---

① $$y'' = f(y, y').$$

Se $y = y(x)$ for solução de ①, então

$$\begin{cases} y = y(x) \\ p = y'(x) \end{cases}$$

será solução de

$$p\, dp = f(y, p)\, dy.$$

(Veja Seção 10.7 para outro modo de resolução.)

Exemplo 1 Seja a equação

$$y'' = yy' + y.$$

Seja $y = y(x)$, $x \in I$, uma solução desta equação tal que $y'(x) + 1 > 0$ para todo $x \in I$. Mostre que existe uma constante c tal que, para todo $x \in I$,

$$y' - \ln(y' + 1) - \frac{y^2}{2} = c.$$

Solução

$$y'' = f(y, y'),$$

em que

Tipos Especiais de Equações

$$f(y, y') = yy' + y.$$

Seja, então, $y = y(x)$, $x \in I$, uma solução. Segue que

$$\begin{cases} y = y(x) \\ p = y'(x) \end{cases} x \in I$$

é solução da equação

$$p \, dp = (yp + y) \, dy, \text{ com } p + 1 > 0,$$

que é equivalente a

$$\frac{p}{p+1} dp = y \, dy$$

ou

$$\left(1 - \frac{p}{p+1}\right) dp = y \, dy.$$

Daí, existe uma constante c tal que, para todo $x \in I$,

$$p - \ln(p + 1) = \frac{y^2}{2} + c,$$

ou seja,

$$y' - \ln(y' + 1) - \frac{y^2}{2} = c.$$

Exemplo 2 Suponha que uma partícula desloca-se sobre o eixo Ox e que o movimento seja regido pela equação

$$\ddot{x} = x\dot{x} + x.$$

Suponha, ainda, que $x(0) > 0$ e $\dot{x}(0) > 0$. Seja $x = x(t)$, $t \in I$, a posição da partícula no instante t, em que I é um intervalo contendo 0.

a) Prove que, para todo $t \in I$, com $t \geq 0$, $\dot{x}(t) > 0$.

b) Expresse a posição x em termos da velocidade v.

Solução

a) Suponhamos que exista $t_1 \in I$, $t_1 > 0$, tal que $\dot{x}(t_1) = 0$. Seja

$$T = \inf\left\{t_1 \in I, t_1 > 0 \,\middle|\, \dot{x}(t_1) = 0\right\}.$$

É claro que $T > 0$. (Observe que pelo fato de $\dot{x}$ ser contínua e $\dot{x}(0) > 0$, existe $t_2 > 0$ tal que $\dot{x}(t) > 0$ em $[0, t_2]$.) Segue que $\dot{x}(t) > 0$ em $[0, T[$. Como $\ddot{x}(t) > 0$ em $[0, T[$ (por quê?), resulta $\dot{x}(T) > \dot{x}(0) > 0$. Pela conservação do sinal existirá, então, $T_1 > T$ tal que $\dot{x}(t) > 0$ em $[T, T_1]$ e, assim, T não poderá ser o ínfimo do conjunto.

Capítulo 15

Logo, $\dot{x}(t) > 0$ para todo $t \in I$, com $t \geq 0$,

b) Segue do exemplo anterior que, para todo $t \in I$, $t \geq 0$,

$$\dot{x} - \ln(\dot{x} + 1) - \frac{x^2}{2} = c$$

para alguma constante c. (É claro que $c = v_0 - \ln(v_0 + 1) - \frac{x_0^2}{2}$, em que $x_0 = x(0)$ e $v_0 = \dot{x}$ (0).) Daí, para todo $t \in I$, $t \geq 0$.

$$x = \sqrt{2v - 2\ln(v + 1) - 2c},$$

em que $\dot{x} = v$.

Exemplo 3 Considere a equação

$$y'' = 3y^2.$$

Esboce o gráfico da solução $y = y(x)$ que satisfaz as condições iniciais $y(0) = 2$ e $y'(0) = 4$.

Solução

$$y'' = 3y^2.$$

Seja $y = y(x)$, $x \in I$, a solução procurada. Para todo $x \in I$,

$$\begin{cases} y = y(x) \\ p = y'(x) \end{cases}$$

é solução da equação

$$p\, dp = 3y^2\, dy.$$

Integrando, obtemos

$$\frac{p^2}{2} - y^3 = c.$$

Segue que, para todo $x \in I$,

$$\frac{[y']^2}{2} - y^3 = c.$$

Tendo em vista as condições iniciais, $c = 0$. Como $y'(0) > 0$, a função procurada é solução da equação

$$y' = \sqrt{2}\, y^{3/2}.$$

Como $y(0) = 2$, podemos supor $y > 0$. A equação acima é equivalente a

$$y^{-(3/2)} dy = \sqrt{2}\, dx$$

e, portanto,
$$-2y^{-(1/2)} = \sqrt{2}x + A,$$
ou seja,
$$\sqrt{y} = \frac{-2}{\sqrt{2}x + A}.$$

Como $y(0) = 2$, resulta $A = -\sqrt{2}$. Portanto,
$$y = \frac{2}{(x-1)^2}, x < 1.$$

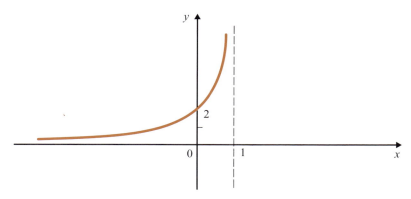

(Sugerimos ao leitor resolver o problema pelo método da Seção 15.10.)

15.14 Redução de uma Equação Linear de 2ª Ordem do Tipo $\ddot{y} = g(t)y$ a uma Equação de Riccati

① $$\ddot{y} = g(t)y,$$

em que $g(t)$ é suposta definida e contínua num intervalo I. Seja $y = y(t)$, $t \in I$, uma solução de ①. Suponhamos que
$$y(t) \neq 0 \text{ em } J,$$
em que J é um intervalo contido em I. Vamos mostrar que
$$u = \frac{\dot{y}(t)}{y(t)}, t \in J$$
é uma solução da equação de Riccati

② $$\dot{u} = g(t) - u^2.$$

De fato,

Capítulo 15

$$u = \frac{\dot{y}}{y} \Leftrightarrow \dot{y} = uy;$$

daí

$$\ddot{y} = \dot{u}y + u\dot{y}$$

e, portanto,

$$\ddot{y} = \dot{u}y + u^2 y.$$

Substituindo em ① e simplificando, obtemos ②.
Fica a seu cargo verificar que se

$$u = u(t),\, t \in I$$

for solução da equação de Riccati ②, então

③ $$y = e^{\int u(t)\,dt}$$

será solução de ①.

Exemplo $\ddot{y} = (1 + t^2)y.$

Solução

Consideremos a equação de Riccati

④ $$\dot{u} = 1 + t^2 - u^2.$$

Verifica-se por inspeção que $u = t$ é solução de ④. Tendo em vista ③,

⑤ $$y = e^{t^2/2}$$

é uma solução da equação dada. Pela fórmula de Abel-Liouville (veja Seção 13.2)

$$\begin{vmatrix} e^{t^2/2} & y \\ te^{t^2/2} & \dot{y} \end{vmatrix} = 1;$$

daí

$$\dot{y} - ty = e^{-(t^2/2)}.$$

Fica a seu cargo concluir que

$$y = e^{t^2/2} \int e^{-t^2}\, dt$$

é outra solução da equação dada, linearmente independente com ⑤. A solução geral da equação dada é

$$y = e^{t^2/2}\left[A + B\int e^{-t^2}\, dt \right],$$

em que $\int e^{-t^2}\, dt$ está indicando uma particular primitiva de e^{-t^2}.

Observação. Como

$$\int_0^t e^{-\tau^2}\, d\tau$$

é uma particular primitiva e^{-t^2}, a solução geral pode ser dada na forma

$$y = e^{t^2/2}\left[A + B\int_0^t e^{-\tau^2}\, d\tau \right].$$

15.15 Redução de uma Equação Diferencial Linear de 2ª Ordem do Tipo $\ddot{y} + p(t)\,\dot{y} + q(t)y = 0$ a uma da Forma $\ddot{y} = g(t)y$

① $$\ddot{y} + p(t)\dot{y} + q(t)y = 0,$$

em que $p(t)$ e $q(t)$ são funções dadas, definidas e contínuas num mesmo intervalo I. Façamos

$$y = uv,$$

em que $u = u(t)$ e $v = v(t)$. Temos

$$\dot{y} = \dot{u}v + u\dot{v}$$

e

$$\ddot{y} = \ddot{u}v + 2\dot{u}\dot{v} + u\ddot{v}.$$

Substituindo em ①, obtemos

② $$\ddot{u}v + [2\dot{v} + p(t)v]\dot{u} + [\ddot{v} + p(t)\dot{v} + q(t)v]u = 0.$$

Vamos, agora, escolher $v = v(t)$ de modo que

$$2\dot{v} + p(t)v = 0.$$

Basta, então, tomarmos

$$v = e^{-\int \frac{p(t)}{2}\, dt},$$

em que $\displaystyle\int \frac{p(t)}{2}\, dt$ indica uma particular primitiva de $\dfrac{p(t)}{2}$. Temos

$$\dot{v} = -\frac{p(t)}{2}e^{-\int \frac{p(t)}{2}\, dt}$$

e

$$\ddot{v} = \left[-\frac{\dot{p}(t)}{2} + \frac{p^2(t)}{4} \right]e^{-\int \frac{p(t)}{2}\, dt}.$$

Substituindo em ② e simplificando, resulta

Capítulo 15

$$\ddot{u} + \left[-\frac{\dot{p}(t)}{2} - \frac{p^2(t)}{4} + q(t) \right] u = 0$$

ou

$$\ddot{u} + g(t)u,$$

em que

③
$$g(t) = \frac{\dot{p}(t)}{2} + \frac{p^2(t)}{4} - q(t).$$

Conclusão. A mudança de variável

$$y = ue^{-\int \frac{p(t)}{2} dt}$$

transforma ① na equação

$$\ddot{u} + g(t)u,$$

em que $g(t)$ é dada por ③.

A

APÊNDICE

Teorema de Existência e Unicidade para Equação Diferencial de 1ª Ordem do Tipo $y' = f(x, y)$

A.1 Preliminares

Lema 1. Seja a equação

① $$y' = f(x, y)$$

em que $f : \Omega \subset \mathbb{R}^2 \to \mathbb{R}$ é contínua no aberto Ω. Seja $(x_0, y_0) \in \Omega$. Nestas condições, $y = y(x)$, $x \in I$, será uma solução satisfazendo a condição inicial $y(x_0) = y_0$, com x_0 no intervalo I, se e somente se

$$y(x) = y_0 + \int_{x_0}^x f(s, y(s)) \, ds$$

para todo $x \in I$.

Demonstração

Se $y = y(x)$, $x \in I$, é solução de ①, então

$$y'(x) = f(x, y(x))$$

para todo x em I. Como estamos supondo $y(x_0) = y_0$, vem

$$y(x) = y_0 + \int_{x_0}^x f(s, y(s)) \, ds$$

para todo x em I. Reciprocamente, se

$$y(x) = y_0 + \int_{x_0}^x f(s, y(s)) \, ds, \, x \in I,$$

então teremos

$$y(x_0) = y_0$$

Apêndice A

e, pelo teorema fundamental do cálculo,

$$y'(x) = f(x, y(x)), x \in I.$$ ∎

Lema 2. Seja $f: \Omega \subset \mathbb{R}^2 \to \mathbb{R}$, Ω aberto, uma função contínua e tal que $\dfrac{\partial f}{\partial y}$ seja, também, contínua em Ω. Seja $(x_0, y_0) \in \Omega$. Sendo Ω aberto, existem $a > 0$ e $b > 0$ tais que o retângulo

$$Q = \{(x, y) \in \mathbb{R}^2 \big| x_0 - a \leqslant x \leqslant x_0 + a, y_0 - b \leqslant y \leqslant y_0 + b\}$$

está contido em Ω. Nestas condições, existe uma constante $K > 0$ tal que

$$\left| f(x, y_1) - f(x, y_2) \right| \leqslant K \left| y_1 - y_2 \right|$$

quaisquer que sejam (x, y_1) e (x, y_2) no retângulo Q.

Demonstração

Da continuidade de $\dfrac{\partial f}{\partial y}$ em Ω, segue a continuidade no retângulo Q; pelo teorema de Weierstrass, existe uma constante $K > 0$ tal que

$$\left| \frac{\partial f}{\partial y}(x, y) \right| \leqslant K$$

para todo (x, y) em Q. Sejam (x, y_1) e (x, y_2) dois pontos quaisquer de Q. Temos, pelo TVM,

$$f(x, y_1) - f(x, y_2) = \frac{\partial f}{\partial y}(x, s)(y_1 - y_2)$$

para algum s entre y_1 e y_2. Assim,

$$\left| f(x, y_1) - f(x, y_2) \right| \leqslant K \left| y_1 - y_2 \right|.$$ ∎

Lema 3. Seja $f: \Omega \subset \mathbb{R}^2 \to \mathbb{R}$, Ω aberto, contínua e seja $(x_0, y_0) \in \Omega$. Sejam $a > 0$ e $b > 0$ tais que o retângulo

$$Q = \{(x, y) \in \mathbb{R}^2 \big| x_0 - a \leqslant x \leqslant x_0 + a, y_0 - b \leqslant y \leqslant y_0 + b\}$$

esteja contido em Ω. Seja $M > 0$ tal que

$$\left| f(x, y) \right| \leqslant M, \text{ em } Q.$$

(Tal M existe, pois f é contínua em Q.) Seja $r > 0$, tal que

$$r \leqslant a \text{ e } Mr \leqslant b.$$

Teorema de Existência e Unicidade para Equação Diferencial de 1ª Ordem Tipo y' = f(x,y)

Seja $y_{n-1} = y_{n-1}(x)$, $x_0 - r \leq x \leq x_0 + r$, contínua e cujo gráfico esteja contido em Q; seja

$$y_n = y_n(x), \quad x_0 - r \leq x \leq x_0 + r,$$

dada por

$$y_n(x) = y_0 + \int_{x_0}^{x} f(s, y_{n-1}(s))\,ds.$$

Nestas condições, o gráfico de $y_n = y_n(x)$ também está contido em Q.

Demonstração

Para provar que o gráfico de y_n está contido em Q, é suficiente provar que

$$\left| y_n(x) - y_0 \right| \leq b$$

para todo $x \in [x_0 - r, x_0 + r]$.

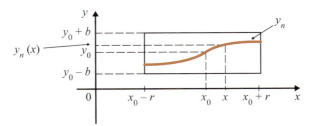

Temos, para todo $x \in [x_0 - r, x_0 + r]$,

$$y_n(x) - y_0 = \int_{x_0}^{x} f(s, y_{n-1}(s))\,ds$$

e, portanto,

$$\left| y_n(x) - y_0 \right| \leq \left| \int_{x_0}^{x} \left| f(s, y_{n-1}(s)) \right| ds \right|.$$

Como, para todo $s \in [x_0 - r, x_0 + r]$,

$$(s, y_{n-1}(s)) \in Q,$$

resulta

$$\left| f(s, y_{n-1}(s)) \right| \leq M$$

para todo $s \in [x_0 - r, x_0 + r]$. Logo,

$$\left| y_n(x) - y_0 \right| \leq \left| \int_{x_0}^{x} M\,ds \right|$$

para todo $x \in [x_0 - r, x_0 + r]$. Daí, para todo $x \in [x_0 - r, x_0 + r]$,

$$\left| y_n(x) - y_0 \right| \leq M \left| x - x_0 \right|$$

Apêndice A

e, portanto,

$$\left| y_n(x) - y_0 \right| \le Mr \le b. \qquad \blacksquare$$

Sejam $f : \Omega \subset \mathbb{R}^2 \to \mathbb{R}$, $r > 0$ e (x_0, y_0) como no lema anterior. Consideremos a função constante

$$y_0(x) = y_0, x \in [x_0 - r, x_0 + r].$$

A função $y_0(x) = y_0$ é contínua e seu gráfico está contido em Q. Consideremos, agora, a sequência de funções $(y_n(x))_{n \ge 0}$ definidas em $[x_0 - r, x_0 + r]$ e dadas por

$$y_0(x) = y_0$$

e

$$y_n(x) = y_0 + \int_{x_0}^{x} f(x, y_{n-1}(s)) \, ds, \, n \ge 1.$$

(Observe que, para todo $n \ge 1$, o gráfico de y_n está contido em Q.) Tal sequência de funções denomina-se sequência de Picard para o problema

①
$$\begin{cases} y' = f(x, y) \\ y(x_0) = y_0. \end{cases}$$

Provaremos, na próxima seção, que a sequência acima converge uniformemente a uma função $y = y(x)$, $x \in [x_0 - r, x_0 + r]$, e que esta função é uma solução do problema ①.

A.2 Teorema de Existência

Seja $f : \Omega \subset \mathbb{R}^2 \to \mathbb{R}$, Ω aberto, e seja $(x_0, y_0) \in \Omega$. Suponhamos que f e $\dfrac{\partial f}{\partial y}$ sejam contínuas em Ω. Sejam r e Q como no lema 3 da seção anterior. Seja K como no lema 2. Nosso objetivo, a seguir, é provar que a sequência de Picard

①
$$y_0(x) = y_0$$
$$y_n(x) = y_0 + \int_{x_0}^{x} f(x, y_{n-1}(s)) \, ds$$

converge uniformemente em $[x_0 - r, x_0 + r]$.

Consideremos a série

②
$$y_0 + \sum_{n=1}^{+\infty} [y_n(x) - y_{n-1}(x)].$$

Observamos que, para todo $n \ge 1$,

$$y_n(x) = y_0 + \sum_{k=1}^{n} [y_k(x) - y_{k-1}(x)]. \text{ (Verifique.)}$$

Deste modo, a sequência ① será uniformemente convergente em $[x_0 - r, x_0 + r]$ se a série ② o for. Basta, então, provar que

Teorema de Existência e Unicidade para Equação Diferencial de 1ª Ordem Tipo $y' = f(x, y)$

③
$$\sum_{n=1}^{+\infty} [y_n(x) - y_{n-1}(x)]$$

é uniformemente convergente em $[x_0 - r, x_0 + r]$.

Seja M o valor máximo de

$$\left| y_1(x) - y_0(x) \right|$$

em $[x_0 - r, x_0 + r]$. (Tal máximo existe, pois y_1 e y_0 são contínuas.)

Segue do lema 2 da seção anterior que

④
$$\left| f(s, y_n(s)) - f(s, y_{n-1}(s)) \right| \leqslant K \left| y_n(s) - y_{n-1}(s) \right|$$

para todo $s \in [x_0 - r, x_0 + r]$.

Temos

$$y_2(x) - y_1(x) = \int_{x_0}^{x} \left[f(s, y_1(s)) - f(s, y_0(s)) \right] ds.$$

Daí, para todo $x \in [x_0 - r, x_0 + r]$,

$$\left| y_2(x) - y_1(x) \right| \leqslant \left| \int_{x_0}^{x} \left| f(s, y_1(s)) - f(s, y_0(s)) \right| ds \right|;$$

tendo em vista ④,

$$\left| y_2(x) - y_1(x) \right| \leqslant K \left| \int_{x_0}^{x} \left| y_1(s) - y_0(s) \right| ds \right|$$

e, portanto,

⑤
$$\left| y_2(x) - y_1(x) \right| \leqslant MK \left| x - x_0 \right|$$

para todo $x \in [x_0 - r, x_0 + r]$. (Lembre-se de que M é o valor máximo de $\left| y_1(s) - y_0(s) \right|$ em $[x_0 - r, x_0 + r]$ e, portanto, neste intervalo,

$$\left| y_1(s) - y_0(s) \right| \leqslant M.)$$

Temos

$$y_3(x) - y_2(x) = \int_{x_0}^{x} \left[f(s, y_2(s)) - f(s, y_1(s)) \right] ds.$$

Segue que, para todo $x \in [x_0 - r, x_0 + r]$,

$$\left| y_3(x) - y_2(x) \right| \leqslant \left| \int_{x_0}^{x} K \left| y_2(s) - y_1(s) \right| ds \right|$$

e, tendo em vista ⑤,

$$\left| y_3(x) - y_2(x) \right| \leqslant MK^2 \left| \int_{x_0}^{x} \left| s - x_0 \right| ds \right|$$

Apêndice A

e, portanto, para todo $x \in [x_0 - r, x_0 + r]$,

$$|y_3(x) - y_2(x)| \leq MK^2 \frac{|x - x_0|^2}{2}. \text{ (Verifique.)}$$

Prosseguindo com este raciocínio, conclui-se que

$$|y_n(x) - y_{n-1}(x)| \leq MK^{n-1} \frac{|x - x_0|^{n-1}}{(n-1)!}$$

para todo $x \in [x_0 - r, x_0 + r]$. Como, neste intervalo, $|x - x_0| \leq r$, resulta

$$|y_n(x) - y_{n-1}(x)| \leq M \frac{(Kr)^{n-1}}{(n-1)!}$$

para todo natural $n \geq 1$ e para todo x no intervalo $[x_0 - r, x_0 + r]$. Como a série numérica

$$\sum_{n=1}^{+\infty} \frac{(Kr)^{n-1}}{(n-1)!}$$

é convergente (verifique), resulta, pelo critério M de Weierstrass, que a série

$$\sum_{n=1}^{+\infty} [y_n(x) - y_{n-1}(x)]$$

é uniformemente convergente no intervalo $[x_0 - r, x_0 + r]$.

Segue que a sequência de Picard

⑥
$$y_n(x) = y_0 + \int_{x_0}^{x} f(s, y_{n-1}(s)) \, ds$$

converge uniformemente em $[x_0 - r, x_0 + r]$. Seja $y = y(x)$, $x \in [x_0 - r, x_0 + r]$, dada por

⑦
$$y(x) = \lim_{n \to +\infty} y_n(x).$$

Vamos provar que, para todo $x \in [x_0 - r, x_0 + r]$,

$$y(x) = y_0 + \int_{x_0}^{x} f(s, y(s)) \, ds.$$

Segue de ⑥ que, para todo x no intervalo $[x_0 - r, x_0 + r]$,

$$\lim_{n \to +\infty} y_n(x) = y_0 + \lim_{n \to +\infty} \int_{x_0}^{x} f(s, y_{n-1}(s)) \, ds$$

e, portanto,

Teorema de Existência e Unicidade para Equação Diferencial de 1ª Ordem Tipo $y' = f(x,y)$

⑧
$$y(x) = y_0 + \lim_{n \to +\infty} \int_{x_0}^{x} f(s, y_{n-1}(s))\,ds.$$

Para podermos permutar os símbolos

$$\lim_{n \to +\infty} \quad e \quad \int_{x_0}^{x}$$

vamos precisar provar a convergência uniforme, em $[x_0 - r, x_0 + r]$, da sequência

$$f(s, y_{n-1}(s)), \, n \geqslant 1.$$

É de imediata verificação que o gráfico da função $y = y(x)$, $x \in [x_0 - r, x_0 + r]$, dada em ⑦, está contido no retângulo Q. (É só observar que $y_n(x) \in [y_0 - b, y_0 + b]$, para todo natural n e para todo $x \in [x_0 - r, x_0 + r]$, e lembrar que $y(x)$ é o limite de $y_n(x)$ para n tendendo a $+\infty$.)

Segue, então, de ④ que

$$\left| f(s, y_{n-1}(s)) - f(s, y(s)) \right| \leqslant K \left| y_{n-1}(s) - y(s) \right|$$

para todo $n \geqslant 1$ e para todo s no intervalo $[x_0 - r, x_0 + r]$. A convergência uniforme de $f(s, y_{n-1}(s))$ a $f(s, y(s))$ segue, então, da convergência uniforme de $y_{n-1}(s)$ a $y(s)$. Resulta, então, de ⑧ que

$$y(x) = y_0 + \int_{x_0}^{x} \left[\lim_{n \to +\infty} f(s, y_{n-1}(s)) \right] ds$$

e, portanto,

$$y(x) = y_0 + \int_{x_0}^{x} f(s, y(s))\,ds$$

para todo $x \in [x_0 - r, x_0 + r]$, pois

$$\lim_{n \to +\infty} f(s, y_{n-1}(s)) = f(s, y(s)).$$

Segue do lema 1 da seção anterior que $y = y(x)$, $x \in [x_0 - r, x_0 + r]$, é solução da equação

$$y' = f(x, y)$$

e satisfaz a condição inicial $y(x_0) = y_0$.

Demonstramos, assim, o seguinte

Teorema (de existência). Seja $f: \Omega \subset \mathbb{R}^2 \to \mathbb{R}$, Ω aberto, e seja $(x_0, y_0) \in \Omega$. Suponhamos f e $\dfrac{\partial f}{\partial y}$ contínuas em Ω. Nestas condições, a equação

$$y' = f(x, y)$$

admite uma solução $y = y(x)$ definida em um intervalo $[x_0 - r, x_0 + r]$ e satisfazendo a condição inicial $y(x_0) = y_0$.

Apêndice A

A.3 Teorema de Unicidade

Teorema (de unicidade). Seja $f: \Omega \subset \mathbb{R}^2 \to \mathbb{R}$, Ω aberto, e seja $(x_0, y_0) \in \Omega$. Suponhamos f e $\dfrac{\partial f}{\partial y}$ contínuas em Ω. Sejam

$$y_1 = y_1(x), x \in I,$$

e

$$y_2 = y_2(x), x \in J,$$

em que I e J são intervalos abertos contendo x_0, duas soluções da equação

$$y' = f(x, y)$$

e tais que

$$y_1(x_0) = y_2(x_0) = y_0.$$

Nestas condições, existe $d > 0$ tal que

$$y_1(x) = y_2(x) \text{ em } [x_0 - d, x_0 + d].$$

Demonstração

Seja Q o retângulo

$$x_0 - a \leqslant x \leqslant x_0 + a, y_0 - b \leqslant y \leqslant y_0 + b.$$

Da continuidade de y_1 e y_2 segue que existe $d_1 > 0$, com $d_1 \leqslant a$, tal que

$$(x, y_1(x)) \text{ e } (x, y_2(x))$$

pertencem ao retângulo Q, para todo x no intervalo $[x_0 - d_1, x_0 + d_1]$. Pelo lema 2 da Seção A.1,

$$\left| f(s, y_1(s)) - f(s, y_2(s)) \right| \leqslant K \left| y_1(s) - y_2(s) \right|$$

para todo $s \in [x_0 - d_1, x_0 + d_1]$. Tomemos $d > 0$ tal que

$$d \leqslant d_1 \text{ e } Kd < 1.$$

Como $y_1 = y_1(x)$ e $y_2 = y_2(x)$ são soluções da equação tais que $y_1(x_0) = y_2(x_0) = y_0$, resultam

$$y_1(x) = y_0 + \int_{x_0}^{x} f(s, y_1(s)) \, ds$$

e

$$y_2(x) = y_0 + \int_{x_0}^{x} f(s, y_2(s)) \, ds$$

para $x \in [x_0 - d, x_0 + d]$.

Segue que

$$\left| y_1(x) - y_2(x) \right| \leqslant \left| \int_{x_0}^{x} \left| f(s, y_1(s)) - f(s, y_2(s)) \right| ds \right|$$

Teorema de Existência e Unicidade para Equação Diferencial de 1ª Ordem Tipo y′ = f(x, y)

para todo $x \in [x_0 - d, x_0 + d]$. Daí

①
$$\left| y_1(x) - y_2(x) \right| \leqslant K \left| \int_{x_0}^{x} \left| y_1(s) - y_2(s) \right| ds \right|.$$

Seja, agora,

$$M_1 = \text{máx} \left\{ \left| y_1(x) - y_2(x) \right| \Big| x \in [x_0 - d, x_0 + d] \right\}.$$

Assim,

②
$$\left| y_1(s) - y_2(s) \right| \leqslant M_1$$

para todo $s \in [x_0 - d, x_0 + d]$. De ① e ②,

$$\left| y_1(x) - y_2(x) \right| \leqslant KM_1 \left| x - x_0 \right|$$

e, portanto,

$$\left| y_1(x) - y_2(x) \right| \leqslant KM_1 d$$

para todo $x \in [x_0 - d, x_0 + d]$. Logo,

$$M_1 \leqslant KdM_1,$$

pois M_1 é o máximo de $\left| y_1(x) - y_2(x) \right|$ em $[x_0 - d, x_0 + d]$.

Se $M_1 \neq 0$, resulta

$$1 \leqslant Kd,$$

que contraria a escolha de d. Daí $M_1 = 0$. Logo,

$$\left| y_1(x) - y_2(x) \right| = 0$$

em $[x_0 - d, x_0 + d]$ e, portanto,

$$y_1(x) = y_2(x)$$

neste intervalo. ∎

> **Corolário.** Nas condições do teorema anterior, se
> $$y_1 = y_1(x), x \in I,$$
> e
> $$y_2 = y_2(x), x \in J,$$
> em que I e J são intervalos abertos contendo x_0, são duas soluções de
> $$y' = f(x, y)$$
> e tais que
> $$y_1(x_0) = y_2(x_0) = y_0,$$

Apêndice A

então

$$y_1(x) = y_2(x)$$

para todo $x \in I \cap J$.

Demonstração

Suponhamos que exista $t \in I \cap J$ tal que

$$y_1(t) \neq y_2(t).$$

(Para fixar o raciocínio suporemos $t < x_0$.) Seja

$$A = \left\{ s \in \,]t, x_0] \,\big|\, y_1(x) \neq y_2(x) \text{ para } x \in [t, s] \right\}.$$

Provaremos, a seguir, que A não é vazio. De fato, sendo $y_1(t) \neq y_2(t)$, da continuidade de y_1 e y_2 segue que existe $r > 0$ tal que

$$y_1(x) \neq y_2(x) \text{ em } [t - r, t + r].$$

Assim, $t + r \in A$. Logo, A é não vazio.

Desse modo, A é limitado superiormente por x_0.

Segue que A admite supremo. Seja c o supremo de A. Desse modo, $c \leqslant x_0$ e, portanto, $c \in I \cap J$.

Devemos ter

$$y_1(c) = y_2(c)$$

ou

$$y_1(c) \neq y_2(c).$$

Se $y_1(c) = y_2(c)$, pelo teorema anterior, existe um $d < 0$ tal

$$y_1(x) = y_2(x)$$

em $[c - d, c + d]$ e isto contraria o fato de c ser supremo de A. (Por quê?) Se

$$y_1(c) \neq y_2(c),$$

existe um $r_1 > 0$ tal que

$$y_1(x) \neq y_2(x)$$

em $[c - r_1, c + r_1]$ que contraria, também, o fato de c ser supremo de A. Logo,

$$y_1(x) = y_2(x) \text{ em } I \cap J. \qquad \blacksquare$$

B

APÊNDICE

Sobre Séries de Fourier

B.1 Demonstração do Lema da Seção 9.3

Inicialmente, vamos destacar alguns resultados que nos serão úteis na demonstração do lema.

Por um *polinômio trigonométrico* entendemos uma expressão do tipo

$$P(x) = \alpha_0 + \alpha_1 \cos x + \beta_1 \sin x + ... + \alpha_k \cos kx + \beta_k \sin kx,$$

em que k é um natural dado, $\alpha_0, \alpha_1, ..., \alpha_k$ e $\beta_1, \beta_2, ..., \beta_k$ reais dados.

Observamos que, quaisquer que sejam os naturais n e m,

$$\sin^n x, \cos^n x, \sin nx \cos mx,$$

$$\sin nx \sin mx \text{ e } \cos nx \cos mx$$

são polinômios trigonométricos. De fato,

$$\sin nx \cos mx \quad \frac{1}{2}[\sin (n + m) x + \sin (n - m) x];$$

logo, $\sin nx \cos mx$ é um polinômio trigonométrico. Da mesma forma, conclui-se que

$$\sin nx \sin mx \quad \text{e} \quad \cos nx \cos mx$$

são polinômios trigonométricos. Temos, agora,

$$\sin^2 x = \frac{1}{2} - \frac{1}{2}\cos 2x;$$

$$\sin^3 x = \frac{1}{2}\sin x - \frac{1}{2}\sin x \cos 2x.$$

Como $\sin x \cos 2x$ é um polinômio trigonométrico, conclui-se que $\sin^3 x$ é, também, um polinômio trigonométrico. Fica a seu cargo concluir que $\sin^n x$ e $\cos^n x$ são polinômios trigonométricos.

Seja $f : \mathbb{R} \to \mathbb{R}$ contínua e periódica de período 2π. Vamos mostrar, a seguir, que para todo t real,

$$\int_{-\pi}^{\pi} f(x)\,dx = \int_{-\pi+t}^{\pi+t} f(x)\,dx.$$

Para isto é suficiente provar que, sendo

$$G(t) = \int_{-\pi+t}^{\pi+t} f(x)\,dx,\ t \in \mathbb{R},$$

então

$$G'(t) = = 0 \text{ em } \mathbb{R}.$$

Pelo teorema fundamental do cálculo,

$$G'(t) = f(\pi + t) - f(-\pi + t)$$

para todo t. Como

$$f(-\pi + t) = f(-\pi + t + 2\pi) = f(\pi + t),$$

resulta

$$G'(t) = 0 \text{ em } \mathbb{R}.$$

Logo, a função

$$G(t) = \int_{-\pi+t}^{\pi+t} f(x)\,dx$$

é constante. Como $G(0) = \int_{-\pi}^{\pi} f(x)\,dx$, resulta que, para todo t,

① $$\int_{-\pi}^{\pi} f(x)\,dx = \int_{-\pi+t}^{\pi+t} f(x)\,dx.$$

(Fica a cargo do leitor interpretar geometricamente este resultado.)

Seja δ um real dado, com $0 < \delta < \dfrac{\pi}{2}$. Observamos que

$$\cos x - \cos \delta > 0 \text{ em }]-\delta, \delta[$$

e

$$|1 + \cos x - \cos \delta| \leq 1 \text{ em } [-\pi, -\delta] \cup [\delta, \pi].$$

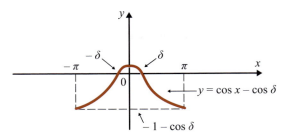

Seja, agora, $x_0 \in [-\pi, \pi]$ um real dado. Temos, então,

$$\cos(x - x_0) - \cos \delta > 0 \text{ para } -\delta < x - x_0 < \delta$$

e

$$\left|1 + \cos(x - x_0) - \cos \delta\right| \leq 1 \text{ para } \begin{cases} -\pi \leq x - x_0 \leq -\delta \\ \text{ou} \\ \delta \leq x - x_0 \leq \pi \end{cases}$$

Observe que

$$-\delta < x - x_0 < \delta \Leftrightarrow x_0 - \delta < x < x_0 + \delta$$

e

$$-\pi \leq x - x_0 \leq -\delta \text{ ou } \delta \leq x - x_0 \leq \pi$$

são equivalentes a

$$x \in [-\pi + x_0, x_0 - \delta] \cup [x_0 + \delta, \pi + x_0].$$

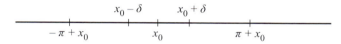

Para todo natural $n \geq 1$, seja P_n o polinômio trigonométrico

$$P_n(x) = [1 + \cos(x - x_0) - \cos \delta]^n.$$

(Os resultados destacados anteriormente garantem-nos que P_n é realmente um polinômio trigonométrico. Confira.) Para $x_0 - \delta < x < x_0 + \delta$,

$$\cos(x - x_0) - \cos \delta > 0.$$

Segue, então, da desigualdade de Bernoulli que

② $$P_n(x) = [1 + \cos(x - x_0) - \cos \delta]^n \geq 1 + n[\cos(x - x_0) - \cos \delta]$$

para $x_0 - \delta \leq x \leq x_0 + \delta$.

Por outro lado, para todo $n \geq 1$,

③ $$\left|P_n(x)\right| \leq 1$$

para $-\pi + x_0 \leq x \leq x_0 - \delta$ ou $x_0 + \delta \leq x \leq \pi + x_0$.

Lema. Sejam f e g definidas e contínuas em $[-\pi, \pi]$, tais que

$$f(-\pi) = f(\pi) \text{ e } g(-\pi) = g(\pi).$$

Se, para todo natural n,

$$\int_{-\pi}^{\pi} f(x) \cos nx \, dx = \int_{-\pi}^{\pi} g(x) \cos nx \, dx, n \geq 0$$

e

$$\int_{-\pi}^{\pi} f(x) \operatorname{sen} nx \, dx = \int_{-\pi}^{\pi} g(x) \operatorname{sen} nx \, dx, n \geq 1,$$

então

$$f(x) = g(x) \text{ em } [-\pi, \pi].$$

Apêndice B

Demonstração

Seja

$$h(x) = f(x) - g(x) \text{ em } [-\pi, \pi].$$

Segue da hipótese que h é contínua em $[-\pi, \pi]$ e $h(-\pi) = h(\pi)$. Seja $H: \mathbb{R} \to \mathbb{R}$ periódica de período 2π dada por

$$H(x) = h(x) \text{ em } [-\pi, \pi].$$

Precisamos provar que $h(x) = 0$ em $[-\pi, \pi]$. Suponhamos que exista $x_0 \in [-\pi, \pi]$ tal que

$$h(x_0) \neq 0.$$

Para fixar o raciocínio suporemos $h(x_0) > 0$. Como $H(x_0) = h(x_0) > 0$ e H é contínua, pela conservação do sinal existe $\delta > 0$, com $0 < \delta < \dfrac{\pi}{2}$, tal que

$$H(x) > 0 \text{ em }]x_0 - \delta, x_0 + \delta[.$$

Segue da hipótese que, para todo natural n,

$$\int_{-\pi}^{\pi} H(x) \cos nx \, dx = 0$$

e

$$\int_{-\pi}^{\pi} H(x) \operatorname{sen} nx \, dx = 0.$$

Então, para todo natural n,

$$\int_{-\pi}^{\pi} H(x) P_n(x) \, dx = 0,$$

em que P_n é o polinômio trigonométrico mencionado anteriormente. Segue que

④ $$\int_{-\pi + x_0}^{\pi + x_0} H(x) P_n(x) \, dx = 0$$

para todo $n \geq 1$. (Veja ①.)

Como H é contínua e periódica, existe $M > 0$ tal que

$$\left| H(x) \right| \leq M \text{ em } \mathbb{R}.$$

Segue que

⑤ $$\left| H(x) P_n(x) \right| \leq \left| H(x) \right| \left| P_n(x) \right| \leq M$$

para $-\pi + x_0 \leq x \leq x_0 - \delta$ ou $x_0 + \delta \leq x \leq \pi + x_0$. (Veja ③.) Por outro lado,

$$H(x) P_n(x) \geq H(x) + n H(x) \left[\cos(x - x_0) - \cos \delta \right]$$

em $[x_0 - \delta, x_0 + \delta]$. (Veja ②.) Daí

$$\int_{x_0 - \delta}^{x_0 + \delta} H(x) P_n(x) \, dx \geq \int_{x_0 - \delta}^{x_0 + \delta} H(x) \, dx + n \int_{x_0 - \delta}^{x_0 + \delta} H(x) [\cos(x - x_0) - \cos \delta] \, dx.$$

Como

$$H(x)\,[\cos{(x-x_0)} - \cos{\delta}] > 0$$

em $]x_0 - \delta, x_0 + \delta[$, segue que

$$\int_{x_0-\delta}^{x_0+\delta} H(x)[\cos x(x-x_0) - \cos\delta]\,dx > 0;$$

logo,

$$\lim_{n\to+\infty} \int_{x_0-\delta}^{x_0+\delta} H(x)P_n(x)\,dx = +\infty.$$

Tendo em vista ⑤, para todo $n \geqslant 1$,

$$\left|\int_{-\pi+x_0}^{x_0-\delta} H(x)P_n(x)\,dx\right| \leqslant M(\pi-\delta)$$

e

$$\left|\int_{x_0+\delta}^{\pi+x_0} H(x)P_n(x)\,dx\right| \leqslant M(\pi-\delta).$$

Segue que existe um natural n, tal que

$$\int_{-\pi+x_0}^{\pi+x_0} H(x)P_n(x)\,dx > 0,$$

que contradiz ④. Logo, $h(x) = 0$ em $[-\pi, \pi]$. ◼

B.2 Estudo da Série $\dfrac{2}{\pi}\displaystyle\sum_{n=1}^{+\infty} \dfrac{\operatorname{sen} nx}{x}$

Como vimos no Exemplo 4 da Seção 9.1,

$$\frac{2}{\pi}\sum_{n=1}^{+\infty} \frac{\operatorname{sen} nx}{n}$$

é a série de Fourier da função

$$h(x) = \begin{cases} -1 - \dfrac{x}{\pi} & \text{se} -\pi \leqslant x < 0 \\[2mm] 1 - \dfrac{x}{\pi} & \text{se } 0 \leqslant x \leqslant \pi \end{cases}$$

Nosso objetivo, a seguir, é provar que esta série converge uniformemente em $[a, \pi]$ para todo a, com $0 < a < \pi$. Vamos utilizar o critério de Cauchy para convergência uniforme de uma série de funções. Ou seja, para concluir a convergência uniforme da série em $[a, \pi]$, basta provar que, para todo $\varepsilon > 0$ dado, existe um natural n_0 (que só dependa de ε) tal que, quaisquer que sejam os naturais n e p, com $p > 0$, e para todo x em $[a, \pi]$,

$$n > n_0 \Rightarrow \left|\sum_{k=n}^{n+p} \frac{\operatorname{sen} kx}{k}\right| < \varepsilon.$$

Conforme aprendemos no Exemplo 3 da Seção 5.3,

Apêndice B

$$\operatorname{sen} x + \operatorname{sen} 2x + \ldots + \operatorname{sen} nx = \frac{\cos \dfrac{x}{2} - \cos \left(n + \dfrac{1}{2} \right) x}{2 \operatorname{sen} \dfrac{x}{2}}$$

para todo $x \in [-\pi, \pi]$, com $x \neq 0$. Para todo $x \in [a, \pi]$, com $0 < a < \pi$,

$$\operatorname{sen} \frac{x}{2} \geqslant \operatorname{sen} \frac{a}{2}$$

e, portanto,

$$\frac{1}{\operatorname{sen} \dfrac{x}{2}} \leqslant \frac{1}{\operatorname{sen} \dfrac{a}{2}}.$$

Segue que, para todo $x \in [a, \pi]$,

$$\left| \sum_{k=1}^{n} \operatorname{sen} kx \right| \leqslant \frac{\left| \cos \dfrac{x}{2} \right| + \left| \cos \left(n + \dfrac{1}{2} \right) x \right|}{2 \operatorname{sen} \dfrac{a}{2}}$$

e, portanto,

$$\left| \sum_{k=1}^{n} \operatorname{sen} kx \right| \leqslant \frac{1}{\operatorname{sen} \dfrac{a}{2}}.$$

Tomando-se $B = \dfrac{1}{\operatorname{sen} \dfrac{a}{2}}$, vem

① $$\left| \sum_{k=1}^{n} \operatorname{sen} kx \right| \leqslant B$$

para todo $x \in [a, \pi]$ e todo natural $n \geqslant 1$. Como

$$\sum_{k=n}^{n+p} \operatorname{sen} kx = \sum_{k=1}^{n+p} \operatorname{sen} kx - \sum_{k=1}^{n+1} \operatorname{sen} kx,$$

resulta de ① que

② $$\left| \sum_{k=n}^{n+p} \operatorname{sen} kx \right| \leqslant 2B$$

para todo $x \in [a, \pi]$ e quaisquer que sejam os naturais n e p, com $n \geqslant 2$ e $p > 0$.
Vamos, agora, fazer

$$a_k = \frac{1}{k} \text{ e } b_k = \operatorname{sen} kx, \, k \geqslant 1,$$

e utilizar o lema de Abel (Exemplo 4 da Seção 5.3). Tendo em vista ②, segue do lema de Abel que

③ $$\left| \sum_{k=n}^{n+p} \frac{1}{k} \operatorname{sen} kx \right| \leqslant \frac{2B}{n}$$

quaisquer que sejam os naturais n e p, com $n \geq 2$ e $p > 0$, e para todo $x \in [a, \pi]$.

Como

$$\lim_{n \to +\infty} \frac{2B}{n} = 0,$$

segue que, para todo $\varepsilon > 0$ dado, existe um natural n_0, tal que

④ $$n > n_0 \Rightarrow \frac{2B}{n} < \varepsilon.$$

Tendo em vista ③ e ④, resulta que, para todo $\varepsilon > 0$ dado, existe um natural n_0 tal que, para todo $x \in [a, \pi]$ e quaisquer que sejam os naturais n e p,

$$n > n_0 \Rightarrow \left| \sum_{k=n}^{n+p} \frac{1}{k} \operatorname{sen} kx \right| < \varepsilon.$$

Logo, a série

$$\frac{2}{\pi} \sum_{n=1}^{+\infty} \frac{\operatorname{sen} nx}{n}$$

converge uniformemente em $[a, \pi]$, com $0 < a < \pi$. Como $\operatorname{sen} nx$, $n \geq 1$, é uma função ímpar, segue que a série acima converge, também, uniformemente em $[-\pi, -a]$.

Nosso objetivo, a seguir, é provar que

$$1 - \frac{x}{\pi} = \frac{2}{\pi} \sum_{n=1}^{+\infty} \frac{\operatorname{sen} nx}{n}$$

para todo x em $]a, \pi]$ e

$$-1 - \frac{x}{\pi} = \frac{2}{\pi} \sum_{n=1}^{+\infty} \frac{\operatorname{sen} nx}{n}$$

em $[-\pi, -a[$, para todo $a \in]0, \pi[$.

Consideremos a função

$$g(x) = \begin{cases} -x - \dfrac{x^2}{2\pi} & \text{se } -\pi \leq x < 0 \\[2mm] x - \dfrac{x^2}{2\pi} & \text{se } 0 \leq x \leq \pi \end{cases}$$

(Observe que

$$g'(x) = \begin{cases} -1 - \dfrac{x}{\pi} & \text{se } -\pi \leq x < 0 \\[2mm] 1 - \dfrac{x}{\pi} & \text{se } 0 < x \leq \pi.) \end{cases}$$

A função g é contínua, de classe C^2 por partes e tal que $g(-\pi) = g(\pi)$. Logo, sua série de Fourier converge uniformemente, em $[-\pi, \pi]$, à própria função g. Determinemos, então, a série de Fourier de tal função.

Apêndice B

Como g é uma função par

$$b_n = 0, n \geqslant 1.$$

Temos:

$$a_0 = \frac{2}{\pi} \int_0^\pi \left(x - \frac{x^2}{2\pi} \right) dx = \frac{\pi}{3};$$

$$a_n = \frac{2}{\pi} \int_0^\pi \left(x - \frac{x^2}{2\pi} \right) \cos nx \, dx = -\frac{2}{\pi n^2}.$$

Logo, para todo $x \in [-\pi, \pi]$,

⑤
$$g(x) = \frac{\pi}{6} - \frac{2}{\pi} \sum_{n=1}^{+\infty} \frac{\cos nx}{n^2}.$$

Temos

$$\sum_{n=1}^{+\infty} \left(\frac{\cos nx}{n^2} \right)' = \sum_{n=1}^{+\infty} \left(-\frac{\operatorname{sen} nx}{n} \right).$$

Como vimos, a série do 2º membro converge uniformemente em todo intervalo fechado $[a, \pi]$, com $0 < a < \pi$. Segue do teorema sobre derivação termo a termo que a série ⑤ é derivável termo a termo em todo intervalo $[a, \pi]$, com $0 < a < \pi$, e, portanto, derivável termo a termo para todo $x \in \,]0, \pi]$, ou seja,

$$g'(x) = \left[\frac{\pi}{6} - \frac{2}{\pi} \sum_{n=1}^{+\infty} \frac{\cos nx}{n^2} \right]' = \frac{2}{\pi} \sum_{n=1}^{+\infty} \frac{\operatorname{sen} nx}{n}$$

para todo $x \in \,]0, \pi]$. Como, neste intervalo, $g'(x) = 1 - \dfrac{x}{\pi}$, resulta

$$1 - \frac{x}{\pi} = \frac{2}{\pi} \sum_{n=1}^{+\infty} \frac{\operatorname{sen} nx}{n}, 0 < x \leqslant \pi,$$

sendo a convergência uniforme em todo intervalo $[a, \pi]$, com $0 < a < \pi$. Da mesma forma, conclui-se que

$$-1 - \frac{x}{\pi} = \frac{2}{\pi} \sum_{n=1}^{+\infty} \frac{\operatorname{sen} nx}{n}, -\pi \leqslant x < 0$$

sendo a convergência uniforme em todo intervalo $[-\pi, -a]$, com $0 < a < \pi$.

B.3 Demonstração do Teorema da Seção 9.4

Teorema. Seja $f : \mathbb{R} \to \mathbb{R}$ periódica com período 2π e de classe C^2 por partes em $[-\pi, \pi]$. Sejam a_n, $n \geqslant 0$, e b_n, $n \geqslant 1$, os coeficientes de Fourier de f. Então, para todo x real, tem-se

$$f(x) = \frac{a_0}{2} + \sum_{n=1}^{+\infty} \left[a_n \cos nx + b_n \operatorname{sen} nx \right]$$

se f for contínua em x;

$$\frac{f(x^+) + f(x^-)}{2} = \frac{a_0}{2} + \sum_{n=1}^{+\infty}\left[a_n \cos nx + b_n \sen nx \right]$$

se f não for contínua em x.

Além disso, a convergência será uniforme em todo intervalo fechado em que a f for contínua.

Demonstração

Faremos a demonstração apenas para o caso em que a única descontinuidade de f no intervalo $[-\pi, \pi]$ seja a origem. Suponhamos, então, que f seja dada por

$$f(x) = \begin{cases} f_1(x) & \se -\pi \leq x < 0 \\ f_2(x) & \se 0 \leq x \leq \pi, \end{cases}$$

em que $f_1 : [-\pi, 0] \to \mathbb{R}$ e $f_2 : [0, \pi] \to \mathbb{R}$ são de classe C^2 e tais que

$$f_1(-\pi) = f_2(\pi)$$

1º Caso.

$$\boxed{f_1(0^-) = -1 \e f_2(0) = 1}$$

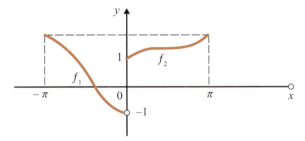

Seja $h : [-\pi, \pi] \to \mathbb{R}$ dada por

$$h(x) = \begin{cases} -1 - \dfrac{x}{\pi} & \se -\pi \leq x < 0 \\ 1 - \dfrac{x}{\pi} & \se 0 \leq x \leq \pi \end{cases}$$

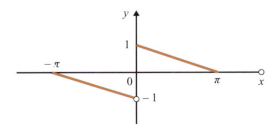

Apêndice B

Conforme vimos na seção anterior, para $x \in [-\pi, \pi]$,

① $$\sum_{n=1}^{+\infty} \left[\int_{-\pi}^{\pi} h(x)\,\text{sen}\,nx\,dx \right]\text{sen}\,nx = \begin{cases} h(x) & \text{se } x \neq 0 \\ 0 & \text{se } x = 0 \end{cases}$$

sendo a convergência uniforme em todo conjunto da forma $[-\pi, -a] \cup [a, \pi]$, com $0 < a \leqslant \pi$.

A única descontinuidade da f no intervalo $[-\pi, \pi]$ é em $x = 0$. O que faremos, a seguir, é eliminar esta descontinuidade subtraindo de f a função h. Consideremos, então, a função

$$g: [-\pi, \pi] \to \mathbb{R}$$

dada por

$$g(x) = f(x) - h(x).$$

A função g é contínua, de classe C^2 por partes e tal que $g(-\pi) = g(\pi)$. (Confira.) Segue que, para todo $x \in [-\pi, \pi]$ (veja teorema da Seção 9.3),

② $$f(x) - h(x) = \frac{a_0}{2} + \sum_{n=1}^{+\infty} \left[a_n \cos nx + b_n \,\text{sen}\,nx \right],$$

em que

$$a_n = \frac{1}{\pi} \int_{-\pi}^{\pi} \left[f(x) - h(x) \right] \cos nx\,dx, \ n \geqslant 0$$

e

$$b_n = \frac{1}{\pi} \int_{-\pi}^{\pi} \left[f(x) - h(x) \right] \text{sen}\,nx\,dx,$$

sendo a convergência uniforme em $[-\pi, \pi]$. Observe que a série de Fourier que ocorre no 2º membro de ② converge para $g(0) = f(0) - h(0) = 0$. Como

$$\int_{-\pi}^{\pi} h(x) \cos nx\,dx = 0, \ n \geqslant 0,$$

pois a restrição de h ao conjunto $[-\pi, 0[\ \cup \ ]0, \pi]$ é uma função ímpar, resulta que

$$a_n = \frac{1}{\pi} \int_{-\pi}^{\pi} f(x) \cos nx\,dx, \ n \geqslant 0.$$

Segue de ① e ② que, para todo $x \in [-\pi, \pi]$,

$$h(x) = \sum_{n=1}^{+\infty} \underbrace{\left[\int_{-\pi}^{\pi} h(x)\,\text{sen}\,nx\,dx \right]}_{B_n} \text{sen}\,nx, \ x \neq 0,$$

e

$$f(x) - h(x) = \frac{a_0}{2} + \sum_{n=1}^{+\infty} (a_n \cos nx + b_n \,\text{sen}\,nx).$$

Segue que, para todo $x \in [-\pi, \pi]$, com $x \neq 0$,

③

$$f(x) = \frac{a_0}{2} + \sum_{n=1}^{+\infty}\left[a_n \cos nx + (b_n + B_n)\operatorname{sen} nx\right],$$

em que

$$a_0 = \frac{1}{\pi}\int_{-\pi}^{\pi} f(x)\,dx,$$

$$a_n = \frac{1}{\pi}\int_{-\pi}^{\pi} f(x)\cos nx\,dx$$

e

$$b_n + B_n = \frac{1}{\pi}\int_{-\pi}^{\pi} f(x)\operatorname{sen} nx\,dx.$$

Logo, a série que ocorre em ③ é a série de Fourier de f. Para $x = 0$, a série que ocorre em ③ converge para 0, pois as que ocorrem em ② e em ① convergem para 0. Observe que

$$\frac{f(0^+) + f(0^-)}{2} = 0.$$

Conclusão. A série de Fourier de f converge para $f(x)$ se f for contínua em x e para

$$\frac{f(x^+) + f(x^-)}{2}$$

se f não for contínua em x. Como a série ① converge uniformemente em todo conjunto da forma $[-\pi, -a] \cup [a, \pi]$, com $0 < a < \pi$, e a série ② uniformemente em $[-\pi, \pi]$, resulta que a série que ocorre em ③ converge uniformemente em todo conjunto da forma $[-\pi, -a] \cup [a, \pi]$, com $0 < a < \pi$. Por questão de periodicidade a série que ocorre em ③ converge uniformemente em todo intervalo fechado em que f for contínua.

2º Caso.

$$\boxed{f_1(0^-) = -\alpha \ e \ f_2(0) = \alpha,\ \alpha \neq 0}$$

Basta, neste caso, considerar a função

$$g: [-\pi, \pi] \to \mathbb{R}$$

dada por

$$g(x) = f(x) - \alpha h(x)$$

e proceder como no caso anterior.

3º Caso.

$$\boxed{f_1(0^-) = \alpha \ e \ f_2(0) = \beta}$$

Neste caso, considera-se a função $g: [-\pi, \pi] \to \mathbb{R}$ dada por

$$g(x) = f(x) - \frac{\beta - \alpha}{2} h(x).$$

Observe que

$$g(0) = \frac{\alpha + \beta}{2} = \frac{f(0^-) + f(0^+)}{2}.$$

∎

Fica a cargo do leitor pensar na situação geral. (Veja referência bibliográfica 22.)

Apêndice B

Para mais informações sobre as séries de Fourier, veja referências bibliográficas 12 e 25, em que são feitas várias aplicações das séries de Fourier às equações diferenciais parciais.

B.4 Utilização das Séries de Fourier na Determinação de Solução Particular de uma Equação Diferencial Linear de 2ª Ordem, com Coeficientes Constantes, Quando o 2º Membro É uma Função Periódica

Vamos mostrar, através de dois exemplos, como utilizar as séries de Fourier na determinação de uma solução particular de equação da forma

$$y'' + by' + cy = f(x)$$

(b e c constantes), em que $f \colon \mathbb{R} \to \mathbb{R}$ é suposta periódica de período 2π.

Exemplo 1 Determine uma solução particular da equação

$$y'' + 2y = f(x),$$

em que $f \colon \mathbb{R} \to \mathbb{R}$ é periódica de período 2π e dada por

$$f(x) = x^2, -\pi \leqslant x \leqslant \pi.$$

Solução

Para todo x,

$$f(x) = \frac{\pi^2}{3} + \sum_{n=1}^{+\infty} (-1)^n \frac{4}{n^2} \cos nx. \text{ (Confira.)}$$

Vamos, então, tentar uma solução particular da forma

① $$y_p = \frac{a_0}{2} + \sum_{n=1}^{+\infty} a_n \cos nx.$$

Vamos, por enquanto, admitir que a série seja derivável, duas vezes, termo a termo. Assim,

② $$y_p'' = \sum_{n=1}^{+\infty} -n^2 a_n \cos nx.$$

Substituindo ① e ② na equação dada, obtemos

$$a_0 + \sum_{n=1}^{+\infty} (2 - n^2) a_n \cos nx = \frac{\pi^2}{3} + \sum_{n=1}^{+\infty} (-1)^n \frac{4}{n^2} \cos nx.$$

Devemos ter, então,

$$a_0 = \frac{\pi^2}{3}$$

e

Sobre Séries de Fourier

$$(2 - n^2)a_n = (-1)^n \frac{4}{n^2}, \ n \geqslant 1.$$

Logo,

$$a_n = \frac{4(-1)^n}{(2 - n^2)^{n^2}}.$$

Como

③
$$\left| \left[\frac{4(-1)^n}{(2 - n^2)n^2} \cos nx \right]'' \right| \leqslant \frac{4}{n^2 - 2}, \ n \geqslant 2,$$

resulta que a série

④
$$\frac{\pi^2}{6} + \sum_{n=1}^{+\infty} \frac{4(-1)^n}{(2 - n^2)n^2} \cos nx$$

é duas vezes derivável termo a termo. É claro, então, que

$$y_p = \frac{\pi^2}{6} + \sum_{n=1}^{+\infty} \frac{4(-1)^n}{(2 - n^2)n^2} \cos nx$$

é realmente uma solução particular da equação dada. (A desigualdade ③ garante-nos a convergência uniforme da série

$$\sum_{n=1}^{+\infty} \left[\frac{4(-1)^n}{(2 - n^2)n^2} \cos nx \right]''$$

e, portanto, a série ④ é duas vezes derivável termo a termo. Reveja teorema sobre derivação termo a termo de uma série.)

Exemplo 2 Determine uma solução particular da equação

$$y'' + 4y = f(x),$$

em que f é a função do exemplo anterior.

Solução

$$y'' + 4y = \frac{\pi^2}{3} - 4\cos x + \cos 2x + \sum_{n=3}^{+\infty} (-1)^n \frac{4}{n^2} \cos nx.$$

Temos:

$$y_1 = \frac{\pi^2}{12} - \frac{4}{3}\cos x$$

é uma solução particular para a equação

$$y'' + 4y = \frac{\pi^2}{3} - 4\cos x. \ \text{(Verifique.)}$$

Apêndice B

Vamos, agora, procurar uma solução particular $y_2 = y_2(x)$ para a equação

$$y'' + 4y = \cos 2x.$$

Temos aqui o fenômeno de *ressonância*. Uma solução particular é

$$y_2 = \frac{1}{4}x\,\text{sen}\,2x. \quad \text{(Verifique.)}$$

Por outro lado,

$$y_3 = \sum_{n=3}^{+\infty} \frac{(-1)^n 4}{(4 - n^2)n^2} \cos nx$$

é uma solução particular para

$$y'' + 4y = \sum_{n=3}^{+\infty} (-1)^n \frac{4}{n^2} \cos nx.$$

Pelo princípio de superposição,

$$y_p = y_1 + y_2 + y_3,$$

ou seja,

$$y_p = \frac{\pi^2}{12} - \frac{4}{3}\cos x + \frac{1}{4}x\,\text{sen}\,2x + \sum_{n=3}^{+\infty} \frac{(-1)^n 4}{(4 - n^2)n^2} \cos nx$$

é uma solução particular para a equação dada.

APÊNDICE C

O Incrível Critério de Kummer

C.1 Lema de Kummer

O objetivo deste apêndice é estabelecer o incrível critério de Kummer, Ernst Eduard Kummer (1810-1893). Nesta seção, será estabelecido o lema de Kummer, em que a série telescópica entra de maneira decisiva.

> **Lema de Kummer.** Sejam a_k e b_k duas sequências, com $a_k > 0$ e $b_k > 0$ para todo natural k, e suponhamos que existam $\sigma > 0$ e um natural m tais que, para todo $k \geq m$,
>
> $$b_k - \frac{a_{k+1}b_{k+1}}{a_k} \geq \sigma.$$
>
> Nestas condições, a série $\sum_{k=0}^{+\infty} a_k$ será convergente.

Demonstração

Da hipótese, segue que, para todo $k \geq m$,

$$a_k b_k - a_{k+1}b_{k+1} \geq \sigma a k > 0.$$

Daí, para todo $k \geq m$, $a_k b_k > a_{k+1}b_{k+1}$. Assim, a sequência $a_k b_k$, $k \geq m$, é decrescente e limitada inferiormente por zero, pois a_k e b_k são positivos para todo k. Logo, $\lim_{k \to +\infty} a_k b_k$ existe e é finito. Segue que a série telescópica $\sum_{k=0}^{+\infty}(a_k b_k - a_{k+1}b_{k+1})$ é convergente. Da desigualdade anterior (observe que tal desigualdade é equivalente a

$$0 < \sigma a_k \leq a_k b_k - a_{k+1}b_{k+1})$$

e tendo em vista o critério de comparação, segue a convergência da série $\sum_{k=0}^{+\infty} a_k$.

Apêndice C

C.2 Critério de Kummer

Juntando o lema de Kummer com o critério de comparação de razões, temos o **incrível** critério de Kummer.

> **Critério de Kummer.** Sejam $\displaystyle\sum_{k=0}^{+\infty} a_k$ e $\displaystyle\sum_{k=0}^{+\infty} d_k$ e duas séries de termos positivos, com $\displaystyle\sum_{k=0}^{+\infty} d_k$ divergente. Suponhamos que
>
> $$\lim_{k \to +\infty}\left(\frac{1}{d_k} - \frac{a_{k+1}}{a_k} \cdot \frac{1}{d_{k+1}} \right) = H$$
>
> com H finito ou infinito. Nestas condições, tem-se
>
> a) $H > 0$ ou $H = +\infty \Rightarrow \displaystyle\sum_{k=0}^{+\infty} a_k$ convergente.
>
> b) $H < 0$ ou $H = -\infty \Rightarrow \displaystyle\sum_{k=0}^{+\infty} a_k$ divergente.

Demonstração

a) Se $H > 0$ ou $H = +\infty$, tomando-se $\sigma > 0$, com $\sigma < H$ se $H > 0$, existirá um natural $m > 0$, tal que, para todo $k \geqslant m$, $\dfrac{1}{d_k} - \dfrac{a_{k+1}}{a_k} \cdot \dfrac{1}{d_{k+1}} \geqslant \sigma$. Pelo lema de Kummer $\left(b_k = \dfrac{1}{d_k} \right)$ a série $\displaystyle\sum_{k=0}^{+\infty} a_k$ será convergente.

b) Se $H < 0$ ou $H = -\infty$, existirá um $m > 0$ tal que, para todo $k \geqslant m$,

$$\frac{1}{d_k} - \frac{a_{k+1}}{a_k} \cdot \frac{1}{d_{k+1}} < 0$$

e, portanto, $\dfrac{a_{k+1}}{a_k} > \dfrac{d_{k+1}}{d_k}$. Pelo critério de comparação de razões e lembrando que $\displaystyle\sum_{k=0}^{+\infty} d_k$ é divergente, segue que $\displaystyle\sum_{k=0}^{+\infty} a_k$ é divergente. ■

> **Observação.** Para o lema de Kummer, a única restrição para a série $\displaystyle\sum_{k=0}^{+\infty} d_k$ é que $d_k > 0$ para todo natural k. Entretanto, para o critério de Kummer exige-se que $\displaystyle\sum_{k=0}^{+\infty} d_k$ seja uma série de termos positivos e divergente, isto porque na prova da parte (b) utiliza-se o critério de comparação de razões.

O critério de Kummer é uma "fábrica" de critérios para convergência e divergência de séries de termos positivos: **é só ir escolhendo a sequência d_k que torna a série de termo geral d_k divergente.** É claro que ele próprio é um critério para convergência e divergência para séries de termos positivos. A primeira escolha é, evidentemente, $d_k = 1$, para todo k.

Com esta escolha temos

$$\lim_{k \to +\infty} \left(\frac{1}{d_k} - \frac{a_{k+1}}{a_k} \cdot \frac{1}{d_{k+1}} \right) = \lim_{k \to +\infty} \left(1 - \frac{a_{k+1}}{a_k} \right) = H$$

que é equivalente a

$$\lim_{k \to +\infty} \frac{a_{k+1}}{a_k} = 1 - H.$$

Assim, se $\lim_{k \to +\infty} \dfrac{a_{k+1}}{a_k} < 1$ e, portanto, $H > 0$, a série será convergente; se $\lim_{k \to +\infty} \dfrac{a_{k+1}}{a_k} > 1$ teremos $H < 0$ e, portanto, a série será divergente. Com a escolha $d_k = 1$, o critério de Kummer nada mais é que o critério da razão.

Se com a escolha $d_k = 1$ ocorrer $H = 0$, o critério de Kummer nada revela. Escolhe-se, então, $d_k = \dfrac{1}{k-1}$ (ou $dk = \dfrac{1}{k}$, mas com a escolha $d_k = \dfrac{1}{k-1}$, as coisas ficarão mais elegantes). Temos

$$\lim_{k \to +\infty} \left(\frac{1}{d_k} - \frac{a_{k+1}}{a_k} \cdot \frac{1}{d_{k+1}} \right) = \lim_{k \to +\infty} \left(k - 1 - \frac{a_{k+1}}{a_k} k \right) = H$$

que é equivalente a

$$\lim_{k \to +\infty} k \left(1 - \frac{a_{k+1}}{a_k} \right) = 1 + H.$$

Se $\lim_{k \to +\infty} k \left(1 - \dfrac{a_{k+1}}{a_k} \right) > 1$ e, portanto, $H > 0$, a série será convergente. Se, por outro lado, $\lim_{k \to +\infty} k \left(1 - \dfrac{a_{k+1}}{a_k} \right) < 1$ e, portanto, $H < 0$, a série será divergente. Com essa escolha o critério de Kummer é equivalente ao critério de Raabe.

Se com a escolha $d_k = \dfrac{1}{k-1}$ ocorrer $H = 0$, o critério nada revelará sobre a convergência ou divergência da série. Escolhe-se, então, $d_k = \dfrac{1}{(k-1)\ln(k-1)}$ (ou $d_k = \dfrac{1}{k \ln k}$). Neste caso verifica-se que

$$\frac{1}{d_k} - \frac{a_{k+1}}{a_k} \cdot \frac{1}{d_{k+1}} = \frac{k-1}{k} \ln \left(1 - \frac{1}{k} \right)^k + \ln k \left[k \left(1 - \frac{a_{k+1}}{a_k} \right) - 1 \right].$$

Como $\lim_{k \to +\infty} \dfrac{k-1}{k} \ln \left(1 - \dfrac{1}{k} \right)^k = -1$ (verifique) segue que

$$\lim_{k \to +\infty} \left(\frac{1}{d_k} - \frac{a_{k+1}}{a_k} \cdot \frac{1}{d_{k+1}} \right) = H \Leftrightarrow \lim_{k \to +\infty} \ln k \left[k \left(1 - \frac{a_{k+1}}{a_k} \right) - 1 \right] = 1 + H.$$

Apêndice C

Neste caso, o critério de Kummer é equivalente ao critério de De Morgan.

Se com essa escolha o critério de Kummer ou de De Morgan não decidir, escolhe-se $d_k = \dfrac{1}{k \ln k \ln(\ln k)}$ e calcula-se H. Se $H = 0$, escolhe-se $d_k = \dfrac{1}{k \ln k \ln(\ln k) \ln[\ln(\ln k)]}$ e assim por diante.

Respostas, Sugestões ou Soluções

░░░ **CAPÍTULO 1**

Exercícios 1.1

1. *a)* $a_n = 1 - (-1)^n, n \geqslant 0$

c) $a_n = \dfrac{n - (-1)^{n+1}}{n}, n \geqslant 1$

2. *a)* $\dfrac{1}{4}$ *b)* 0 *c)* 2 *d)* $\dfrac{1}{1-t}$ *e)* e^2 *h)* $\dfrac{1}{\alpha - 1}$ se $\alpha > 1$, $+\infty$ se $\alpha \leqslant 1$

j) $\dfrac{\pi}{2}$ *n)* 1 *o)* 0 *s)* $\dfrac{1}{2}$

3. 1. Observe que $s_n = 1 - \dfrac{1}{n+1}$

4. *a)* 0 *b)* 1

5. $\sqrt[n]{a_1 a_2 \dots a_n} = e^{1/n^{(\ln(a_1 a_2 \dots a_n))}} = e^{(\ln a_1 + \ln a_2 + \dots + \ln a_n)/n}$. Agora, utilize o Exemplo 8.

7. *a)* $\dfrac{1}{e}$ *b)* 1

8. Para todo $\varepsilon > 0$, existe um natural n_0 tal que $n > n_0 \Rightarrow a_n > \varepsilon$. Logo, $n > n_0 \Rightarrow b_n > \varepsilon$; ou seja, $\lim\limits_{n \to +\infty} b_n = +\infty$.

9. $-\dfrac{1}{n} \leqslant a_n - a \leqslant \dfrac{1}{n}$; como $\lim\limits_{n \to +\infty} \dfrac{1}{n} = 0$, segue do teorema do confronto, $\lim\limits_{n \to +\infty} a_n = a$.

13. *a)* 2π. Volume do conjunto $0 \leqslant z \leqslant \dfrac{1}{\sqrt{x^2 + y^2}}$, $0 < x^2 + y^2 \leqslant 1$. Desenhe tal conjunto.

b) π. Volume do conjunto $0 \leqslant z \leqslant \dfrac{1}{(x^2 + y^2)^2}$, $x^2 + y^2 \geqslant 1$. Desenhe tal conjunto.

c) Se $\alpha > 1$, $\dfrac{\pi}{\alpha - 1}$; se $\alpha \leqslant 1$, $+\infty$

e) 2π

18. *a)* 1 *b)* 0 *c)* 0 *f)* $\cos x_0$ *g)* e *h)* 1

19. a) $a_n = \dfrac{1}{2}\left(a_{n-1} + \dfrac{\alpha}{a_{n-1}}\right)$, $n \geq 1$; $a_n^2 - \alpha = \dfrac{1}{4}\left(a_{n-1} + \dfrac{\alpha}{a_{n-1}}\right)^2 - \alpha =$

$= \dfrac{1}{4}\left(a_{n-1} - \dfrac{\alpha}{a_{n-1}}\right)^2$. Daí $a_n^2 - \alpha \geq 0$ para $n \geq 1$.

b) $a_{n+1} - a_n = \dfrac{1}{2}\left(-a_n + \dfrac{\alpha}{a_n}\right) \leq 0$.

c) $a_{n+1} - \dfrac{\alpha}{a_{n+1}} = \dfrac{1}{2}\left(a_n + \dfrac{\alpha}{a_n}\right) - \dfrac{\alpha}{a_{n+1}} = \dfrac{1}{2}\left(a_n - \dfrac{\alpha}{a_n}\right) + \dfrac{\alpha}{a_n} - \dfrac{\alpha}{a_{n+1}} \leq$

$\leq \dfrac{1}{2}\left(a_n - \dfrac{\alpha}{a_n}\right) \leq \dfrac{1}{2} \cdot \dfrac{1}{2}\left(a_{n-1} - \dfrac{\alpha}{a_{n-1}}\right) \leq \ldots \leq \dfrac{1}{2^n}\left(a_1 - \dfrac{\alpha}{a_1}\right)$.

d) Considere a sequência de intervalos encaixantes

$\left[\dfrac{\alpha}{a_1}, a_1\right] \supset \left[\dfrac{\alpha}{a_2}, a_2\right] \supset \ldots \supset \left[\dfrac{\alpha}{a_n}, a_n\right] \supset \ldots$ De c) segue $\lim\limits_{n \to +\infty}\left(a_n - \dfrac{\alpha}{a_n}\right) = 0$.

Pelo princípio dos intervalos encaixantes (veja Vol. 1) existe um único a tal que, para todo n, $\dfrac{\alpha}{a_n} \leq a \leq a_n$. Daí $|a_n - a| \leq \dfrac{1}{2^{n-1}}\left(a_1 - \dfrac{\alpha}{a_1}\right)$ e, portanto, $\lim\limits_{n \to +\infty} a_n = a$. Segue que

$a = \dfrac{1}{2}\left(a - \dfrac{\alpha}{a}\right)$ e, portanto, $a = \sqrt{\alpha}$. (Para *brincar*, vamos calcular um valor aproximado

para $\sqrt{2}$, pelo método dos babilônios. Tomemos $a_0 = 1$. Temos: $a_1 = \dfrac{1}{2}\left(1 + \dfrac{2}{1}\right) = \dfrac{3}{2}$;

$a_2 = \dfrac{1}{2}\left(\dfrac{3}{2} + \dfrac{2}{3/2}\right) \dfrac{17}{12}$; $a_3 = \dfrac{1}{2}\left(\dfrac{17}{12} + \dfrac{24}{17}\right) = \dfrac{577}{408} \cong 1{,}41421$. O método dos babilônios

é um caso particular do método de Newton para o cálculo da raiz m-ésima de um número

real $\alpha > 0$: $a_{n+1} = \dfrac{1}{m} \cdot \left[(m-1)a_n + \dfrac{\alpha}{a_n^{m-1}}\right]$. Veja: T é a reta tangente ao gráfico de

$y = x^m - \alpha$ no ponto $(a_n, a_n^m - \alpha)$; a_{n+1} é a abscissa da interseção de T com o eixo x.)

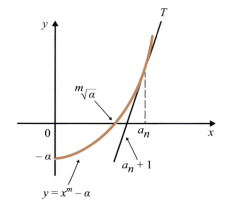

Respostas, Sugestões ou Soluções

20. *a)* $\displaystyle\int_0^{\pi/2} \text{sen}^n\, x\, dx = \int_0^{\pi/2} \underset{\underset{f}{\uparrow}}{\text{sen}^{n-1} x}\ \underset{\underset{g'}{\uparrow}}{\text{sen}\, x}\, dx = -\cos x\, \text{sen}^{n-1} x\Big]_0^{\frac{\pi}{2}} +$

$\displaystyle + (n-1)\int_0^{\pi/2} \cos^2 x\, \text{sen}^{n-2} x\, dx = (n-1)\int_0^{\pi/2} \text{sen}^{n-2} x\, dx - (n-1)\int_0^{\pi/2} \text{sen}^n\, x\, dx.$

c) $\displaystyle \frac{\int_0^{\pi/2} \text{sen}^{2n+2} x\, dx}{\int_0^{\pi/2} \text{sen}^{2n} x\, dx} \leqslant \frac{\int_0^{\pi/2} \text{sen}^{2n+x\, dx}}{\int_0^{\pi/2} \text{sen}^{2n}} \leqslant 1.$

Pelo item *a)*:

$$\int_0^{\pi/2} \text{sen}^{2n+2} x\, dx = \frac{2n+1}{2n+2} \int_0^{\pi/2} \text{sen}^{2n} x\, dx.$$

d) É só aplicar o item *a)*   *e)* Teorema do confronto.

Exercícios 1.2

1. *a)* Convergente. Proceda como no Exemplo 1, considerando a função $\dfrac{1}{x^3}$

b) Divergente. Proceda como no Exemplo 2, considerando a função $\dfrac{1}{\sqrt{x}}$

c) $\displaystyle\lim_{n\to+\infty} s_n = 2$, portanto, convergente

d) Para $k \geqslant 1$, $2^{k-1} \leqslant k!$ (verifique). Conclua que é convergente, comparando com a sequência

$$t_n = \sum_{k=1}^{n} \frac{1}{2^{k-1}}$$

e) Convergente   *f)* $\displaystyle\lim_{n\to+\infty} s_n = \frac{1}{1-e}$, portanto, convergente

g) Divergente para $+\infty$ *h)* Divergente para $+\infty$

2. Observe que $a_{n+1} = \sqrt{2a_n}$, $n \geqslant 1$.

6. Convergente.

CAPÍTULO 2

Exercícios 2.1

1. *a)* 2   *b)* $\dfrac{1}{6}$ *c)* $\dfrac{e}{e-1}$ *d)* $+\infty$

e) $\dfrac{1}{4} = \dfrac{1}{4}\displaystyle\sum_{k=0}^{+\infty}(b_k - b_{k+1})$ em que $b_k = \dfrac{1}{4k+1}$

f) $\dfrac{1}{18} = \dfrac{1}{3}\displaystyle\sum_{k=1}^{+\infty}(b_k - b_{k+1})$ em que $b_k = \dfrac{1}{k(k+1)(k+2)}$

g) $1 = \displaystyle\sum_{k=1}^{+\infty}(b_k - b_{k+1})$ em que $b_k = \dfrac{1}{k^2}$

Respostas, Sugestões ou Soluções

h) $\dfrac{\alpha}{(1-\alpha)^2} = (\alpha + \alpha^2 + \alpha^3 + \alpha^4 + ...) + (\alpha^2 + \alpha^3 + \alpha^4 + ...) + (\alpha^3 + \alpha^4 + ...) + ...$

i) $\dfrac{1}{p!\,p}$

j) $\dfrac{\pi}{8} = \dfrac{1}{2} \displaystyle\sum_{k=0}^{+\infty} \left[\dfrac{1}{4k+1} - \dfrac{1}{4k+3} \right] = \dfrac{1}{2}\left(1 - \dfrac{1}{3} + \dfrac{1}{5} - \dfrac{1}{7} + ... \right).$ (*Cuidado. Não é telescópica!*)

l) $\dfrac{1}{16} = \dfrac{1}{4} \displaystyle\sum_{k=1}^{+\infty} (b_k - b_{k+1})$ em que $b_k = \dfrac{1}{k^2(k+1)^2}$

3. a) $\ln 2$ c) $\ln \dfrac{4}{3}$

6. b) $\ln(1-\alpha) = -\displaystyle\int_0^\alpha \dfrac{1}{1-x}\,dx = -\sum_{k=1}^{n} \dfrac{\alpha^k}{k} - \int_0^\alpha \dfrac{x^n}{1-x}\,dx.$ Daí $\left| \ln(1-\alpha) + \displaystyle\sum_{k=1}^{n} \dfrac{\alpha^k}{k} \right| \leqslant \dfrac{1}{1-\alpha}.$

$\displaystyle\int_0^\alpha x^n\,dx = \dfrac{1}{1-\alpha} \dfrac{\alpha^{n+1}}{n+1}.$

7. a) $\ln 2 = -\ln \dfrac{1}{2} = -\ln\left(1 - \dfrac{1}{2} \right) = \displaystyle\sum_{k=1}^{+\infty} \dfrac{1}{k2^k}.$

8. Por 6(b), o erro, em módulo, é inferior a $\dfrac{\alpha^{n+1}}{(n+1)(1-\alpha)}.$ Como $\alpha = \dfrac{1}{2}$ devemos determinar n de modo que $\dfrac{1}{(n+1)2^n} < 10^{-5}.$ Basta tomar $n \geqslant 13.$

12. Por 11(a) $\ln 2 = 2\displaystyle\sum_{k=0}^{+\infty} \dfrac{1}{(2k+1)3^{2k+1}}.$ Por 9(b): $\left| \ln 2 - 2\displaystyle\sum_{k=0}^{n} \dfrac{1}{(2k+1)3^{2k+1}} \right| \leqslant \dfrac{2}{2n+3} \cdot \dfrac{\alpha^{2n+3}}{1-\alpha^2},$

com $\alpha = \dfrac{1}{3}.$ Devemos determinar n de modo que $\dfrac{2}{2n+3} \cdot \dfrac{9}{8(3^{2n+3})} \leqslant 10^{-5}.$ Basta tomar

$n \geqslant 4.$ Em relação ao Exercício 8, a convergência neste caso é muito mais rápida.

13. a) $\ln 2$ b) $\dfrac{\pi}{8}$

14. a) $\dfrac{1}{4} = \dfrac{1}{4} \displaystyle\sum_{k=0}^{+\infty} \left[\dfrac{1}{4k+1} - \dfrac{1}{4k+5} \right]$

b) $\dfrac{1}{2} \displaystyle\sum_{k=0}^{+\infty} \left[\dfrac{1}{(4k+1)(4k+3)} - \dfrac{1}{(4k+1)(4k+5)} \right] = \dfrac{\pi-2}{16}$

c) $\dfrac{1}{8} \displaystyle\sum_{k=0}^{+\infty} \left[\dfrac{1}{(4k+1)(4k+5)} - \dfrac{1}{(4k+5)(4k+9)} \right] = \dfrac{1}{40}$

d) $\dfrac{1}{6} \displaystyle\sum_{k=0}^{+\infty} \left[\dfrac{1}{(4k+1)(4k+3)(4k+5)} - \dfrac{1}{(4k+1)(4k+5)(4k+9)} \right] =$

$= \dfrac{1}{6}\left[\dfrac{\pi-2}{16} - \dfrac{1}{40} \right] = \dfrac{5\pi-12}{480}.$ (*Sugestão*: Continue. Por exemplo

$$\sum_{k=0}^{+\infty} \frac{1}{(4k+1)(4k+3)(4k+5)(4k+9)(4k+13)} = ?$$

$$\sum_{k=0}^{+\infty} \frac{1}{(4k+1)(4k+3)(4k+5)\ldots(4k+4p+1)} = ? \quad (p \geqslant 1).)$$

16. *Sugestão:* $\operatorname{arctg}\dfrac{1}{5} = 2\operatorname{arctg}\dfrac{1}{10} + \operatorname{arctg}\beta$ e daí $\operatorname{arctg}\dfrac{1}{5} - \operatorname{arctg}\dfrac{1}{10} = \operatorname{arctg}\dfrac{1}{10} + \operatorname{artg}\beta$.

Agora, ache β pela fórmula $\operatorname{tg}(a+b) = \dfrac{\operatorname{tg}a + \operatorname{tg}b}{1 - \operatorname{tg}a\operatorname{tg}b}$.

17. *a)* $2\operatorname{arctg}\alpha_m = \operatorname{arctg}\alpha_{m-1} \Rightarrow \dfrac{2\alpha_m}{1-\alpha_m^2} = \alpha_{m-1}$. Daí, $\alpha_{m-1}\alpha_m^2 + 2\alpha_m - \alpha_{m-1} = 0$. De $\alpha_m > 0$,

$\alpha_m = \dfrac{-1 + \sqrt{1 + \alpha_{m-1}^2}}{\alpha_{m-1}}$.

b) $\alpha_0 = 1$; $2\operatorname{arctg}\alpha_1 = \operatorname{arctg}\alpha_0 \therefore \dfrac{\pi}{4} = 2\operatorname{arctg}\alpha_1$; $2\operatorname{arctg}\alpha_2 = \operatorname{arctg}\alpha_1 \Rightarrow 2^2\operatorname{arctg}\alpha_2 = 2\operatorname{arctg}\alpha_1 = \dfrac{\pi}{4}$ etc.

c) De (*a*) segue: $\alpha_m = \dfrac{\alpha_{m-1}}{1 + \sqrt{1 + \alpha_{m-1}^2}} \leqslant \dfrac{\alpha_{m-1}}{2}$. Daí, $\alpha_m \leqslant \dfrac{\alpha_0}{2^m}$.

d) Segue de (*b*) e da fórmula de Gregory.

e) Use a parte b do Exemplo 7.

f) Basta fazer $n = 0$ em (*e*). Geometricamente, α_m é a metade do lado do polígono regular de 2^{m+2} lados circunscrito ao círculo de raio 1. (Confira!) Assim, α_0 é a metade do lado do quadrado circunscrito ao círculo de raio 1; α_1 é a metade do octógono regular circunscrito ao círculo de raio 1 etc. Deste modo, $2^{m+2}\alpha_m$ é o semiperímetro do polígono regular de 2^{m+2} lados circunscrito ao círculo de raio 1. *Observação.* Partindo de $\alpha_0 = \sqrt{3}$ obtém-se $\dfrac{\pi}{3} = 2^m\operatorname{arctg}\alpha_m$. Neste caso, α_m é a metade do lado do polígono regular de $3 \cdot 2^m$ lados circunscrito ao círculo de raio 1. Deste modo, $3 \cdot 2^m\alpha_m$ é o semiperímetro do polígono regular de $3 \cdot 2^m$ lados circunscrito ao círculo de raio 1: $3 \cdot 2^0\alpha_0 = 3\sqrt{3}$ é o semiperímetro do triângulo equilátero circunscrito ao círculo de raio 1: $3 \cdot 2^1\alpha_1 = 2\sqrt{3}$ é o semiperímetro do hexágono regular circunscrito ao círculo de raio 1 (como o hexágono regular inscrito tem semiperímetro 3, resulta $3 < \pi < 2\sqrt{3}$); $3 \cdot 2^2\alpha_2 = 12(2 - \sqrt{3})$ é o semiperímetro do dodecágono regular circunscrito ao círculo de raio 1 (como o dodecágono regular inscrito tem semiperímetro $6\sqrt{2 - \sqrt{3}}$, resulta $6\sqrt{2 - \sqrt{3}} < \pi < 12(2 - \sqrt{3})$) etc. Observamos que $3 \cdot 2^5\alpha_5 = $ semiperímetro do polígono regular de 96 lados circunscrito ao círculo de raio 1 foi o valor de π encontrado por Arquimedes. (*Sugestão:* Avalie π pela fórmula de Arquimedes e, em seguida, avalie π pela fórmula

$$\pi \cong 3 \cdot 2^5 \sum_{k=0}^{n} (-1)^k \frac{\alpha_5^{2k+1}}{2k+1} = 3 \cdot 2^5 \alpha_5 \sum_{k=0}^{n} (-1)^k \frac{\alpha_5^{2k}}{2k+1}$$

Respostas, Sugestões ou Soluções

tomando $n = 1$. É claro, quanto maior o valor de n, maior será a precisão. Estime o erro.)

18. Por indução. Primeiro vamos mostrar que é válida para $p = 1$. De fato $\dfrac{\pi^2}{6} = \displaystyle\sum_{k=1}^{+\infty}\dfrac{1}{k^2}$ e

$1 = \displaystyle\sum_{k=1}^{+\infty}\dfrac{1}{k(k+1)}$. Daí $\dfrac{\pi^2}{6} - 1 = \displaystyle\sum_{k=1}^{+\infty}\left[\dfrac{1}{k^2} - \dfrac{1}{k(k+1)}\right] = \displaystyle\sum_{k=1}^{+\infty}\dfrac{1}{k^2(k+1)}$ e, portanto, é válida

para $p = 1$. Vamos agora mostrar que, sendo verdadeira para p, será também verdadei-

ra para $p + 1$. Temos $\dfrac{\pi^2}{6} = \displaystyle\sum_{k=1}^{p}\dfrac{1}{k^2} + p!\displaystyle\sum_{k=1}^{+\infty}\dfrac{1}{k^2(k+1)(k+2)\dots(k+p)}$. Por outro lado,

$\displaystyle\sum_{k=1}^{+\infty}\dfrac{1}{k(k+1)\dots(k+p)(k+p+1)} = \dfrac{1}{p+1}\displaystyle\sum_{k=1}^{+\infty}(b_k - b_{k+1})$ em que $b_k = \dfrac{1}{k(k+1)\dots(k+p)}$.

Segue que $\dfrac{1}{(p+1)^2 p!} = \displaystyle\sum_{k=1}^{+\infty}\dfrac{1}{k(k+1)(k+2)\dots(k+p+1)}$. Daí $\dfrac{\pi^2}{6} - \dfrac{1}{(p+1)^2} = \displaystyle\sum_{k=1}^{p}\dfrac{1}{k^2} +$

$+ p!\left[\displaystyle\sum_{k=1}^{+\infty}(a_k - a_{k+1})\right]$, em que $a_k = \dfrac{1}{k^2(k+1)\dots(k+p)}$. Portanto, ... (Observe que

$\displaystyle\lim_{p \to +\infty} p!\displaystyle\sum_{k=1}^{+\infty}\dfrac{1}{k^2(k+1)(k+2)\dots(k+p)} = 0$.)

19. Faça a prova por indução, utilizando o exercício anterior.

20. *Sugestão*: $\ln(n+1) - \ln n - \dfrac{1}{n+1}$, $n \geqslant 1$, é a área da região $n \leqslant x \leqslant n+1$ e $\dfrac{1}{n+1} \leqslant y$

$\leqslant \dfrac{1}{x}$ e $\dfrac{1}{2}\left[\dfrac{1}{n} - \dfrac{1}{n+1}\right]$ é a área da metade do retângulo $n \leqslant x \leqslant n+1$ e $\dfrac{1}{n+1} \leqslant y \leqslant \dfrac{1}{n}$.

21. a) $\dfrac{a_{n+1}}{a_n} = \dfrac{2n+3}{2n+2}\dfrac{\sqrt{n}}{\sqrt{n+1}} < 1, n \geqslant 1$. (Verifique.)

b) $a_n = e^{-\frac{1}{2}\ln n + \ln\left(1+\frac{1}{2}\right) + \ln\left(1+\frac{1}{4}\right)\dots + \ln\left(1+\frac{1}{2_n}\right)}$ e utilize a sugestão.

23. a) $\ln(n+1) - \ln n - \dfrac{1}{n+1} = \ln\left(1+\dfrac{1}{n}\right) - \dfrac{1}{n}\dfrac{1}{1+\dfrac{1}{n}} = \displaystyle\sum_{k=1}^{+\infty}(-1)^{k+1}\dfrac{1}{kn^k} - \dfrac{1}{n}\displaystyle\sum_{k=0}^{+\infty}(-1)^k\dfrac{1}{n^k}$

$= \displaystyle\sum_{k=1}^{+\infty}(-1)^{k+1}\dfrac{1}{kn^k} - \displaystyle\sum_{k=1}^{+\infty}(-1)^{k+1}\dfrac{1}{n^k} = \displaystyle\sum_{k=2}^{+\infty}(-1)^k\dfrac{k-2}{k}\dfrac{1}{n^k}$, $n \geqslant 2$.

b) Pense você! (Veja: $\gamma = \dfrac{3}{2} - \ln 2 - \dfrac{1}{2}\displaystyle\sum_{n=2}^{+\infty}\dfrac{1}{n^2} + \dfrac{2}{3}\displaystyle\sum_{n=2}^{+\infty}\dfrac{1}{n^3} - \dfrac{3}{4}\displaystyle\sum_{n=2}^{+\infty}\dfrac{1}{n^4} + \dots$

Como a série $\displaystyle\sum_{k=2}^{+\infty}(-1)^{k+1}\dfrac{k-1}{k}\displaystyle\sum_{k=2}^{+\infty}\dfrac{1}{n^k}$ é alternada (verifique), resulta

$\left|\gamma - \left[\dfrac{3}{2} - \ln 2 - \displaystyle\sum_{k=2}^{p}(-1)^k\dfrac{k-1}{k}\displaystyle\sum_{n=2}^{+\infty}\dfrac{1}{n^k}\right]\right| < \dfrac{p}{p+1}\displaystyle\sum_{n=2}^{+\infty}\dfrac{1}{n^{p+1}}$ e $\dfrac{p}{p+1}\displaystyle\sum_{n=2}^{+\infty}\dfrac{1}{n^{p+1}} < \dfrac{p}{p+1}\dfrac{1}{p} =$

$\dfrac{1}{p+1}$. A convergência pode ser melhorada. Fica a seu cargo verificar que $\gamma = \displaystyle\sum_{k=1}^{p}\dfrac{1}{k}$

Respostas, Sugestões ou Soluções

437

$$- \ln p - \sum_{k=2}^{+\infty} (-1)^k \frac{k-1}{k} \sum_{r=p}^{+\infty} \frac{1}{n^k} \text{ e, portanto, } \left| \gamma - \left[\sum_{k=1}^{p} \frac{1}{k} - \ln p - \sum_{k=2}^{q} (-1)^k \frac{k-1}{k} \sum_{n=p}^{+\infty} \frac{1}{n^k} \right] \right| <$$

$$< \frac{q}{q+1} \sum_{n=p}^{+\infty} \frac{1}{n^{q+1}} < \frac{q}{q+1} \cdot \frac{1}{q(p-1)^q} = \frac{1}{(q+1)(p-1)^q}, \; q \geqslant 2 \text{ e } p \geqslant 2.$$

Observe: $\sum_{k=1}^{p} \frac{1}{k} - \ln p$ é aproximação por excesso de γ; $\sum_{k=1}^{p} \frac{1}{k} - \ln p - \frac{1}{2} \sum_{n=p}^{+\infty} \frac{1}{n^2}$ é apro-

ximação por falta. Lembre-se: $\sum_{n=p}^{+\infty} \frac{1}{n^2} = \frac{\pi^2}{6} - \left[1 + \frac{1}{2^2} + ... + \frac{1}{(p-1)^2} \right]$. Com $p = 21$

e $q = 2$, temos

$$\left| \gamma - \left[\sum_{k=1}^{21} \frac{1}{k} - \ln 21 - \frac{\pi^2}{12} + \frac{1}{2} \left(1 + \frac{1}{2^2} + ... + \frac{1}{20^2} \right) \right] \right| < 10^{-3}.$$

Fazendo as contas: $|\gamma - 0{,}5764| < 10^{-3}$ e 0,5764 é aproximação por falta.)

Exercícios 2.2

1. *a*) É uma série alternada, $\lim_{k=+\infty} \text{sen} \frac{1}{k} = 0$ e, para $m > n \geqslant 1$, $\text{sen} \frac{1}{m} < \text{sen} \frac{1}{n}$. Logo, a série é

convergente.

b) É uma série alternada, $\lim_{n=+\infty} \frac{n^3}{n^4 + 3} = 0$ e $\frac{n^3}{n^4 + 3}$ é decrescente no intervalo $[2, +\infty[$.

Logo, a série é convergente. (Veja, $f(x) = \frac{x^3}{x^4 + 3} \Rightarrow f'(x) = \frac{x^2(-x^4 + 9)}{(x^4 + 3)^2}$ e daí $f'(x) < 0$

para $x \geqslant 2$.)

c) É alternada, $\lim_{k=+\infty} \frac{\ln k}{k} = \lim_{k=+\infty} \frac{\frac{1}{k}}{1} = 0$ e $\frac{\ln k}{k}$ é decrescente em $[3, +\infty[$. (Veja: $\left(\frac{\ln x}{x} \right)' =$

$\frac{1 - \ln x}{x^2} < 0$ para $x \geqslant 3$.) Logo, a série é convergente.

d) É uma série alternada, $\lim_{n=+\infty} 2^{-n} = 0$ e 2^{-n} é decrescente em $[0, +\infty[$. Logo, a série é

convergente. (Observe que se trata, também, de uma série geométrica de razão $-\frac{1}{2}$.)

2. *a*) É só observar que $\sum_{k=1}^{2n+1} \frac{1}{k^2} = \sum_{k=0}^{n} \frac{1}{(2k+1)^2} + \sum_{k=1}^{n} \frac{1}{(2k)^2} = \sum_{k=0}^{n} \frac{1}{(2k+1)^2} + \frac{1}{4} \cdot \sum_{k=1}^{n} \frac{1}{k^2}$.

b) $\frac{\pi^2}{12}$

c) $\left| s - \sum_{k=1}^{n} (-1)^{k+1} \frac{1}{k^2} \right| \leqslant \frac{1}{(n+1)^2}$. Logo, $n \geqslant 31$.

Respostas, Sugestões ou Soluções

CAPÍTULO 3

Exercícios 3.1

1. *a*) É convergente, pois $\displaystyle\int_0^{+\infty} \frac{1}{x^2+1}\,dx = \frac{\pi}{2}$.

b) É convergente, pois $\displaystyle\int_3^{+\infty} \frac{1}{x^2 \ln x}\,dx \leqslant \int_3^{+\infty} \frac{1}{x^2}\,dx$.

c) É divergente para $0 < \alpha \leqslant 1$, pois $\displaystyle\int_3^{+\infty} \frac{1}{x^\alpha \ln x}\,dx \geqslant \int_3^{+\infty} \frac{1}{x \ln x}\,dx = +\infty$. É convergente

para $\alpha > 1$, pois $\displaystyle\int_3^{+\infty} \frac{1}{x^\alpha \ln x}\,dx \leqslant \int_3^{+\infty} \frac{1}{x^\alpha}\,dx$.

d) É convergente, pois $\displaystyle\int_0^{+\infty} \frac{k}{1+k^4}\,dk = \frac{\pi}{4}$.

e) Divergente. (Observe: $[\ln(\ln\ln k)]' = \dfrac{1}{k \ln k \ln \ln k}$.)

f) Convergente.   *g*) Divergente.   *h*) Divergente.

6. *b*) $\displaystyle\sum_{k=0}^{+\infty} 2^k \cdot \frac{1}{2^{\alpha k}} = \sum_{k=0}^{+\infty} \left[\frac{1}{2^{\alpha-1}}\right]^k$ que é uma série geométrica de razão $\dfrac{1}{2^{\alpha-1}}$. Logo, convergente para $\alpha > 1$ e divergente para $\alpha \leqslant 1$. (Utilizamos o critério de Cauchy-Fermat, com $E = 2$.)

7. *a*) $\displaystyle\sum_{k=2}^{+\infty} \frac{e^k}{e^k (\ln e^k)^\alpha} = \sum_{k=2}^{+\infty} \frac{1}{k^\alpha}$. Logo, convergente para $\alpha > 1$ e divergente para $\alpha \leqslant 1$.

b) $\displaystyle\sum_{k=2}^{+\infty} \frac{e^k}{e^k \ln e^b [\ln(\ln e^k)]^\alpha} = \sum_{k=2}^{+\infty} \frac{1}{k[\ln k]^\alpha}$. Por outro lado, $\displaystyle\sum_{k=2}^{+\infty} \frac{e^k}{e^k [\ln e^k]^\alpha} = \sum_{k=2}^{+\infty} \frac{1}{k^\alpha}$. Logo, convergente para $\alpha > 1$ e divergente para $\alpha \leqslant 1$.

c) Convergente para $\alpha > 1$ e divergente para $\alpha \leqslant 1$.

d) Divergente   *e*) Divergente

Exercícios 3.2

1. *a*) Convergente   *b*) Convergente   *c*) Convergente   *d*) Convergente

     e) Divergente   *f*) Divergente   *g*) Divergente   *h*) Convergente

     i) Convergente   *j*) Divergente   *l*) Convergente   *m*) Convergente

3. Convergente.

6. *a*) Divergente   *b*) Divergente   *c*) Convergente   *d*) Convergente

Exercícios 3.4

1. *a*) Convergente   *b*) Convergente

     c) Convergente para $0 < \alpha < 1$. Divergente para $\alpha \geqslant 1$

Respostas, Sugestões ou Soluções

d) Divergente   *e)* Convergente

3. *a)* $0 < x < 1$ *b)* $0 < x \leqslant 1$ *c)* $0 < x \leqslant 1$ *d)* $0 < x < 2$

e) $0 < x < 1$ *f)* $x > 0$ *g)* $x > 0$ *h)* $x > 0$

4. $\ln 1 \leqslant \ln x \leqslant \ln 2$, para $1 \leqslant x \leqslant 2$; daí

$$\ln 1 \leqslant \int_1^2 \ln x \, dx \leqslant \ln 2.$$

$\ln 2 \leqslant \ln x \leqslant \ln 3$, para $2 \leqslant x \leqslant 3$; daí

$$\ln 2 \leqslant \int_2^3 \ln x \, dx \leqslant \ln 3 \ \text{ etc.}$$

Observe que $\ln 1 + \ln 2 + \ldots + \ln (n-1) = \ln (n-1)!$

5. $\dfrac{n! e^n}{n^n} \geqslant e$; logo, $\lim\limits_{n \to +\infty} \dfrac{n! e^n}{n^r}$ não poderá ser zero. A série é divergente. Vejamos outro proces-

so para resolver o problema. Seja $a_n = \dfrac{n! e^n}{n^n}$. Temos

$$\frac{a_{n+1}}{a_n} = \frac{e}{\left(1 + \dfrac{1}{n}\right)^n} > 1.$$

Assim, para todo $n \geqslant 1$, $a_{n+1} > a_n$. Segue que a sequência a_n é estritamente crescente e como $a_1 = e$, segue que $a_n > e$ para todo $n > 1$. Daí, $\lim\limits_{n \to +\infty} a_n$ não poderá ser zero.

6. $0 < x < e$

Exercícios 3.5

7. *a)* É só observar que $\lim\limits_{k \to +\infty} \dfrac{a_{k+1}}{a_k} = 1$ e que $k\left[1 - \left(\dfrac{a_{k+1}}{a_k}\right)^m\right] =$

$$k\left[1 - \frac{a_{k+1}}{a_k}\right]\left[1 + \frac{a_{k+1}}{a_k} + \ldots + \left(\frac{a_{k+1}}{a_k}\right)^{m-1}\right].$$

8. Segue da hipótese que existe k_0 tal que, para $k \geqslant k_0$, $\dfrac{a_{k+1}}{a_k} > 1$.

CAPÍTULO 4

Exercícios 4.2

1. *a)* $|x| < 1$ *b)* Para todc x *c)* $-1 \leqslant x < 1$ *d)* $-1 \leqslant x \leqslant 1$

e) $x < 0$ *f)* $|x| < e$ *g)* $|x| < 1$ *h)* $|x| \leqslant 1$

2. *a)* $\{0\}$. A série converge apenas para $x = 0$ *b)* $[-1, 1]$ *c)* $[-1, 1[$

3. *a)* $f(x) = \dfrac{x}{1-x}$, $|x| < 1$ *b)* $f(x) = \dfrac{x}{(1-x)^2}$, $|x| < 1$

Respostas, Sugestões ou Soluções

Exercícios 4.3

1. *a)* $\displaystyle\sum_{k=1}^{+\infty}(-1)^{k+1}\frac{1}{k} = 1 - \frac{1}{2} + \frac{1}{3} - \frac{1}{4} + \frac{1}{5} - \frac{1}{6} + \frac{1}{7} - \ldots$

Vamos construir a série $\displaystyle\sum_{k=1}^{+\infty}b_k$ pedida. Seja n_1 o *menor* natural para o qual

$$1 + \frac{1}{3} + \frac{1}{5} + \ldots + \frac{1}{2n_1 - 1} > 10.$$

(Tal n_1 existe, pois

$$1 + \frac{1}{3} + \frac{1}{5} + \ldots + \frac{1}{2n - 1} + \ldots = +\infty.)$$

Fica construído, assim, os n_1 primeiros termos da série procurada.

$$b_1 = 1,\ b_2 = \frac{1}{3},\ \ldots\ b_{n_1} = \frac{1}{2n_1 - 1}.$$

É claro que

$$1 + \frac{1}{3} + \frac{1}{5} + \ldots + \frac{1}{2n_1 - 1} - \frac{1}{2} < 10 \ \text{ (por quê?)}.$$

$-\dfrac{1}{2}$ é o termo $b_{n_1 + 1}$ da nossa série; isto é:

$$\sum_{k=1}^{n_1 + 1}b_k = 1 + \frac{1}{3} + \frac{1}{5} + \ldots + \frac{1}{2n_1 - 1} - \frac{1}{2}.$$

Seja n_2 o menor natural para o qual

$$\sum_{k=1}^{n_1 + 1}b_k + \frac{1}{2n_1 + 1} + \frac{1}{2n_1 + 3} + \ldots + \frac{1}{2n_1 - 1} > 10$$

Somando $-\dfrac{1}{4}$ ao 1° membro temos novamente uma soma menor que 10. Repetindo o raciocínio acima, construímos uma série que é uma reordenação da série dada e cuja soma é 10. Confira.

CAPÍTULO 6

Exercícios 6.1

1. *a)* $f(x) = 0$ se $x < 0$ e $f(0) = 1$. $D_f =]-\infty, 0]$

b) $f(x) = \displaystyle\lim_{n \to +\infty} \frac{x}{\dfrac{1}{n} + x^2}$. Então

$$f(x) = \begin{cases} 0 & \text{se } x = 0 \\ \dfrac{1}{x} & \text{se } x \neq 0 \end{cases}$$

c) $f(x) = 0$ para todo x d) $f(x) = e^x$ e) $f(x) = \dfrac{1}{x^2}$ f) $f(x) = |x|$

g) $f(x) = x$ h) $f(x) = \begin{cases} 0 & \text{se } x \neq 0 \\ 1 & \text{se } x = 0 \end{cases}$

Exercícios 6.2

1. a) $f(x) = 0$, $x \neq 0$.

c)

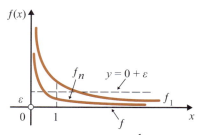

Como $\lim\limits_{x \to 0^+} |f_n(x) - f(x)| = +\infty$, tomando-se $\varepsilon = \dfrac{1}{2}$, não existe n_0 que torna verdadeira a afirmação: "para todo $x > 0$,

$$n > n_0 \Rightarrow |f_n(x) - f(x)| < \frac{1}{2}".$$

Logo, a convergência não é uniforme em $]0, +\infty[$. No intervalo $[1, +\infty[$ a convergência é uniforme. De fato, dado $\varepsilon > 0$ e tomando-se n_0 tal que $\dfrac{1}{n_0} < \varepsilon$, para todo x em $[1, +\infty[$,

$$n > n_0 \Rightarrow \frac{1}{nx^2} < \varepsilon.$$

2. a) $f(x) = \lim\limits_{n \to +\infty} \dfrac{x^{n+1} - 1}{x - 1} = \dfrac{1}{1-x}$, $|x| < 1$.

b) $\lim\limits_{x \to 1^-} |f_n(x) - f(x)| = \lim\limits_{x \to 1^-} \dfrac{x^{n+1}}{1-x} = +\infty$; logo, não existe n_0 tal que, para todo x em $[0, 1[$,

$$n > n_0 \Rightarrow |f_n(x) - f(x)| < \frac{1}{2}.$$

Ou seja, a convergência não é uniforme no intervalo $[0, 1[$. Vejamos como as coisas se passam no intervalo $[0, r]$, com $0 < r < 1$. Para todo $x \in [0, r]$,

Respostas, Sugestões ou Soluções

$$\frac{x^{n+1}}{1-x} \leqslant \frac{r^{n+1}}{1-r}.$$

Como

$$\lim_{n \to +\infty} \frac{r^{n+1}}{1-r} = 0,$$

dado $\varepsilon > 0$, existe n_0 tal que $\dfrac{r^{n+1}}{1-r} < \varepsilon$ para $n > n_0$. Daí,

$$n > n_0 \Rightarrow \left| f_n(x) - f(x) \right| \leqslant \frac{r^{n+1}}{1-r} < \varepsilon$$

para todo $x \in [0, r]$. Portanto, a convergência é uniforme em $[0, r]$.

3. *a*) $f(x) = \dfrac{1}{x^2}$, $x \neq 0$

    c) A convergência não é uniforme em $]0, +\infty[$. No intervalo $\left[\dfrac{1}{2}, +\infty\right[$ a convergência é uniforme.

5. *a*) $f(x) = \dfrac{1}{x}$ se $x \neq 0$ e $f(0) = 0$.

    b) A convergência não é uniforme em $\mathbb{R}$, pois as f_n são contínuas em $x = 0$ mas a f não. A convergência é uniforme em $[\alpha, +\infty[$, $\alpha > 0$.

CAPÍTULO 7

Exercícios 7.3

1. *a*) Para todo x e para todo natural $k \geqslant 1$, $x^2 + k^2 \geqslant k^2$ e, portanto,

$$\frac{1}{x^2 + k^2} \leqslant \frac{1}{k^2}.$$

Por outro lado, $-r \leqslant x \leqslant r \Leftrightarrow |x| \leqslant r$. Então, para todo $x \in [-r, r]$,

$$\left| \frac{x}{x^2 + k^2} \right| \leqslant \frac{x}{k^2}.$$

A série $\displaystyle\sum_{k=1}^{+\infty} \frac{r}{k^2}$ é convergente. Pelo critério M de Weierstrass, a série dada é uniformemente convergente em $[-r, r]$, para todo $r > 0$.

b) Para todo $x \in [-r, r]$,

$$\left| \frac{x^k}{k!} \right| \leqslant \frac{r^k}{k!}.$$

Como a série $\displaystyle\sum_{k=1}^{+\infty} \frac{r^k}{k!}$ é convergente (verifique) segue do critério M de Weierstrass que

Respostas, Sugestões ou Soluções

$$\sum_{k=1}^{+\infty} \frac{x^k}{k!}$$

é uniformemente convergente em $[-r, r]$, para todo $r > 0$.

2. Para todo x e todo natural $k \geqslant 1$, $\left|\dfrac{\cos kx}{x^2 + k^2}\right| \leqslant \dfrac{1}{k^2}$. A série $\displaystyle\sum_{k=1}^{+\infty} \dfrac{\cos kx}{x^2 + k^2}$ é, então, uniforme-

mente convergente em $\mathbb{R}$. Isto significa que a sequência de funções s_n, $n \geqslant 1$, com

$$s_n(x) = \sum_{k=1}^{n} \frac{\cos kx}{x^2 + k^2},$$

converge uniformemente em $\mathbb{R}$ à função $s = s(x)$ dada por

$$s(x) = \sum_{k=1}^{+\infty} \frac{\cos kx}{x^2 + k^2}.$$

Como cada s_n é contínua em $\mathbb{R}$ (s_n é contínua, pois, é soma de n funções contínuas) segue do teorema 1 da Seção 6.3 que $s = s(x)$ é também contínua.

5. Segue do exercício anterior que, para todo natural $k \geqslant 1$, a série $\displaystyle\sum_{n=1}^{+\infty} a_n \cos nx \cos kx$ converge

uniformemente em $[-\pi, \pi]$ à função dada por $F(x) \cos kx$. Segue do teorema 2 da Seção 6.3 que

$$\int_{-\pi}^{\pi} F(x)\cos kx\, dx = \lim_{m \to +\infty} \int_{-\pi}^{\pi} \sum_{n=1}^{m} a_n \cos nx \cos kx\, dx = \sum_{n=1}^{+\infty} \int_{-\pi}^{\pi} a_n \cos nx \cos kx\, dx.$$

Fica a seu cargo verificar que $\displaystyle\int_{-\pi}^{\pi} \cos nx \cos kx\, dx$ é zero se $n \neq k$ e é π se $n = k$; para isto utilize a relação

$$\cos p + \cos q = 2\cos\frac{p-q}{2}\cos\frac{p+q}{2}.$$

Exercícios 7.4

1. *a)* $\left|\dfrac{\cos nx^3}{n^4}\right| \leqslant \dfrac{1}{n^4}$. Como $\displaystyle\sum_{n=1}^{+\infty} \dfrac{1}{n^4}$ é convergente, segue que $\displaystyle\sum_{n=1}^{+\infty} \dfrac{\cos nx^3}{n^4}$ é uniformemente

convergente em $\mathbb{R}$. As funções $f_n(x) = \dfrac{\cos nx^3}{n^4}$ são contínuas em $\mathbb{R}$. Segue do teorema 1 que f é contínua em $\mathbb{R}$.

c) $\displaystyle\sum_{n=0}^{+\infty} \dfrac{2^n x^n}{n!}$ é uniformemente convergente em todo intervalo $[-r, r]$, com $r > 0$. (Verifique.)

Segue que f é contínua em todo x_0 real.

CAPÍTULO 8

Exercícios 8.2

2. O raio de convergência é $R = 1$. Utilizando o critério de Raabe, verifique que a série

$$\sum_{n=1}^{+\infty} \frac{\alpha(\alpha - 1)(\alpha - 2)\dots(\alpha - n + 1)}{n!}$$

Respostas, Sugestões ou Soluções

é *absolutamente convergente*; conclua que a série dada converge para $|x| = 1$.

Exercícios 8.4

1. Para $|t| < 1$, $\displaystyle\int_0^t \frac{1}{1-x^2}\,dx = \sum_{n=0}^{+\infty} \int_0^t x^{2n}\,dx$. Por outro lado, $\displaystyle\int_0^t \frac{1}{1-x^2}\,dx =$

$\displaystyle\frac{1}{2}\int_0^t \left(\frac{1}{1-x} + \frac{1}{1+x}\right)dx = \frac{1}{2}\left[-\ln(1-t) + \ln(1+t)\right] = \frac{1}{2}\ln\frac{1+t}{1-t}$.

11. *b)* A equação é equivalente a $y'' = xy' + y$. Seja $y(x) = \displaystyle\sum_{n=0}^{+\infty} a_n x^n$. Temos:

$$y'(x) = \sum_{n=1}^{+\infty} na_n x^{n-1} \quad \text{e} \quad y''(x) = \sum_{n=2}^{+\infty} n(n-1)a_n x^{n-2}.$$

Daí,

$$\sum_{n=2}^{+\infty} n(n-1)a_n x^{n-2} = \sum_{n=1}^{+\infty} na_n x^{n-1} + \sum_{n=0}^{+\infty} a_n x^n$$

ou

$$\sum_{n=0}^{+\infty} (n+2)(n+1)a_{n+2} x^n = a_0 + \sum_{n=1}^{+\infty} (n+1)a_n x^n$$

ou

$$2a_2 + \sum_{n=1}^{+\infty} (n+2)(n+1)a_{n+2} x^n = a_0 + \sum_{n=1}^{+\infty} (n+1)a_n x^n.$$

Então, devemos ter

$$\begin{cases} 2a_2 = a_0 \\ a_{n+2} = \dfrac{1}{n+2}a_n, \ n \geqslant 1, \end{cases}$$

e, portanto,

$$a_n = \frac{1}{n}a_{n-2}, \ n \geqslant 2.$$

Segue das condições iniciais que $a_0 = 1$ e $a_1 = 0$. Os únicos termos diferentes de zero são os da forma a_{2n}, $n \geqslant 0$. Temos, para $n \geqslant 1$,

$$a_{2n} = \frac{1}{2 \cdot 4 \cdot 6 \cdot \ldots \cdot (2n)}.$$

Assim,

$$y(x) = 1 + \sum_{n=1}^{+\infty} \frac{1}{2 \cdot 4 \cdot 6 \cdot \ldots \cdot (2n)}x^{2n}, \ x \in \mathbb{R}.$$

(Verifique que o raio de convergência é $+\infty$.)

e) $y(x) = 1 + \displaystyle\sum_{n=1}^{+\infty} \frac{(5n-2)(5n-3)(5n-4)(5n-7)(5n-8)(5n-9)\ldots 3 \cdot 2 \cdot 1}{(5n)!}x^{5n}$.

13. Para $p = 8$, $\dfrac{\left(\dfrac{1}{2}\right)^p}{2p\left(1 - \dfrac{1}{2}\right)} < 10^{-3}$.

$$y\left(\frac{1}{2}\right) \cong 1 + \sum_{n=3}^{7} \frac{y^{(n)}(0)}{n!}\left(\frac{1}{2}\right)^n.$$

Para calcular $y^{(n)}(0)$ proceda da seguinte forma. Segue da equação que

$$y''' = y'' + y + xy'.$$

Como $y(0) = 1$ e $y''(0) = 0$, segue $y'''(0) = 1$. Para calcular as demais derivadas utilize o item *a* do exercício anterior.

19. A série

$$\sum_{n=1}^{+\infty} \frac{\alpha(\alpha - 1)(\alpha - 2)\dots(\alpha - n + 1)}{n!}x^n$$

tem raio de convergência 1. Além disso, a série

$$\sum_{n=1}^{+\infty} \frac{\alpha(\alpha - 1)(\alpha - 2)\dots(\alpha - n + 1)}{n!}$$

é absolutamente convergente. (Verifique.) A série dada é, então, uniformemente convergente no intervalo $[-1, 1]$. A sua soma é, então, contínua neste intervalo. Assim, para todo $x \in [-1, 1]$,

$$(1 + x)^\alpha = 1 + \sum_{n=1}^{+\infty} \frac{\alpha(\alpha - 1)(\alpha - 2)\dots(\alpha - n + 1)}{n!}x^n.$$

21. *a)* $\displaystyle\sum_{n=0}^{+\infty} x^{n+2} = \frac{x^2}{1 - x}; \left(\frac{x^2}{1 - x}\right)'' = \sum_{n=0}^{+\infty}(n + 2)(n + 1)x^n.$

CAPÍTULO 9

Exercícios 9.1

1. *a)* $\dfrac{1}{2} - \dfrac{1}{\pi}\displaystyle\sum_{n=1}^{+\infty} \frac{(-1)^n - 1}{n}\,\text{sen } nx$. Como $(-1)^n - 1 = 0$ para n par, esta série é igual a

$$\frac{1}{2} + \frac{2}{\pi}\sum_{n=1}^{+\infty} \frac{\text{sen}(2n - 1)x}{2n - 1}.$$

(Observe que $\cos n\pi = (-1)^n$ para todo natural n.)

b) $\dfrac{\pi}{2} + \dfrac{2}{\pi}\displaystyle\sum_{n=1}^{+\infty} \frac{(-1)^n - 1}{n^2}\cos nx = \frac{\pi}{2} - \frac{4}{\pi}\sum_{n=1}^{+\infty} \frac{\cos(2n - 1)x}{(2n - 1)^2}$

c) $\dfrac{4}{\pi}\displaystyle\sum_{n=1}^{+\infty} \frac{\text{sen}(2n - 1)x}{2n - 1}$ *d)* $\displaystyle\sum_{n=1}^{+\infty}(-1)^n\left[\frac{12}{n^3} - \frac{2\pi^2}{n}\right]\text{sen } nx$

Respostas, Sugestões ou Soluções

Exercícios 9.3

1. *c*)

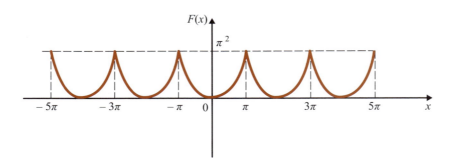

CAPÍTULO 10

Exercícios 10.2

1. *a*), *b*), *c*), *f*)

2. *a*) Substituindo $x = \text{tg } t$ e $\dfrac{dx}{dt} = \sec^2 t$ na equação $\dfrac{dx}{dt} = 1 + x^2$, obtemos $\sec^2 t = 1 + \text{tg}^2 t$, para todo *t* no intervalo $\left]-\dfrac{\pi}{2}, \dfrac{\pi}{2}\right[$, logo, $x = \text{tg } t$ é solução da equação dada.

c) Substituindo $x(t) = 4$ e $\dfrac{dx}{dt} = 0$ na equação $\dfrac{dx}{dt} = t(x^2 - 16)$, resulta $0 = 0$ para todo *t*, logo a função constante $x(t) = 4$ é solução da equação dada.

e) Sendo $y = e^{x^2/2}$ temos $\dfrac{dy}{dx} = xe^{x^2/2}$ e daí, $\dfrac{dy}{dx} = xy$, ou seja, $y = e^{x^2/2}$ é solução de $\dfrac{dy}{dx} = xy$.

3. *a*) $y = 0$.   *b*) $x = 1$ ou $x = 0$.

c) Não admite solução constante   *d*) Não admite solução constante.

e) $y = 1$ ou $y = -2$ *f*) $y = 0$ ou $y = -2$.

Exercícios 10.3

1. *a*) $x = ke^{t^2/2}$.   *b*) $y = 0$ ou $y = -\dfrac{1}{x+k}$.

c) $y = \dfrac{x^3}{3} + x + k$.   *d*) $T = ke^{-2t} + 10$.

e) $x = \sqrt{t^2 + k}$.   *f*) $y = kx$.

g) $x = -1$ ou $x = \dfrac{1 + ke^{2t}}{1 - ke^{2t}}$. Observe que para $k = 0$ tem-se a solução constante $x = 1$.

Respostas, Sugestões ou Soluções

h) $y = \ln(x + k)$.

i) $v = 0$ ou $v = \dfrac{1}{1 - ke^t}$.

j) $x = t \ln t - 1 + k$.

l) $y = \text{tg}(\ln kx)$, $-\dfrac{\pi}{2} < \ln kx < \dfrac{\pi}{2}$.

m) $s = \ln\left(\dfrac{t^2}{2} + k\right)$.

n) $u = \sqrt[3]{\dfrac{3v^2}{2} + k}$.

o) $x = k\sqrt{1 + t^2}$.

p) $y = \text{arctg}(x + k)$.

q) $x = \text{arcsen}\left(\dfrac{t^2}{2} + k\right)$.

r) $\text{tg } y = x + k$, $\dfrac{\pi}{2} < y < \dfrac{3\pi}{2}$; de $\text{tg } y = \text{tg}(y - \pi)$ e $-\dfrac{\pi}{2} < y - \pi < \dfrac{\pi}{2}$ resulta: $\text{tg}(y - \pi) = x$ $+ k$ ou $y = \pi + \text{arctg}(x + k)$.

s) $v = -2$ ou $v = \dfrac{2(ke^{4t} - 1)}{1 - ke^{4t}}$.

t) $w = c\ln|v|$.

u) $x = -2$ ou $x = \dfrac{2ke^{2\alpha t}}{1 - ke^{2\alpha t}}$.

2. *a)* $y = -\ln\left(\dfrac{1}{e} - x\right)$.

b) $y = 2$, $x \in \mathbb{R}$.

c) $y = \dfrac{1}{2 - 3x}$.

d) $y = \dfrac{6 - 2e^{4x}}{3 + 4e^{ex}}$.

3. Separando as variáveis e integrando, obtemos $\lambda \ln V = -\ln p + k$ e daí segue $\ln(V^\lambda p) = k$. Tendo em vista a condição inicial, resulta $\ln(V_1^\lambda p_1) = k$. Então, $V^\lambda p = V_1^\lambda p_1$ para todo $p > 0$.

4. A equação que resolve o problema é $\dfrac{dy}{dx} = \alpha y^3$, sendo α o coeficiente de proporcionalidade. A família das soluções é $y = \dfrac{1}{\sqrt{-2\alpha x - 2k}}$ ou $y = 0$. Levando em conta as condições $y(0) = 1$ e $y(1) = \dfrac{1}{\sqrt{2}}$, resulta $y = \dfrac{1}{\sqrt{x + 1}}$.

5. Seja $x = x(t)$ a distância, no instante t, do corpo ao ponto de em que foi abandonado. Então, a queda do corpo é regida pela equação $m\dfrac{d^2x}{dt^2} = mg - \alpha v$, ou seja, $10\dfrac{dv}{dt} = 10g - \alpha v$ e sabe-se que $v(0) = 0$ e $v(1) = 8$. $\left(\textit{Lembre-se}: v = \dfrac{dx}{dt}.\right)$ Tem-se então $v = \dfrac{100}{\alpha}\left(1 - e^{-\frac{\alpha t}{10}}\right)$, em que α é a raiz da equação $\alpha = \dfrac{25}{2}\left(1 - e^{-\frac{\alpha}{10}}\right)$.

6. $y = xe^{1-x}$ (*veja*: a reta tangente em (x, y) tem equação $Y - y = \dfrac{dx}{dy}(X - x)$; para $X = 0$ tem-se $Y = xy$, daí, $xy - y = -x\dfrac{dy}{dx}$ ou $\dfrac{dy}{y} = \left(\dfrac{1}{x} - 1\right)dx$.

Respostas, Sugestões ou Soluções

7. A função $y = y(x)$ que queremos passa pelo ponto $(1, 2)$, logo, podemos supor $y > 0$. A reta tangente em (x, y) tem equação $Y - y = \dfrac{dy}{dx}(X - x)$; para $Y = 0$ tem-se $X = \dfrac{y}{2}$, daí $-y = \dfrac{dy}{dx}\left(\dfrac{x}{2} - x\right)$, ou seja, $\dfrac{dy}{y} = 2\dfrac{dx}{x}$. Segue que $\ln y = \ln kx^2$ e, portanto, $y = kx^2$. Tendo em vista a condição inicial $y(1) = 2$, deveremos ter $k = 2$. Assim, $y = 2x^2$ é a solução do problema.

8. Sendo $x = x(t)$, em que x é a distância no instante t do corpo ao ponto de repouso, pela 2ª lei de Newton, temos: $2{,}5\dfrac{d^2x}{dt^2} = 2{,}5g - \left(\dfrac{dx}{dt}\right)^2$, em que g é a aceleração gravitacional. Segue que $2{,}5\dfrac{dv}{dt} = 25 - (v)^2$. Separando as variáveis, obtemos $\dfrac{2{,}5dv}{25 - v^2} = dt$. Resolvendo e levando em conta que $v = 0$ para $t = 0$, resulta $v = \dfrac{5(e^{4t+1} - 1)}{e^{4t+1} + 1}$, $0 \leqslant t \leqslant T$, em que T é o instante em que o corpo toca a terra.

9. No ponto (x, y) o coeficiente angular $\dfrac{dy}{dx}$ da reta tangente à curva $x^2 + 2y^2 = a$ é dado por $2x + 4y\dfrac{dy}{dx} = 0$, ou seja, $\dfrac{dy}{dx} = -\dfrac{x}{2y}$. Então, para que o gráfico de $y = f(x)$ intercepte ortogonalmente, no ponto (x, y), a curva dada, deveremos ter $\dfrac{dy}{dx} = \dfrac{2y}{x}$. Integrando e levando em consideração a condição $f(1) = 2$, obtemos $y = 2x^2$.

10. $y = \sqrt{x^2 + 5}$.

11. Seja $y = f(x)$ a função procurada. Trocando o ponto genérico (x, y) por (p, q), $q = f(p)$, a equação da reta tangente em (p, q) é: $y - q = f'(p)(x - p)$. Fazendo $y = 0$, nesta equação, obtemos $x = p - \dfrac{q}{f'(p)}$ que é a abscissa do ponto A. A distância de A ao ponto (p, q) é, então, $\sqrt{\left(\dfrac{q}{f'(p)}\right)^2 + q^2}$. Como, por hipótese, a distância é 2 para todo p, deveremos ter $\dfrac{q^2}{(f'(p))^2} + q^2 = 4$. Assim, a função procurada é solução da equação $\left(\dfrac{dy}{dx}\right)^2 = \dfrac{y^2}{4 - y^2}$. Como o gráfico da função passa pelo ponto $(0, 2)$ e a reta tangente encontra o eixo x em um ponto de abscissa positiva, podemos supor $\dfrac{dy}{dx} < 0$ e $y > 0$. Deste modo, a função procurada deverá ser solução da equação $\dfrac{dy}{dx} = -\sqrt{\dfrac{y^2}{4 - y^2}}$. Separando as variáveis, vem $\dfrac{\sqrt{4 - y^2}}{y}dy = -dx$. Temos então $\displaystyle\int \dfrac{y\sqrt{4 - y^2}}{y}dy = -x + k$. Com a mudança de variável $u^2 = 4 - y^2$, $u > 0$, teremos $u\,du = -y\,dy$. Então, $\displaystyle\int \dfrac{y\sqrt{4 - y^2}}{y^2}dy = \int\left(-1 + \dfrac{4}{4 - u^2}\right)du = -u + \ln\dfrac{2 + u}{2 - u} = -u + \ln\dfrac{(2 + u^2)}{4 - u^2}$,

Respostas, Sugestões ou Soluções

ou seja, $\int \dfrac{y\sqrt{4-y^2}}{y^2}\,dy = -\sqrt{4-y^2} + 2\ln\dfrac{2+\sqrt{4-y^2}}{y}$. Tendo em vista a condição $y =$

2, para $x = 0$, segue $k = 0$. Assim, a curva que resolve o problema é:

$$x = -2\ln\dfrac{2+\sqrt{4-y^2}}{y} + \sqrt{4-y^2},\ 0 < y \leqslant 2.$$

Exercícios 10.4

1. *a)* $x = ke^{-t} + 2$.

b) $x = ke^{2t} + \dfrac{1}{2}$.

c) $x = ke^{-\cos t}$.

d) $x = kt + t^2$.

e) $y = ke^{-x} + x - 1$.

f) $T = ke^{-2t} + 3$.

g) $x = ke^{t} - \dfrac{1}{2}(\mathrm{sen}\,t + \cos t)$.

h) $y = ke^{-2x} + \dfrac{1}{4}(\cos 2x + \mathrm{sen}\,2x)$.

i) $y = ke^{x(\ln x - 1)}$.

j) $y = k\sqrt{\dfrac{1-x}{1+x}}$.

2. *a)* $Q = ke^{\frac{t}{RC}}$.

b) $Q = ke^{\frac{-t}{RC}} + CE$.

3. $i(t) = \dfrac{E}{R}\left(1 - e^{-\frac{R}{L}t}\right)$.

4. $T = 80\left(\dfrac{7}{8}\right)^{t} + 20$.

5. *a)* $C(t) = C_0 e^{t0,08}$.

b) 8,3287% a.m.

6. $C(t) = 20.000 \cdot 3^{t}$.

7. A equação que rege a desintegração do material é $\dfrac{dm}{dt} = \alpha m$, em que α é a constante de proporcionalidade. No instante t, com t em anos, a quantidade m de matéria remanescente é dada por $m(t) = ke^{\alpha t}$. Da condição $m(0) = m_0$, segue $k = m_0$; daí $m = m_0 e^{\alpha t}$. No instante $t = 10$, teremos $m(10) = \dfrac{2}{3}m_0$ e, portanto, $e^{10\alpha} = \dfrac{2}{3}$, logo, $\alpha = \dfrac{\ln 2 - \ln 3}{10}$. Sendo T o tempo necessário para que metade da matéria se desintegre, teremos $e^{\alpha T} = \dfrac{1}{2}$ e, portanto, $T = \dfrac{-\ln 2}{\alpha}$. Então, $T = \dfrac{10\ln 2}{\ln 3 - \ln 2}$ anos $\cong 17$ anos.

8. A equação que rege o movimento é $\dfrac{dv}{dt} = \alpha v$, em que α é a constante de proporcionalidade e $v = \dfrac{dv}{dt}$. Resolvendo, obtém-se $x(t) = \dfrac{3}{\alpha}(e^{\alpha t} - 1)$ em que $\alpha = \ln\dfrac{2}{3}$.

9. Seja $y = f(x)$, $x > 0$, a função procurada. A equação da reta tangente no ponto genérico $(p, f(p))$ é $y - f(p) = f'(p)(x - p)$. Para que a reta tangente encontre o eixo y no ponto $(0, m)$, deveremos ter, $m = f(p) - pf'(p)$; como a área do triângulo de vértices $(0, 0)$, $(0, m)$ e $(p,

Respostas, Sugestões ou Soluções

$f(p))$ é $\dfrac{mp}{2}$, segue que a função procurada é solução da equação $\dfrac{pf(p) - p^2 f'(p)}{2} = 1$ que

é equivalente a $f'(p) = \dfrac{f(p)}{p} - \dfrac{2}{p^2}$, ou seja, a função procurada $y = f(x)$, $x > 0$, deverá

ser solução da equação linear $\dfrac{dy}{dx} = \dfrac{1}{x}y - \dfrac{2}{x^2}$, $x > 0$. Resolvendo e levando em conta a

condição $y = 2$ para $x = 1$, obtém-se $y = x + \dfrac{1}{x}$, $x > 0$.

Exercícios 10.5

1. *a)* $\dfrac{dy}{dx} = 5y - \dfrac{4x}{y}$, $y \neq 0$, é equivalente a $y\dfrac{dy}{dx} = 5y^2 - 4x$. Com a mudança de variável $u = y^2$ e,

portanto, $\dfrac{du}{dx} = 2y\dfrac{dy}{dx}$, obtemos $\dfrac{du}{dx} = 10u - 8x$ que é uma equação linear e cuja solução é

$u = e^{10x}\left[k + \displaystyle\int -8xe^{-10x}\,dx\right]$. De $\displaystyle\int -8xe^{-10x}\,dx = \dfrac{8}{10}xe^{-10x} + \dfrac{8}{100}xe^{-10x}$ resulta $u = ke^{10x} +$

$\dfrac{20x + 2}{25}$. As soluções $y = y(x)$ são, então, dadas implicitamente pelas equações $y^2 = ke^{10x} +$

$\dfrac{20x + 2}{25}$.

b) A função constante $v(x) = 0$, x qualquer, é solução. Para $v \neq 0$, a equação é equivalente a

$v^{-2}\dfrac{dv}{dx} = v^{-1} - e^{2x}$. Fazendo $u = v^{-1}$ temos $\dfrac{du}{dx} = v^{-2}\dfrac{dv}{dx}$; substituindo na equação dada,

vem $\dfrac{du}{dx} = -u + e^{2x}$ que é uma equação linear cuja solução é $u = e^{-x}\left[k + \displaystyle\int e^{2x}e^x\,dx\right]$. A

solução da equação é então $v = \left(ke^{-x} + \dfrac{1}{3}e^{2x}\right)^{-1}$ ou $v = 0$.

c) A função constante $x(t) = 0$, $t > 0$, é solução. Para $x > 0$, a equação é equivalente a $x^{-\frac{1}{2}}\dfrac{dx}{dt} =$

$\dfrac{1}{t}x^{\frac{1}{2}} - 1$, $t > 0$. Fazendo $u = x^{\frac{1}{2}}$, $\dfrac{du}{dt} = \dfrac{1}{2}x^{-\frac{1}{2}}\dfrac{dx}{dt}$; substituindo na equação obtemos $\dfrac{du}{dt} =$

$\dfrac{u}{2t} - \dfrac{1}{2}$, cuja solução é $u = \sqrt{t}\left[k - \sqrt{t}\right]$. A solução da equação dada é então $x = 0$ ou

$x = (k\sqrt{t} - t)^2$.

d) A equação $\dfrac{dy}{dx} = y - y^3$ é uma equação de variáveis separáveis e, também, de Bernoulli.

É mais rápido resolvê-la olhando-a como de Bernoulli. A função constante $y(x) = 0$, x

qualquer, é solução. Para $y \neq 0$, é equivalente a $y^{-3}\dfrac{dy}{dx} = y^{-2} - 1$. Fazendo $u = y^{-2}$, $\dfrac{du}{dx} =$

$-2y^{-3}\dfrac{dy}{dx}$. Substituindo na equação, vem $\dfrac{du}{dx} = -2u + 2$ e daí $u = e^{-2x}\left[k + \displaystyle\int 2e^{2x}\,dx\right]$,

ou seja, $u = ke^{-2x} + 1$. Então a solução da equação dada é $y(x) = 0$ ou $y = \pm\dfrac{1}{\sqrt{ke^{-2x} + 1}}$.

(Sugestão: Resolva-a separando as variáveis.)

Respostas, Sugestões ou Soluções

451

2. *a)* A solução da equação é $p(t) = p_0 e^{\lambda t}$, $t \geqslant 0$. Se $\alpha = \beta$, teremos $\lambda = 0$ e, então, $p(t) = p_0$ para $t \geqslant 0$, ou seja, a população se manterá constante e igual a p_0.

b) A população no instante t é $p(t) = p_0 e^{\lambda t}$, $t \geqslant 0$. Se $\alpha > \beta$, $\lambda > 0$ e, então, a população estará crescendo exponencialmente. Se $\alpha < \beta$, $\lambda < 0$ e, então, $\lim_{t \to \infty} p(t) = 0$ ou seja, a população tenderá à extinção.

3. *a)* A equação $\dfrac{dp}{dt} = \lambda p - \varepsilon p^2$ é uma equação de Bernoulli e, também, de variáveis separáveis.

Resolvendo-a obtemos $p = \dfrac{\lambda}{\lambda k e^{-\lambda t} + \varepsilon}$. Tendo em vista a condição $p(0) = p_0$ e $\varepsilon = \dfrac{\lambda}{\gamma}$,

resulta $p = \dfrac{\gamma p_0}{(\gamma - p_0)e^{-\lambda t} + p_0}$, $t \geqslant 0$. Observe que para t tendendo a ∞, p tende a γ.

b) Como $\dfrac{dp}{dt} = \lambda p - \varepsilon p^2$, o valor máximo de $\dfrac{dp}{dt}$ ocorrerá no instante em que p for o vértice

da parábola $z = \lambda p - \varepsilon p^2$, ou seja, no instante em que $p = \dfrac{\lambda}{2\varepsilon} = \dfrac{\gamma}{2}$. No instante $t = t_1$ em

que $\dfrac{dp}{dt}$ é máximo deveremos ter $\dfrac{\gamma}{2} = \dfrac{\gamma p_0}{(\gamma - p_0)e^{-\lambda t_1} + p_0}$, ou seja, $t_1 = -\dfrac{1}{\lambda} \ln \dfrac{p_0}{\gamma - p_0}$.

Observe que no instante $t = t_1$ em que $\dfrac{dp}{dt}$ é máximo, estará ocorrendo um ponto de in-

flexão no gráfico de $p = p(t)$. Se $p_0 < \dfrac{\gamma}{2}$, no intervalo $]0, t_1[$ o gráfico de $p = p(t)$ terá

a concavidade para cima, ou seja, neste intervalo a população estará crescendo a taxas crescentes, e, no intervalo $]t_1, \infty[$, o gráfico terá a concavidade para baixo, ou seja, neste intervalo a população estará crescendo a taxas decrescentes.

4. A solução $p = p(t)$ é dada implicitamente pela equação

$p^{1-\alpha} = k e^{(1-\alpha)\lambda t} + \gamma^{1-\alpha}$, em que $k = p_0^{1-\alpha} - \gamma^{1-\alpha}$.

5. $p(t) = \left(\dfrac{\alpha}{3}\right)^3 \left(1 - e^{-\frac{\beta 3}{3}}\right)^3$.

Exercícios 10.6

1. *a)* $\dfrac{dy}{dx} = \dfrac{x + 2y}{x}$, $x \neq 0$, é equivalente a $\dfrac{dy}{dx} = 1 + 2\dfrac{y}{x}$. Fazendo $u = \dfrac{y}{x}$ teremos $y = xu$ e

daí $\dfrac{dy}{dx} = u + x\dfrac{du}{dx}$. Substituindo na equação obtemos a equação de variáveis separáveis

$x\dfrac{du}{dx} = 1 + u$. A função constante $u = -1$, $x > 0$ (ou $x < 0$) é solução. Supondo $1 + u \neq 0$,

separando as variáveis e integrando, obtemos $\ln|1 + u| = \ln k_1|x|$, $k_1 > 0$, e daí, $1 + u =$

kx, k real e diferente de zero. Permitindo que k assuma, também, o valor zero, teremos a so-

lução $u = kx - 1$. Observe que, para $k = 0$, teremos a solução constante $u = -1$. Segue que

$y = kx^2 - x$, $x > 0$ (ou $x < 0$) é a solução geral da equação dada. Observe que poderíamos,

também, ter resolvido a equação dada, olhando-a como uma equação linear.

b) $y = 0$, $x > 0$ (ou $x < 0$) ou $y = \dfrac{3x}{1 - kx^3}$.

Respostas, Sugestões ou Soluções

c) Com a mudança de variável $u = \dfrac{y}{x}$, ou seja, $y = xu$, a equação $\dfrac{dy}{dx} = \dfrac{2x-y}{y}$ é equiva-

lente a $\dfrac{u}{u^2+u-2}\,du = -\dfrac{1}{x}\,dx$. Integrando, obtemos $(u-1)(u+2)^2 = \dfrac{k}{x^3}$, k real. As so-

luções $y = y(x)$ são dadas, então, implicitamente pelas equações $(y-x)(y+2x)^2 = k$, k real.

d) $y(x) = 0$, $x > 0$ (ou $x < 0$); e as soluções não constantes $y = y(x)$ (ou $x = x(y)$) são dadas

implicitamente pelas equações $y + x\ln|y| = kx$.

2. $y(x) = 0$, $x > 0$ (ou $x < 0$) ou $y = \dfrac{x}{ke^{-x}+1}$.

Exercícios 10.7

1. *a*) De $v = \dfrac{dx}{dt}$ segue $\ddot{x} = \dfrac{dv}{dt} = \dfrac{dv}{dx}\dfrac{dx}{dt}$, ou seja, $\ddot{x} = v\dfrac{dv}{dx}$. Substituindo na equação,

obtemos $v\dfrac{dv}{dx} = -x^3$. Separando as variáveis e integrando, resulta $\dfrac{v^2}{2} + \dfrac{x^4}{4} = k$.

b) Com as mudanças $v = \dfrac{dx}{dt}$ e $\ddot{x} = v\dfrac{dv}{dx}$ a equação dada se transforma na equação de

variáveis separáveis $\dfrac{v\,dv}{v-1} = x^3\,dx$. Integrando, obtemos a relação entre v e x que é $v +$

$\ln|v-1| - \dfrac{x^4}{4} = k$.

c) $\alpha v - \ln|\alpha v + 1| + \dfrac{x^2}{2} = k$

d) $\dfrac{v^2}{2} + 2x^2 = k$

e) Com a mudança de variáveis $v = \dfrac{dx}{dt}$ e $\ddot{x} = v\dfrac{dv}{dx}$, a equação se transforma na equação

de Bernoulli $\dfrac{dv}{dx} = v - xv^{-1}$ que é equivalente a $2v\dfrac{dv}{dx} = 2v^2 - 2x$. Com a mudança $u =$

v^2, obtemos a equação linear $\dfrac{du}{dx} = 2u - 2x$, cuja solução é $u = e^{2x}\left[k - \displaystyle\int 2xe^{-2x}\,dx\right]$.

De $\displaystyle\int 2xe^{-2x}\,dx = xe^{-2x} + \dfrac{e^{-2x}}{2}$ resulta $v^2 = ke^{2x} + x + \dfrac{1}{2}$.

f) $v^2 = ke^{x^2} + 1$.

2. Fazendo $\ddot{x} = v\dfrac{dv}{dx}$, obtemos $v\dfrac{dv}{dx} = -\dfrac{gR^2}{(x+R)^2}$; separando as variáveis e integrando obte-

mos $\dfrac{v^2}{2} = \dfrac{gR^2}{x+R} + k$. Tendo em vista a condição inicial $v = \alpha$ e $x = 0$ para $t = 0$, teremos $k =$

$\dfrac{\alpha^2}{2} - gR$. Assim, $\dfrac{v^2}{2} = \dfrac{gR^2}{x+R} + \dfrac{\alpha^2}{2} - gR$. Para que o corpo retorne à terra, para algum x

Respostas, Sugestões ou Soluções

453

deveremos ter $v = 0$; deste modo, a condição para que retorne à terra é $0 = \dfrac{gR^2}{x+R} + \dfrac{\alpha^2}{2} - gR$, ou seja, $x = \dfrac{R\alpha^2}{2gR - \alpha^2}$. Para que retorne à terra, e lembrando que $x > 0$, deveremos ter $\alpha^2 < 2gR$. Então, o menor valor para que não retorne à terra é $\alpha = \sqrt{2gR}$.

Exercícios 10.8

1. a) $xy = c$ c) $x \cos y = c$ e) $\operatorname{arctg} \dfrac{x}{y} = c$ g) $x^3 + xy + 4y = c$

2. a) $(x + 2y)\, dx + (2x - 1)\, dy = 0$; $y = \dfrac{3 - x^2}{2(2x - 1)}$

   c) $y = \operatorname{arcsen}\left(\dfrac{3 - 2x^2}{2x} \right)$

3. a) $y\, dx + x\, dy = 0$; a imagem da curva pedida está contida na curva de nível $xy = 1$. A curva γ dada por

$$\begin{cases} x = t \\ y = \dfrac{1}{t} \end{cases} \quad t > 0$$

resolve o problema.

   b) $x^2 - xy + y^2 = 3 \Leftrightarrow \left(x - \dfrac{1}{2}y \right)^2 + \dfrac{3}{4}y^2 = 3$.

$$\begin{cases} x - \dfrac{1}{2}y = \sqrt{3}\cos t \\ \dfrac{\sqrt{3}}{2}y = \sqrt{3}\operatorname{sen} t \end{cases} \Leftrightarrow \begin{cases} x = \sqrt{3}\cos t + \operatorname{sen} t \\ y = 2\operatorname{sen} t \end{cases}$$

   ou seja,

$$\begin{cases} x = 2\cos\left(t - \dfrac{\pi}{6} \right) \\ y = 2\operatorname{sen} t \end{cases}$$

4. $x = t + \sqrt{2t^2 + 1}$

5. $y = y(x)$ é a inversa de $x = 2y - \ln y$, $y > \dfrac{1}{2}$.

Exercícios 10.9

1. a) $x^3 y^2 - \dfrac{x^5}{5} + \dfrac{x^3}{3} = c$ b) Fator integrante $x^{-4/3}$

Respostas, Sugestões ou Soluções

c) $2x^2y^2 - y^4 = c$ 　　　　　　　　　　 *d)* $x^3 = cy$

2. $y = \dfrac{x}{1 - x}$

3. Fator integrante $u(x) = e^{-(x^2/2)}$. Segue

$$e^{-(x^2/2)}y^{-1} = c - \int e^{-(x^2/2)}\, dx\,,$$

ou seja,

$$y = \left[ce^{x^2/2} - e^{x^2/2} \int e^{-(x^2/2)}\, dx\right]^{-1}.$$

7. *a)* A função constante $y = 0$ é solução. Para $y \neq 0$ a equação é equivalente a

$$\frac{dy}{y^2} = x\, dx.$$

$y = \dfrac{-2}{x^2 + c}$ ou $y = 0$. Observe que a equação é de variáveis separáveis.

c) É uma equação de variáveis separáveis e também de Bernoulli. A função constante $y = 0$ é solução. Para $y \neq 0$ é equivalente a $(y^{-1} - 1)\, dx + y^{-2}\, dy = 0$ que admite o fator integrante e^{-x}. Temos, então, a família de soluções

$$y = 0 \text{ e } y = \frac{1}{1 - ce^{-x}}.$$

10. $y = x^2$

11. $y = \dfrac{2}{2 - x}$, $x < 2$

Exercícios 10.11

1. *a)* $y(x) = 2$ 　　　　 *b)* $y = \sqrt{x^2 + 1}$, $x > 0$ 　　　　 *c)* $x = \dfrac{1}{\sqrt{3 - 2t}}$

d) $x = \text{sen}\,(t - 1)$, $-\dfrac{\pi}{2} < t - 1 < \dfrac{\pi}{2}$

f) $t = -\sqrt{2} + \sqrt{x^2 - x} + \ln\dfrac{\sqrt{x} + \sqrt{x - 1}}{\sqrt{2} + 1}$, $x > 1$.

(*Sugestão*: Para calcular a integral $\displaystyle\int \dfrac{dx}{\sqrt{1 - \dfrac{1}{x}}}$, faça $u^2 = 1 - \dfrac{1}{x}$.)

g) $x = 1 + t + \ln\dfrac{1 + e^{2t}}{2e^{2t}}$ 　　　　　 *h)* $x = \dfrac{1}{t(2 - \ln t)}$, $0 < t < e^2$

i) $\rho = \dfrac{-2}{\sec\theta + \text{tg}\,\theta} + \cos\theta$ 　　　　 *j)* $\rho = 0$

Respostas, Sugestões ou Soluções

455

l) $(x + t)\, dt + (t - x)\, dx = 0$; $xt + \dfrac{t^2}{2} - \dfrac{x^2}{2} = \dfrac{-1}{2}$. Então, $x = t + \sqrt{2t^2 + 1}$

m) $y = \dfrac{u}{x} \Rightarrow y' = \dfrac{xu' - u}{x^2}$. Substituindo na equação vem $x\dfrac{du}{dx} - u = u^2 - 2$. Então, $y = $

$\dfrac{2 - 2x^3}{2 + x^4}$

n) $y = \dfrac{1}{x}$ \qquad *o)* $y = x\sqrt{2x - 1}$ *(Sugestão:* $\left(\dfrac{y^2}{x} + x^2\right)dx - y\,dy = 0.)$

2. $y = \dfrac{e^{-x} + 4e^x}{4}$ \qquad **3.** $\displaystyle\int_1^2 \dfrac{dx}{\sqrt{2 - \dfrac{2}{x}}} = \dfrac{1}{\sqrt{2}}\displaystyle\int_1^2 \dfrac{dx}{\sqrt{1 - \dfrac{1}{x}}}$. Faça $1 - \dfrac{1}{x} = u^2$.

5. $T = 70\left(\dfrac{6}{7}\right)^t + 10$ \qquad **7.** $y = \dfrac{2}{x + 1}$ ou $y = \dfrac{2}{3 - x}$

9. Derivando ① em relação a x obtemos: $y' = y' + xy'' + 2y'y''$, ou seja, $(x + 2y')y'' = 0$. Por

outro lado, $x + 2y' = 0 \Leftrightarrow y = -\dfrac{1}{4}x^2 + c$. Substituindo em ① resulta $-\dfrac{1}{4}x^2 + c = x\left(-\dfrac{1}{2}x\right) + $

$2\left(-\dfrac{1}{2}x\right)^2$ e, portanto, $c = 0$. Assim, $y = -\dfrac{1}{4}x^2$ é solução de ①. Fica a seu cargo verificar

que, para todo A real, $y = Ax + A^2$ é solução de ①. Assim, $y = -\dfrac{1}{4}x^2$ e $y = Ax + A^2$ $(A \in \mathbb{R})$ é

uma família de soluções da equação ①. (Observe que toda solução de ① é, também, solução
de $(x + 2y')y'' = 0$; mas a recíproca não é verdadeira. Pense!!)

10. *a)* $y = xy' - \dfrac{y'}{\sqrt{1 + (y')^2}}$ que é uma equação de Clairaut. (Veja exercício anterior.)

b) Derivando os dois membros em relação a x vem:

$$y''\left[x - \dfrac{1}{\left(1 + (y')^2\right)\sqrt{1 + (y')^2}}\right] = 0.$$

$$y'' = 0 \Leftrightarrow y = Ax + B.$$

Substituindo na equação resulta $B = -\dfrac{A}{\sqrt{1 + A^2}}$. Assim,

$$y = Ax - \dfrac{A}{\sqrt{1 + A^2}}$$

é solução $(A < 0)$.

$$x - \dfrac{1}{[1 + (y')^2]\sqrt{1 + (y')^2}} = 0 \Leftrightarrow y' = -\sqrt{\left(\dfrac{1}{x}\right)^{2/3} - 1}.$$

Respostas, Sugestões ou Soluções

Faça $u = \left(\dfrac{1}{x}\right)^{\frac{1}{3}}$ e, em seguida, $u = \sec\theta$ para obter a solução $x^{\frac{2}{3}} + y^{\frac{2}{3}} = 1$.

11. $x^{\frac{2}{3}} + y^{\frac{2}{3}} = 1$.

12. $y = a\ln\left[\dfrac{a + \sqrt{a^2 - x^2}}{x}\right] - \sqrt{a^2 - x^2}$

14. $(2x + 2y)\,dx + (2x - 2y)\,dy = 0$

15. a) $y = cx^2$ \qquad\qquad b) $x^2 - y^2 = c$

21.

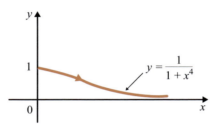

(*Sugestão*: $4x^3y\,dx + (1 + x^4)\,dy = 0$.)

24. $y = x\sqrt{1 - 2\ln x}$, $0 < x < \sqrt{e}$

CAPÍTULO 11

Exercícios 11.1

1. a) $x = ke^{2t} - \dfrac{1}{3}e^{-t}$

b) $y = ke^{-\frac{1}{3}x} + 4$

c) $q = ke^{-t} + \dfrac{1}{2}t - \dfrac{1}{2}$ \qquad\qquad d) $s = [k + t]\,e^t$

2. a) $x = 2(1 - e^{-t})$

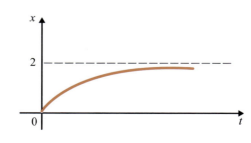

Respostas, Sugestões ou Soluções

3. $\begin{cases} x = e^{-t} + t - 1 \\ y = (e^{-t} + t - 1)^2 \end{cases}$

4. a) $i = \dfrac{E_0}{R}\left[1 - e^{-\frac{R}{L}t}\right]$

b) $i = \dfrac{1}{1 + 576\pi^2}[e^{-5t} - 264\pi \cos 120\pi t + 11 \text{ sen } 120\pi t]$

Exercícios 11.2

1. a) $x = Ae^t + Be^{4t}$ b) $y = Ae^{3x} + Be^{-3x}$ c) $x = e^{5t}[A + Bt]$

d) $x = A \cos 3t + B \text{ sen } 3t$ e) $y = e^{-2x}[A \cos x + B \text{ sen } x]$

f) $x = A \cos \dfrac{3t}{2} + B \text{ sen } \dfrac{3t}{2}$ g) $x = e^{-6t}[A + Bt]$

h) $x = e^{2t}[A \cos \sqrt{2}t + B \text{ sen } \sqrt{2} \cdot t]$

2. a) $x = e^{-t} \text{ sen } t$

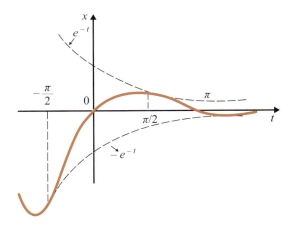

b) $x = e^{-t}(1 + t)$

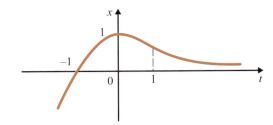

c) $x = e^t + e^{-t}$

Respostas, Sugestões ou Soluções

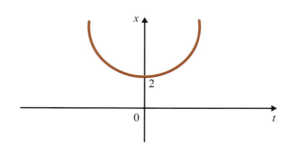

3. *a)* $y = 2 - e^{-2x}$ *b)* $x(t) = 2, t \in \mathbb{R}$ *c)* $x = \cos 3t - \dfrac{1}{2} \operatorname{sen} 3t$

4. *a)* $y = Ae^{-\frac{nx}{m}} + B$ *b)* $x = e^{-\alpha t}[A + Bt]$

    c) $x = Ae^{-8t} + B$ *d)* $x = e^{-\frac{t}{2}}\left[A\cos\dfrac{\sqrt{3}\cdot t}{2} + B\operatorname{sen}\dfrac{\sqrt{3}\cdot t}{2}\right]$

5. $\ddot{x} + 2\dot{x} + x = 0$ é a equação que rege o movimento.

   a) $x = e^{-t}(1 + t)$. Trata-se de um movimento não oscilatório; a posição da partícula tende para a origem quando $t \to +\infty$. É o caso de *amortecimento crítico*.

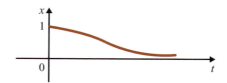

   b) $x = e^{-t}(1 - t)$

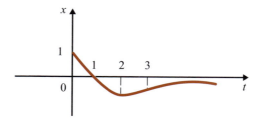

6. $\ddot{x} + 2\dot{x} + 2x = 0$ é a equação que rege o movimento. A posição no instante t é dada por

$$x = e^{-t} \operatorname{sen} t, \; t \geq 0.$$

Trata-se de um movimento oscilatório amortecido: a partícula oscila em torno da origem com amplitude cada vez menor.

7. $v(t) = \dot{x}(t) = -2 \operatorname{sen} 2t - \cos 2t$.

8. $f(x) = \dfrac{2\sqrt{3}}{3} e^{x/2} \operatorname{sen} \dfrac{\sqrt{3}x}{2}$.

Respostas, Sugestões ou Soluções

9. $\ddot{x} = k(\dot{x} - x)$, em que k é a constante de proporcionalidade. Das condições iniciais dadas, resulta $k = 2$. A equação do movimento é, então, $\ddot{x} - 2\dot{x} + 2x = 0$. No instante t, a posição do móvel é $x = e^t$ sen t.

Exercícios 11.3

1. *a*) $y = Ae^x + Be^{-x} + Ce^{-2x}$

b) $y = A + Be^{-x} + Ce^x$

c) $x = Ae^{2t} + B \cos 2t + C$ sen $2t$

d) $y = A + e^{-x}[A \cos x + B$ sen $x]$

e) $y = Ae^{2x} + Be^{-2x} + C \cos 2x + D$ sen $2x$

f) $x = e^t[A + Bt] + e^{-t}[C + Dt]$

g) $y = A \cos \sqrt{2}x + B$ sen $\sqrt{2}x + C \cos x + D$ sen x

h) $x = Ae^t + e^{-t}[B \cos t + C$ sen $t]$

i) $x = [A + Bt] \cos t + [c + Dt]$ sen t

j) $y = A + Be^{3x} + C \cos x + D$ sen x

2.
$$\begin{cases} x = -\dfrac{3}{34}e^{2t} - \dfrac{3}{34}e^{-2t} + \dfrac{20}{17}\cos\dfrac{t}{2} \\ y = \dfrac{6}{17}e^{2t} + \dfrac{6}{17}e^{-2t} - \dfrac{5}{17}\cos\dfrac{t}{2} \end{cases}$$

3. O sistema que rege o movimento é

$$\begin{cases} \ddot{x} = y \\ \ddot{y} = -x + 2y. \end{cases}$$

A posição da partícula no instante t é

$$\begin{cases} x = (-2 + t)e^t \\ y = te^t \end{cases}$$

Sugerimos ao leitor tentar fazer um esboço da trajetória descrita pela partícula. (Suponha $t \geqslant 0$.) Observe que $y = x + 2e^t$.

4. A equação que rege o movimento é

$$\begin{cases} \ddot{x} = -2x - y \\ \ddot{y} = -x - 2y. \end{cases}$$

b) *Sugestão*: Derivando a 2ª equação duas vezes em relação ao tempo resulta

① $$\dfrac{d^4 y}{dt^4} = -\ddot{x} - 2\ddot{y}.$$

O sistema dado é equivalente a

② $$\begin{cases} \ddot{x} + 2x = -y \\ x = -2y - \ddot{y} \end{cases}$$

Respostas, Sugestões ou Soluções

Multiplicando a 2ª por –2 e somando membro a membro resulta

$$\ddot{x} = 3y + 2\ddot{y}.$$

Substituindo em ①, vem

④
$$\frac{d^4 y}{dt^4} + 4\frac{d^2 y}{dt^2} + 3y = 0.$$

Substituindo-se o y encontrado em ④, na 2ª equação de ②, acha-se x.

5. *a*) *Sugestão*: Desenhe o campo $\vec{F}$ nos pontos da reta $y = x$. Observe que

$$\vec{F}(x, y) = -\nabla U(x, y) = -y\vec{i} - x\vec{j}.$$

b) $\begin{cases} x = \cos t \\ y = \cos t \end{cases} \quad t \geqslant 0.$

A partícula descreve um movimento oscilatório sobre o segmento de extremidades $(1, 1)$ e $(-1, -1)$.

Exercícios 11.4

1. *a*) $x = A \cos t + B \,\text{sen}\, t + \dfrac{1}{2}e^{-t}$

b) $y = Ae^x + Be^{-x} - \dfrac{1}{2}\cos x$

c) $x = A \cos t + B \,\text{sen}\, t - \dfrac{1}{2}t\cos t$

d) $y = Ae^x + Be^{-x} - 2xe^{-x}$

e) $x = e^{2t}[A \cos t + B \,\text{sen}\, t] + \dfrac{1}{2}te^{2t} \,\text{sen}\, t$

f) $y = Ae^{-x} + 1 - x + x^2$

g) $x = Ae^t + e^{-\frac{t}{2}}\left[B\cos\dfrac{\sqrt{3}t}{2} + C\,\text{sen}\,\dfrac{\sqrt{3}t}{2} \right] + \dfrac{5t}{3}e^{2t}$

h) $y = Ae^{2x} + Be^{-2x} + \left(-\dfrac{x}{16} + \dfrac{x^2}{8} \right)e^{2x}$

i) $x = (A + Bt)\,e^{2t} + \dfrac{t^3}{6}e^{2t}$

j) $x = Ae^{2t} + e^{-t}[B \cos \sqrt{3}t + C \,\text{sen}\, \sqrt{3}t] - \dfrac{1}{2}$

l), *m*), *n*) e *o*) Verifique a resposta por substituição na equação.

3. *a*) $\boxed{\beta \neq 2}$ Admite uma solução particular da forma

$$x_p = m \cos \beta t + n \,\text{sen}\, \beta t.$$

Observe que neste caso particular bastaria tentar uma solução particular da forma

$$x_p = m \cos \beta t. \text{ (Por quê?)}$$

$\boxed{\beta = 2}$ Admite uma solução particular da forma

$$x_p = mt \cos \beta t + nt \,\text{sen}\, \beta t.$$

b) $\boxed{\alpha \neq -4}$ Admite solução particular da forma

Respostas, Sugestões ou Soluções

$$x_p = me^{2t}$$

$\boxed{\alpha = -4}$ Admite solução particular da forma

$$x_p = mte^{2t}$$

c) $x = A \cos 3t + B \sin 3t + \dfrac{t}{3} \sin 3t + 1$. (Veja Exercício 2: *princípio de superposição*.)

d) $\boxed{\alpha = -2 \text{ e } \beta = 1}$ Admite solução particular da forma

$$x_p = (mt \cos t + nt \sin t)\, e^{-2t}$$

$\boxed{\alpha \neq -2 \text{ ou } P \neq 1}$ Admite solução particular da forma

$$x_p = (m \cos \beta t + n \sin \beta t)\, e^{\alpha t}$$

4. Seja $x = x(t)$ a solução do problema. Para $t < \pi$ devemos ter

$$\ddot{x} + x = 0,\, x(0) = 0 \text{ e } \dot{x}(0) = 1.$$

Logo,

$$\ddot{x} = \sin t,\, t < \pi.$$

Para $t > \pi$ devemos ter

$$\ddot{x} + x = 1;$$

logo

$$x = A \cos t + B \sin t + 1.$$

Vamos, agora, determinar A e B para que $x = x(t)$ seja de classe C^1 em $\mathbb{R}$. Devemos ter

$$\lim_{t \to \pi^-} x(t) = \lim_{t \to \pi^+} x(t)$$

e

$$\lim_{t \to \pi^-} \dot{x}(t) = \lim_{t \to \pi^+} \dot{x}(t).$$

Como

$$\lim_{t \to \pi^-} x(t) = \lim_{t \to \pi^-} \sin t = 0,$$

$$\lim_{t \to \pi^+} x(t) = \lim_{t \to \pi^+} [A \cos t + B \sin t + 1] = -A + 1,$$

$$\lim_{t \to \pi^-} \dot{x}(t) = \lim_{t \to \pi^-} \cos t = -1$$

e

$$\lim_{t \to \pi^+} \dot{x}(t) = \lim_{t \to \pi^+} [-A \sin t + B \cos t] = -B$$

resulta

$$\begin{cases} 0 = -A + 1 \\ -1 = -B \end{cases}$$

Respostas, Sugestões ou Soluções

Devemos tomar, então,

$$A = 1 \text{ e } B = 1.$$

A solução do problema é $x = x(t)$, $t \in \mathbb{R}$, dada por

$$x(t) = \begin{cases} \operatorname{sen} t & \text{se } t \leqslant \pi \\ \cos t + \operatorname{sen} t + 1 & \text{se } t > \pi \end{cases}$$

Fica a seu cargo verificar que $\dot{x}$ é contínua em $\mathbb{R}$. Observe que

$$x(t) = \begin{cases} \operatorname{sen} t & \text{se } t \leqslant \pi \\ 1 + \sqrt{2}\,\operatorname{sen}\left(t + \dfrac{\pi}{4}\right) & \text{se } t > \pi \end{cases}$$

Sugerimos ao leitor esboçar o gráfico desta solução.

5. Proceda como no exercício anterior.

8. a) $y = \left(1 + \dfrac{x^2}{2}\right)e^x$
   b) $x = \dfrac{e^t + e^{-t}}{2} - \cos t - t^2$

   d) $x = -e^{-t} + \dfrac{\cos t + \operatorname{sen} t}{2}$

9. a) $(A + Bt)\,e^{-2t} + t^3 e^{-2t}$
   b) $A \cos 3t + B \operatorname{sen} 3t + t \cos 3t$

   c) $Ae^{-2t} + (1 + t^2)e^t$
   d) $Ae^t + t^2 e^t$
   e) $(A + t^2)\,e^t + Be^{-3t}$

   f) $e^{-t}(A \cos t + B \operatorname{sen} t - 2 \operatorname{sen} t)$
   g) $A \cos \sqrt{5}t + B \operatorname{sen} \sqrt{5}t + t$

Exercícios 11.5

1. $x_p = \operatorname{sen} t\,[\ln \operatorname{sen} t] - t \cos t$. A solução geral é $x = A \cos t + B \operatorname{sen} t + x_p$

2. $x_p = \dfrac{-1 + \operatorname{sen} 3t \ln(\sec 3t + \operatorname{tg} 3t)}{9}$

CAPÍTULO 12

Exercícios 12.3

1. a) $k_1 \begin{bmatrix} 1 \\ -1 \end{bmatrix} e^{2t} + k_2 \begin{bmatrix} 1 \\ 1 \end{bmatrix}$
   b) $k_1 \begin{bmatrix} 1 \\ 1 \end{bmatrix} e^{2t} + k_2 \left\{ \begin{bmatrix} 1 \\ 0 \end{bmatrix} + t \begin{bmatrix} 1 \\ 1 \end{bmatrix} \right\} e^{2t}$

   c) $k_1 \begin{bmatrix} \cos t \\ \operatorname{sen} t \end{bmatrix} e^{2t} + k_2 \begin{bmatrix} \operatorname{sen} t \\ -\cos t \end{bmatrix} e^t$
   d) $k_1 \begin{bmatrix} 1 \\ 2 \end{bmatrix} e^{2t} + k_2 \left\{ \begin{bmatrix} 0 \\ 1 \end{bmatrix} + t \begin{bmatrix} 1 \\ 2 \end{bmatrix} \right\} e^{2t}$

   e) $k_1 \begin{bmatrix} 3 \\ 1 \end{bmatrix} e^{2t} + k_2 \begin{bmatrix} 1 \\ 0 \end{bmatrix} e^{-t}$
   f) $k_1 \begin{bmatrix} \cos 2t \\ \operatorname{sen} 2t \end{bmatrix} e^t + k_2 \begin{bmatrix} \operatorname{sen} 2t \\ -\cos 2t \end{bmatrix} e^t$

g) $\dfrac{1}{2}\left\{k_1\begin{bmatrix} 2\cos\sqrt{2}t \\ -\sqrt{2}\,\text{sen}\,\sqrt{2}t \end{bmatrix}+k_2\begin{bmatrix} 2\,\text{sen}\,\sqrt{2}t \\ \sqrt{2}\cos\sqrt{2}t \end{bmatrix}\right\}$

h) $k_1\begin{bmatrix} 2 \\ 3 \end{bmatrix}e^{-3t}+k_2\left\{\begin{bmatrix} 1 \\ 2 \end{bmatrix}+t\begin{bmatrix} 2 \\ 3 \end{bmatrix}\right\}e^{-3t}$

2. a) $x=\cos\sqrt{6}t-\dfrac{2}{\sqrt{6}}\,\text{sen}\,\sqrt{6}t$ e $y=\dfrac{\sqrt{6}}{2}\,\text{sen}\,\sqrt{6}t+\cos\sqrt{6}t$ A trajetória é a elipse $3x^2+2y^2=5$. (Observe que a solução encontrada é também solução da equação $3xdx+2ydy=0$). De $\dot{x}=-2y$, segue que a solução $x=x(t)$ e $y=y(t)$ encontrada descreve a elipse no sentido anti-horário.

b) $x=2e^t$ e $y=2e^t$. A trajetória é a semirreta $y=x, x>0$.

c) $x=e^t$ e $y=e^{-t}$. A trajetória é o ramo da hipérbole $xy=1, x>0$. De $\dot{x}=x$, segue que o sentido de percurso é da esquerda para a direita.

d) $x=e^{-t}$ e $y=e^{-3t}$. A trajetória é a curva $y=x^3, x>0$. De $\dot{x}=-x$, segue que o sentido de percurso é da direita para a esquerda

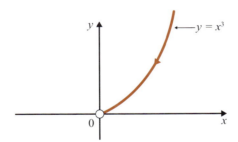

Observe: $\lim\limits_{t\to+\infty}(e^{-t},e^{-3t})=(0,0)$.

e) $x=e^{-2t}\cos t$ e $y=e^{-2t}\,\text{sen}\,t$. Segue que $x^2+y^2=e^{-4t}$. Logo, em coordenadas polares, a trajetória é $\rho=e^{-2t}$. Na posição $(1,0)$, $\dot{y}>0$ e $\dot{x}<0$, o que sugere ser o movimento descrito no sentido anti-horário.

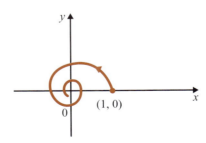

Observe: $\lim\limits_{t\to+\infty}(e^{-2t}\cos t, e^{-2t}\,\text{sen}\,t)=(0,0)$.

3. O movimento é regido pelo sistema

Respostas, Sugestões ou Soluções

$$\begin{cases} \dot{x} = -x - y \\ \dot{y} = x - y. \end{cases}$$

A solução que satisfaz a condição inicial dada é $(x, y) = (e^{-t} \cos t, e^{-t} \operatorname{sen} t)$. A trajetória, em coordenadas polares, é a espiral $\rho = e^{-t}$, percorrida no sentido anti-horário.

4. b) $\begin{bmatrix} x \\ y \end{bmatrix} = k_1 \begin{bmatrix} 1 \\ 2 \end{bmatrix} e^{3t} + k_2 \begin{bmatrix} 1 \\ -1 \end{bmatrix}$

c) $\begin{bmatrix} x \\ y \end{bmatrix} = \dfrac{c}{3} \begin{bmatrix} 1 \\ 2 \end{bmatrix} e^{3t} - \dfrac{c}{3} \begin{bmatrix} 1 \\ -1 \end{bmatrix}$

Observe: $\displaystyle\lim_{t \to +\infty} \begin{bmatrix} x \\ y \end{bmatrix} = -\dfrac{c}{3} \begin{bmatrix} 1 \\ -1 \end{bmatrix}$

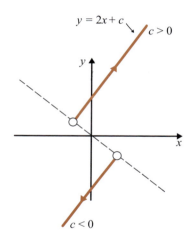

6. a) $\begin{bmatrix} x \\ y \end{bmatrix} = e^{-2t} \left\{ k_1 \begin{bmatrix} \cos t - \operatorname{sen} t \\ 2\cos t \end{bmatrix} + k_2 \begin{bmatrix} \cos t + \operatorname{sen} t \\ 2\operatorname{sen} t \end{bmatrix} \right\}$

b) $\begin{bmatrix} x \\ y \end{bmatrix} = \dfrac{1}{2} e^{-2t} \begin{bmatrix} \cos t - \operatorname{sen} t \\ 2\cos t \end{bmatrix}$ \hspace{2em} c) $\displaystyle\lim_{t \to +\infty} \gamma(t) = (0, 0)$.

7. *Sugestão*: Olhe para a equação característica $\begin{vmatrix} a_{11} - \lambda & a_{12} \\ a_{21} & a_{22} - \lambda \end{vmatrix} = 0$ e observe que para as trajetórias serem elipses as raízes devem ser complexas e não pode existir o fator $e^{\alpha t}$.

11. $\begin{vmatrix} 1 - \lambda & a \\ -1 & -1 - \lambda \end{vmatrix} = \lambda^2 - 1 + a = 0$; $1 - a < 0$, ou seja, $a > 1$. O período é $T = \dfrac{2\pi}{\beta}$ em que $\beta = \sqrt{a - 1}$.

Respostas, Sugestões ou Soluções

14. $t = \dfrac{\ln 2}{4}$

15. *a)* $T_1 = 20 \cos 2t$ e $T_2 = 20 \cos 2t + 10 \,\text{sen}\, 2t$ que têm período π.

c) $T_2 = \sqrt{500} \,\cos (2t - \alpha)$ em que $\cos \alpha = \dfrac{2}{\sqrt{5}}$. Portanto, a temperatura máxima é $10\sqrt{5}$ e a mínima $-10\sqrt{5}$.

d) A trajetória é a elipse $T_1^2 + 4\,(T_1 - T_2)^2 = 400$

18. $\dot{C} = 2x\,\dot{x} + 2y\,\dot{y} = -6x^2 - 10y^2 < 0$. A distância do ponto $(x(t), y(t))$ à origem decresce quando t cresce.

Exercícios 12.4

1. *a)* $k_1 \begin{bmatrix} 1 \\ 1 \\ 1 \end{bmatrix} + k_2 \begin{bmatrix} -1 \\ 1 \\ 0 \end{bmatrix} e^{-3t} + k_3 \begin{bmatrix} -1 \\ 0 \\ 1 \end{bmatrix} e^{-3t}$

b) $k_1 \begin{bmatrix} -1 \\ 1 \\ 0 \end{bmatrix} e^{-t} + k_2 \begin{bmatrix} \vdots \\ \vdots \\ -\vdots \end{bmatrix} e^{t} + k_3 \begin{bmatrix} 0 \\ 0 \\ 1 \end{bmatrix} e^{3t}$

c) $k_1 \begin{bmatrix} 0 \\ 1 \\ 1 \end{bmatrix} e^{t} + k_2 \begin{bmatrix} \text{sen}\, t - \cos t \\ 3\cos t \\ 2\cos t - \text{sen}\, t \end{bmatrix} + k_3 \begin{bmatrix} -\text{sen}\, t - \cos t \\ 3\,\text{sen}\, t \\ 2\,\text{sen}\, t + \cos t \end{bmatrix}$

d) $k_1 \begin{bmatrix} 1 \\ 0 \\ 1 \end{bmatrix} e^{t} + k_2 \left\{ \begin{bmatrix} 0 \\ 1 \\ 0 \end{bmatrix} + t \begin{bmatrix} 1 \\ 0 \\ 1 \end{bmatrix} \right\} e^{t} + k_3 \left\{ \begin{bmatrix} 1 \\ 0 \\ 0 \end{bmatrix} + t \begin{bmatrix} 0 \\ 1 \\ 0 \end{bmatrix} + \dfrac{t^2}{2} \begin{bmatrix} 1 \\ 0 \\ 1 \end{bmatrix} \right\} e^{t}$

f) $k_1 \begin{bmatrix} 1 \\ -2 \\ 0 \end{bmatrix} e^{-2t} + k_2 \begin{bmatrix} 0 \\ 2 \\ 1 \end{bmatrix} e^{-2t} + k_3 \left\{ \begin{bmatrix} 1 \\ 1 \\ 1 \end{bmatrix} + t \begin{bmatrix} -1 \\ -2 \\ -2 \end{bmatrix} \right\} e^{-2t}$

g) $k_1 \begin{bmatrix} 0 \\ 1 \\ 1 \end{bmatrix} e^{t} + k_2 \begin{bmatrix} 0 \\ 1 \\ 3 \end{bmatrix} e^{3t} + k_3 \begin{bmatrix} 1 \\ 0 \\ 0 \end{bmatrix} e^{5t}$

4. $\begin{bmatrix} x \\ y \\ z \end{bmatrix} = k_1 \begin{bmatrix} -\text{sen}\, t \\ \cos t \\ \text{sen}\, t \end{bmatrix} + k_2 \begin{bmatrix} \cos t \\ \text{sen}\, t \\ -\cos t \end{bmatrix}$. Conclua você!!

Respostas, Sugestões ou Soluções

5.
$$\begin{bmatrix} x \\ y \\ z \end{bmatrix} = k_1 \begin{bmatrix} -1 \\ 1 \\ 0 \end{bmatrix} e^{-3t} + k_2 \begin{bmatrix} -1 \\ 0 \\ 1 \end{bmatrix} e^{-3t} + k_3 \begin{bmatrix} 1 \\ 1 \\ 1 \end{bmatrix};$$

$\lim\limits_{t \to +\infty} (x(t), y(t), z(t)) = (5, 5, 5)$. Interprete você!!!

Exercícios 12.5

1. *a)* $\begin{bmatrix} x_p \\ y_p \end{bmatrix} = \begin{bmatrix} -1 \\ 2 \end{bmatrix}$

b) $\begin{bmatrix} x_p \\ y_p \end{bmatrix} = \dfrac{1}{3} \begin{bmatrix} 7 \\ -2 \end{bmatrix} e^{2t}$

c) $\begin{bmatrix} x_p \\ y_p \end{bmatrix} = \begin{bmatrix} 1 \\ -t \end{bmatrix}$

d) $\begin{bmatrix} x_p \\ y_p \end{bmatrix} = \begin{bmatrix} 2\cos t \\ \operatorname{sen} t \end{bmatrix}$

2. *a)* $k_1 \begin{bmatrix} \cos t \\ \operatorname{sen} t \end{bmatrix} + k_2 \begin{bmatrix} \operatorname{sen} t \\ -\cos t \end{bmatrix} + \begin{bmatrix} -1 \\ 2 \end{bmatrix}$

b) $\left\{ k_1 \begin{bmatrix} -\sqrt{2}\,\operatorname{sen}\sqrt{2}t \\ \cos\sqrt{2}t \end{bmatrix} + k_2 \begin{bmatrix} \sqrt{2}\cos\sqrt{2}t \\ \operatorname{sen}\sqrt{2}t \end{bmatrix} \right\} e^t + \dfrac{1}{3} \begin{bmatrix} 7 \\ -2 \end{bmatrix} e^{2t}$

c) $k_1 \begin{bmatrix} -1 \\ 1 \end{bmatrix} e^{-t} + k_2 \begin{bmatrix} 1 \\ 1 \end{bmatrix} e^t + \begin{bmatrix} 1 \\ -t \end{bmatrix}$ *d)* $k_1 \begin{bmatrix} -2 \\ \sqrt{2} \end{bmatrix} e^{\sqrt{2}t} + k_2 \begin{bmatrix} 2 \\ \sqrt{2} \end{bmatrix} e^{-\sqrt{2}t} + \begin{bmatrix} 2\cos t \\ \operatorname{sen} t \end{bmatrix}$

CAPÍTULO 13

Exercícios 13.1

1. *a)* $y = A \operatorname{sen} x + B,\ -\dfrac{\pi}{2} < x < \dfrac{\pi}{2}$

b) $y = A\ln\left(\dfrac{1 + \operatorname{sen} x}{\cos^2 x}\right) + B,\ -\dfrac{\pi}{2} < x < \dfrac{\pi}{2}$

c) $y = A + B\displaystyle\int \sqrt{\dfrac{1+x}{1-x}}\, dx,\ -1 < x < 1$

$\qquad y = A + B(\arcsin x - \sqrt{1 - x^2})$

d) $y = A + B \operatorname{arctg} x$ *e)* $y = A + B\left(\dfrac{1}{x} + \ln x\right),\ 0 < x < 1$

2. $y = 1 + \operatorname{arctg} x$

3. $y = -2(1 + 2\ln 2) + 4\left(\dfrac{1}{x} + \ln x\right)$

Respostas, Sugestões ou Soluções

467

7. *Sugestão*: Se tivéssemos $f'(x_0) = 0$, teríamos $f(x) = 0$ para todo x, que é impossível. Então, $f'(x_0) > 0$ ou $f'(x_0) < 0$. Suponha, para fixar o raciocínio, $f'(x_0) > 0$. Estude, agora, o sinal de f'' nas vizinhanças de x_0.

10. *Sugestão*: Observe que o sinal de $f''(x)$ é o mesmo que o de $f(x)$. Suponha, por absurdo, que f se anule em x_1 e em x_2, com $x_1 < x_2$. Verifique, então, que se $c \in \,]x_1, x_2[$, com $f(c) \neq 0$, c não poderá ser ponto de máximo ou de mínimo de f no intervalo $[x_1, x_2]$. Logo, ...

14. É só observar que se $f(x)$, $x \in \mathbb{R}$, for solução tal que $f(0) = f'(0) = 0$, então, ...

Exercícios 13.2

1. a) $-x^2$ b) $-\dfrac{2}{x^2}$ c) -1

2. c) Não

3. Para que $f(x) = \text{sen } x$, $-\dfrac{\pi}{2} < x < \dfrac{\pi}{2}$, e $g(x) = 1$, $-\dfrac{\pi}{2} < x < \dfrac{\pi}{2}$, sejam soluções as funções $p(x)$ e $q(x)$ devem satisfazer o sistema

$$\begin{cases} -\text{sen } x + p(x)\cos x + q(x)\text{sen } x = 0 \\ q(x) = 0 \end{cases}$$

A equação

$$y'' + (\text{tg } x)\, y' + 0, \quad -\dfrac{\pi}{2} < x < \dfrac{\pi}{2},$$

admite as funções dadas como soluções.

Exercícios 13.4

1. a) Sim   b) Não   c) Não   d) Sim   e) Não   f) Sim

2. a) $y_1 = 1$ e $y_2 = \ln x$ são duas soluções linearmente independentes. A solução geral é

$$y = A + B \ln x, x > 0$$

b) $y_1 = x$ e $y_2 = \dfrac{1}{x}$ são duas soluções linearmente independentes. A solução geral é

$$y = Ax + \dfrac{B}{x}, \ x > 0.$$

c) $y = Ax + Bx^2, x > 0$

3. $y'' - \left(\dfrac{2}{x} + 1\right)y' + \left(\dfrac{1}{x} + \dfrac{2}{x^2}\right)y = 0, x > 0$. A solução geral é $y = x(A + Be^x)$.

4. Temos, para todo $x \in I$,

① $f''(x) + p(x)\, f'(x) + q(x)\, f(x) = 0$

e

② $f(x)\, g'(x) - f'(x)\, g(x) = e^{-\int p(x)\,dx}.$

Respostas, Sugestões ou Soluções

Precisamos mostrar que, para todo $x \in I$,

③ $$g''(x) + p(x)\,g'(x) + q(x)\,g(x) = 0.$$

Derivando, em relação a x, os dois membros de ② vem:

④ $$f(x)\,g''(x) - f''(x)\,g(x) = -p(x)e^{-\int p(x)\,dx}.$$

Tirando $f''(x)$ em ① e $e^{-\int p(x)\,dx}$ em ② e substituindo em ④, resulta ③.

5. A equação é equivalente a

$$y'' - \frac{1}{x\ln x}\,y' + \frac{1}{x^2\ln x}\,y = 0, \; x > 1.$$

$$\begin{vmatrix} x & y \\ 1 & y' \end{vmatrix} = e^{\int \frac{1}{x\ln x}\,dx}$$

$$xy' - y = \ln x$$

ou

$$y' - \frac{1}{x}\,y = \frac{\ln x}{x},$$

cuja solução geral é

$$y = kx + x\int \frac{1}{x^2}\ln x\,dx.$$

Temos

$$\int \underset{\underset{G'\;F}{\uparrow\;\uparrow}}{\frac{1}{x^2}\ln x}\,dx = -\frac{\ln x}{x} - \frac{1}{x}.$$

Fazendo $k = 0$, $y = -1 - \ln x$ é solução da equação dada. A solução geral é

$$y = Ax + B\,(1 + \ln x).$$

8. Verifique que $x(t) > 0$ para todo $t \geqslant 1$. Conclua que $x = x(t)$ é estritamente crescente em $[1, +\infty[$. Logo, para todo $t \geqslant 1$.

$$\dot{x}(t) \geqslant 1$$

e, portanto,

$$\int_1^t \dot{x}(t)\,dt \geqslant \int_1^t 1\,dt,$$

ou seja,

$$x(t) - x(1) \geqslant t - 1, \; t \geqslant 1.$$

Logo,

$$\lim_{t \to +\infty} x(t) = +\infty.$$

9. Verifica-se por inspeção que $y = x$ é solução. A equação é equivalente a

Respostas, Sugestões ou Soluções

① $$y'' - \frac{1}{x^2} y' + \frac{1}{x^3} y = 0.$$

Pelo Exercício 4, qualquer solução da equação

② $$\begin{vmatrix} x & y \\ 1 & y' \end{vmatrix} = e^{\int \frac{1}{x^2} dx}$$

é, também, solução de ① e linearmente independente com a solução $y = x$. ② é equivalente a

$$y' - \frac{1}{x} y = \frac{1}{x} e^{-(1/x)}.$$

Fica a seu cargo concluir que $y = xe^{-(1/x)}$ é solução de ①. A solução geral é

$$y = Ax + Bx\, e^{-(1/x)}.$$

CAPÍTULO 14

Exercícios 14.1

5. Temos

① $$\varphi'(x) = x^2 + \cos\varphi(x), x \in \left[-\frac{1}{2}, \frac{1}{2}\right]$$

e

$$\varphi(0) = 0.$$

Segue que $\varphi'(0) = 1$. Para todo x em $\left[-\frac{1}{2}, \frac{1}{2}\right]$, existe θ entre 0 e x tal que

$$\varphi(x) = \varphi(0) + \varphi'(0)x + \frac{1}{2}\varphi''(\theta)x^2 ,$$

ou seja,

$$\varphi(x) = x + \frac{1}{2}\varphi''(\theta)x^2.$$

Portanto, para todo $x \in \left[-\frac{1}{2}, \frac{1}{2}\right]$,

$$\left|\varphi(x) - x\right| \leq \frac{1}{2}\left|\varphi''(\theta)\right|x^2.$$

De ① resulta

$$\varphi''(x) = 2x - \varphi'(x)\,\text{sen}\,\varphi(x)$$

e, portanto,

$$\varphi''(x) = 2x - x^2\,\text{sen}\,\varphi(x) - \cos\varphi(x)\,\text{sen}\,\varphi(x).$$

Logo, para todo x em $\left[-\frac{1}{2}, \frac{1}{2}\right]$,

Respostas, Sugestões ou Soluções

$$|\varphi''(x)| \leq 1 + \frac{1}{4} + 1 = \frac{9}{4}.$$

Portanto,

$$\left|\varphi(x) - x\right| \leq \frac{9}{8}x^2, x \in \left[-\frac{1}{2}, \frac{1}{2}\right].$$

8. *a*) Pelo teorema fundamental do cálculo

$$\varphi'(x) = x\varphi(x).$$

Assim, $\varphi(x)$ é a solução de

$$y' = xy$$

satisfazendo a condição inicial

$$\varphi(0) = 1.$$

(*Observação.* De $\varphi(x) = 1 + \int_0^x t\varphi(t)\,dt$, segue $\varphi(0) = 1$.) Resolvendo a equação, obtemos

$$y = e^{x^2/2}$$

e, portanto,

$$\varphi(x) = e^{x^2/2}.$$

b) $\varphi(x) = \dfrac{1}{4}e^{2x} - \dfrac{1}{4} - \dfrac{x}{2}$

c) $\varphi(x) = 1$

d) $\varphi(x) = \operatorname{tg}\left(x + \dfrac{\pi}{4}\right)$

9. *a*) $f(x, y) = y;\ \varphi_0(x) = 1.$

$$\varphi_1(x) = 1 + \int_0^x f(t, \varphi_0(t))\,dt = 1 + \int_0^x \varphi_0(t)\,dt,$$

ou seja,

$$\varphi_1(x) = 1 + \int_0^x 1\,dt = 1 + x.$$

$$\varphi_2(x) = 1 + \int_0^x \varphi_1(t)\,dt = 1 + \int_0^x (1 + t)\,dt,$$

ou seja,

$$\varphi_2(x) = 1 + x + \frac{x^2}{2}.$$

$$\varphi_3(x) = 1 + \int_0^x \left(1 + t + \frac{t^2}{2}\right)dt,$$

ou seja,

$$\varphi_3(x) = 1 + x + \frac{x^2}{2} + \frac{x^3}{3!}.$$

Conclua.

Respostas, Sugestões ou Soluções

10. $f(x, y) = x^2 + y^2; \varphi_0(x) = 0 = y.$

$$\varphi_1(x) = 0 + \int_0^x f(t, \varphi_0(t))\, dt = \int_0^x t^2\, dt;$$

logo,

$$\varphi_1(x) = \frac{x^3}{3}.$$

$$\varphi_2(x) = \int_0^x f\left(t, \frac{t^3}{3}\right) dt = \int_0^x \left(t^2 + \frac{t^6}{9}\right) dt;$$

logo,

$$\varphi_2(x) = \frac{x^3}{3} + \frac{x^7}{63}.$$

$$\varphi_3(x) = \int_0^x \left[t^2 + \left(\frac{t^3}{3} + \frac{t^7}{63}\right)^2\right] dt = \ldots$$

Observação. Seja $y = y(x)$ a solução do problema

$$y' = x^2 + y^2, y(0) = 0.$$

Observamos que $\varphi_2(x)$ é o polinômio de Taylor de ordem 7 desta solução, em volta de $x_0 = 0$. (Verifique.)

Bibliografia

1. APOSTOL, T. M. *Análisis matemático*. Barcelona: Editorial Reverté, 1960.
2. _____. *Calculus*. 2 ed. v. 2. Barcelona: Editorial Reverté, 1975.
3. ARNOLD, V. *Equations différentielles ordinaires*. Moscou: Mir, 1974.
4. AYRES Jr., F. *Equações diferenciais*. Coleção Schaum. Rio de Janeiro: Ao Livro Técnico Ltda., 1959.
5. BARONE Jr., M. *Sistemas lineares de equações diferenciais ordinárias, com coeficientes constantes*. IME-USP, 1987.
6. _____; MELLO, A. A. H. de. *Equações diferenciais* — Uma introdução aos sistemas dinâmicos. Publicações do IME-USP, 1987.
7. BASSANEZI, R. C.; FERREIRA Jr., W. C. *Equações diferenciais com aplicações*. São Paulo: Harbra, 1988.
8. BIRKHOFF, G.; ROTA, G. C. *Ordinary differential equations*. 3 ed. Nova York: John Wiley and Sons, 1978.
9. BOYER, C. B. *História da matemática*. São Paulo: Edgard Blücher e Editora da Universidade de São Paulo, 1974.
10. CASTILLA, M. S. A. C. *Equações diferenciais*. Publicações da Escola Politécnica e do IME-USP, 1982.
11. COURANT, R. *Cálculo diferencial e integral*. v. I e II. Porto Alegre: Globo, 1955.
12. FIGUEIREDO, D. G. de. *Análise de Fourier e equações diferenciais parciais*. Projeto Euclides — IMPA, 1977.
13. _____. *Análise I*. 2 ed. Rio de Janeiro: LTC, 1996.
14. GUIDORIZZI, H. L. Sobre os três primeiros critérios, da hierarquia de De Morgan, para convergência ou divergência de séries de termos positivos. *Matemática universitária*, uma publicação da Sociedade Brasileira de Matemática, nº 13, 95-104, 1991.
15. _____. *Contribuições ao estudo das equações diferenciais ordinárias de 2ª ordem*. Tese de doutorado. IME-USP, 1988.
16. _____. On the existence of periodic solutions for the equations $\ddot{x} + f(x)\dot{x} + gx = 0$. *Boletim da Sociedade Brasileira de Matemática*, 22(1), 81-92, 1991.
17. _____. Oscillating and periodic solutions of equations of the type $\ddot{x} + f_1(x)\dot{x} + f_1(x)\dot{x}^2 + g(x) = 0$. *J. Math. Anal. Appl.* 176(1), 11-22, 1993.
18. _____. Oscillating and periodic solutions of equations of type $\ddot{x} + \dot{x}\sum_{i=1}^{n} f_1(x)\left|\dot{x}\right|^{\delta_1} + g(x) = 0$. *Math. Anal. Appl.* 176(2), 330-345, 1993.
19. _____. The family of functions $S_{\alpha, \kappa}$ and the Liénard equation. *Tamkang Journal of Mathematics*, 27, nº 1, 37-54, 1996.
20. _____. *Jordan canonical form*: an elementary proof. 41º Seminário Brasileiro de Análise, 409-420, 1995.

Bibliografia

21. KAMKE, E. *Differentialgleichungen*. 2 ed. v. I, Akademische Verlagsgesellschaft, Leipzig, 1943.

22. KAPLAN, W. *Cálculo avançado*. v. II. São Paulo: Edgard Blücher, 1972.

23. KREIDER, D. L. et al. *Equações diferenciais*. São Paulo: Edgard Blücher, 1972.

24. LIMA, E. L. *Curso de análise*. v. I. Projeto Euclides — IMPA, 1976.

25. MEDEIROS, L. A.; ANDRADE, N. G. de. *Iniciação às equações diferenciais parciais*. Rio de Janeiro: LTC, 1978.

26. OLIVA, W. M. *Equações diferenciais ordinárias*. Publicações do IME-USP, 1973.

27. PISKOUNOV, N. *Calcul différentiel et intégral*. Moscou: Mir, 1966.

28. PLAAT, O. *Ecuaciones differenciales ordinarias*. Barcelona: Editorial Reverté, 1974.

29. PONTRIAGUINE, L. *Equations différentielles ordinaires*. Moscou: Mir, 1969.

30. RUDIN, W. *Principles of mathematical analysis*. Nova York: McGraw-Hill, 1964.

31. SIMMONS, G. F. *Differential equations*. Nova York: McGraw-Hill, 1972.

32. SOTOMAYOR, J. *Lições de equações diferenciais ordinárias*. Projeto Euclides — IMPA, 1979.

33. SPIVAK, M. *Calculus*. Boston: Addison-Wesley, 1973.

Índice

A

Absolutamente convergente, 66
Amortecimento
    crítico, 235
    forte ou supercrítico, 235
Amplitude, 232
Arquimedes, 29
Autovalores, 286
    da matriz, 286
Autovetor, 286

C

Campo de forças conservativo, 246
Coeficientes de Fourier, 136
Combinação linear, 279, 335
Condição
    inicial, 159
    necessária e suficiente para a equação ser localmente
      exata, 190
    suficiente para convergência uniforme de uma série
      de Fourier, 141
    suficiente para que a série de Fourier de uma função
      convirja uniformemente para a própria função, 144
Condicionalmente convergente, 66
Conservação da energia, 184, 210
Continuidade, integrabilidade e derivabilidade de função
    dada como soma de uma série de funções, 108
Convergência uniforme, 89, 96
Convergente, 2, 11
Crescente, sequência, 10
Critério
    da integral, 36
    da raiz, 54, 57, 58
    da razão, 54, 58, 477
      para séries de termos quaisquer, 66, 68
    de Abel, 84
    de Cauchy, 97
      -Fermat, 38, 39
      para convergência uniforme de uma sequência de
        funções, 97
      para convergência uniforme de uma série de
        funções, 102
      para série numérica, 81
    de comparação, 39, 50
      de razões, 50
    de convergência para série alternada, 31
    de De Morgan, 38, 62, 64, 430
    de Dirichlet, 75, 80, 83
    de Gauss, 65
    de Kummer, 427, 428
    de Raabe, 60, 429
    do limite, 45
    do termo geral para divergência, 34
    M de Weierstrass, 102

D

Decaimento radioativo, 175
Decrescente, sequência, 10
Derivação termo a termo, 109, 122
Determinação de solução particular pelo método das
    variações das constantes, 326
Divergente, 2

E

Energia
    cinética, 184, 210
    mecânica, 233
    potencial, 184, 234
Equação(ões)
    característica, 280
    de 4ª ordem, 241
    de Bernoulli, 176, 202
    de Bessel
      de ordem α, com α não inteiro, 359
      de ordem $p > 0$, com p inteiro, 360
      de ordem zero, 359
    de Clairaut, 221
    de Euler, 355
    de Riccati, 385
    diferencial
      autônoma de 2ª ordem, 180
      de 1ª ordem, 158
      de 1ª ordem de variáveis separáveis, 159, 380
      de 2ª ordem do tipo $F(x, y', y'') = 0$, 393
      de 2ª ordem do tipo $y'' = f(y, y')$, 395
      de 2ª ordem do tipo $y'' = f(y)\, y'$, 394
      exata, 189
      linear de 1ª ordem, 170, 382
      lineares de 1ª ordem, com coeficientes
        constantes, 226
      linear de 2ª ordem, homogênea, com coeficientes
        constantes, 230
      linear de 2ª ordem, homogênea, com coeficientes
        variáveis, 335
      linear de 3ª ordem, 239

Índice

do tipo $\ddot{x} = f(x)$ (ou $y'' = f(y)$), 391
do tipo $xy' = yf(xy)$, 391
do tipo $y' = f\left(\dfrac{ax+by+c}{mx+ny+p}\right)$, 389
do tipo $y' = f(ax + by + c)$, 388
do tipo $y' = f(ax + by)$, 387
do tipo $y' = f\left(\dfrac{y}{x}\right)$, 388
generalizada de Bernoulli, 383
linear
   de 2ª ordem, com coeficientes constantes, 247
   homogênea de 1ª ordem, 170

F

Fator integrante, 197
Força de amortecimento, 233
Forma canônica de Jordan, 323
Fórmula
   de Abel-Liouville, 340, 341
   de Machin, 24
   para as soluções de uma equação diferencial linear de
     1ª ordem, 171
Função(ões)
   de Bessel
     de ordem p e de 1ª espécie, 360
     de ordem p e de 2ª espécie, 360
     de ordem zero e 1ª espécie, 359
     de ordem zero e 2ª espécie, 359
   de ordem exponencial, 269
   definidas em $\mathbb{R}^2$ e homogêneas, 221
   energia potencial, 184, 210
   linearmente
     dependentes, 342
     independentes, 342

I

Identidade de Abel, 83
Integração termo a termo, 108, 122

L

Lei
   de Hooke, 233
   de resfriamento de Newton, 175, 220
   do inverso do quadrado de Newton, 187
Lema
   de Abel, 82
   de Kummer, 427

M

Matriz fundamental para o sistema, 327
Média aritmética, 5
Método
   da variação das constantes, 265, 256
   das variações das constantes ou de
     Lagrange, 326, 331

dos babilônios para cálculo de raiz quadrada, 9
prático para resolução de um sistema homogêneo,
   com duas equações diferenciais lineares de
     1ª ordem e com coeficientes constantes, 295
Movimento
   harmônico simples, 232
   oscilatório amortecido ou subcrítico, 234
Mudança de variáveis, 215

N

Não homogêneas, 247
Número de capitalizações, 174

O

Ortogonais, 207
Oscilação forçada
   com amortecimento, 260
   sem amortecimento, 257

P

Pêndulo simples, 220
Polinômio trigonométrico, 413
Ponto fixo, 79
Princípio da superposição, 263
Produto de Wallis, 9
Propriedade comutativa, 73

Q

Qualitativamente, 187

R

Raio de convergência, 116
Redução
   de uma equação diferencial linear de 2ª ordem
     do tipo $\ddot{y} + p(t)\,\dot{y} + q(t)\,y = 0$ a uma da
     forma $\ddot{y} = g(t)\,y$, 401
   de uma equação diferencial linear de 2ª ordem,
     a uma de 1ª ordem, 354
   de uma equação diferencial linear de 2ª ordem,
     com coeficientes variáveis, a uma linear de
     1ª ordem, 349
   de uma equação linear de 2ª ordem do tipo
     $\ddot{y} = g(t)\,y$ a uma equação de Riccati, 399
Reduzindo uma equação autônoma de 2ª ordem a uma
   equação de 1ª ordem, 181
Reordenação de uma série, 72
Ressonância, 258

S

Segunda lei de Newton, 168
Sequência, 1
   de Cauchy, 75, 78
   de funções, 85
   de Picard, 378

Índice

limitada, 10
  inferiormente, 10
  superiormente, 10
monótona, 10
Série, 66, 67
  alternada, 31
  binominal ou de Newton, 130
  de Fourier, 136
  de funções, 101
  de Gregory, 23
  de potências, 115, 116
  geométrica, 17
  harmônica, 17
    de ordem α, 17
  numérica, 15
  telescópica, 19
  trigonométrica, 134
Sistema
  com três equações diferenciais lineares de 1ª ordem, homogêneas, com coeficientes constantes, 307
  de duas equações diferenciais lineares de 1ª ordem, homogêneas, com coeficientes constantes, 278
Solução, 158
  de estado permanente, 261, 331
  geral, 247, 280
    de uma equação diferencial linear de 2ª ordem homogênea e de coeficientes variáveis, 346
  particular, 247, 265
Soma
  de série, 15
  parcial, 15
Sucessão, 1

T

Taxa
  contínua de juros, 174
  de juros compostos, 173
  instantânea, 174
  nominal de juros, 173
Teorema
  de Abel-Liouville, 284, 325
  de existência, 406
  de existência e unicidade, 282
    para equação diferencial de 1ª ordem do tipo $y' = f(x, y)$, 363
    para equação diferencial do tipo $y'' = f(x, y, y')$, 376
    para equação do tipo $y = p(x)y' = q(x)$, 337
  de Lerch, 272
  de Riemann, 74
  de unicidade, 410
  do confronto, 3
Termo geral, 1
Trajetórias ortogonais a um campo vetorial, 195
Transformada de Laplace, 267
Transiente, 261

V

Velocidade de escape, 188

W

Wronskiano, 265, 283, 340